污染源监测管理工作手册

WURANYUAN JIANCE GUANLI GONGZUO SHOUCE

环境保护部环境监测司 / 编

中国环境出版集团 · 北京

图书在版编目（CIP）数据

污染源监测管理工作手册/环境保护部环境监测司编.
—北京：中国环境出版集团，2018.1（2018.12 重印）

ISBN 978-7-5111-3533-9

Ⅰ.①污… Ⅱ.①环… Ⅲ.①污染源监测—手册
Ⅳ.①X830.7-62

中国版本图书馆 CIP 数据核字（2018）第 027515 号

出 版 人　武德凯
责任编辑　曲　婷
责任校对　尹　芳
封面设计　彭　杉

出版发行　中国环境出版集团
（100062　北京市东城区广渠门内大街 16 号）
网　　址：http://www.cesp.com.cn
电子邮箱：bjgl@cesp.com.cn
联系电话：010-67112765（编辑管理部）
发行热线：010-67125803，010-67113405（传真）
印　　刷　北京盛通印刷股份有限公司
经　　销　各地新华书店
版　　次　2018 年 2 月第 1 版
印　　次　2018 年 12 月第 2 次印刷
开　　本　787×960　1/16
印　　张　30.25
字　　数　580 千字
定　　价　90.00 元

《污染源监测管理工作手册》

编写委员会

主　　编：刘志全

副 主 编：胡克梅

编　　委：邢　核　佟彦超　董明丽

编写人员：董明丽　汤佳峰　唐桂刚　王军霞　刘通浩

　　　　　李莉娜　张守斌　张　元　郑　磊

审　　稿：邢　核　董明丽　汤佳峰

前 言

党中央、国务院高度重视生态文明建设和生态环境保护工作。党的十八大将生态文明建设纳入中国特色社会主义事业总体布局，并首次把“美丽中国”作为生态文明建设的宏伟目标。习近平总书记在十九大报告中指出要“加快生态文明体制改革，建设美丽中国”，为实现人与自然和谐发展提供了强大思想指引、根本遵循和实践动力。

近年来，我国生态环境保护工作取得了举世瞩目的成绩，可以用五个前所未有来概括：思想认识程度之深前所未有；污染治理力度之大前所未有；制度出台频度之密前所未有；监管执法尺度之严前所未有；生态环境改善速度之快前所未有。但是，我国环境保护仍滞后于经济社会发展，生态环境恶化趋势尚未得到根本扭转，部分地区环境污染问题较为突出，经济总量增长与污染物排放总量增加尚未完全脱钩，污染物新增量仍处于高位，生态环境保护形势依然十分严峻。根据党中央、国务院决策部署，排污许可制已成为固定污染源管理的核心制度，作为企业守法、部门执法、社会监督的依据，为提高环境管理效能和改善环境质量奠定坚实基础，也对污染源监测工作提出了更新、更高的要求。

为进一步加强污染源监测管理，提高污染源监测能力，规范污染源监测行为，夯实污染源监测工作基础，环境监测司编辑出版了《污染源监测管理工作手册》。本书收录了污染源监测的有关法律法规、监测管理文件、常用的监测标准和技术规范等，以便各级环保主管部门、各研究机构、企事业单位等在实际工作中使用，更好地为环境监测服务，推动生态环境监测事业蓬勃发展。

目　录

一、法律法规

二、重要文件

三、管理制度

（一）监测管理制度相关规定

（二）环境执法制度相关规定

（三）信息公开制度相关规定

（四）排污单位自行监测技术指南

法律法规 一

中华人民共和国环境保护法

（2014 年 4 月 24 日）

（1989 年 12 月 26 日第七届全国人民代表大会常务委员会第十一次会议通过 2014年4月24日第十二届全国人民代表大会常务委员会第八次会议修订，自 2015 年 1 月 1 日起施行）

目　录

第一章　总　则

第一条　为保护和改善环境，防治污染和其他公害，保障公众健康，推进生态文明建设，促进经济社会可持续发展，制定本法。

第二条　本法所称环境，是指影响人类生存和发展的各种天然的和经过人工改造的自然因素的总体，包括大气、水、海洋、土地、矿藏、森林、草原、湿地、野生生物、自然遗迹、人文遗迹、自然保护区、风景名胜区、城市和乡村等。

第三条　本法适用于中华人民共和国领域和中华人民共和国管辖的其他海域。

第四条　保护环境是国家的基本国策。

国家采取有利于节约和循环利用资源、保护和改善环境、促进人与自然和谐的经济、技术政策和措施，使经济社会发展与环境保护相协调。

第五条 环境保护坚持保护优先、预防为主、综合治理、公众参与、损害担责的原则。

第六条 一切单位和个人都有保护环境的义务。

地方各级人民政府应当对本行政区域的环境质量负责。

企业事业单位和其他生产经营者应当防止、减少环境污染和生态破坏，对所造成的损害依法承担责任。

公民应当增强环境保护意识，采取低碳、节俭的生活方式，自觉履行环境保护义务。

第七条 国家支持环境保护科学技术研究、开发和应用，鼓励环境保护产业发展，促进环境保护信息化建设，提高环境保护科学技术水平。

第八条 各级人民政府应当加大保护和改善环境、防治污染和其他公害的财政投入，提高财政资金的使用效益。

第九条 各级人民政府应当加强环境保护宣传和普及工作，鼓励基层群众性自治组织、社会组织、环境保护志愿者开展环境保护法律法规和环境保护知识的宣传，营造保护环境的良好风气。

教育行政部门、学校应当将环境保护知识纳入学校教育内容，培养学生的环境保护意识。

新闻媒体应当开展环境保护法律法规和环境保护知识的宣传，对环境违法行为进行舆论监督。

第十条 国务院环境保护主管部门，对全国环境保护工作实施统一监督管理；县级以上地方人民政府环境保护主管部门，对本行政区域环境保护工作实施统一监督管理。

县级以上人民政府有关部门和军队环境保护部门，依照有关法律的规定对资源保护和污染防治等环境保护工作实施监督管理。

第十一条 对保护和改善环境有显著成绩的单位和个人，由人民政府给予奖励。

第十二条 每年 6 月 5 日为环境日。

第二章 监督管理

第十三条 县级以上人民政府应当将环境保护工作纳入国民经济和社会发展规划。

国务院环境保护主管部门会同有关部门，根据国民经济和社会发展规划编制国家环境保护规划，报国务院批准并公布实施。

县级以上地方人民政府环境保护主管部门会同有关部门，根据国家环境保护规划的要求，编制本行政区域的环境保护规划，报同级人民政府批准并公布实施。

环境保护规划的内容应当包括生态保护和污染防治的目标、任务、保障措施等，并与主体功能区规划、土地利用总体规划和城乡规划等相衔接。

第十四条 国务院有关部门和省、自治区、直辖市人民政府组织制定经济、技术政策，应当充分考虑对环境的影响，听取有关方面和专家的意见。

第十五条 国务院环境保护主管部门制定国家环境质量标准。

省、自治区、直辖市人民政府对国家环境质量标准中未作规定的项目，可以制定地方环境质量标准；对国家环境质量标准中已作规定的项目，可以制定严于国家环境质量标准的地方环境质量标准。地方环境质量标准应当报国务院环境保护主管部门备案。

国家鼓励开展环境基准研究。

第十六条 国务院环境保护主管部门根据国家环境质量标准和国家经济、技术条件，制定国家污染物排放标准。

省、自治区、直辖市人民政府对国家污染物排放标准中未作规定的项目，可以制定地方污染物排放标准；对国家污染物排放标准中已作规定的项目，可以制定严于国家污染物排放标准的地方污染物排放标准。地方污染物排放标准应当报国务院环境保护主管部门备案。

第十七条 国家建立、健全环境监测制度。国务院环境保护主管部门制定监测规范，会同有关部门组织监测网络，统一规划国家环境质量监测站（点）的设置，建立监测数据共享机制，加强对环境监测的管理。

有关行业、专业等各类环境质量监测站（点）的设置应当符合法律法规规定和监测规范的要求。

监测机构应当使用符合国家标准的监测设备，遵守监测规范。监测机构及其负责人对监测数据的真实性和准确性负责。

第十八条 省级以上人民政府应当组织有关部门或者委托专业机构，对环境状况进行调查、评价，建立环境资源承载能力监测预警机制。

第十九条 编制有关开发利用规划，建设对环境有影响的项目，应当依法进行环境影响评价。

未依法进行环境影响评价的开发利用规划，不得组织实施；未依法进行环境影响评价的建设项目，不得开工建设。

第二十条 国家建立跨行政区域的重点区域、流域环境污染和生态破坏联合防治协调机制，实行统一规划、统一标准、统一监测、统一的防治措施。

前款规定以外的跨行政区域的环境污染和生态破坏的防治，由上级人民政府协调解决，或者由有关地方人民政府协商解决。

第二十一条 国家采取财政、税收、价格、政府采购等方面的政策和措施，鼓励和支持环境保护技术装备、资源综合利用和环境服务等环境保护产业的发展。

第二十二条 企业事业单位和其他生产经营者，在污染物排放符合法定要求的基础上，进一步减少污染物排放的，人民政府应当依法采取财政、税收、价格、政府采购等方面的政策和措施予以鼓励和支持。

第二十三条 企业事业单位和其他生产经营者，为改善环境，依照有关规定转产、搬迁、关闭的，人民政府应当予以支持。

第二十四条 县级以上人民政府环境保护主管部门及其委托的环境监察机构和其他负有环境保护监督管理职责的部门，有权对排放污染物的企业事业单位和其他生产经营者进行现场检查。被检查者应当如实反映情况，提供必要的资料。实施现场检查的部门、机构及其工作人员应当为被检查者保守商业秘密。

第二十五条 企业事业单位和其他生产经营者违反法律法规规定排放污染物，造成或者可能造成严重污染的，县级以上人民政府环境保护主管部门和其他负有环境保护监督管理职责的部门，可以查封、扣押造成污染物排放的设施、设备。

第二十六条 国家实行环境保护目标责任制和考核评价制度。县级以上人民政府应当将环境保护目标完成情况纳入对本级人民政府负有环境保护监督管理职责的部门及其负责人和下级人民政府及其负责人的考核内容，作为对其考核评价的重要依据。考核结果应当向社会公开。

第二十七条 县级以上人民政府应当每年向本级人民代表大会或者人民代表大会常务委员会报告环境状况和环境保护目标完成情况，对发生的重大环境事件应当及时向本级人民代表大会常务委员会报告，依法接受监督。

第三章 保护和改善环境

第二十八条 地方各级人民政府应当根据环境保护目标和治理任务，采取有效措施，改善环境质量。

未达到国家环境质量标准的重点区域、流域的有关地方人民政府，应当制定限期达标规划，并采取措施按期达标。

第二十九条 国家在重点生态功能区、生态环境敏感区和脆弱区等区域划定生态保护红线，实行严格保护。

各级人民政府对具有代表性的各种类型的自然生态系统区域，珍稀、濒危的野生动植物自然分布区域，重要的水源涵养区域，具有重大科学文化价值的地质构造、著名溶洞和化石分布区、冰川、火山、温泉等自然遗迹，以及人文遗迹、古树名木，应当采取措施予以保护，严禁破坏。

第三十条 开发利用自然资源，应当合理开发，保护生物多样性，保障生态安全，依法制定有关生态保护和恢复治理方案并予以实施。

引进外来物种以及研究、开发和利用生物技术，应当采取措施，防止对生物多样性的破坏。

第三十一条 国家建立、健全生态保护补偿制度。

国家加大对生态保护地区的财政转移支付力度。有关地方人民政府应当落实生态保护补偿资金，确保其用于生态保护补偿。

国家指导受益地区和生态保护地区人民政府通过协商或者按照市场规则进行生态保护补偿。

第三十二条 国家加强对大气、水、土壤等的保护，建立和完善相应的调查、监测、评估和修复制度。

第三十三条 各级人民政府应当加强对农业环境的保护，促进农业环境保护新技术的使用，加强对农业污染源的监测预警，统筹有关部门采取措施，防治土壤污染和土地沙化、盐渍化、贫瘠化、石漠化、地面沉降以及防治植被破坏、水土流失、水体富营养化、水源枯竭、种源灭绝等生态失调现象，推广植物病虫害的综合防治。

县级、乡级人民政府应当提高农村环境保护公共服务水平，推动农村环境综合整治。

第三十四条 国务院和沿海地方各级人民政府应当加强对海洋环境的保护。向海洋排放污染物、倾倒废弃物，进行海岸工程和海洋工程建设，应当符合法律法规规定和有关标准，防止和减少对海洋环境的污染损害。

第三十五条 城乡建设应当结合当地自然环境的特点，保护植被、水域和自然景观，加强城市园林、绿地和风景名胜区的建设与管理。

第三十六条 国家鼓励和引导公民、法人和其他组织使用有利于保护环境的产品和再生产品，减少废弃物的产生。

国家机关和使用财政资金的其他组织应当优先采购和使用节能、节水、节材等有利于保护环境的产品、设备和设施。

第三十七条 地方各级人民政府应当采取措施，组织对生活废弃物的分类处置、回收利用。

第三十八条 公民应当遵守环境保护法律法规，配合实施环境保护措施，按照规定对生活废弃物进行分类放置，减少日常生活对环境造成的损害。

第三十九条 国家建立、健全环境与健康监测、调查和风险评估制度；鼓励和组织开展环境质量对公众健康影响的研究，采取措施预防和控制与环境污染有关的疾病。

第四章 防治污染和其他公害

第四十条 国家促进清洁生产和资源循环利用。

国务院有关部门和地方各级人民政府应当采取措施，推广清洁能源的生产和使用。

企业应当优先使用清洁能源，采用资源利用率高、污染物排放量少的工艺、设备以及废弃物综合利用技术和污染物无害化处理技术，减少污染物的产生。

第四十一条 建设项目中防治污染的设施，应当与主体工程同时设计、同时施工、同时投产使用。防治污染的设施应当符合经批准的环境影响评价文件的要求，不得擅自拆除或者闲置。

第四十二条 排放污染物的企业事业单位和其他生产经营者，应当采取措施，防治在生产建设或者其他活动中产生的废气、废水、废渣、医疗废物、粉尘、恶臭气体、放射性物质以及噪声、振动、光辐射、电磁辐射等对环境的污染和危害。

排放污染物的企业事业单位，应当建立环境保护责任制度，明确单位负责人和相关人员的责任。

重点排污单位应当按照国家有关规定和监测规范安装使用监测设备，保证监测设备正常运行，保存原始监测记录。

严禁通过暗管、渗井、渗坑、灌注或者篡改、伪造监测数据，或者不正常运行防治污染设施等逃避监管的方式违法排放污染物。

第四十三条 排放污染物的企业事业单位和其他生产经营者，应当按照国家有关规定缴纳排污费。排污费应当全部专项用于环境污染防治，任何单位和个人不得截留、挤占或者挪作他用。

依照法律规定征收环境保护税的，不再征收排污费。

第四十四条 国家实行重点污染物排放总量控制制度。重点污染物排放总量控制指标由国务院下达，省、自治区、直辖市人民政府分解落实。企业事业单位在执行国家和地方污染物排放标准的同时，应当遵守分解落实到本单位的重点污染物排放总量控制指标。

对超过国家重点污染物排放总量控制指标或者未完成国家确定的环境质量目标的地区，省级以上人民政府环境保护主管部门应当暂停审批其新增重点污染物排放总量的建设项目环境影响评价文件。

第四十五条 国家依照法律规定实行排污许可管理制度。

实行排污许可管理的企业事业单位和其他生产经营者应当按照排污许可证的要求排放污染物；未取得排污许可证的，不得排放污染物。

第四十六条 国家对严重污染环境的工艺、设备和产品实行淘汰制度。任何单位和个人不得生产、销售或者转移、使用严重污染环境的工艺、设备和产品。

禁止引进不符合我国环境保护规定的技术、设备、材料和产品。

第四十七条 各级人民政府及其有关部门和企业事业单位，应当依照《中华人民共和国突发事件应对法》的规定，做好突发环境事件的风险控制、应急准备、应急处置和事后恢复等工作。

县级以上人民政府应当建立环境污染公共监测预警机制，组织制定预警方案；环境受到污染，可能影响公众健康和环境安全时，依法及时公布预警信息，启动应急措施。

企业事业单位应当按照国家有关规定制定突发环境事件应急预案，报环境保护主管部门和有关部门备案。在发生或者可能发生突发环境事件时，企业事业单位应当立即采取措施处理，及时通报可能受到危害的单位和居民，并向环境保护主管部门和有关部门报告。

突发环境事件应急处置工作结束后，有关人民政府应当立即组织评估事件造成的环境影响和损失，并及时将评估结果向社会公布。

第四十八条 生产、储存、运输、销售、使用、处置化学物品和含有放射性物质的物品，应当遵守国家有关规定，防止污染环境。

第四十九条 各级人民政府及其农业等有关部门和机构应当指导农业生产经营者科学种植和养殖，科学合理施用农药、化肥等农业投入品，科学处置农用薄膜、农作物秸秆等农业废弃物，防止农业面源污染。

禁止将不符合农用标准和环境保护标准的固体废物、废水施入农田。施用农药、化肥等农业投入品及进行灌溉，应当采取措施，防止重金属和其他有毒有害物质污染环境。

畜禽养殖场、养殖小区、定点屠宰企业等的选址、建设和管理应当符合有关法律法规规定。从事畜禽养殖和屠宰的单位和个人应当采取措施，对畜禽粪便、尸体和污水等废弃物进行科学处置，防止污染环境。

县级人民政府负责组织农村生活废弃物的处置工作。

第五十条 各级人民政府应当在财政预算中安排资金，支持农村饮用水水源地保护、生活污水和其他废弃物处理、畜禽养殖和屠宰污染防治、土壤污染防治和农村工矿污染治理等环境保护工作。

第五十一条 各级人民政府应当统筹城乡建设污水处理设施及配套管网，固体废物的收集、运输和处置等环境卫生设施，危险废物集中处置设施、场所以及其他环境保护公共设施，并保障其正常运行。

第五十二条 国家鼓励投保环境污染责任保险。

第五章 信息公开和公众参与

第五十三条 公民、法人和其他组织依法享有获取环境信息、参与和监督环境保护的权利。

各级人民政府环境保护主管部门和其他负有环境保护监督管理职责的部门，应当依法公开环境信息、完善公众参与程序，为公民、法人和其他组织参与和监督环境保护提供便利。

第五十四条 国务院环境保护主管部门统一发布国家环境质量、重点污染源监测信息及其他重大环境信息。省级以上人民政府环境保护主管部门定期发布环境状况公报。

县级以上人民政府环境保护主管部门和其他负有环境保护监督管理职责的部门，应当依法公开环境质量、环境监测、突发环境事件以及环境行政许可、行政处罚、排污费的征收和使用情况等信息。

县级以上地方人民政府环境保护主管部门和其他负有环境保护监督管理职责的部门，应当将企业事业单位和其他生产经营者的环境违法信息记入社会诚信档案，及时向社会公布违法者名单。

第五十五条 重点排污单位应当如实向社会公开其主要污染物的名称、排放方式、排放浓度和总量、超标排放情况，以及防治污染设施的建设和运行情况，接受社会监督。

第五十六条 对依法应当编制环境影响报告书的建设项目，建设单位应当在编制时向可能受影响的公众说明情况，充分征求意见。

负责审批建设项目环境影响评价文件的部门在收到建设项目环境影响报告书后，除涉及国家秘密和商业秘密的事项外，应当全文公开；发现建设项目未充分征求公众意见的，应当责成建设单位征求公众意见。

第五十七条 公民、法人和其他组织发现任何单位和个人有污染环境和破坏生态行为的，有权向环境保护主管部门或者其他负有环境保护监督管理职责的部门举报。

公民、法人和其他组织发现地方各级人民政府、县级以上人民政府环境保护主管部门和其他负有环境保护监督管理职责的部门不依法履行职责的，有权向其上级机关或者监察机关举报。

接受举报的机关应当对举报人的相关信息予以保密，保护举报人的合法权益。

第五十八条 对污染环境、破坏生态，损害社会公共利益的行为，符合下列条件的社会组织可以向人民法院提起诉讼：

（一）依法在设区的市级以上人民政府民政部门登记；

（二）专门从事环境保护公益活动连续五年以上且无违法记录。

符合前款规定的社会组织向人民法院提起诉讼，人民法院应当依法受理。

提起诉讼的社会组织不得通过诉讼牟取经济利益。

第六章 法律责任

第五十九条 企业事业单位和其他生产经营者违法排放污染物，受到罚款处罚，被责令改正，拒不改正的，依法作出处罚决定的行政机关可以自责令改正之日的次日起，按照原处罚数额按日连续处罚。

前款规定的罚款处罚，依照有关法律法规按照防治污染设施的运行成本、违法行为造成的直接损失或者违法所得等因素确定的规定执行。

地方性法规可以根据环境保护的实际需要，增加第一款规定的按日连续处罚的违法行为的种类。

第六十条 企业事业单位和其他生产经营者超过污染物排放标准或者超过重点污染物排放总量控制指标排放污染物的，县级以上人民政府环境保护主管部门可以责令其采取限制生产、停产整治等措施；情节严重的，报经有批准权的人民政府批准，责令停业、关闭。

第六十一条 建设单位未依法提交建设项目环境影响评价文件或者环境影响评价文件未经批准，擅自开工建设的，由负有环境保护监督管理职责的部门责令停止建设，处以罚款，并可以责令恢复原状。

第六十二条 违反本法规定，重点排污单位不公开或者不如实公开环境信息的，由县级以上地方人民政府环境保护主管部门责令公开，处以罚款，并予以公告。

第六十三条 企业事业单位和其他生产经营者有下列行为之一，尚不构成犯罪的，除依照有关法律法规规定予以处罚外，由县级以上人民政府环境保护主管部门或者其他有关部门将案件移送公安机关，对其直接负责的主管人员和其他直接责任人员，处十日以上十五日以下拘留；情节较轻的，处五日以上十日以下拘留：

（一）建设项目未依法进行环境影响评价，被责令停止建设，拒不执行的；

（二）违反法律规定，未取得排污许可证排放污染物，被责令停止排污，拒不执行的；

（三）通过暗管、渗井、渗坑、灌注或者篡改、伪造监测数据，或者不正常运行防治污染设施等逃避监管的方式违法排放污染物的；

（四）生产、使用国家明令禁止生产、使用的农药，被责令改正，拒不改正的。

第六十四条 因污染环境和破坏生态造成损害的，应当依照《中华人民共和国侵权责任法》的有关规定承担侵权责任。

第六十五条 环境影响评价机构、环境监测机构以及从事环境监测设备和防治污染设施维护、运营的机构，在有关环境服务活动中弄虚作假，对造成的环境污染和生态破坏负有责任的，除依照有关法律法规规定予以处罚外，还应当与造成环境污染和生态破坏的其他责任者承担连带责任。

第六十六条 提起环境损害赔偿诉讼的时效期间为三年，从当事人知道或者应当知道其受到损害时起计算。

第六十七条 上级人民政府及其环境保护主管部门应当加强对下级人民政府及其有关部门环境保护工作的监督。发现有关工作人员有违法行为，依法应当给予处分的，应当向其任免机关或者监察机关提出处分建议。

依法应当给予行政处罚，而有关环境保护主管部门不给予行政处罚的，上级人民政府环境保护主管部门可以直接作出行政处罚的决定。

第六十八条 地方各级人民政府、县级以上人民政府环境保护主管部门和其他负有环境保护监督管理职责的部门有下列行为之一的，对直接负责的主管人员和其他直接责任人员给予记过、记大过或者降级处分；造成严重后果的，给予撤职或者开除处分，其主要负责人应当引咎辞职：

（一）不符合行政许可条件准予行政许可的；

（二）对环境违法行为进行包庇的；

（三）依法应当作出责令停业、关闭的决定而未作出的；

（四）对超标排放污染物、采用逃避监管的方式排放污染物、造成环境事故以及不落实生态保护措施造成生态破坏等行为，发现或者接到举报未及时查处的；

（五）违反本法规定，查封、扣押企业事业单位和其他生产经营者的设施、设备的；

（六）篡改、伪造或者指使篡改、伪造监测数据的；

（七）应当依法公开环境信息而未公开的；

（八）将征收的排污费截留、挤占或者挪作他用的；

（九）法律法规规定的其他违法行为。

第六十九条 违反本法规定，构成犯罪的，依法追究刑事责任。

第七章 附 则

第七十条 本法自2015年1月1日起施行。

中华人民共和国环境保护税法

（2016年12月25日）

（2016年12月25日第十二届全国人民代表大会常务委员会第二十五次会议通过）

目 录

第一章 总 则

第一条 为了保护和改善环境,减少污染物排放，推进生态文明建设，制定本法。

第二条 在中华人民共和国领域和中华人民共和国管辖的其他海域，直接向环境排放应税污染物的企业事业单位和其他生产经营者为环境保护税的纳税人，应当依照本法规定缴纳环境保护税。

第三条 本法所称应税污染物，是指本法所附《环境保护税税目税额表》、《应税污染物和当量值表》规定的大气污染物、水污染物、固体废物和噪声。

第四条 有下列情形之一的，不属于直接向环境排放污染物，不缴纳相应污染物的环境保护税：

（一）企业事业单位和其他生产经营者向依法设立的污水集中处理、生活垃圾集中处理场所排放应税污染物的；

（二）企业事业单位和其他生产经营者在符合国家和地方环境保护标准的设施、场所贮存或者处置固体废物的。

第五条 依法设立的城乡污水集中处理、生活垃圾集中处理场所超过国家和地方规定的排放标准向环境排放应税污染物的，应当缴纳环境保护税。

企业事业单位和其他生产经营者贮存或者处置固体废物不符合国家和地方环境保护标准的，应当缴纳环境保护税。

第六条 环境保护税的税目、税额，依照本法所附《环境保护税税目税额表》执行。

应税大气污染物和水污染物的具体适用税额的确定和调整，由省、自治区、直辖市人民政府统筹考虑本地区环境承载能力、污染物排放现状和经济社会生态发展目标要求，在本法所附《环境保护税税目税额表》规定的税额幅度内提出，报同级人民代表大会常务委员会决定，并报全国人民代表大会常务委员会和国务院备案。

第二章 计税依据和应纳税额

第七条 应税污染物的计税依据，按照下列方法确定：

（一）应税大气污染物按照污染物排放量折合的污染当量数确定；

（二）应税水污染物按照污染物排放量折合的污染当量数确定；

（三）应税固体废物按照固体废物的排放量确定；

（四）应税噪声按照超过国家规定标准的分贝数确定。

第八条 应税大气污染物、水污染物的污染当量数，以该污染物的排放量除以该污染物的污染当量值计算。每种应税大气污染物、水污染物的具体污染当量值，依照本法所附《应税污染物和当量值表》执行。

第九条 每一排放口或者没有排放口的应税大气污染物，按照污染当量数从大到小排序,对前三项污染物征收环境保护税。

每一排放口的应税水污染物，按照本法所附《应税污染物和当量值表》，区分第一类水污染物和其他类水污染物，按照污染当量数从大到小排序，对第一类水污染物按照前五项征收环境保护税，对其他类水污染物按照前三项征收环境保护税。

省、自治区、直辖市人民政府根据本地区污染物减排的特殊需要，可以增加同一排放口征收环境保护税的应税污染物项目数，报同级人民代表大会常务委员会决定，并报全国人民代表大会常务委员会和国务院备案。

第十条 应税大气污染物、水污染物、固体废物的排放量和噪声的分贝数，按照下列方法和顺序计算：

（一）纳税人安装使用符合国家规定和监测规范的污染物自动监测设备的，按照污染物自动监测数据计算；

（二）纳税人未安装使用污染物自动监测设备的，按照监测机构出具的符合国家有关规定和监测规范的监测数据计算；

（三）因排放污染物种类多等原因不具备监测条件的，按照国务院环境保护主管部门规定的排污系数、物料衡算方法计算；

（四）不能按照本条第一项至第三项规定的方法计算的，按照省、自治区、直辖市人民政府环境保护主管部门规定的抽样测算的方法核定计算。

第十一条 环境保护税应纳税额按照下列方法计算：

（一）应税大气污染物的应纳税额为污染当量数乘以具体适用税额；

（二）应税水污染物的应纳税额为污染当量数乘以具体适用税额；

（三）应税固体废物的应纳税额为固体废物排放量乘以具体适用税额；

（四）应税噪声的应纳税额为超过国家规定标准的分贝数对应的具体适用税额。

第三章 税收减免

第十二条 下列情形，暂予免征环境保护税：

（一）农业生产（不包括规模化养殖）排放应税污染物的；

（二）机动车、铁路机车、非道路移动机械、船舶和航空器等流动污染源排放应税污染物的；

（三）依法设立的城乡污水集中处理、生活垃圾集中处理场所排放相应应税污染物，不超过国家和地方规定的排放标准的；

（四）纳税人综合利用的固体废物，符合国家和地方环境保护标准的；

（五）国务院批准免税的其他情形。

前款第五项免税规定，由国务院报全国人民代表大会常务委员会备案。

第十三条 纳税人排放应税大气污染物或者水污染物的浓度值低于国家和地方规定的污染物排放标准百分之三十的，减按百分之七十五征收环境保护税。纳税人排放应税大气污染物或者水污染物的浓度值低于国家和地方规定的污染物排放标准百分之五十的，减按百分之五十征收环境保护税。

第四章 征收管理

第十四条 环境保护税由税务机关依照《中华人民共和国税收征收管理法》和本法的有关规定征收管理。

环境保护主管部门依照本法和有关环境保护法律法规的规定负责对污染物的监测管理。

县级以上地方人民政府应当建立税务机关、环境保护主管部门和其他相关单位分工协作工作机制，加强环境保护税征收管理，保障税款及时足额入库。

第十五条 环境保护主管部门和税务机关应当建立涉税信息共享平台和工作配合机制。

环境保护主管部门应当将排污单位的排污许可、污染物排放数据、环境违法和受行政处罚情况等环境保护相关信息，定期交送税务机关。

税务机关应当将纳税人的纳税申报、税款入库、减免税额、欠缴税款以及风险疑点等环境保护税涉税信息，定期交送环境保护主管部门。

第十六条 纳税义务发生时间为纳税人排放应税污染物的当日。

第十七条 纳税人应当向应税污染物排放地的税务机关申报缴纳环境保护税。

第十八条 环境保护税按月计算，按季申报缴纳。不能按固定期限计算缴纳的，可以按次申报缴纳。

纳税人申报缴纳时，应当向税务机关报送所排放应税污染物的种类、数量，大气污染物、水污染物的浓度值，以及税务机关根据实际需要要求纳税人报送的其他纳税资料。

第十九条 纳税人按季申报缴纳的，应当自季度终了之日起十五日内，向税务机关办理纳税申报并缴纳税款。纳税人按次申报缴纳的，应当自纳税义务发生之日起十五日内，向税务机关办理纳税申报并缴纳税款。

纳税人应当依法如实办理纳税申报，对申报的真实性和完整性承担责任。

第二十条 税务机关应当将纳税人的纳税申报数据资料与环境保护主管部门交送的相关数据资料进行比对。

税务机关发现纳税人的纳税申报数据资料异常或者纳税人未按照规定期限办理纳税申报的，可以提请环境保护主管部门进行复核，环境保护主管部门应当自收到税务机关的数据资料之日起十五日内向税务机关出具复核意见。税务机关应当按照环境保护主管部门复核的数据资料调整纳税人的应纳税额。

第二十一条 依照本法第十条第四项的规定核定计算污染物排放量的，由税务机关会同环境保护主管部门核定污染物排放种类、数量和应纳税额。

第二十二条 纳税人从事海洋工程向中华人民共和国管辖海域排放应税大气污染物、水污染物或者固体废物，申报缴纳环境保护税的具体办法，由国务院税务主管部门会同国务院海洋主管部门规定。

第二十三条 纳税人和税务机关、环境保护主管部门及其工作人员违反本法规定的，依照《中华人民共和国税收征收管理法》、《中华人民共和国环境保护法》和有关法律法规的规定追究法律责任。

第二十四条 各级人民政府应当鼓励纳税人加大环境保护建设投入，对纳税人用于污染物自动监测设备的投资予以资金和政策支持。

第五章 附 则

第二十五条 本法下列用语的含义：

（一）污染当量，是指根据污染物或者污染排放活动对环境的有害程度以及处理的技术经济性，衡量不同污染物对环境污染的综合性指标或者计量单位。同一介质相同污染当量的不同污染物，其污染程度基本相当。

（二）排污系数，是指在正常技术经济和管理条件下，生产单位产品所应排放的污染物量的统计平均值。

（三）物料衡算，是指根据物质质量守恒原理对生产过程中使用的原料、生产的产品和产生的废物等进行测算的一种方法。

第二十六条 直接向环境排放应税污染物的企业事业单位和其他生产经营者，除依照本法规定缴纳环境保护税外，应当对所造成的损害依法承担责任。

第二十七条 自本法施行之日起，依照本法规定征收环境保护税，不再征收排污费。

第二十八条 本法自2018年1月1日起施行。

中华人民共和国海洋环境保护法（摘录）

（2016年11月7日）

（1982年8月23日第五届全国人民代表大会常务委员会第二十四次会议通过 1999年12月25日第九届全国人民代表大会常务委员会第十三次会议修订 根据2013年12月28日第十二届全国人民代表大会常务委员会第六次会议《关于修改〈中华人民共和国海洋环境保护法〉等七部法律的决定》修正 根据2016年11月7日主席令第56号《全国人大常委会关于修改〈中华人民共和国海洋环境保护法〉的决定》修改）

第五条 国务院环境保护行政主管部门作为对全国环境保护工作统一监督管理的部门，对全国海洋环境保护工作实施指导、协调和监督，并负责全国防治陆源污染物和海岸工程建设项目对海洋污染损害的环境保护工作。

国家海洋行政主管部门负责海洋环境的监督管理，组织海洋环境的调查、监测、监视、评价和科学研究，负责全国防治海洋工程建设项目和海洋倾倒废弃物对海洋污染损害的环境保护工作。

……

第十四条 国家海洋行政主管部门按照国家环境监测、监视规范和标准，管理全国海洋环境的调查、监测、监视，制定具体的实施办法，会同有关部门组织全国海洋环境监测、监视网络，定期评价海洋环境质量，发布海洋巡航监视通报。

依照本法规定行使海洋环境监督管理权的部门分别负责各自所辖水域的监测、监视。

其他有关部门根据全国海洋环境监测网的分工，分别负责对入海河口、主要排污口的监测。

……

第十六条 国家海洋行政主管部门按照国家制定的环境监测、监视信息管理制度，负责管理海洋综合信息系统，为海洋环境保护监督管理提供服务。

……

第五十八条 国家海洋行政主管部门监督管理倾倒区的使用，组织倾倒区的环境监测，对经确认不宜继续使用的倾倒区，国家海洋行政主管部门应当予以封闭，终止在该倾倒区的一切倾倒活动，并报国务院备案。

中华人民共和国水污染防治法

（2017 年 6 月 27 日）

（1984 年 5 月 11 日第六届全国人民代表大会常务委员会第五次会议通过　根据 1996 年 5 月 15 日第八届全国人民代表大会常务委员会第十九次会议《关于修改〈中华人民共和国水污染防治法〉的决定》第一次修正　2008 年 2 月 28 日第十届全国人民代表大会常务委员会第三十二次会议修订　根据 2017 年 6 月 27 日第十二届全国人民代表大会常务委员会第二十八次会议《关于修改〈中华人民共和国水污染防治法〉的决定》第二次修正）

目　录

第一章 总 则

第一条 为了保护和改善环境，防治水污染，保护水生态，保障饮用水安全，维护公众健康，推进生态文明建设，促进经济社会可持续发展，制定本法。

第二条 本法适用于中华人民共和国领域内的江河、湖泊、运河、渠道、水库等地表水体以及地下水体的污染防治。

海洋污染防治适用《中华人民共和国海洋环境保护法》。

第三条 水污染防治应当坚持预防为主、防治结合、综合治理的原则，优先保护饮用水水源，严格控制工业污染、城镇生活污染，防治农业面源污染，积极推进生态治理工程建设，预防、控制和减少水环境污染和生态破坏。

第四条 县级以上人民政府应当将水环境保护工作纳入国民经济和社会发展规划。

地方各级人民政府对本行政区域的水环境质量负责，应当及时采取措施防治水污染。

第五条 省、市、县、乡建立河长制，分级分段组织领导本行政区域内江河、湖泊的水资源保护、水域岸线管理、水污染防治、水环境治理等工作。

第六条 国家实行水环境保护目标责任制和考核评价制度，将水环境保护目标完成情况作为对地方人民政府及其负责人考核评价的内容。

第七条 国家鼓励、支持水污染防治的科学技术研究和先进适用技术的推广应用，加强水环境保护的宣传教育。

第八条 国家通过财政转移支付等方式，建立健全对位于饮用水水源保护区区域和江河、湖泊、水库上游地区的水环境生态保护补偿机制。

第九条 县级以上人民政府环境保护主管部门对水污染防治实施统一监督管理。

交通主管部门的海事管理机构对船舶污染水域的防治实施监督管理。

县级以上人民政府水行政、国土资源、卫生、建设、农业、渔业等部门以及重要江河、湖泊的流域水资源保护机构，在各自的职责范围内，对有关水污染防治实施监督管理。

第十条 排放水污染物，不得超过国家或者地方规定的水污染物排放标准和重点水污染物排放总量控制指标。

第十一条 任何单位和个人都有义务保护水环境，并有权对污染损害水环境的行为进行检举。

县级以上人民政府及其有关主管部门对在水污染防治工作中做出显著成绩的单位和个人给予表彰和奖励。

第二章 水污染防治的标准和规划

第十二条 国务院环境保护主管部门制定国家水环境质量标准。

省、自治区、直辖市人民政府可以对国家水环境质量标准中未作规定的项目，制定地方标准，并报国务院环境保护主管部门备案。

第十三条 国务院环境保护主管部门会同国务院水行政主管部门和有关省、自治区、直辖市人民政府，可以根据国家确定的重要江河、湖泊流域水体的使用功能以及有关地区的经济、技术条件，确定该重要江河、湖泊流域的省界水体适用的水环境质量标准，报国务院批准后施行。

第十四条 国务院环境保护主管部门根据国家水环境质量标准和国家经济、技术条件，制定国家水污染物排放标准。

省、自治区、直辖市人民政府对国家水污染物排放标准中未作规定的项目，可以制定地方水污染物排放标准；对国家水污染物排放标准中已作规定的项目，可以制定严于国家水污染物排放标准的地方水污染物排放标准。地方水污染物排放标准须报国务院环境保护主管部门备案。

向已有地方水污染物排放标准的水体排放污染物的，应当执行地方水污染物排放标准。

第十五条 国务院环境保护主管部门和省、自治区、直辖市人民政府，应当根据水污染防治的要求和国家或者地方的经济、技术条件，适时修订水环境质量标准和水污染物排放标准。

第十六条 防治水污染应当按流域或者按区域进行统一规划。国家确定的重要江河、湖泊的流域水污染防治规划，由国务院环境保护主管部门会同国务院经济综合宏观调控、水行政等部门和有关省、自治区、直辖市人民政府编制，报国务院批准。

前款规定外的其他跨省、自治区、直辖市江河、湖泊的流域水污染防治规划，根据国家确定的重要江河、湖泊的流域水污染防治规划和本地实际情况，由有关省、自治区、直辖市人民政府环境保护主管部门会同同级水行政等部门和有关市、县人民政府编制，经有关省、自治区、直辖市人民政府审核，报国务院批准。

省、自治区、直辖市内跨县江河、湖泊的流域水污染防治规划，根据国家确定的重要江河、湖泊的流域水污染防治规划和本地实际情况，由省、自治区、直辖市人民政府环境保护主管部门会同同级水行政等部门编制，报省、自治区、直辖市人民政府批准，并报国务院备案。

经批准的水污染防治规划是防治水污染的基本依据，规划的修订须经原批准机关批准。

县级以上地方人民政府应当根据依法批准的江河、湖泊的流域水污染防治规划，组织制定本行政区域的水污染防治规划。

第十七条 有关市、县级人民政府应当按照水污染防治规划确定的水环境质量改善目标的要求，制定限期达标规划，采取措施按期达标。

有关市、县级人民政府应当将限期达标规划报上一级人民政府备案，并向社会公开。

第十八条 市、县级人民政府每年在向本级人民代表大会或者其常务委员会报告环境状况和环境保护目标完成情况时，应当报告水环境质量限期达标规划执行情况，并向社会公开。

第三章 水污染防治的监督管理

第十九条 新建、改建、扩建直接或者间接向水体排放污染物的建设项目和其他水上设施，应当依法进行环境影响评价。

建设单位在江河、湖泊新建、改建、扩建排污口的，应当取得水行政主管部门或者流域管理机构同意；涉及通航、渔业水域的，环境保护主管部门在审批环境影响评价文件时，应当征求交通、渔业主管部门的意见。

建设项目的水污染防治设施，应当与主体工程同时设计、同时施工、同时投入使用。水污染防治设施应当符合经批准或者备案的环境影响评价文件的要求。

第二十条 国家对重点水污染物排放实施总量控制制度。

重点水污染物排放总量控制指标，由国务院环境保护主管部门在征求国务院有关部门和各省、自治区、直辖市人民政府意见后，会同国务院经济综合宏观调控部门报国务院批准并下达实施。

省、自治区、直辖市人民政府应当按照国务院的规定削减和控制本行政区域的重点水污染物排放总量。具体办法由国务院环境保护主管部门会同国务院有关部门规定。

省、自治区、直辖市人民政府可以根据本行政区域水环境质量状况和水污染防治工作的需要，对国家重点水污染物之外的其他水污染物排放实行总量控制。

对超过重点水污染物排放总量控制指标或者未完成水环境质量改善目标的地区，省级以上人民政府环境保护主管部门应当会同有关部门约谈该地区人民政府的主要负责人，并暂停审批新增重点水污染物排放总量的建设项目的环境影响评价文件。约谈情况应当向社会公开。

第二十一条 直接或者间接向水体排放工业废水和医疗污水以及其他按照规定应当取得排污许可证方可排放的废水、污水的企业事业单位和其他生产经营者，应当取得排污许可证；城镇污水集中处理设施的运营单位，也应当取得排污许可证。排污许可证应当明确排放水污染物的种类、浓度、总量和排放去向等要求。排污许可的具体办法由国务院规定。

禁止企业事业单位和其他生产经营者无排污许可证或者违反排污许可证的规定向水体排放前款规定的废水、污水。

第二十二条 向水体排放污染物的企业事业单位和其他生产经营者，应当按照法律、行政法规和国务院环境保护主管部门的规定设置排污口；在江河、湖泊设置排污口的，还应当遵守国务院水行政主管部门的规定。

第二十三条 实行排污许可管理的企业事业单位和其他生产经营者应当按照国家有关规定和监测规范，对所排放的水污染物自行监测，并保存原始监测记录。

重点排污单位还应当安装水污染物排放自动监测设备，与环境保护主管部门的监控设备联网，并保证监测设备正常运行。具体办法由国务院环境保护主管部门规定。

应当安装水污染物排放自动监测设备的重点排污单位名录，由设区的市级以上地方人民政府环境保护主管部门根据本行政区域的环境容量、重点水污染物排放总量控制指标的要求以及排污单位排放水污染物的种类、数量和浓度等因素，商同级有关部门确定。

第二十四条 实行排污许可管理的企业事业单位和其他生产经营者应当对监测数据的真实性和准确性负责。

环境保护主管部门发现重点排污单位的水污染物排放自动监测设备传输数据异常，应当及时进行调查。

第二十五条 国家建立水环境质量监测和水污染物排放监测制度。国务院环境保护主管部门负责制定水环境监测规范，统一发布国家水环境状况信息，会同国务院水行政等部门组织监测网络，统一规划国家水环境质量监测站（点）的设置，建立监测数据共享机制，加强对水环境监测的管理。

第二十六条 国家确定的重要江河、湖泊流域的水资源保护工作机构负责监测其所在流域的省界水体的水环境质量状况，并将监测结果及时报国务院环境保护主管部门和国务院水行政主管部门；有经国务院批准成立的流域水资源保护领导机构的，应当将监测结果及时报告流域水资源保护领导机构。

第二十七条 国务院有关部门和县级以上地方人民政府开发、利用和调节、调度水资源时，应当统筹兼顾，维持江河的合理流量和湖泊、水库以及地下水体的合理水位，保障基本生态用水，维护水体的生态功能。

第二十八条 国务院环境保护主管部门应当会同国务院水行政等部门和有关省、自治区、直辖市人民政府，建立重要江河、湖泊的流域水环境保护联合协调机制，实行统一规划、统一标准、统一监测、统一的防治措施。

第二十九条 国务院环境保护主管部门和省、自治区、直辖市人民政府环境保护主管部门应当会同同级有关部门根据流域生态环境功能需要，明确流域生态环境保护要求，组织开展流域环境资源承载能力监测、评价，实施流域环境资源承载能力预警。

县级以上地方人民政府应当根据流域生态环境功能需要，组织开展江河、湖泊、湿地保护与修复，因地制宜建设人工湿地、水源涵养林、沿河沿湖植被缓冲带和隔离带等生态环境治理与保护工程，整治黑臭水体，提高流域环境资源承载能力。

从事开发建设活动，应当采取有效措施，维护流域生态环境功能，严守生态保护红线。

第三十条 环境保护主管部门和其他依照本法规定行使监督管理权的部门，有权对管辖范围内的排污单位进行现场检查，被检查的单位应当如实反映情况，提供必要的资料。检查机关有义务为被检查的单位保守在检查中获取的商业秘密。

第三十一条 跨行政区域的水污染纠纷，由有关地方人民政府协商解决，或者由其共同的上级人民政府协调解决。

第四章 水污染防治措施

第一节 一般规定

第三十二条 国务院环境保护主管部门应当会同国务院卫生主管部门，根据对公众健康和生态环境的危害和影响程度，公布有毒有害水污染物名录，实行风险管理。

排放前款规定名录中所列有毒有害水污染物的企业事业单位和其他生产经营者，应当对排污口和周边环境进行监测，评估环境风险，排查环境安全隐患，并公开有毒有害水污染物信息，采取有效措施防范环境风险。

第三十三条 禁止向水体排放油类、酸液、碱液或者剧毒废液。

禁止在水体清洗装贮过油类或者有毒污染物的车辆和容器。

第三十四条 禁止向水体排放、倾倒放射性固体废物或者含有高放射性和中放射性物质的废水。

向水体排放含低放射性物质的废水，应当符合国家有关放射性污染防治的规定和标准。

第三十五条 向水体排放含热废水，应当采取措施，保证水体的水温符合水环境质量标准。

第三十六条 含病原体的污水应当经过消毒处理；符合国家有关标准后，方可排放。

第三十七条 禁止向水体排放、倾倒工业废渣、城镇垃圾和其他废弃物。

禁止将含有汞、镉、砷、铬、铅、氰化物、黄磷等的可溶性剧毒废渣向水体排放、倾倒或者直接埋入地下。

存放可溶性剧毒废渣的场所，应当采取防水、防渗漏、防流失的措施。

第三十八条 禁止在江河、湖泊、运河、渠道、水库最高水位线以下的滩地和岸坡堆放、存贮固体废弃物和其他污染物。

第三十九条 禁止利用渗井、渗坑、裂隙、溶洞，私设暗管，篡改、伪造监测数据，或者不正常运行水污染防治设施等逃避监管的方式排放水污染物。

第四十条 化学品生产企业以及工业集聚区、矿山开采区、尾矿库、危险废物处置场、垃圾填埋场等的运营、管理单位，应当采取防渗漏等措施，并建设地下水水质监测井进行监测，防止地下水污染。

加油站等的地下油罐应当使用双层罐或者采取建造防渗池等其他有效措施，并进行防渗漏监测，防止地下水污染。

禁止利用无防渗漏措施的沟渠、坑塘等输送或者存贮含有毒污染物的废水、含病原体的污水和其他废弃物。

第四十一条 多层地下水的含水层水质差异大的，应当分层开采；对已受污染的潜水和承压水，不得混合开采。

第四十二条 兴建地下工程设施或者进行地下勘探、采矿等活动，应当采取防护性措施，防止地下水污染。

报废矿井、钻井或者取水井等，应当实施封井或者回填。

第四十三条 人工回灌补给地下水，不得恶化地下水质。

第二节 工业水污染防治

第四十四条 国务院有关部门和县级以上地方人民政府应当合理规划工业布局，要求造成水污染的企业进行技术改造，采取综合防治措施，提高水的重复利用率，减少废水和污染物排放量。

第四十五条 排放工业废水的企业应当采取有效措施，收集和处理产生的全部废水，防止污染环境。含有毒有害水污染物的工业废水应当分类收集和处理，不得稀释排放。

工业集聚区应当配套建设相应的污水集中处理设施，安装自动监测设备，与环境保护主管部门的监控设备联网，并保证监测设备正常运行。

向污水集中处理设施排放工业废水的，应当按照国家有关规定进行预处理，达到集中处理设施处理工艺要求后方可排放。

第四十六条 国家对严重污染水环境的落后工艺和设备实行淘汰制度。

国务院经济综合宏观调控部门会同国务院有关部门，公布限期禁止采用的严重污染水环境的工艺名录和限期禁止生产、销售、进口、使用的严重污染水环境的设备名录。

生产者、销售者、进口者或者使用者应当在规定的期限内停止生产、销售、进口或者使用列入前款规定的设备名录中的设备。工艺的采用者应当在规定的期限内停止采用列入前款规定的工艺名录中的工艺。

依照本条第二款、第三款规定被淘汰的设备，不得转让给他人使用。

第四十七条 国家禁止新建不符合国家产业政策的小型造纸、制革、印染、染料、炼焦、炼硫、炼砷、炼汞、炼油、电镀、农药、石棉、水泥、玻璃、钢铁、火电以及其他严重污染水环境的生产项目。

第四十八条 企业应当采用原材料利用效率高、污染物排放量少的清洁工艺，并加强管理，减少水污染物的产生。

第三节 城镇水污染防治

第四十九条 城镇污水应当集中处理。

县级以上地方人民政府应当通过财政预算和其他渠道筹集资金，统筹安排建设城镇污水集中处理设施及配套管网，提高本行政区域城镇污水的收集率和处理率。

国务院建设主管部门应当会同国务院经济综合宏观调控、环境保护主管部门，根据城乡规划和水污染防治规划，组织编制全国城镇污水处理设施建设规划。县级以上地方人民政府组织建设、经济综合宏观调控、环境保护、水行政等部门编制本行政区域的城镇污水处理设施建设规划。县级以上地方人民政府建设主管部门应当按照城镇污水处理设施建设规划，组织建设城镇污水集中处理设施及配套管网，并加强对城镇污水集中处理设施运营的监督管理。

城镇污水集中处理设施的运营单位按照国家规定向排污者提供污水处理的有偿服务，收取污水处理费用，保证污水集中处理设施的正常运行。收取的污水处理费用应当用于城镇污水集中处理设施的建设运行和污泥处理处置，不得挪作他用。

城镇污水集中处理设施的污水处理收费、管理以及使用的具体办法，由国务院规定。

第五十条 向城镇污水集中处理设施排放水污染物，应当符合国家或者地方规定的水污染物排放标准。

城镇污水集中处理设施的运营单位，应当对城镇污水集中处理设施的出水水质负责。

环境保护主管部门应当对城镇污水集中处理设施的出水水质和水量进行监督检查。

第五十一条 城镇污水集中处理设施的运营单位或者污泥处理处置单位应当安全处理处置污泥，保证处理处置后的污泥符合国家标准，并对污泥的去向等进行记录。

第四节 农业和农村水污染防治

第五十二条 国家支持农村污水、垃圾处理设施的建设，推进农村污水、垃圾集中处理。

地方各级人民政府应当统筹规划建设农村污水、垃圾处理设施，并保障其正常运行。

第五十三条 制定化肥、农药等产品的质量标准和使用标准，应当适应水环境保护要求。

第五十四条 使用农药，应当符合国家有关农药安全使用的规定和标准。

运输、存贮农药和处置过期失效农药，应当加强管理，防止造成水污染。

第五十五条 县级以上地方人民政府农业主管部门和其他有关部门，应当采取措施，指导农业生产者科学、合理地施用化肥和农药，推广测土配方施肥技术和高效低毒低残留农药，控制化肥和农药的过量使用，防止造成水污染。

第五十六条 国家支持畜禽养殖场、养殖小区建设畜禽粪便、废水的综合利用或者无害化处理设施。

畜禽养殖场、养殖小区应当保证其畜禽粪便、废水的综合利用或者无害化处理设施正常运转，保证污水达标排放，防止污染水环境。

畜禽散养密集区所在地县、乡级人民政府应当组织对畜禽粪便污水进行分户收集、集中处理利用。

第五十七条 从事水产养殖应当保护水域生态环境，科学确定养殖密度，合理投饵和使用药物，防止污染水环境。

第五十八条 农田灌溉用水应当符合相应的水质标准，防止污染土壤、地下水和农产品。

禁止向农田灌溉渠道排放工业废水或者医疗污水。向农田灌溉渠道排放城镇污水以及未综合利用的畜禽养殖废水、农产品加工废水的，应当保证其下游最近的灌溉取水点的水质符合农田灌溉水质标准。

第五节 船舶水污染防治

第五十九条 船舶排放含油污水、生活污水，应当符合船舶污染物排放标准。从事海洋航运的船舶进入内河和港口的，应当遵守内河的船舶污染物排放标准。

船舶的残油、废油应当回收，禁止排入水体。

禁止向水体倾倒船舶垃圾。

船舶装载运输油类或者有毒货物，应当采取防止溢流和渗漏的措施，防止货物落水造成水污染。

进入中华人民共和国内河的国际航线船舶排放压载水的，应当采用压载水处理装置或者采取其他等效措施，对压载水进行灭活等处理。禁止排放不符合规定的船舶压载水。

第六十条 船舶应当按照国家有关规定配置相应的防污设备和器材，并持有合法有效的防止水域环境污染的证书与文书。

船舶进行涉及污染物排放的作业，应当严格遵守操作规程，并在相应的记录簿上如实记载。

第六十一条 港口、码头、装卸站和船舶修造厂所在地市、县级人民政府应当统筹规划建设船舶污染物、废弃物的接收、转运及处理处置设施。

港口、码头、装卸站和船舶修造厂应当备有足够的船舶污染物、废弃物的接收设施。从事船舶污染物、废弃物接收作业，或者从事装载油类、污染危害性货物船舱清洗作业的单位，应当具备与其运营规模相适应的接收处理能力。

第六十二条 船舶及有关作业单位从事有污染风险的作业活动，应当按照有关法律法规和标准，采取有效措施，防止造成水污染。海事管理机构、渔业主管部门应当加强对船舶及有关作业活动的监督管理。

船舶进行散装液体污染危害性货物的过驳作业，应当编制作业方案，采取有效的安全和污染防治措施，并报作业地海事管理机构批准。

禁止采取冲滩方式进行船舶拆解作业。

第五章　饮用水水源和其他特殊水体保护

第六十三条　国家建立饮用水水源保护区制度。饮用水水源保护区分为一级保护区和二级保护区；必要时，可以在饮用水水源保护区外围划定一定的区域作为准保护区。

饮用水水源保护区的划定，由有关市、县人民政府提出划定方案，报省、自治区、直辖市人民政府批准；跨市、县饮用水水源保护区的划定，由有关市、县人民政府协商提出划定方案，报省、自治区、直辖市人民政府批准；协商不成的，由省、自治区、直辖市人民政府环境保护主管部门会同同级水行政、国土资源、卫生、建设等部门提出划定方案，征求同级有关部门的意见后，报省、自治区、直辖市人民政府批准。

跨省、自治区、直辖市的饮用水水源保护区，由有关省、自治区、直辖市人民政府商有关流域管理机构划定；协商不成的，由国务院环境保护主管部门会同同级水行政、国土资源、卫生、建设等部门提出划定方案，征求国务院有关部门的意见后，报国务院批准。

国务院和省、自治区、直辖市人民政府可以根据保护饮用水水源的实际需要，调整饮用水水源保护区的范围，确保饮用水安全。有关地方人民政府应当在饮用水水源保护区的边界设立明确的地理界标和明显的警示标志。

第六十四条　在饮用水水源保护区内，禁止设置排污口。

第六十五条　禁止在饮用水水源一级保护区内新建、改建、扩建与供水设施和保护水源无关的建设项目；已建成的与供水设施和保护水源无关的建设项目，由县级以上人民政府责令拆除或者关闭。

禁止在饮用水水源一级保护区内从事网箱养殖、旅游、游泳、垂钓或者其他可能污染饮用水水体的活动。

第六十六条　禁止在饮用水水源二级保护区内新建、改建、扩建排放污染物的建设项目；已建成的排放污染物的建设项目，由县级以上人民政府责令拆除或者关闭。

在饮用水水源二级保护区内从事网箱养殖、旅游等活动的，应当按照规定采取措施，防止污染饮用水水体。

第六十七条 禁止在饮用水水源准保护区内新建、扩建对水体污染严重的建设项目；改建建设项目，不得增加排污量。

第六十八条 县级以上地方人民政府应当根据保护饮用水水源的实际需要，在准保护区内采取工程措施或者建造湿地、水源涵养林等生态保护措施，防止水污染物直接排入饮用水水体，确保饮用水安全。

第六十九条 县级以上地方人民政府应当组织环境保护等部门，对饮用水水源保护区、地下水型饮用水源的补给区及供水单位周边区域的环境状况和污染风险进行调查评估，筛查可能存在的污染风险因素，并采取相应的风险防范措施。

饮用水水源受到污染可能威胁供水安全的，环境保护主管部门应当责令有关企业事业单位和其他生产经营者采取停止排放水污染物等措施，并通报饮用水供水单位和供水、卫生、水行政等部门；跨行政区域的，还应当通报相关地方人民政府。

第七十条 单一水源供水城市的人民政府应当建设应急水源或者备用水源，有条件的地区可以开展区域联网供水。

县级以上地方人民政府应当合理安排、布局农村饮用水水源，有条件的地区可以采取城镇供水管网延伸或者建设跨村、跨乡镇联片集中供水工程等方式，发展规模集中供水。

第七十一条 饮用水供水单位应当做好取水口和出水口的水质检测工作。发现取水口水质不符合饮用水水源水质标准或者出水口水质不符合饮用水卫生标准的，应当及时采取相应措施，并向所在地市、县级人民政府供水主管部门报告。供水主管部门接到报告后，应当通报环境保护、卫生、水行政等部门。

饮用水供水单位应当对供水水质负责，确保供水设施安全可靠运行，保证供水水质符合国家有关标准。

第七十二条 县级以上地方人民政府应当组织有关部门监测、评估本行政区域内饮用水水源、供水单位供水和用户水龙头出水的水质等饮用水安全状况。

县级以上地方人民政府有关部门应当至少每季度向社会公开一次饮用水安全

状况信息。

第七十三条 国务院和省、自治区、直辖市人民政府根据水环境保护的需要，可以规定在饮用水水源保护区内，采取禁止或者限制使用含磷洗涤剂、化肥、农药以及限制种植养殖等措施。

第七十四条 县级以上人民政府可以对风景名胜区水体、重要渔业水体和其他具有特殊经济文化价值的水体划定保护区，并采取措施，保证保护区的水质符合规定用途的水环境质量标准。

第七十五条 在风景名胜区水体、重要渔业水体和其他具有特殊经济文化价值的水体的保护区内，不得新建排污口。在保护区附近新建排污口，应当保证保护区水体不受污染。

第六章 水污染事故处置

第七十六条 各级人民政府及其有关部门，可能发生水污染事故的企业事业单位，应当依照《中华人民共和国突发事件应对法》的规定，做好突发水污染事故的应急准备、应急处置和事后恢复等工作。

第七十七条 可能发生水污染事故的企业事业单位，应当制定有关水污染事故的应急方案，做好应急准备，并定期进行演练。

生产、储存危险化学品的企业事业单位，应当采取措施，防止在处理安全生产事故过程中产生的可能严重污染水体的消防废水、废液直接排入水体。

第七十八条 企业事业单位发生事故或者其他突发性事件，造成或者可能造成水污染事故的，应当立即启动本单位的应急方案，采取隔离等应急措施，防止水污染物进入水体，并向事故发生地的县级以上地方人民政府或者环境保护主管部门报告。环境保护主管部门接到报告后，应当及时向本级人民政府报告，并抄送有关部门。

造成渔业污染事故或者渔业船舶造成水污染事故的，应当向事故发生地的渔业主管部门报告，接受调查处理。其他船舶造成水污染事故的，应当向事故发生地的海事管理机构报告，接受调查处理；给渔业造成损害的，海事管理机构应当通知渔业主管部门参与调查处理。

第七十九条 市、县级人民政府应当组织编制饮用水安全突发事件应急预案。

饮用水供水单位应当根据所在地饮用水安全突发事件应急预案，制定相应的突发事件应急方案，报所在地市、县级人民政府备案，并定期进行演练。

饮用水水源发生水污染事故，或者发生其他可能影响饮用水安全的突发性事件，饮用水供水单位应当采取应急处理措施，向所在地市、县级人民政府报告，并向社会公开。有关人民政府应当根据情况及时启动应急预案，采取有效措施，保障供水安全。

第七章 法律责任

第八十条 环境保护主管部门或者其他依照本法规定行使监督管理权的部门，不依法作出行政许可或者办理批准文件的，发现违法行为或者接到对违法行为的举报后不予查处的，或者有其他未依照本法规定履行职责的行为的，对直接负责的主管人员和其他直接责任人员依法给予处分。

第八十一条 以拖延、围堵、滞留执法人员等方式拒绝、阻挠环境保护主管部门或者其他依照本法规定行使监督管理权的部门的监督检查，或者在接受监督检查时弄虚作假的，由县级以上人民政府环境保护主管部门或者其他依照本法规定行使监督管理权的部门责令改正，处二万元以上二十万元以下的罚款。

第八十二条 违反本法规定，有下列行为之一的，由县级以上人民政府环境保护主管部门责令限期改正，处二万元以上二十万元以下的罚款；逾期不改正的，责令停产整治：

（一）未按照规定对所排放的水污染物自行监测，或者未保存原始监测记录的；

（二）未按照规定安装水污染物排放自动监测设备，未按照规定与环境保护主管部门的监控设备联网，或者未保证监测设备正常运行的；

（三）未按照规定对有毒有害水污染物的排污口和周边环境进行监测，或者未公开有毒有害水污染物信息的。

第八十三条 违反本法规定，有下列行为之一的，由县级以上人民政府环境保护主管部门责令改正或者责令限制生产、停产整治，并处十万元以上一百万元以下的罚款；情节严重的，报经有批准权的人民政府批准，责令停业、关闭：

（一）未依法取得排污许可证排放水污染物的；

（二）超过水污染物排放标准或者超过重点水污染物排放总量控制指标排放水污染物的；

（三）利用渗井、渗坑、裂隙、溶洞，私设暗管，篡改、伪造监测数据，或者不正常运行水污染防治设施等逃避监管的方式排放水污染物的；

（四）未按照规定进行预处理，向污水集中处理设施排放不符合处理工艺要求的工业废水的。

第八十四条 在饮用水水源保护区内设置排污口的，由县级以上地方人民政府责令限期拆除，处十万元以上五十万元以下的罚款；逾期不拆除的，强制拆除，所需费用由违法者承担，处五十万元以上一百万元以下的罚款，并可以责令停产整治。

除前款规定外，违反法律、行政法规和国务院环境保护主管部门的规定设置排污口的，由县级以上地方人民政府环境保护主管部门责令限期拆除，处二万元以上十万元以下的罚款；逾期不拆除的，强制拆除，所需费用由违法者承担，处十万元以上五十万元以下的罚款；情节严重的，可以责令停产整治。

未经水行政主管部门或者流域管理机构同意，在江河、湖泊新建、改建、扩建排污口的，由县级以上人民政府水行政主管部门或者流域管理机构依据职权，依照前款规定采取措施、给予处罚。

第八十五条 有下列行为之一的，由县级以上地方人民政府环境保护主管部门责令停止违法行为，限期采取治理措施，消除污染，处以罚款；逾期不采取治理措施的，环境保护主管部门可以指定有治理能力的单位代为治理，所需费用由违法者承担：

（一）向水体排放油类、酸液、碱液的；

（二）向水体排放剧毒废液，或者将含有汞、镉、砷、铬、铅、氰化物、黄磷等的可溶性剧毒废渣向水体排放、倾倒或者直接埋入地下的；

（三）在水体清洗装贮过油类、有毒污染物的车辆或者容器的；

（四）向水体排放、倾倒工业废渣、城镇垃圾或者其他废弃物，或者在江河、湖泊、运河、渠道、水库最高水位线以下的滩地、岸坡堆放、存贮固体废弃物或者其他污染物的；

（五）向水体排放、倾倒放射性固体废物或者含有高放射性、中放射性物质的废水的；

（六）违反国家有关规定或者标准，向水体排放含低放射性物质的废水、热废水或者含病原体的污水的；

（七）未采取防渗漏等措施，或者未建设地下水水质监测井进行监测的；

（八）加油站等的地下油罐未使用双层罐或者采取建造防渗池等其他有效措施，或者未进行防渗漏监测的；

（九）未按照规定采取防护性措施，或者利用无防渗漏措施的沟渠、坑塘等输送或者存贮含有毒污染物的废水、含病原体的污水或者其他废弃物的。

有前款第三项、第四项、第六项、第七项、第八项行为之一的，处二万元以上二十万元以下的罚款。有前款第一项、第二项、第五项、第九项行为之一的，处十万元以上一百万元以下的罚款；情节严重的，报经有批准权的人民政府批准，责令停业、关闭。

第八十六条 违反本法规定，生产、销售、进口或者使用列入禁止生产、销售、进口、使用的严重污染水环境的设备名录中的设备，或者采用列入禁止采用的严重污染水环境的工艺名录中的工艺的，由县级以上人民政府经济综合宏观调控部门责令改正，处五万元以上二十万元以下的罚款；情节严重的，由县级以上人民政府经济综合宏观调控部门提出意见，报请本级人民政府责令停业、关闭。

第八十七条 违反本法规定，建设不符合国家产业政策的小型造纸、制革、印染、染料、炼焦、炼硫、炼砷、炼汞、炼油、电镀、农药、石棉、水泥、玻璃、钢铁、火电以及其他严重污染水环境的生产项目的，由所在地的市、县人民政府责令关闭。

第八十八条 城镇污水集中处理设施的运营单位或者污泥处理处置单位，处理处置后的污泥不符合国家标准，或者对污泥去向等未进行记录的，由城镇排水主管部门责令限期采取治理措施，给予警告；造成严重后果的，处十万元以上二十万元以下的罚款；逾期不采取治理措施的，城镇排水主管部门可以指定有治理能力的单位代为治理，所需费用由违法者承担。

第八十九条 船舶未配置相应的防污染设备和器材，或者未持有合法有效的防止水域环境污染的证书与文书的，由海事管理机构、渔业主管部门按照职责分工责令限期改正，处二千元以上二万元以下的罚款；逾期不改正的，责令船舶临时停航。

船舶进行涉及污染物排放的作业，未遵守操作规程或者未在相应的记录簿上如实记载的，由海事管理机构、渔业主管部门按照职责分工责令改正，处二千元以上二万元以下的罚款。

第九十条 违反本法规定，有下列行为之一的，由海事管理机构、渔业主管部门按照职责分工责令停止违法行为，处一万元以上十万元以下的罚款；造成水污染的，责令限期采取治理措施，消除污染，处二万元以上二十万元以下的罚款；逾期不采取治理措施的，海事管理机构、渔业主管部门按照职责分工可以指定有治理能力的单位代为治理，所需费用由船舶承担：

（一）向水体倾倒船舶垃圾或者排放船舶的残油、废油的；

（二）未经作业地海事管理机构批准，船舶进行散装液体污染危害性货物的过驳作业的；

（三）船舶及有关作业单位从事有污染风险的作业活动，未按照规定采取污染防治措施的；

（四）以冲滩方式进行船舶拆解的；

（五）进入中华人民共和国内河的国际航线船舶，排放不符合规定的船舶压载水的。

第九十一条 有下列行为之一的，由县级以上地方人民政府环境保护主管部门责令停止违法行为，处十万元以上五十万元以下的罚款；并报经有批准权的人民政府批准，责令拆除或者关闭：

（一）在饮用水水源一级保护区内新建、改建、扩建与供水设施和保护水源无关的建设项目的；

（二）在饮用水水源二级保护区内新建、改建、扩建排放污染物的建设项目的；

（三）在饮用水水源准保护区内新建、扩建对水体污染严重的建设项目，或者改建建设项目增加排污量的。

在饮用水水源一级保护区内从事网箱养殖或者组织进行旅游、垂钓或者其他可能污染饮用水水体的活动的，由县级以上地方人民政府环境保护主管部门责令停止违法行为，处二万元以上十万元以下的罚款。个人在饮用水水源一级保护区内游泳、垂钓或者从事其他可能污染饮用水水体的活动的，由县级以上地方人民政府环境保护主管部门责令停止违法行为，可以处五百元以下的罚款。

第九十二条 饮用水供水单位供水水质不符合国家规定标准的，由所在地市、县级人民政府供水主管部门责令改正，处二万元以上二十万元以下的罚款；情节严重的，报经有批准权的人民政府批准，可以责令停业整顿；对直接负责的主管人员和其他直接责任人员依法给予处分。

第九十三条 企业事业单位有下列行为之一的，由县级以上人民政府环境保护主管部门责令改正；情节严重的，处二万元以上十万元以下的罚款：

（一）不按照规定制定水污染事故的应急方案的；

（二）水污染事故发生后，未及时启动水污染事故的应急方案，采取有关应急措施的。

第九十四条 企业事业单位违反本法规定，造成水污染事故的，除依法承担赔偿责任外，由县级以上人民政府环境保护主管部门依照本条第二款的规定处以罚款，责令限期采取治理措施，消除污染；未按照要求采取治理措施或者不具备治理能力的，由环境保护主管部门指定有治理能力的单位代为治理，所需费用由违法者承担；对造成重大或者特大水污染事故的，还可以报经有批准权的人民政府批准，责令关闭；对直接负责的主管人员和其他直接责任人员可以处上一年度从本单位取得的收入百分之五十以下的罚款；有《中华人民共和国环境保护法》第六十三条规定的违法排放水污染物等行为之一，尚不构成犯罪的，由公安机关对直接负责的主管人员和其他直接责任人员处十日以上十五日以下的拘留；情节较轻的，处五日以上十日以下的拘留。

对造成一般或者较大水污染事故的，按照水污染事故造成的直接损失的百分之二十计算罚款；对造成重大或者特大水污染事故的，按照水污染事故造成的直接损失的百分之三十计算罚款。

造成渔业污染事故或者渔业船舶造成水污染事故的，由渔业主管部门进行处罚；其他船舶造成水污染事故的，由海事管理机构进行处罚。

第九十五条 企业事业单位和其他生产经营者违法排放水污染物，受到罚款处罚，被责令改正的，依法作出处罚决定的行政机关应当组织复查，发现其继续违法排放水污染物或者拒绝、阻挠复查的，依照《中华人民共和国环境保护法》的规定按日连续处罚。

第九十六条 因水污染受到损害的当事人，有权要求排污方排除危害和赔偿损失。

由于不可抗力造成水污染损害的，排污方不承担赔偿责任；法律另有规定的除外。

水污染损害是由受害人故意造成的，排污方不承担赔偿责任。水污染损害是由受害人重大过失造成的，可以减轻排污方的赔偿责任。

水污染损害是由第三人造成的，排污方承担赔偿责任后，有权向第三人追偿。

第九十七条 因水污染引起的损害赔偿责任和赔偿金额的纠纷，可以根据当事人的请求，由环境保护主管部门或者海事管理机构、渔业主管部门按照职责分工调解处理；调解不成的，当事人可以向人民法院提起诉讼。当事人也可以直接向人民法院提起诉讼。

第九十八条 因水污染引起的损害赔偿诉讼，由排污方就法律规定的免责事由及其行为与损害结果之间不存在因果关系承担举证责任。

第九十九条 因水污染受到损害的当事人人数众多的，可以依法由当事人推选代表人进行共同诉讼。

环境保护主管部门和有关社会团体可以依法支持因水污染受到损害的当事人向人民法院提起诉讼。

国家鼓励法律服务机构和律师为水污染损害诉讼中的受害人提供法律援助。

第一百条 因水污染引起的损害赔偿责任和赔偿金额的纠纷，当事人可以委托环境监测机构提供监测数据。环境监测机构应当接受委托，如实提供有关监测数据。

第一百零一条 违反本法规定，构成犯罪的，依法追究刑事责任。

第八章 附 则

第一百零二条 本法中下列用语的含义：

（一）水污染，是指水体因某种物质的介入，而导致其化学、物理、生物或者放射性等方面特性的改变，从而影响水的有效利用，危害人体健康或者破坏生态环境，造成水质恶化的现象。

（二）水污染物，是指直接或者间接向水体排放的，能导致水体污染的物质。

（三）有毒污染物，是指那些直接或者间接被生物摄入体内后，可能导致该生物或者其后代发病、行为反常、遗传异变、生理机能失常、机体变形或者死亡的污染物。

（四）污泥，是指污水处理过程中产生的半固态或者固态物质。

（五）渔业水体，是指划定的鱼虾类的产卵场、索饵场、越冬场、洄游通道和鱼虾贝藻类的养殖场的水体。

第一百零三条 本法自 2018 年 1 月 1 日起施行。

中华人民共和国大气污染防治法

（2015 年 8 月 29 日）

（1987 年 9 月 5 日第六届全国人民代表大会常务委员会第二十二次会议通过　根据 1995 年 8 月 29 日第八届全国人民代表大会常务委员会第十五次会议《关于修改〈中华人民共和国大气污染防治法〉的决定》修正　2000 年 4 月 29 日第九届全国人民代表大会常务委员会第十五次会议第一次修订　2015 年 8 月 29 日第十二届全国人民代表大会常务委员会第十六次会议第二次修订）

目　　录

第一章　总　　则

第一条　为保护和改善环境，防治大气污染，保障公众健康，推进生态文明建设，促进经济社会可持续发展，制定本法。

第二条 防治大气污染，应当以改善大气环境质量为目标，坚持源头治理，规划先行，转变经济发展方式，优化产业结构和布局，调整能源结构。

防治大气污染，应当加强对燃煤、工业、机动车船、扬尘、农业等大气污染的综合防治，推行区域大气污染联合防治，对颗粒物、二氧化硫、氮氧化物、挥发性有机物、氨等大气污染物和温室气体实施协同控制。

第三条 县级以上人民政府应当将大气污染防治工作纳入国民经济和社会发展规划，加大对大气污染防治的财政投入。

地方各级人民政府应当对本行政区域的大气环境质量负责，制定规划，采取措施，控制或者逐步削减大气污染物的排放量，使大气环境质量达到规定标准并逐步改善。

第四条 国务院环境保护主管部门会同国务院有关部门，按照国务院的规定，对省、自治区、直辖市大气环境质量改善目标、大气污染防治重点任务完成情况进行考核。省、自治区、直辖市人民政府制定考核办法，对本行政区域内地方大气环境质量改善目标、大气污染防治重点任务完成情况实施考核。考核结果应当向社会公开。

第五条 县级以上人民政府环境保护主管部门对大气污染防治实施统一监督管理。

县级以上人民政府其他有关部门在各自职责范围内对大气污染防治实施监督管理。

第六条 国家鼓励和支持大气污染防治科学技术研究，开展对大气污染来源及其变化趋势的分析，推广先进适用的大气污染防治技术和装备，促进科技成果转化，发挥科学技术在大气污染防治中的支撑作用。

第七条 企业事业单位和其他生产经营者应当采取有效措施，防止、减少大气污染，对所造成的损害依法承担责任。

公民应当增强大气环境保护意识，采取低碳、节俭的生活方式，自觉履行大气环境保护义务。

第二章 大气污染防治标准和限期达标规划

第八条 国务院环境保护主管部门或者省、自治区、直辖市人民政府制定大气环境质量标准，应当以保障公众健康和保护生态环境为宗旨，与经济社会发展相适应，做到科学合理。

第九条 国务院环境保护主管部门或者省、自治区、直辖市人民政府制定大气污染物排放标准，应当以大气环境质量标准和国家经济、技术条件为依据。

第十条 制定大气环境质量标准、大气污染物排放标准，应当组织专家进行审查和论证，并征求有关部门、行业协会、企业事业单位和公众等方面的意见。

第十一条 省级以上人民政府环境保护主管部门应当在其网站上公布大气环境质量标准、大气污染物排放标准，供公众免费查阅、下载。

第十二条 大气环境质量标准、大气污染物排放标准的执行情况应当定期进行评估，根据评估结果对标准适时进行修订。

第十三条 制定燃煤、石油焦、生物质燃料、涂料等含挥发性有机物的产品、烟花爆竹以及锅炉等产品的质量标准，应当明确大气环境保护要求。

制定燃油质量标准，应当符合国家大气污染物控制要求，并与国家机动车船、非道路移动机械大气污染物排放标准相互衔接，同步实施。

前款所称非道路移动机械，是指装配有发动机的移动机械和可运输工业设备。

第十四条 未达到国家大气环境质量标准城市的人民政府应当及时编制大气环境质量限期达标规划，采取措施，按照国务院或者省级人民政府规定的期限达到大气环境质量标准。

编制城市大气环境质量限期达标规划，应当征求有关行业协会、企业事业单位、专家和公众等方面的意见。

第十五条 城市大气环境质量限期达标规划应当向社会公开。直辖市和设区的市的大气环境质量限期达标规划应当报国务院环境保护主管部门备案。

第十六条 城市人民政府每年在向本级人民代表大会或者其常务委员会报告环境状况和环境保护目标完成情况时，应当报告大气环境质量限期达标规划执行情况，并向社会公开。

第十七条 城市大气环境质量限期达标规划应当根据大气污染防治的要求和经济、技术条件适时进行评估、修订。

第三章 大气污染防治的监督管理

第十八条 企业事业单位和其他生产经营者建设对大气环境有影响的项目，

应当依法进行环境影响评价、公开环境影响评价文件；向大气排放污染物的，应当符合大气污染物排放标准，遵守重点大气污染物排放总量控制要求。

第十九条 排放工业废气或者本法第七十八条规定名录中所列有毒有害大气污染物的企业事业单位、集中供热设施的燃煤热源生产运营单位以及其他依法实行排污许可管理的单位，应当取得排污许可证。排污许可的具体办法和实施步骤由国务院规定。

第二十条 企业事业单位和其他生产经营者向大气排放污染物的，应当依照法律法规和国务院环境保护主管部门的规定设置大气污染物排放口。

禁止通过偷排、篡改或者伪造监测数据、以逃避现场检查为目的的临时停产、非紧急情况下开启应急排放通道、不正常运行大气污染防治设施等逃避监管的方式排放大气污染物。

第二十一条 国家对重点大气污染物排放实行总量控制。

重点大气污染物排放总量控制目标，由国务院环境保护主管部门在征求国务院有关部门和各省、自治区、直辖市人民政府意见后，会同国务院经济综合主管部门报国务院批准并下达实施。

省、自治区、直辖市人民政府应当按照国务院下达的总量控制目标，控制或者削减本行政区域的重点大气污染物排放总量。

确定总量控制目标和分解总量控制指标的具体办法，由国务院环境保护主管部门会同国务院有关部门规定。省、自治区、直辖市人民政府可以根据本行政区域大气污染防治的需要，对国家重点大气污染物之外的其他大气污染物排放实行总量控制。

国家逐步推行重点大气污染物排污权交易。

第二十二条 对超过国家重点大气污染物排放总量控制指标或者未完成国家下达的大气环境质量改善目标的地区，省级以上人民政府环境保护主管部门应当会同有关部门约谈该地区人民政府的主要负责人，并暂停审批该地区新增重点大气污染物排放总量的建设项目环境影响评价文件。约谈情况应当向社会公开。

第二十三条 国务院环境保护主管部门负责制定大气环境质量和大气污染源的监测和评价规范，组织建设与管理全国大气环境质量和大气污染源监测网，组织开展大气环境质量和大气污染源监测，统一发布全国大气环境质量状况信息。

县级以上地方人民政府环境保护主管部门负责组织建设与管理本行政区域大

气环境质量和大气污染源监测网，开展大气环境质量和大气污染源监测，统一发布本行政区域大气环境质量状况信息。

第二十四条 企业事业单位和其他生产经营者应当按照国家有关规定和监测规范，对其排放的工业废气和本法第七十八条规定名录中所列有毒有害大气污染物进行监测，并保存原始监测记录。其中，重点排污单位应当安装、使用大气污染物排放自动监测设备，与环境保护主管部门的监控设备联网，保证监测设备正常运行并依法公开排放信息。监测的具体办法和重点排污单位的条件由国务院环境保护主管部门规定。

重点排污单位名录由设区的市级以上地方人民政府环境保护主管部门按照国务院环境保护主管部门的规定，根据本行政区域的大气环境承载力、重点大气污染物排放总量控制指标的要求以及排污单位排放大气污染物的种类、数量和浓度等因素，商有关部门确定，并向社会公布。

第二十五条 重点排污单位应当对自动监测数据的真实性和准确性负责。环境保护主管部门发现重点排污单位的大气污染物排放自动监测设备传输数据异常，应当及时进行调查。

第二十六条 禁止侵占、损毁或者擅自移动、改变大气环境质量监测设施和大气污染物排放自动监测设备。

第二十七条 国家对严重污染大气环境的工艺、设备和产品实行淘汰制度。

国务院经济综合主管部门会同国务院有关部门确定严重污染大气环境的工艺、设备和产品淘汰期限，并纳入国家综合性产业政策目录。

生产者、进口者、销售者或者使用者应当在规定期限内停止生产、进口、销售或者使用列入前款规定目录中的设备和产品。工艺的采用者应当在规定期限内停止采用列入前款规定目录中的工艺。

被淘汰的设备和产品，不得转让给他人使用。

第二十八条 国务院环境保护主管部门会同有关部门，建立和完善大气污染损害评估制度。

第二十九条 环境保护主管部门及其委托的环境监察机构和其他负有大气环境保护监督管理职责的部门，有权通过现场检查监测、自动监测、遥感监测、远红外摄像等方式，对排放大气污染物的企业事业单位和其他生产经营者进行监督检查。被检查者应当如实反映情况，提供必要的资料。实施检查的部门、机构及其工作人员应当为被检查者保守商业秘密。

第三十条 企业事业单位和其他生产经营者违反法律法规规定排放大气污染物，造成或者可能造成严重大气污染，或者有关证据可能灭失或者被隐匿的，县级以上人民政府环境保护主管部门和其他负有大气环境保护监督管理职责的部门，可以对有关设施、设备、物品采取查封、扣押等行政强制措施。

第三十一条 环境保护主管部门和其他负有大气环境保护监督管理职责的部门应当公布举报电话、电子邮箱等，方便公众举报。

环境保护主管部门和其他负有大气环境保护监督管理职责的部门接到举报的，应当及时处理并对举报人的相关信息予以保密；对实名举报的，应当反馈处理结果等情况，查证属实的，处理结果依法向社会公开，并对举报人给予奖励。

举报人举报所在单位的，该单位不得以解除、变更劳动合同或者其他方式对举报人进行打击报复。

第四章 大气污染防治措施

第一节 燃煤和其他能源污染防治

第三十二条 国务院有关部门和地方各级人民政府应当采取措施，调整能源结构，推广清洁能源的生产和使用；优化煤炭使用方式，推广煤炭清洁高效利用，逐步降低煤炭在一次能源消费中的比重，减少煤炭生产、使用、转化过程中的大气污染物排放。

第三十三条 国家推行煤炭洗选加工，降低煤炭的硫分和灰分，限制高硫分、高灰分煤炭的开采。新建煤矿应当同步建设配套的煤炭洗选设施，使煤炭的硫分、灰分含量达到规定标准；已建成的煤矿除所采煤炭属于低硫分、低灰分或者根据已达标排放的燃煤电厂要求不需要洗选的以外，应当限期建成配套的煤炭洗选设施。

禁止开采含放射性和砷等有毒有害物质超过规定标准的煤炭。

第三十四条 国家采取有利于煤炭清洁高效利用的经济、技术政策和措施，鼓励和支持洁净煤技术的开发和推广。

国家鼓励煤矿企业等采用合理、可行的技术措施，对煤层气进行开采利用，对煤矸石进行综合利用。从事煤层气开采利用的，煤层气排放应当符合有关标准规范。

第三十五条 国家禁止进口、销售和燃用不符合质量标准的煤炭，鼓励燃用优质煤炭。

单位存放煤炭、煤矸石、煤渣、煤灰等物料，应当采取防燃措施，防止大气污染。

第三十六条 地方各级人民政府应当采取措施，加强民用散煤的管理，禁止销售不符合民用散煤质量标准的煤炭，鼓励居民燃用优质煤炭和洁净型煤，推广节能环保型炉灶。

第三十七条 石油炼制企业应当按照燃油质量标准生产燃油。

禁止进口、销售和燃用不符合质量标准的石油焦。

第三十八条 城市人民政府可以划定并公布高污染燃料禁燃区，并根据大气环境质量改善要求，逐步扩大高污染燃料禁燃区范围。高污染燃料的目录由国务院环境保护主管部门确定。

在禁燃区内，禁止销售、燃用高污染燃料；禁止新建、扩建燃用高污染燃料的设施，已建成的，应当在城市人民政府规定的期限内改用天然气、页岩气、液化石、油气、电或者其他清洁能源。

第三十九条 城市建设应当统筹规划，在燃煤供热地区，推进热电联产和集中供热。在集中供热管网覆盖地区，禁止新建、扩建分散燃煤供热锅炉；已建成的不能达标排放的燃煤供热锅炉，应当在城市人民政府规定的期限内拆除。

第四十条 县级以上人民政府质量监督部门应当会同环境保护主管部门对锅炉生产、进口、销售和使用环节执行环境保护标准或者要求的情况进行监督检查；不符合环境保护标准或者要求的，不得生产、进口、销售和使用。

第四十一条 燃煤电厂和其他燃煤单位应当采用清洁生产工艺，配套建设除尘、脱硫、脱硝等装置，或者采取技术改造等其他控制大气污染物排放的措施。

国家鼓励燃煤单位采用先进的除尘、脱硫、脱硝、脱汞等大气污染物协同控制的技术和装置，减少大气污染物的排放。

第四十二条 电力调度应当优先安排清洁能源发电上网。

第二节 工业污染防治

第四十三条 钢铁、建材、有色金属、石油、化工等企业生产过程中排放粉尘、硫化物和氮氧化物的，应当采用清洁生产工艺，配套建设除尘、脱硫、脱硝等装置，或者采取技术改造等其他控制大气污染物排放的措施。

第四十四条 生产、进口、销售和使用含挥发性有机物的原材料和产品的，其挥发性有机物含量应当符合质量标准或者要求。

国家鼓励生产、进口、销售和使用低毒、低挥发性有机溶剂。

第四十五条 产生含挥发性有机物废气的生产和服务活动，应当在密闭空间或者设备中进行，并按照规定安装、使用污染防治设施；无法密闭的，应当采取措施减少废气排放。

第四十六条 工业涂装企业应当使用低挥发性有机物含量的涂料，并建立台账，记录生产原料、辅料的使用量、废弃量、去向以及挥发性有机物含量。台账保存期限不得少于三年。

第四十七条 石油、化工以及其他生产和使用有机溶剂的企业，应当采取措施对管道、设备进行日常维护、维修，减少物料泄漏，对泄漏的物料应当及时收集处理。

储油储气库、加油加气站、原油成品油码头、原油成品油运输船舶和油罐车、气罐车等，应当按照国家有关规定安装油气回收装置并保持正常使用。

第四十八条 钢铁、建材、有色金属、石油、化工、制药、矿产开采等企业，应当加强精细化管理，采取集中收集处理等措施，严格控制粉尘和气态污染物的排放。

工业生产企业应当采取密闭、围挡、遮盖、清扫、洒水等措施，减少内部物料的堆存、传输、装卸等环节产生的粉尘和气态污染物的排放。

第四十九条 工业生产、垃圾填埋或者其他活动产生的可燃性气体应当回收利用，不具备回收利用条件的，应当进行污染防治处理。

可燃性气体回收利用装置不能正常作业的，应当及时修复或者更新。在回收利用装置不能正常作业期间确需排放可燃性气体的，应当将排放的可燃性气体充分燃烧或者采取其他控制大气污染物排放的措施，并向当地环境保护主管部门报告，按照要求限期修复或者更新。

第三节 机动车船等污染防治

第五十条 国家倡导低碳、环保出行，根据城市规划合理控制燃油机动车保有量，大力发展城市公共交通，提高公共交通出行比例。

国家采取财政、税收、政府采购等措施推广应用节能环保型和新能源机动车船、非道路移动机械，限制高油耗、高排放机动车船、非道路移动机械的发展，减少化石能源的消耗。

省、自治区、直辖市人民政府可以在条件具备的地区，提前执行国家机动车大气污染物排放标准中相应阶段排放限值，并报国务院环境保护主管部门备案。

城市人民政府应当加强并改善城市交通管理，优化道路设置，保障人行道和非机动车道的连续、畅通。

第五十一条 机动车船、非道路移动机械不得超过标准排放大气污染物。

禁止生产、进口或者销售大气污染物排放超过标准的机动车船、非道路移动机械。

第五十二条 机动车、非道路移动机械生产企业应当对新生产的机动车和非道路移动机械进行排放检验。经检验合格的，方可出厂销售。检验信息应当向社会公开。

省级以上人民政府环境保护主管部门可以通过现场检查、抽样检测等方式，加强对新生产、销售机动车和非道路移动机械大气污染物排放状况的监督检查。工业、质量监督、工商行政管理等有关部门予以配合。

第五十三条 在用机动车应当按照国家或者地方的有关规定，由机动车排放检验机构定期对其进行排放检验。经检验合格的，方可上道路行驶。未经检验合格的，公安机关交通管理部门不得核发安全技术检验合格标志。

县级以上地方人民政府环境保护主管部门可以在机动车集中停放地、维修地对在用机动车的大气污染物排放状况进行监督抽测；在不影响正常通行的情况下，可以通过遥感监测等技术手段对在道路上行驶的机动车的大气污染物排放状况进行监督抽测，公安机关交通管理部门予以配合。

第五十四条 机动车排放检验机构应当依法通过计量认证，使用经依法检定合格的机动车排放检验设备，按照国务院环境保护主管部门制定的规范，对机动车进行排放检验，并与环境保护主管部门联网，实现检验数据实时共享。机动车排放检验机构及其负责人对检验数据的真实性和准确性负责。

环境保护主管部门和认证认可监督管理部门应当对机动车排放检验机构的排放检验情况进行监督检查。

第五十五条 机动车生产、进口企业应当向社会公布其生产、进口机动车车型的排放检验信息、污染控制技术信息和有关维修技术信息。

机动车维修单位应当按照防治大气污染的要求和国家有关技术规范对在用机动车进行维修，使其达到规定的排放标准。交通运输、环境保护主管部门应当依法加强监督管理。

禁止机动车所有人以临时更换机动车污染控制装置等弄虚作假的方式通过机动车排放检验。禁止机动车维修单位提供该类维修服务。禁止破坏机动车车载排放诊断系统。

第五十六条 环境保护主管部门应当会同交通运输、住房城乡建设、农业行政、水行政等有关部门对非道路移动机械的大气污染物排放状况进行监督检查，排放不合格的，不得使用。

第五十七条 国家倡导环保驾驶，鼓励燃油机动车驾驶人在不影响道路通行且需停车三分钟以上的情况下熄灭发动机，减少大气污染物的排放。

第五十八条 国家建立机动车和非道路移动机械环境保护召回制度。

生产、进口企业获知机动车、非道路移动机械排放大气污染物超过标准，属于设计、生产缺陷或者不符合规定的环境保护耐久性要求的，应当召回；未召回的，由国务院质量监督部门会同国务院环境保护主管部门责令其召回。

第五十九条 在用重型柴油车、非道路移动机械未安装污染控制装置或者污染控制装置不符合要求，不能达标排放的，应当加装或者更换符合要求的污染控制装置。

第六十条 在用机动车排放大气污染物超过标准的，应当进行维修；经维修或者采用污染控制技术后，大气污染物排放仍不符合国家在用机动车排放标准的，应当强制报废。其所有人应当将机动车交售给报废机动车回收拆解企业，由报废机动车回收拆解企业按照国家有关规定进行登记、拆解、销毁等处理。

国家鼓励和支持高排放机动车船、非道路移动机械提前报废。

第六十一条 城市人民政府可以根据大气环境质量状况，划定并公布禁止使用高排放非道路移动机械的区域。

第六十二条 船舶检验机构对船舶发动机及有关设备进行排放检验。经检验符合国家排放标准的，船舶方可运营。

第六十三条 内河和江海直达船舶应当使用符合标准的普通柴油。远洋船舶靠港后应当使用符合大气污染物控制要求的船舶用燃油。

新建码头应当规划、设计和建设岸基供电设施；已建成的码头应当逐步实施岸基供电设施改造。船舶靠港后应当优先使用岸电。

第六十四条 国务院交通运输主管部门可以在沿海海域划定船舶大气污染物排放控制区，进入排放控制区的船舶应当符合船舶相关排放要求。

第六十五条 禁止生产、进口、销售不符合标准的机动车船、非道路移动机械用燃料；禁止向汽车和摩托车销售普通柴油以及其他非机动车用燃料；禁止向非道路移动机械、内河和江海直达船舶销售渣油和重油。

第六十六条 发动机油、氮氧化物还原剂、燃料和润滑油添加剂以及其他添加剂的有害物质含量和其他大气环境保护指标，应当符合有关标准的要求，不得损害机动车船污染控制装置效果和耐久性，不得增加新的大气污染物排放。

第六十七条 国家积极推进民用航空器的大气污染防治，鼓励在设计、生产、使用过程中采取有效措施减少大气污染物排放。

民用航空器应当符合国家规定的适航标准中的有关发动机排出物要求。

第四节　扬尘污染防治

第六十八条 地方各级人民政府应当加强对建设施工和运输的管理，保持道路清洁，控制料堆和渣土堆放，扩大绿地、水面、湿地和地面铺装面积，防治扬尘污染。

住房城乡建设、市容环境卫生、交通运输、国土资源等有关部门，应当根据本级人民政府确定的职责，做好扬尘污染防治工作。

第六十九条 建设单位应当将防治扬尘污染的费用列入工程造价，并在施工承包合同中明确施工单位扬尘污染防治责任。施工单位应当制定具体的施工扬尘污染防治实施方案。

从事房屋建筑、市政基础设施建设、河道整治以及建筑物拆除等施工单位，应当向负责监督管理扬尘污染防治的主管部门备案。

施工单位应当在施工工地设置硬质围挡，并采取覆盖、分段作业、择时施工、洒水抑尘、冲洗地面和车辆等有效防尘降尘措施。建筑土方、工程渣土、建筑垃圾应当及时清运；在场地内堆存的，应当采用密闭式防尘网遮盖。工程渣土、建筑垃圾应当进行资源化处理。

施工单位应当在施工工地公示扬尘污染防治措施、负责人、扬尘监督管理主管部门等信息。

暂时不能开工的建设用地，建设单位应当对裸露地面进行覆盖；超过三个月的，应当进行绿化、铺装或者遮盖。

第七十条 运输煤炭、垃圾、渣土、砂石、土方、灰浆等散装、流体物料的车辆应当采取密闭或者其他措施防止物料遗撒造成扬尘污染，并按照规定路线行驶。

装卸物料应当采取密闭或者喷淋等方式防治扬尘污染。

城市人民政府应当加强道路、广场、停车场和其他公共场所的清扫保洁管理，推行清洁动力机械化清扫等低尘作业方式，防治扬尘污染。

第七十一条 市政河道以及河道沿线、公共用地的裸露地面以及其他城镇裸露地面，有关部门应当按照规划组织实施绿化或者透水铺装。

第七十二条 贮存煤炭、煤矸石、煤渣、煤灰、水泥、石灰、石膏、砂土等易产生扬尘的物料应当密闭；不能密闭的，应当设置不低于堆放物高度的严密围挡，并采取有效覆盖措施防治扬尘污染。

码头、矿山、填埋场和消纳场应当实施分区作业，并采取有效措施防治扬尘污染。

第五节 农业和其他污染防治

第七十三条 地方各级人民政府应当推动转变农业生产方式，发展农业循环经济，加大对废弃物综合处理的支持力度，加强对农业生产经营活动排放大气污染物的控制。

第七十四条 农业生产经营者应当改进施肥方式，科学合理施用化肥并按照国家有关规定使用农药，减少氨、挥发性有机物等大气污染物的排放。

禁止在人口集中地区对树木、花草喷洒剧毒、高毒农药。

第七十五条 畜禽养殖场、养殖小区应当及时对污水、畜禽粪便和尸体等进行收集、贮存、清运和无害化处理，防止排放恶臭气体。

第七十六条 各级人民政府及其农业行政等有关部门应当鼓励和支持采用先进适用技术，对秸秆、落叶等进行肥料化、饲料化、能源化、工业原料化、食用菌基料化等综合利用，加大对秸秆还田、收集一体化农业机械的财政补贴力度。

县级人民政府应当组织建立秸秆收集、贮存、运输和综合利用服务体系，采用财政补贴等措施支持农村集体经济组织、农民专业合作经济组织、企业等开展秸秆收集、贮存、运输和综合利用服务。

第七十七条 省、自治区、直辖市人民政府应当划定区域，禁止露天焚烧秸秆、落叶等产生烟尘污染的物质。

第七十八条 国务院环境保护主管部门应当会同国务院卫生行政部门，根据大气污染物对公众健康和生态环境的危害和影响程度，公布有毒有害大气污染物名录，实行风险管理。

排放前款规定名录中所列有毒有害大气污染物的企业事业单位，应当按照国家有关规定建设环境风险预警体系，对排放口和周边环境进行定期监测，评估环境风险，排查环境安全隐患，并采取有效措施防范环境风险。

第七十九条 向大气排放持久性有机污染物的企业事业单位和其他生产经营者以及废弃物焚烧设施的运营单位，应当按照国家有关规定，采取有利于减少持久性有机污染物排放的技术方法和工艺，配备有效的净化装置，实现达标排放。

第八十条 企业事业单位和其他生产经营者在生产经营活动中产生恶臭气体的，应当科学选址，设置合理的防护距离，并安装净化装置或者采取其他措施，防止排放恶臭气体。

第八十一条 排放油烟的餐饮服务业经营者应当安装油烟净化设施并保持正常使用，或者采取其他油烟净化措施，使油烟达标排放，并防止对附近居民的正常生活环境造成污染。

禁止在居民住宅楼、未配套设立专用烟道的商住综合楼以及商住综合楼内与居住层相邻的商业楼层内新建、改建、扩建产生油烟、异味、废气的餐饮服务项目。

任何单位和个人不得在当地人民政府禁止的区域内露天烧烤食品或者为露天烧烤食品提供场地。

第八十二条 禁止在人口集中地区和其他依法需要特殊保护的区域内焚烧沥青、油毡、橡胶、塑料、皮革、垃圾以及其他产生有毒有害烟尘和恶臭气体的物质。

禁止生产、销售和燃放不符合质量标准的烟花爆竹。任何单位和个人不得在城市人民政府禁止的时段和区域内燃放烟花爆竹。

第八十三条 国家鼓励和倡导文明、绿色祭祀。

火葬场应当设置除尘等污染防治设施并保持正常使用，防止影响周边环境。

第八十四条 从事服装干洗和机动车维修等服务活动的经营者，应当按照国家有关标准或者要求设置异味和废气处理装置等污染防治设施并保持正常使用，防止影响周边环境。

第八十五条 国家鼓励、支持消耗臭氧层物质替代品的生产和使用，逐步减少直至停止消耗臭氧层物质的生产和使用。

国家对消耗臭氧层物质的生产、使用、进出口实行总量控制和配额管理。具体办法由国务院规定。

第五章 重点区域大气污染联合防治

第八十六条 国家建立重点区域大气污染联防联控机制，统筹协调重点区域内大气污染防治工作。国务院环境保护主管部门根据主体功能区划、区域大气环境质量状况和大气污染传输扩散规律，划定国家大气污染防治重点区域，报国务院批准。

重点区域内有关省、自治区、直辖市人民政府应当确定牵头的地方人民政府，定期召开联席会议，按照统一规划、统一标准、统一监测、统一的防治措施的要求，开展大气污染联合防治，落实大气污染防治目标责任。国务院环境保护主管部门应当加强指导、督促。

省、自治区、直辖市可以参照第一款规定划定本行政区域的大气污染防治重点区域。

第八十七条 国务院环境保护主管部门会同国务院有关部门、国家大气污染防治重点区域内有关省、自治区、直辖市人民政府，根据重点区域经济社会发展和大气环境承载力，制定重点区域大气污染联合防治行动计划，明确控制目标，优化区域经济布局，统筹交通管理，发展清洁能源，提出重点防治任务和措施，促进重点区域大气环境质量改善。

第八十八条 国务院经济综合主管部门会同国务院环境保护主管部门，结合国家大气污染防治重点区域产业发展实际和大气环境质量状况，进一步提高环境保护、能耗、安全、质量等要求。

重点区域内有关省、自治区、直辖市人民政府应当实施更严格的机动车大气污染物排放标准，统一在用机动车检验方法和排放限值，并配套供应合格的车用燃油。

第八十九条 编制可能对国家大气污染防治重点区域的大气环境造成严重污染的有关工业园区、开发区、区域产业和发展等规划，应当依法进行环境影响评价。规划编制机关应当与重点区域内有关省、自治区、直辖市人民政府或者有关部门会商。

重点区域内有关省、自治区、直辖市建设可能对相邻省、自治区、直辖市大气环境质量产生重大影响的项目，应当及时通报有关信息，进行会商。

会商意见及其采纳情况作为环境影响评价文件审查或者审批的重要依据。

第九十条 国家大气污染防治重点区域内新建、改建、扩建用煤项目的，应当实行煤炭的等量或者减量替代。

第九十一条 国务院环境保护主管部门应当组织建立国家大气污染防治重点区域的大气环境质量监测、大气污染源监测等相关信息共享机制，利用监测、模拟以及卫星、航测、遥感等新技术分析重点区域内大气污染来源及其变化趋势，并向社会公开。

第九十二条 国务院环境保护主管部门和国家大气污染防治重点区域内有关省、自治区、直辖市人民政府可以组织有关部门开展联合执法、跨区域执法、交叉执法。

第六章 重污染天气应对

第九十三条 国家建立重污染天气监测预警体系。

国务院环境保护主管部门会同国务院气象主管机构等有关部门、国家大气污染防治重点区域内有关省、自治区、直辖市人民政府，建立重点区域重污染天气监测预警机制，统一预警分级标准。可能发生区域重污染天气的，应当及时向重点区域内有关省、自治区、直辖市人民政府通报。

省、自治区、直辖市、设区的市人民政府环境保护主管部门会同气象主管机构等有关部门建立本行政区域重污染天气监测预警机制。

第九十四条 县级以上地方人民政府应当将重污染天气应对纳入突发事件应急管理体系。

省、自治区、直辖市、设区的市人民政府以及可能发生重污染天气的县级人民政府，应当制定重污染天气应急预案，向上一级人民政府环境保护主管部门备案，并向社会公布。

第九十五条 省、自治区、直辖市、设区的市人民政府环境保护主管部门应当会同气象主管机构建立会商机制，进行大气环境质量预报。可能发生重污染天气的，应当及时向本级人民政府报告。省、自治区、直辖市、设区的市人民政府依据重污染天气预报信息，进行综合研判，确定预警等级并及时发出预警。预警等级根据情况变化及时调整。任何单位和个人不得擅自向社会发布重污染天气预报预警信息。

预警信息发布后，人民政府及其有关部门应当通过电视、广播、网络、短信等途径告知公众采取健康防护措施，指导公众出行和调整其他相关社会活动。

第九十六条 县级以上地方人民政府应当依据重污染天气的预警等级，及时启动应急预案，根据应急需要可以采取责令有关企业停产或者限产、限制部分机动车行驶、禁止燃放烟花爆竹、停止工地土石方作业和建筑物拆除施工、停止露天烧烤、停止幼儿园和学校组织的户外活动、组织开展人工影响天气作业等应急措施。

应急响应结束后，人民政府应当及时开展应急预案实施情况的评估，适时修改完善应急预案。

第九十七条 发生造成大气污染的突发环境事件，人民政府及其有关部门和相关企业事业单位，应当依照《中华人民共和国突发事件应对法》《中华人民共和国环境保护法》的规定，做好应急处置工作。环境保护主管部门应当及时对突发环境事件产生的大气污染物进行监测，并向社会公布监测信息。

第七章 法律责任

第九十八条 违反本法规定，以拒绝进入现场等方式拒不接受环境保护主管部门及其委托的环境监察机构或者其他负有大气环境保护监督管理职责的部门的监督检查，或者在接受监督检查时弄虚作假的，由县级以上人民政府环境保护主管部门或者其他负有大气环境保护监督管理职责的部门责令改正，处二万元以上二十万元以下的罚款；构成违反治安管理行为的，由公安机关依法予以处罚。

第九十九条 违反本法规定，有下列行为之一的，由县级以上人民政府环境保护主管部门责令改正或者限制生产、停产整治，并处十万元以上一百万元以下的罚款；情节严重的，报经有批准权的人民政府批准，责令停业、关闭：

（一）未依法取得排污许可证排放大气污染物的；

（二）超过大气污染物排放标准或者超过重点大气污染物排放总量控制指标排放大气污染物的；

（三）通过逃避监管的方式排放大气污染物的。

第一百条 违反本法规定，有下列行为之一的，由县级以上人民政府环境保护主管部门责令改正，处二万元以上二十万元以下的罚款；拒不改正的，责令停产整治：

（一）侵占、损毁或者擅自移动、改变大气环境质量监测设施或者大气污染物排放自动监测设备的；

（二）未按照规定对所排放的工业废气和有毒有害大气污染物进行监测并保存原始监测记录的；

（三）未按照规定安装、使用大气污染物排放自动监测设备或者未按照规定与环境保护主管部门的监控设备联网，并保证监测设备正常运行的；

（四）重点排污单位不公开或者不如实公开自动监测数据的；

（五）未按照规定设置大气污染物排放口的。

第一百零一条 违反本法规定，生产、进口、销售或者使用国家综合性产业政策目录中禁止的设备和产品，采用国家综合性产业政策目录中禁止的工艺，或者将淘汰的设备和产品转让给他人使用的，由县级以上人民政府经济综合主管部门、出入境检验检疫机构按照职责责令改正，没收违法所得，并处货值金额一倍以上三倍以下的罚款；拒不改正的，报经有批准权的人民政府批准，责令停业、关闭。进口行为构成走私的，由海关依法予以处罚。

第一百零二条 违反本法规定，煤矿未按照规定建设配套煤炭洗选设施的，由县级以上人民政府能源主管部门责令改正，处十万元以上一百万元以下的罚款；拒不改正的，报经有批准权的人民政府批准，责令停业、关闭。

违反本法规定，开采含放射性和砷等有毒有害物质超过规定标准的煤炭的，由县级以上人民政府按照国务院规定的权限责令停业、关闭。

第一百零三条 违反本法规定，有下列行为之一的，由县级以上地方人民政府质量监督、工商行政管理部门按照职责责令改正，没收原材料、产品和违法所得，并处货值金额一倍以上三倍以下的罚款：

（一）销售不符合质量标准的煤炭、石油焦的；

（二）生产、销售挥发性有机物含量不符合质量标准或者要求的原材料和产品的；

（三）生产、销售不符合标准的机动车船和非道路移动机械用燃料、发动机油、氮氧化物还原剂、燃料和润滑油添加剂以及其他添加剂的；

（四）在禁燃区内销售高污染燃料的。

第一百零四条 违反本法规定，有下列行为之一的，由出入境检验检疫机构责令改正，没收原材料、产品和违法所得，并处货值金额一倍以上三倍以下的罚款；构成走私的，由海关依法予以处罚：

（一）进口不符合质量标准的煤炭、石油焦的；

（二）进口挥发性有机物含量不符合质量标准或者要求的原材料和产品的；

（三）进口不符合标准的机动车船和非道路移动机械用燃料、发动机油、氮氧化物还原剂、燃料和润滑油添加剂以及其他添加剂的。

第一百零五条 违反本法规定，单位燃用不符合质量标准的煤炭、石油焦的，由县级以上人民政府环境保护主管部门责令改正，处货值金额一倍以上三倍以下的罚款。

第一百零六条 违反本法规定，使用不符合标准或者要求的船舶用燃油的，由海事管理机构、渔业主管部门按照职责处一万元以上十万元以下的罚款。

第一百零七条 违反本法规定，在禁燃区内新建、扩建燃用高污染燃料的设施，或者未按照规定停止燃用高污染燃料，或者在城市集中供热管网覆盖地区新建、扩建分散燃煤供热锅炉，或者未按照规定拆除已建成的不能达标排放的燃煤供热锅炉的，由县级以上地方人民政府环境保护主管部门没收燃用高污染燃料的设施，组织拆除燃煤供热锅炉，并处二万元以上二十万元以下的罚款。

违反本法规定，生产、进口、销售或者使用不符合规定标准或者要求的锅炉，由县级以上人民政府质量监督、环境保护主管部门责令改正，没收违法所得，并处二万元以上二十万元以下的罚款。

第一百零八条 违反本法规定，有下列行为之一的，由县级以上人民政府环境保护主管部门责令改正，处二万元以上二十万元以下的罚款；拒不改正的，责令停产整治：

（一）产生含挥发性有机物废气的生产和服务活动，未在密闭空间或者设备中进行，未按照规定安装、使用污染防治设施，或者未采取减少废气排放措施的；

（二）工业涂装企业未使用低挥发性有机物含量涂料或者未建立、保存台账的；

（三）石油、化工以及其他生产和使用有机溶剂的企业，未采取措施对管道、设备进行日常维护、维修，减少物料泄漏或者对泄漏的物料未及时收集处理的；

（四）储油储气库、加油加气站和油罐车、气罐车等，未按照国家有关规定安装并正常使用油气回收装置的；

（五）钢铁、建材、有色金属、石油、化工、制药、矿产开采等企业，未采取集中收集处理、密闭、围挡、遮盖、清扫、洒水等措施，控制、减少粉尘和气态污染物排放的；

（六）工业生产、垃圾填埋或者其他活动中产生的可燃性气体未回收利用，不具备回收利用条件未进行防治污染处理，或者可燃性气体回收利用装置不能正常作业，未及时修复或者更新的。

第一百零九条 违反本法规定，生产超过污染物排放标准的机动车、非道路移动机械的，由省级以上人民政府环境保护主管部门责令改正，没收违法所得，并处货值金额一倍以上三倍以下的罚款，没收销毁无法达到污染物排放标准的机动车、非道路移动机械；拒不改正的，责令停产整治，并由国务院机动车生产主管部门责令停止生产该车型。

违反本法规定，机动车、非道路移动机械生产企业对发动机、污染控制装置弄虚作假、以次充好，冒充排放检验合格产品出厂销售的，由省级以上人民政府环境保护主管部门责令停产整治，没收违法所得，并处货值金额一倍以上三倍以下的罚款，没收销毁无法达到污染物排放标准的机动车、非道路移动机械，并由国务院机动车生产主管部门责令停止生产该车型。

第一百一十条 违反本法规定，进口、销售超过污染物排放标准的机动车、非道路移动机械的，由县级以上人民政府工商行政管理部门、出入境检验检疫机构按照职责没收违法所得，并处货值金额一倍以上三倍以下的罚款，没收销毁无法达到污染物排放标准的机动车、非道路移动机械；进口行为构成走私的，由海关依法予以处罚。

违反本法规定，销售的机动车、非道路移动机械不符合污染物排放标准的，销售者应当负责修理、更换、退货；给购买者造成损失的，销售者应当赔偿损失。

第一百一十一条 违反本法规定，机动车生产、进口企业未按照规定向社会公布其生产、进口机动车车型的排放检验信息或者污染控制技术信息的，由省级以上人民政府环境保护主管部门责令改正，处五万元以上五十万元以下的罚款。

违反本法规定，机动车生产、进口企业未按照规定向社会公布其生产、进口机动车车型的有关维修技术信息的，由省级以上人民政府交通运输主管部门责令改正，处五万元以上五十万元以下的罚款。

第一百一十二条 违反本法规定，伪造机动车、非道路移动机械排放检验结果或者出具虚假排放检验报告的，由县级以上人民政府环境保护主管部门没收违法所得，并处十万元以上五十万元以下的罚款；情节严重的，由负责资质认定的部门取消其检验资格。

违反本法规定，伪造船舶排放检验结果或者出具虚假排放检验报告的，由海事管理机构依法予以处罚。

违反本法规定，以临时更换机动车污染控制装置等弄虚作假的方式通过机动车排放检验或者破坏机动车车载排放诊断系统的，由县级以上人民政府环境保护主管部门责令改正，对机动车所有人处五千元的罚款；对机动车维修单位处每辆机动车五千元的罚款。

第一百一十三条 违反本法规定，机动车驾驶人驾驶排放检验不合格的机动车上道路行驶的，由公安机关交通管理部门依法予以处罚。

第一百一十四条 违反本法规定，使用排放不合格的非道路移动机械，或者在用重型柴油车、非道路移动机械未按照规定加装、更换污染控制装置的，由县级以上人民政府环境保护等主管部门按照职责责令改正，处五千元的罚款。

违反本法规定，在禁止使用高排放非道路移动机械的区域使用高排放非道路移动机械的，由城市人民政府环境保护等主管部门依法予以处罚。

第一百一十五条 违反本法规定，施工单位有下列行为之一的，由县级以上人民政府住房城乡建设等主管部门按照职责责令改正，处一万元以上十万元以下的罚款；拒不改正的，责令停工整治：

（一）施工工地未设置硬质密闭围挡，或者未采取覆盖、分段作业、择时施工、洒水抑尘、冲洗地面和车辆等有效防尘降尘措施的；

（二）建筑土方、工程渣土、建筑垃圾未及时清运，或者未采用密闭式防尘网遮盖的。

违反本法规定，建设单位未对暂时不能开工的建设用地的裸露地面进行覆盖，或者未对超过三个月不能开工的建设用地的裸露地面进行绿化、铺装或者遮盖的，由县级以上人民政府住房城乡建设等主管部门依照前款规定予以处罚。

第一百一十六条 违反本法规定，运输煤炭、垃圾、渣土、砂石、土方、灰浆等散装、流体物料的车辆，未采取密闭或者其他措施防止物料遗撒的，由县级以上地方人民政府确定的监督管理部门责令改正，处二千元以上二万元以下的罚款；拒不改正的，车辆不得上道路行驶。

第一百一十七条 违反本法规定，有下列行为之一的，由县级以上人民政府环境保护等主管部门按照职责责令改正，处一万元以上十万元以下的罚款；拒不改正的，责令停工整治或者停业整治：

（一）未密闭煤炭、煤矸石、煤渣、煤灰、水泥、石灰、石膏、砂土等易产生扬尘的物料的；

（二）对不能密闭的易产生扬尘的物料，未设置不低于堆放物高度的严密围挡，或者未采取有效覆盖措施防治扬尘污染的；

（三）装卸物料未采取密闭或者喷淋等方式控制扬尘排放的；

（四）存放煤炭、煤矸石、煤渣、煤灰等物料，未采取防燃措施的；

（五）码头、矿山、填埋场和消纳场未采取有效措施防治扬尘污染的；

（六）排放有毒有害大气污染物名录中所列有毒有害大气污染物的企业事业单位，未按照规定建设环境风险预警体系或者对排放口和周边环境进行定期监测、排查环境安全隐患并采取有效措施防范环境风险的；

（七）向大气排放持久性有机污染物的企业事业单位和其他生产经营者以及废弃物焚烧设施的运营单位，未按照国家有关规定采取有利于减少持久性有机污染物排放的技术方法和工艺，配备净化装置的；

（八）未采取措施防止排放恶臭气体的。

第一百一十八条 违反本法规定，排放油烟的餐饮服务业经营者未安装油烟净化设施、不正常使用油烟净化设施或者未采取其他油烟净化措施，超过排放标准排放油烟的，由县级以上地方人民政府确定的监督管理部门责令改正，处五千元以上五万元以下的罚款；拒不改正的，责令停业整治。

违反本法规定，在居民住宅楼、未配套设立专用烟道的商住综合楼、商住综合楼内与居住层相邻的商业楼层内新建、改建、扩建产生油烟、异味、废气的餐饮服务项目的，由县级以上地方人民政府确定的监督管理部门责令改正；拒不改正的，予以关闭，并处一万元以上十万元以下的罚款。

违反本法规定，在当地人民政府禁止的时段和区域内露天烧烤食品或者为露天烧烤食品提供场地的，由县级以上地方人民政府确定的监督管理部门责令改正，没收烧烤工具和违法所得，并处五百元以上二万元以下的罚款。

第一百一十九条 违反本法规定，在人口集中地区对树木、花草喷洒剧毒、高毒农药，或者露天焚烧秸秆、落叶等产生烟尘污染的物质的，由县级以上地方人民政府确定的监督管理部门责令改正，并可以处五百元以上二千元以下的罚款。

违反本法规定，在人口集中地区和其他依法需要特殊保护的区域内，焚烧沥青、油毡、橡胶、塑料、皮革、垃圾以及其他产生有毒有害烟尘和恶臭气体的物质的，由县级人民政府确定的监督管理部门责令改正，对单位处一万元以上十万元以下的罚款，对个人处五百元以上二千元以下的罚款。

违反本法规定，在城市人民政府禁止的时段和区域内燃放烟花爆竹的，由县级以上地方人民政府确定的监督管理部门依法予以处罚。

第一百二十条 违反本法规定，从事服装干洗和机动车维修等服务活动，未设置异味和废气处理装置等污染防治设施并保持正常使用，影响周边环境的，由县级以上地方人民政府环境保护主管部门责令改正，处二千元以上二万元以下的罚款；拒不改正的，责令停业整治。

第一百二十一条 违反本法规定，擅自向社会发布重污染天气预报预警信息，构成违反治安管理行为的，由公安机关依法予以处罚。

违反本法规定，拒不执行停止工地土石方作业或者建筑物拆除施工等重污染天气应急措施的，由县级以上地方人民政府确定的监督管理部门处一万元以上十万元以下的罚款。

第一百二十二条 违反本法规定，造成大气污染事故的，由县级以上人民政府环境保护主管部门依照本条第二款的规定处以罚款；对直接负责的主管人员和其他直接责任人员可以处上一年度从本企业事业单位取得收入百分之五十以下的罚款。

对造成一般或者较大大气污染事故的，按照污染事故造成直接损失的一倍以上三倍以下计算罚款；对造成重大或者特大大气污染事故的，按照污染事故造成的直接损失的三倍以上五倍以下计算罚款。

第一百二十三条 违反本法规定，企业事业单位和其他生产经营者有下列行为之一，受到罚款处罚，被责令改正，拒不改正的，依法作出处罚决定的行政机关可以自责令改正之日的次日起，按照原处罚数额按日连续处罚：

（一）未依法取得排污许可证排放大气污染物的；

（二）超过大气污染物排放标准或者超过重点大气污染物排放总量控制指标排放大气污染物的；

（三）通过逃避监管的方式排放大气污染物的；

（四）建筑施工或者贮存易产生扬尘的物料未采取有效措施防治扬尘污染的。

第一百二十四条 违反本法规定，对举报人以解除、变更劳动合同或者其他方式打击报复的，应当依照有关法律的规定承担责任。

第一百二十五条 排放大气污染物造成损害的，应当依法承担侵权责任。

第一百二十六条 地方各级人民政府、县级以上人民政府环境保护主管部门和其他负有大气环境保护监督管理职责的部门及其工作人员滥用职权、玩忽职守、徇私舞弊、弄虚作假的，依法给予处分。

第一百二十七条 违反本法规定，构成犯罪的，依法追究刑事责任。

第八章 附 则

第一百二十八条 海洋工程的大气污染防治，依照《中华人民共和国海洋环境保护法》的有关规定执行。

第一百二十九条 本法自2016年1月1日起施行。

中华人民共和国环境噪声污染防治法（摘录）

（1996年10月29日）

……

第二十条 国务院环境保护行政主管部门应当建立环境噪声监测制度，制定监测规范，并会同有关部门组织监测网络。

环境噪声监测机构应当按照国务院环境保护行政主管部门的规定报送环境噪声监测结果。

中华人民共和国固体废物污染环境防治法（摘录）

（2016年11月7日）

（1995年10月30日第八届全国人民代表大会常务委员会第十六次会议通过 2004年12月29日第十届全国人民代表大会常务委员会第十三次会议修订 根据2013年6月29日第十二届全国人民代表大会常务委员会第三次会议《关于修改〈中华人民共和国文物保护法〉等十二部法律的决定》第一次修正 根据2015年4月24日第十二届全国人民代表大会常务委员会第十四次会议《关于修改〈中华人民共和国港口法〉等七部法律的决定》第二次修正 根据2016年11月7日第十二届全国人民代表大会常务委员会第二十四次会议《关于修改〈中华人民共和国对外贸易法〉等十二部法律的决定》第三次修正）

……

第十二条 国务院环境保护行政主管部门建立固体废物污染环境监测制度，制定统一的监测规范，并会同有关部门组织监测网络。大、中城市人民政府环境保护行政主管部门应当定期发布固体废物的种类、产生量、处置状况等信息。

……

第十五条 县级以上人民政府环境保护行政主管部门和其他固体废物污染环境防治工作的监督管理部门，有权依据各自的职责对管辖范围内与固体废物污染环境防治有关的单位进行现场检查。被检查的单位应当如实反映情况，提供必要的资料。检查机关应当为被检查的单位保守技术秘密和业务秘密。检查机关进行现场检查时，可以采取现场监测、采集样品、查阅或者复制与固体废物污染环境防治相关的资料等措施。检查人员进行现场检查，应当出示证件。

……

第八十七条 固体废物污染环境的损害赔偿责任和赔偿金额的纠纷，当事人可以委托环境监测机构提供监测数据。环境监测机构应当接受委托，如实提供有关监测数据。

……

中华人民共和国环境影响评价法（摘录）

（2016 年 7 月 2 日）

（2002 年 10 月 28 日第九届全国人民代表大会常务委员会第三十次会议通过；根据 2016 年 7 月 2 日第十二届全国人民代表大会常务委员会第二十一次会议《关于修改<中华人民共和国节约能源法>等六部法律的决定》修正）

……

第二条 本法所称环境影响评价，是指对规划和建设项目实施后可能造成的环境影响进行分析、预测和评估，提出预防或者减轻不良环境影响的对策和措施，进行跟踪监测的方法与制度。

……

第十七条 建设项目的环境影响报告书应当包括下列内容：

（一）建设项目概况；

（二）建设项目周围环境现状；

（三）建设项目对环境可能造成影响的分析、预测和评估；

（四）建设项目环境保护措施及其技术、经济论证；

（五）建设项目对环境影响的经济损益分析；

（六）对建设项目实施环境监测的建议；

（七）环境影响评价的结论。

环境影响报告表和环境影响登记表的内容和格式，由国务院环境保护行政主管部门制定。

中华人民共和国突发事件应对法（摘录）

（2007 年 8 月 30 日）

（2007 年 8 月 30 日第十届全国人民代表大会常务委员会第二十九次会议通过）

……

第二条 突发事件的预防与应急准备、监测与预警、应急处置与救援、事后恢复与重建等应对活动，适用本法。

……

第十五条 中华人民共和国政府在突发事件的预防、监测与预警、应急处置与救援、事后恢复与重建等方面，同外国政府和有关国际组织开展合作与交流。

……

第三十六条 国家鼓励、扶持具备相应条件的教学科研机构培养应急管理专门人才，鼓励、扶持教学科研机构和有关企业研究开发用于突发事件预防、监测、预警、应急处置与救援的新技术、新设备和新工具。

……

第三十七条 国务院建立全国统一的突发事件信息系统。

县级以上地方各级人民政府应当建立或者确定本地区统一的突发事件信息系统，汇集、储存、分析、传输有关突发事件的信息，并与上级人民政府及其有关部门、下级人民政府及其有关部门、专业机构和监测网点的突发事件信息系统实现互联互通，加强跨部门、跨地区的信息交流与情报合作。

……

第三十九条 地方各级人民政府应当按照国家有关规定向上级人民政府报送突发事件信息。县级以上人民政府有关主管部门应当向本级人民政府相关部门通报突发事件信息。专业机构、监测网点和信息报告员应当及时向所在地人民政府及其有关主管部门报告突发事件信息。

有关单位和人员报送、报告突发事件信息，应当做到及时、客观、真实，不得迟报、谎报、瞒报、漏报。

……

第四十一条 国家建立健全突发事件监测制度。

县级以上人民政府及其有关部门应当根据自然灾害、事故灾难和公共卫生事件的种类和特点，建立健全基础信息数据库，完善监测网络，划分监测区域，确定监测点，明确监测项目，提供必要的设备、设施，配备专职或者兼职人员，对可能发生的突发事件进行监测。

……

第四十四条 发布三级、四级警报，宣布进入预警期后，县级以上地方各级人民政府应当根据即将发生的突发事件的特点和可能造成的危害，采取下列措施：

（一）启动应急预案；

（二）责令有关部门、专业机构、监测网点和负有特定职责的人员及时收集、报告有关信息，向社会公布反映突发事件信息的渠道，加强对突发事件发生、发展情况的监测、预报和预警工作；

（三）组织有关部门和机构、专业技术人员、有关专家学者，随时对突发事件信息进行分析评估，预测发生突发事件可能性的大小、影响范围和强度以及可能发生的突发事件的级别；

（四）定时向社会发布与公众有关的突发事件预测信息和分析评估结果，并对相关信息的报道工作进行管理；

（五）及时按照有关规定向社会发布可能受到突发事件危害的警告，宣传避免、减轻危害的常识，公布咨询电话。

……

第六十四条 有关单位有下列情形之一的，由所在地履行统一领导职责的人民政府责令停产停业，暂扣或者吊销许可证或者营业执照，并处五万元以上二十万元以下的罚款；构成违反治安管理行为的，由公安机关依法给予处罚：

（一）未按规定采取预防措施，导致发生严重突发事件的；

（二）未及时消除已发现的可能引发突发事件的隐患，导致发生严重突发事件的；

（三）未做好应急设备、设施日常维护、检测工作，导致发生严重突发事件或者突发事件危害扩大的；

（四）突发事件发生后，不及时组织开展应急救援工作，造成严重后果的。

前款规定的行为，其他法律、行政法规规定由人民政府有关部门依法决定处罚的，从其规定。

全国污染源普查条例

（2007年10月9日）

第一章　总　则

第一条　为了科学、有效地组织实施全国污染源普查，保障污染源普查数据的准确性和及时性，根据《中华人民共和国统计法》和《中华人民共和国环境保护法》，制定本条例。

第二条　污染源普查的任务是，掌握各类污染源的数量、行业和地区分布情况，了解主要污染物的产生、排放和处理情况，建立健全重点污染源档案、污染源信息数据库和环境统计平台，为制定经济社会发展和环境保护政策、规划提供依据。

第三条　本条例所称污染源，是指因生产、生活和其他活动向环境排放污染物或者对环境产生不良影响的场所、设施、装置以及其他污染发生源。

第四条　污染源普查按照全国统一领导、部门分工协作、地方分级负责、各方共同参与的原则组织实施。

第五条　污染源普查所需经费，由中央和地方各级人民政府共同负担，并列入相应年度的财政预算，按时拨付，确保足额到位。

污染源普查经费应当统一管理，专款专用，严格控制支出。

第六条　全国污染源普查每10年进行1次，标准时点为普查年份的12月31日。

第七条　报刊、广播、电视和互联网等新闻媒体，应当及时开展污染源普查工作的宣传报道。

第二章　污染源普查的对象、范围、内容和方法

第八条　污染源普查的对象是中华人民共和国境内有污染源的单位和个体经营户。

第九条 污染源普查对象有义务接受污染源普查领导小组办公室、普查人员依法进行的调查，并如实反映情况，提供有关资料，按照要求填报污染源普查表。

污染源普查对象不得迟报、虚报、瞒报和拒报普查数据；不得推诿、拒绝和阻挠调查；不得转移、隐匿、篡改、毁弃原材料消耗记录、生产记录、污染物治理设施运行记录、污染物排放监测记录以及其他与污染物产生和排放有关的原始资料。

第十条 污染源普查范围包括：工业污染源，农业污染源，生活污染源，集中式污染治理设施和其他产生、排放污染物的设施。

第十一条 工业污染源普查的主要内容包括：企业基本登记信息，原材料消耗情况，产品生产情况，产生污染的设施情况，各类污染物产生、治理、排放和综合利用情况，各类污染防治设施建设、运行情况等。

农业污染源普查的主要内容包括：农业生产规模，用水、排水情况，化肥、农药、饲料和饲料添加剂以及农用薄膜等农业投入品使用情况，秸秆等种植业剩余物处理情况以及养殖业污染物产生、治理情况等。

生活污染源普查的主要内容包括：从事第三产业的单位的基本情况和污染物的产生、排放、治理情况，机动车污染物排放情况，城镇生活能源结构和能源消费量，生活用水量、排水量以及污染物排放情况等。

集中式污染治理设施普查的主要内容包括：设施基本情况和运行状况，污染物的处理处置情况，渗滤液、污泥、焚烧残渣和废气的产生、处置以及利用情况等。

第十二条 每次污染源普查的具体范围和内容，由国务院批准的普查方案确定。

第十三条 污染源普查采用全面调查的方法，必要时可以采用抽样调查的方法。

污染源普查采用全国统一的标准和技术要求。

第三章 污染源普查的组织实施

第十四条 全国污染源普查领导小组负责领导和协调全国污染源普查工作。

全国污染源普查领导小组办公室设在国务院环境保护主管部门，负责全国污染源普查日常工作。

第十五条 县级以上地方人民政府污染源普查领导小组，按照全国污染源普查领导小组的统一规定和要求，领导和协调本行政区域的污染源普查工作。

县级以上地方人民政府污染源普查领导小组办公室设在同级环境保护主管部门，负责本行政区域的污染源普查日常工作。

乡（镇）人民政府、街道办事处和村（居）民委员会应当广泛动员和组织社会力量积极参与并认真做好污染源普查工作。

第十六条 县级以上人民政府环境保护主管部门和其他有关部门，按照职责分工和污染源普查领导小组的统一要求，做好污染源普查相关工作。

第十七条 全国污染源普查方案由全国污染源普查领导小组办公室拟订，经全国污染源普查领导小组审核同意，报国务院批准。

全国污染源普查方案应当包括：普查的具体范围和内容、普查的主要污染物、普查方法、普查的组织实施以及经费预算等。

拟订全国污染源普查方案，应当充分听取有关部门和专家的意见。

第十八条 全国污染源普查领导小组办公室根据全国污染源普查方案拟订污染源普查表，报国家统计局审定。

省、自治区、直辖市人民政府污染源普查领导小组办公室，可以根据需要增设本行政区域污染源普查附表，报全国污染源普查领导小组办公室批准后使用。

第十九条 在普查启动阶段，污染源普查领导小组办公室应当进行单位清查。

县级以上人民政府机构编制、民政、工商、质检以及其他具有设立审批、登记职能的部门，应当向同级污染源普查领导小组办公室提供其审批或者登记的单位资料，并协助做好单位清查工作。

污染源普查领导小组办公室应当以本行政区域现有的基本单位名录库为基础，按照全国污染源普查方案确定的污染源普查的具体范围，结合有关部门提供的单位资料，对污染源逐一核实清查，形成污染源普查单位名录。

第二十条 列入污染源普查范围的大、中型工业企业，应当明确相关机构负责本企业污染源普查表的填报工作，其他单位应当指定人员负责本单位污染源普查表的填报工作。

第二十一条 污染源普查领导小组办公室可以根据工作需要，聘用或者从有关单位借调人员从事污染源普查工作。

污染源普查领导小组办公室应当与聘用人员依法签订劳动合同，支付劳动报酬，并为其办理社会保险。借调人员的工资由原单位支付，其福利待遇保持不变。

第二十二条 普查人员应当坚持实事求是，恪守职业道德，具有执行普查任务所需要的专业知识。

污染源普查领导小组办公室应当对普查人员进行业务培训，对考核合格的颁发全国统一的普查员工作证。

第二十三条 普查人员依法独立行使调查、报告、监督和检查的职权，有权查阅普查对象的原材料消耗记录、生产记录、污染物治理设施运行记录、污染物排放监测记录以及其他与污染物产生和排放有关的原始资料，并有权要求普查对象改正其填报的污染源普查表中不真实、不完整的内容。

第二十四条 普查人员应当严格执行全国污染源普查方案，不得伪造、篡改普查资料，不得强令、授意普查对象提供虚假普查资料。

普查人员执行污染源调查任务，不得少于 2 人，并应当出示普查员工作证；未出示普查员工作证的，普查对象可以拒绝接受调查。

第二十五条 普查人员应当依法直接访问普查对象，指导普查对象填报污染源普查表。污染源普查表填写完成后，应当由普查对象签字或者盖章确认。普查对象应当对其签字或者盖章的普查资料的真实性负责。

污染源普查领导小组办公室对其登记、录入的普查资料与普查对象填报的普查资料的一致性负责，并对其加工、整理的普查资料的准确性负责。

污染源普查领导小组办公室在登记、录入、加工和整理普查资料过程中，对普查资料有疑义的，应当向普查对象核实，普查对象应当如实说明或者改正。

第二十六条 各地方、各部门、各单位的负责人不得擅自修改污染源普查领导小组办公室、普查人员依法取得的污染源普查资料；不得强令或者授意污染源普查领导小组办公室、普查人员伪造或者篡改普查资料；不得对拒绝、抵制伪造或者篡改普查资料的普查人员打击报复。

第四章 数据处理和质量控制

第二十七条 污染源普查领导小组办公室应当按照全国污染源普查方案和有关标准、技术要求进行数据处理，并按时上报普查数据。

第二十八条 污染源普查领导小组办公室应当做好污染源普查数据备份和数据入库工作，建立健全污染源信息数据库，并加强日常管理和维护更新。

第二十九条 污染源普查领导小组办公室应当按照全国污染源普查方案，建立污染源普查数据质量控制岗位责任制，并对普查中的每个环节进行质量控制和检查验收。

污染源普查数据不符合全国污染源普查方案或者有关标准、技术要求的，上一级污染源普查领导小组办公室可以要求下一级污染源普查领导小组办公室重新调查，确保普查数据的一致性、真实性和有效性。

第三十条 全国污染源普查领导小组办公室统一组织对污染源普查数据的质量核查。核查结果作为评估全国或者各省、自治区、直辖市污染源普查数据质量的重要依据。

污染源普查数据的质量达不到规定要求的，有关污染源普查领导小组办公室应当在全国污染源普查领导小组办公室规定的时间内重新进行污染源普查。

第五章 数据发布、资料管理和开发应用

第三十一条 全国污染源普查公报，根据全国污染源普查领导小组的决定发布。

地方污染源普查公报，经上一级污染源普查领导小组办公室核准发布。

第三十二条 普查对象提供的资料和污染源普查领导小组办公室加工、整理的资料属于国家秘密的，应当注明秘密的等级，并按照国家有关保密规定处理。

污染源普查领导小组办公室、普查人员对在污染源普查中知悉的普查对象的商业秘密，负有保密义务。

第三十三条 污染源普查领导小组办公室应当建立污染源普查资料档案管理制度。污染源普查资料档案的保管、调用和移交应当遵守国家有关档案管理规定。

第三十四条 国家建立污染源普查资料信息共享制度。

污染源普查领导小组办公室应当在污染源信息数据库的基础上，建立污染源普查资料信息共享平台，促进普查成果的开发和应用。

第三十五条 污染源普查取得的单个普查对象的资料严格限定用于污染源普查目的，不得作为考核普查对象是否完成污染物总量削减计划的依据，不得作为依照其他法律、行政法规对普查对象实施行政处罚和征收排污费的依据。

第六章 表彰和处罚

第三十六条 对在污染源普查工作中做出突出贡献的集体和个人，应当给予表彰和奖励。

第三十七条 地方、部门、单位的负责人有下列行为之一的，依法给予处分，并由县级以上人民政府统计机构予以通报批评；构成犯罪的，依法追究刑事责任：

（一）擅自修改污染源普查资料的；

（二）强令、授意污染源普查领导小组办公室、普查人员伪造或者篡改普查资料的；

（三）对拒绝、抵制伪造或者篡改普查资料的普查人员打击报复的。

第三十八条 普查人员不执行普查方案，或者伪造、篡改普查资料，或者强令、授意普查对象提供虚假普查资料的，依法给予处分。

污染源普查领导小组办公室、普查人员泄露在普查中知悉的普查对象商业秘密的，对直接负责的主管人员和其他直接责任人员依法给予处分；对普查对象造成损害的，应当依法承担民事责任。

第三十九条 污染源普查对象有下列行为之一的，污染源普查领导小组办公室应当及时向同级人民政府统计机构通报有关情况，提出处理意见，由县级以上人民政府统计机构责令改正，予以通报批评；情节严重的，可以建议对直接负责的主管人员和其他直接责任人员依法给予处分：

（一）迟报、虚报、瞒报或者拒报污染源普查数据的；

（二）推诿、拒绝或者阻挠普查人员依法进行调查的；

（三）转移、隐匿、篡改、毁弃原材料消耗记录、生产记录、污染物治理设施运行记录、污染物排放监测记录以及其他与污染物产生和排放有关的原始资料的。

单位有本条第一款所列行为之一的，由县级以上人民政府统计机构予以警告，可以处 5 万元以下的罚款。

个体经营户有本条第一款所列行为之一的，由县级以上人民政府统计机构予以警告，可以处 1 万元以下的罚款。

第四十条 污染源普查领导小组办公室应当设立举报电话和信箱，接受社会各界对污染源普查工作的监督和对违法行为的检举，并对检举有功的人员依法给予奖励，对检举的违法行为，依法予以查处。

第七章 附 则

第四十一条 军队、武装警察部队的污染源普查工作，由中国人民解放军总后勤部按照国家统一规定和要求组织实施。

新疆生产建设兵团的污染源普查工作，由新疆生产建设兵团按照国家统一规定和要求组织实施。

第四十二条 本条例自公布之日起施行。

中华人民共和国政府信息公开条例

（2008 年 5 月 1 日）

第一章　总　则

第一条　为了保障公民、法人和其他组织依法获取政府信息，提高政府工作的透明度，促进依法行政，充分发挥政府信息对人民群众生产、生活和经济社会活动的服务作用，制定本条例。

第二条　本条例所称政府信息，是指行政机关在履行职责过程中制作或者获取的，以一定形式记录、保存的信息。

第三条　各级人民政府应当加强对政府信息公开工作的组织领导。

国务院办公厅是全国政府信息公开工作的主管部门，负责推进、指导、协调、监督全国的政府信息公开工作。

县级以上地方人民政府办公厅（室）或者县级以上地方人民政府确定的其他政府信息公开工作主管部门负责推进、指导、协调、监督本行政区域的政府信息公开工作。

第四条　各级人民政府及县级以上人民政府部门应当建立健全本行政机关的政府信息公开工作制度，并指定机构（以下统称政府信息公开工作机构）负责本行政机关政府信息公开的日常工作。

政府信息公开工作机构的具体职责是：

（一）具体承办本行政机关的政府信息公开事宜；

（二）维护和更新本行政机关公开的政府信息；

（三）组织编制本行政机关的政府信息公开指南、政府信息公开目录和政府信息公开工作年度报告；

（四）对拟公开的政府信息进行保密审查；

（五）本行政机关规定的与政府信息公开有关的其他职责。

第五条　行政机关公开政府信息，应当遵循公正、公平、便民的原则。

第六条 行政机关应当及时、准确地公开政府信息。行政机关发现影响或者可能影响社会稳定、扰乱社会管理秩序的虚假或者不完整信息的，应当在其职责范围内发布准确的政府信息予以澄清。

第七条 行政机关应当建立健全政府信息发布协调机制。行政机关发布政府信息涉及其他行政机关的，应当与有关行政机关进行沟通、确认，保证行政机关发布的政府信息准确一致。

行政机关发布政府信息依照国家有关规定需要批准的，未经批准不得发布。

第八条 行政机关公开政府信息，不得危及国家安全、公共安全、经济安全和社会稳定。

第二章 公开的范围

第九条 行政机关对符合下列基本要求之一的政府信息应当主动公开：

（一）涉及公民、法人或者其他组织切身利益的；

（二）需要社会公众广泛知晓或者参与的；

（三）反映本行政机关机构设置、职能、办事程序等情况的；

（四）其他依照法律、法规和国家有关规定应当主动公开的。

第十条 县级以上各级人民政府及其部门应当依照本条例第九条的规定，在各自职责范围内确定主动公开的政府信息的具体内容，并重点公开下列政府信息：

（一）行政法规、规章和规范性文件；

（二）国民经济和社会发展规划、专项规划、区域规划及相关政策；

（三）国民经济和社会发展统计信息；

（四）财政预算、决算报告；

（五）行政事业性收费的项目、依据、标准；

（六）政府集中采购项目的目录、标准及实施情况；

（七）行政许可的事项、依据、条件、数量、程序、期限以及申请行政许可需要提交的全部材料目录及办理情况；

（八）重大建设项目的批准和实施情况；

（九）扶贫、教育、医疗、社会保障、促进就业等方面的政策、措施及其实施情况；

（十）突发公共事件的应急预案、预警信息及应对情况；

（十一）环境保护、公共卫生、安全生产、食品药品、产品质量的监督检查情况。

第十一条 设区的市级人民政府、县级人民政府及其部门重点公开的政府信息还应当包括下列内容：

（一）城乡建设和管理的重大事项；

（二）社会公益事业建设情况；

（三）征收或者征用土地、房屋拆迁及其补偿、补助费用的发放、使用情况；

（四）抢险救灾、优抚、救济、社会捐助等款物的管理、使用和分配情况。

第十二条 乡（镇）人民政府应当依照本条例第九条的规定，在其职责范围内确定主动公开的政府信息的具体内容，并重点公开下列政府信息：

（一）贯彻落实国家关于农村工作政策的情况；

（二）财政收支、各类专项资金的管理和使用情况；

（三）乡（镇）土地利用总体规划、宅基地使用的审核情况；

（四）征收或者征用土地、房屋拆迁及其补偿、补助费用的发放、使用情况；

（五）乡（镇）的债权债务、筹资筹劳情况；

（六）抢险救灾、优抚、救济、社会捐助等款物的发放情况；

（七）乡镇集体企业及其他乡镇经济实体承包、租赁、拍卖等情况；

（八）执行计划生育政策的情况。

第十三条 除本条例第九条、第十条、第十一条、第十二条规定的行政机关主动公开的政府信息外，公民、法人或者其他组织还可以根据自身生产、生活、科研等特殊需要，向国务院部门、地方各级人民政府及县级以上地方人民政府部门申请获取相关政府信息。

第十四条 行政机关应当建立健全政府信息发布保密审查机制，明确审查的程序和责任。

行政机关在公开政府信息前，应当依照《中华人民共和国保守国家秘密法》以及其他法律、法规和国家有关规定对拟公开的政府信息进行审查。

行政机关对政府信息不能确定是否可以公开时，应当依照法律、法规和国家有关规定报有关主管部门或者同级保密工作部门确定。

行政机关不得公开涉及国家秘密、商业秘密、个人隐私的政府信息。但是，经权利人同意公开或者行政机关认为不公开可能对公共利益造成重大影响的涉及商业秘密、个人隐私的政府信息，可以予以公开。

第三章 公开的方式和程序

第十五条 行政机关应当将主动公开的政府信息，通过政府公报、政府网站、新闻发布会以及报刊、广播、电视等便于公众知晓的方式公开。

第十六条 各级人民政府应当在国家档案馆、公共图书馆设置政府信息查阅场所，并配备相应的设施、设备，为公民、法人或者其他组织获取政府信息提供便利。

行政机关可以根据需要设立公共查阅室、资料索取点、信息公告栏、电子信息屏等场所、设施，公开政府信息。

行政机关应当及时向国家档案馆、公共图书馆提供主动公开的政府信息。

第十七条 行政机关制作的政府信息，由制作该政府信息的行政机关负责公开；行政机关从公民、法人或者其他组织获取的政府信息，由保存该政府信息的行政机关负责公开。法律、法规对政府信息公开的权限另有规定的，从其规定。

第十八条 属于主动公开范围的政府信息，应当自该政府信息形成或者变更之日起 20 个工作日内予以公开。法律、法规对政府信息公开的期限另有规定的，从其规定。

第十九条 行政机关应当编制、公布政府信息公开指南和政府信息公开目录，并及时更新。

政府信息公开指南，应当包括政府信息的分类、编排体系、获取方式，政府信息公开工作机构的名称、办公地址、办公时间、联系电话、传真号码、电子邮箱等内容。

政府信息公开目录，应当包括政府信息的索引、名称、内容概述、生成日期等内容。

第二十条 公民、法人或者其他组织依照本条例第十三条规定向行政机关申请获取政府信息的，应当采用书面形式（包括数据电文形式）；采用书面形式确有困难的，申请人可以口头提出，由受理该申请的行政机关代为填写政府信息公开申请。

政府信息公开申请应当包括下列内容：

（一）申请人的姓名或者名称、联系方式；

（二）申请公开的政府信息的内容描述；

（三）申请公开的政府信息的形式要求。

第二十一条 对申请公开的政府信息，行政机关根据下列情况分别作出答复：

（一）属于公开范围的，应当告知申请人获取该政府信息的方式和途径；

（二）属于不予公开范围的，应当告知申请人并说明理由；

（三）依法不属于本行政机关公开或者该政府信息不存在的，应当告知申请人，对能够确定该政府信息的公开机关的，应当告知申请人该行政机关的名称、联系方式；

（四）申请内容不明确的，应当告知申请人作出更改、补充。

第二十二条 申请公开的政府信息中含有不应当公开的内容，但是能够作区分处理的，行政机关应当向申请人提供可以公开的信息内容。

第二十三条 行政机关认为申请公开的政府信息涉及商业秘密、个人隐私，公开后可能损害第三方合法权益的，应当书面征求第三方的意见；第三方不同意公开的，不得公开。但是，行政机关认为不公开可能对公共利益造成重大影响的，应当予以公开，并将决定公开的政府信息内容和理由书面通知第三方。

第二十四条 行政机关收到政府信息公开申请，能够当场答复的，应当当场予以答复。

行政机关不能当场答复的，应当自收到申请之日起 15 个工作日内予以答复；如需延长答复期限的，应当经政府信息公开工作机构负责人同意，并告知申请人，延长答复的期限最长不得超过 15 个工作日。

申请公开的政府信息涉及第三方权益的，行政机关征求第三方意见所需时间不计算在本条第二款规定的期限内。

第二十五条 公民、法人或者其他组织向行政机关申请提供与其自身相关的税费缴纳、社会保障、医疗卫生等政府信息的，应当出示有效身份证件或者证明文件。

公民、法人或者其他组织有证据证明行政机关提供的与其自身相关的政府信息记录不准确的，有权要求该行政机关予以更正。该行政机关无权更正的，应当转送有权更正的行政机关处理，并告知申请人。

第二十六条 行政机关依申请公开政府信息，应当按照申请人要求的形式予以提供；无法按照申请人要求的形式提供的，可以通过安排申请人查阅相关资料、提供复制件或者其他适当形式提供。

第二十七条 行政机关依申请提供政府信息，除可以收取检索、复制、邮寄等成本费用外，不得收取其他费用。行政机关不得通过其他组织、个人以有偿服务方式提供政府信息。

行政机关收取检索、复制、邮寄等成本费用的标准由国务院价格主管部门会同国务院财政部门制定。

第二十八条 申请公开政府信息的公民确有经济困难的，经本人申请、政府信息公开工作机构负责人审核同意，可以减免相关费用。

申请公开政府信息的公民存在阅读困难或者视听障碍的，行政机关应当为其提供必要的帮助。

第四章 监督和保障

第二十九条 各级人民政府应当建立健全政府信息公开工作考核制度、社会评议制度和责任追究制度，定期对政府信息公开工作进行考核、评议。

第三十条 政府信息公开工作主管部门和监察机关负责对行政机关政府信息公开的实施情况进行监督检查。

第三十一条 各级行政机关应当在每年3月31日前公布本行政机关的政府信息公开工作年度报告。

第三十二条 政府信息公开工作年度报告应当包括下列内容：

（一）行政机关主动公开政府信息的情况；

（二）行政机关依申请公开政府信息和不予公开政府信息的情况；

（三）政府信息公开的收费及减免情况；

（四）因政府信息公开申请行政复议、提起行政诉讼的情况；

（五）政府信息公开工作存在的主要问题及改进情况；

（六）其他需要报告的事项。

第三十三条 公民、法人或者其他组织认为行政机关不依法履行政府信息公开义务的，可以向上级行政机关、监察机关或者政府信息公开工作主管部门举报。收到举报的机关应当予以调查处理。

公民、法人或者其他组织认为行政机关在政府信息公开工作中的具体行政行为侵犯其合法权益的，可以依法申请行政复议或者提起行政诉讼。

第三十四条 行政机关违反本条例的规定，未建立健全政府信息发布保密审查机制的，由监察机关、上一级行政机关责令改正；情节严重的，对行政机关主要负责人依法给予处分。

第三十五条 行政机关违反本条例的规定，有下列情形之一的，由监察机关、上一级行政机关责令改正；情节严重的，对行政机关直接负责的主管人员和其他直接责任人员依法给予处分；构成犯罪的，依法追究刑事责任：

（一）不依法履行政府信息公开义务的；

（二）不及时更新公开的政府信息内容、政府信息公开指南和政府信息公开目录的；

（三）违反规定收取费用的；

（四）通过其他组织、个人以有偿服务方式提供政府信息的；

（五）公开不应当公开的政府信息的；

（六）违反本条例规定的其他行为。

第五章 附 则

第三十六条 法律、法规授权的具有管理公共事务职能的组织公开政府信息的活动，适用本条例。

第三十七条 教育、医疗卫生、计划生育、供水、供电、供气、供热、环保、公共交通等与人民群众利益密切相关的公共企事业单位在提供社会公共服务过程中制作、获取的信息的公开，参照本条例执行，具体办法由国务院有关主管部门或者机构制定。

第三十八条 本条例自2008年5月1日起施行。

防治船舶污染海洋环境管理条例（摘录）

（2017年3月1日）

……

第七条 海事管理机构应当根据防治船舶及其有关作业活动污染海洋环境的需要，会同海洋主管部门建立健全船舶及其有关作业活动污染海洋环境的监测、监视机制，加强对船舶及其有关作业活动污染海洋环境的监测、监视。

第八条 国务院交通运输主管部门、沿海设区的市级以上地方人民政府应当按照防治船舶及其有关作业活动污染海洋环境应急能力建设规划，建立专业应急队伍和应急设备库，配备专用的设施、设备和器材。

城镇排水与污水处理条例（摘录）

（2013 年 10 月 2 日）

……

第二十二条 排水户申请领取污水排入排水管网许可证应当具备下列条件：

（一）排放口的设置符合城镇排水与污水处理规划的要求；

（二）按照国家有关规定建设相应的预处理设施和水质、水量检测设施；

（三）排放的污水符合国家或者地方规定的有关排放标准；

（四）法律、法规规定的其他条件。

符合前款规定条件的，由城镇排水主管部门核发污水排入排水管网许可证；具体办法由国务院住房城乡建设主管部门制定。

第二十三条 城镇排水主管部门应当加强对排放口设置以及预处理设施和水质、水量检测设施建设的指导和监督；对不符合规划要求或者国家有关规定的，应当要求排水户采取措施，限期整改。

第二十四条 城镇排水主管部门委托的排水监测机构，应当对排水户排放污水的水质和水量进行监测，并建立排水监测档案。排水户应当接受监测，如实提供有关资料。

列入重点排污单位名录的排水户安装的水污染物排放自动监测设备，应当与环境保护主管部门的监控设备联网。环境保护主管部门应当将监测数据与城镇排水主管部门共享。

第二十九条 城镇污水处理设施维护运营单位应当保证出水水质符合国家和地方规定的排放标准，不得排放不达标污水。

城镇污水处理设施维护运营单位应当按照国家有关规定检测进出水水质，向城镇排水主管部门、环境保护主管部门报送污水处理水质和水量、主要污染物削减量等信息，并按照有关规定和维护运营合同，向城镇排水主管部门报送生产运营成本等信息。

……

第三十二条 排水单位和个人应当按照国家有关规定缴纳污水处理费。

向城镇污水处理设施排放污水、缴纳污水处理费的，不再缴纳排污费。

排水监测机构接受城镇排水主管部门委托从事有关监测活动，不得向城镇污水处理设施维护运营单位和排水户收取任何费用。

……

第三十四条 县级以上地方人民政府环境保护主管部门应当依法对城镇污水处理设施的出水水质和水量进行监督检查。

城镇排水主管部门应当对城镇污水处理设施运营情况进行监督和考核，并将监督考核情况向社会公布。有关单位和个人应当予以配合。

城镇污水处理设施维护运营单位应当为进出水在线监测系统的安全运行提供保障条件。

第三十五条 城镇排水主管部门应当根据城镇污水处理设施维护运营单位履行维护运营合同的情况以及环境保护主管部门对城镇污水处理设施出水水质和水量的监督检查结果，核定城镇污水处理设施运营服务费。地方人民政府有关部门应当及时、足额拨付城镇污水处理设施运营服务费。

第四十四条 县级以上人民政府城镇排水主管部门应当会同有关部门，加强对城镇排水与污水处理设施运行维护和保护情况的监督检查，并将检查情况及结果向社会公开。实施监督检查时，有权采取下列措施：

（一）进入现场进行检查、监测；

（二）查阅、复制有关文件和资料；

（三）要求被监督检查的单位和个人就有关问题作出说明。

被监督检查的单位和个人应当予以配合，不得妨碍和阻挠依法进行的监督检查活动。

……

第五十二条 违反本条例规定，城镇污水处理设施维护运营单位未按照国家有关规定检测进出水水质的，或者未报送污水处理水质和水量、主要污染物削减量等信息和生产运营成本等信息的，由城镇排水主管部门责令改正，可以处5万元以下罚款；造成损失的，依法承担赔偿责任。

违反本条例规定，城镇污水处理设施维护运营单位擅自停运城镇污水处理设施，未按照规定事先报告或者采取应急处理措施的，由城镇排水主管部门责令改正，给予警告；逾期不改正或者造成严重后果的，处10万元以上50万元以下罚款；造成损失的，依法承担赔偿责任。

畜禽规模养殖污染防治条例（摘录）

（2013年11月11日）

……

第二十三条 县级以上人民政府环境保护主管部门应当依据职责对畜禽养殖污染防治情况进行监督检查，并加强对畜禽养殖环境污染的监测。

乡镇人民政府、基层群众自治组织发现畜禽养殖环境污染行为的，应当及时制止和报告。

……

企业信息公示暂行条例（摘录）

（2014年8月7日）

……

第三条 企业信息公示应当真实、及时。公示的企业信息涉及国家秘密、国家安全或者社会公共利益的，应当报请主管的保密行政管理部门或者国家安全机关批准。县级以上地方人民政府有关部门公示的企业信息涉及企业商业秘密或者个人隐私的，应当报请上级主管部门批准。

……

第七条 工商行政管理部门以外的其他政府部门（以下简称其他政府部门）应当公示其在履行职责过程中产生的下列企业信息：

（一）行政许可准予、变更、延续信息；

（二）行政处罚信息；

（三）其他依法应当公示的信息。

其他政府部门可以通过企业信用信息公示系统，也可以通过其他系统公示前款规定的企业信息。工商行政管理部门和其他政府部门应当按照国家社会信用信息平台建设的总体要求，实现企业信息的互联共享。

……

第十条 企业应当自下列信息形成之日起 20 个工作日内通过企业信用信息公示系统向社会公示：

（一）有限责任公司股东或者股份有限公司发起人认缴和实缴的出资额、出资时间、出资方式等信息；

（二）有限责任公司股东股权转让等股权变更信息；

（三）行政许可取得、变更、延续信息；

（四）知识产权出质登记信息；

（五）受到行政处罚的信息；

（六）其他依法应当公示的信息。

工商行政管理部门发现企业未依照前款规定履行公示义务的，应当责令其限期履行。

建设项目环境保护管理条例

（2017 年 7 月 16 日）

（1998 年 11 月 29 日中华人民共和国国务院令第 253 号发布　根据 2017 年 7 月 16 日《国务院关于修改〈建设项目环境保护管理条例〉的决定》修订）

第一章　总　则

第一条 为了防止建设项目产生新的污染、破坏生态环境，制定本条例。

第二条 在中华人民共和国领域和中华人民共和国管辖的其他海域内建设对

环境有影响的建设项目，适用本条例。

第三条 建设产生污染的建设项目，必须遵守污染物排放的国家标准和地方标准；在实施重点污染物排放总量控制的区域内，还必须符合重点污染物排放总量控制的要求。

第四条 工业建设项目应当采用能耗物耗小、污染物产生量少的清洁生产工艺，合理利用自然资源，防止环境污染和生态破坏。

第五条 改建、扩建项目和技术改造项目必须采取措施，治理与该项目有关的原有环境污染和生态破坏。

第二章 环境影响评价

第六条 国家实行建设项目环境影响评价制度。

第七条 国家根据建设项目对环境的影响程度，按照下列规定对建设项目的环境保护实行分类管理：

（一）建设项目对环境可能造成重大影响的，应当编制环境影响报告书，对建设项目产生的污染和对环境的影响进行全面、详细的评价；

（二）建设项目对环境可能造成轻度影响的，应当编制环境影响报告表，对建设项目产生的污染和对环境的影响进行分析或者专项评价；

（三）建设项目对环境影响很小，不需要进行环境影响评价的，应当填报环境影响登记表。

建设项目环境影响评价分类管理名录，由国务院环境保护行政主管部门在组织专家进行论证和征求有关部门、行业协会、企事业单位、公众等意见的基础上制定并公布。

第八条 建设项目环境影响报告书，应当包括下列内容：

（一）建设项目概况；

（二）建设项目周围环境现状；

（三）建设项目对环境可能造成影响的分析和预测；

（四）环境保护措施及其经济、技术论证；

（五）环境影响经济损益分析；

（六）对建设项目实施环境监测的建议；

（七）环境影响评价结论。

建设项目环境影响报告表、环境影响登记表的内容和格式，由国务院环境保护行政主管部门规定。

第九条 依法应当编制环境影响报告书、环境影响报告表的建设项目，建设单位应当在开工建设前将环境影响报告书、环境影响报告表报有审批权的环境保护行政主管部门审批；建设项目的环境影响评价文件未依法经审批部门审查或者审查后未予批准的，建设单位不得开工建设。

环境保护行政主管部门审批环境影响报告书、环境影响报告表，应当重点审查建设项目的环境可行性、环境影响分析预测评估的可靠性、环境保护措施的有效性、环境影响评价结论的科学性等，并分别自收到环境影响报告书之日起 60 日内、收到环境影响报告表之日起 30 日内，作出审批决定并书面通知建设单位。

环境保护行政主管部门可以组织技术机构对建设项目环境影响报告书、环境影响报告表进行技术评估，并承担相应费用；技术机构应当对其提出的技术评估意见负责，不得向建设单位、从事环境影响评价工作的单位收取任何费用。

依法应当填报环境影响登记表的建设项目，建设单位应当按照国务院环境保护行政主管部门的规定将环境影响登记表报建设项目所在地县级环境保护行政主管部门备案。

环境保护行政主管部门应当开展环境影响评价文件网上审批、备案和信息公开。

第十条 国务院环境保护行政主管部门负责审批下列建设项目环境影响报告书、环境影响报告表：

（一）核设施、绝密工程等特殊性质的建设项目；

（二）跨省、自治区、直辖市行政区域的建设项目；

（三）国务院审批的或者国务院授权有关部门审批的建设项目。

前款规定以外的建设项目环境影响报告书、环境影响报告表的审批权限，由省、自治区、直辖市人民政府规定。

建设项目造成跨行政区域环境影响，有关环境保护行政主管部门对环境影响评价结论有争议的，其环境影响报告书或者环境影响报告表由共同上一级环境保护行政主管部门审批。

第十一条 建设项目有下列情形之一的，环境保护行政主管部门应当对环境影响报告书、环境影响报告表作出不予批准的决定：

（一）建设项目类型及其选址、布局、规模等不符合环境保护法律法规和相关法定规划；

（二）所在区域环境质量未达到国家或者地方环境质量标准，且建设项目拟采取的措施不能满足区域环境质量改善目标管理要求；

（三）建设项目采取的污染防治措施无法确保污染物排放达到国家和地方排放标准，或者未采取必要措施预防和控制生态破坏；

（四）改建、扩建和技术改造项目，未针对项目原有环境污染和生态破坏提出有效防治措施；

（五）建设项目的环境影响报告书、环境影响报告表的基础资料数据明显不实，内容存在重大缺陷、遗漏，或者环境影响评价结论不明确、不合理。

第十二条 建设项目环境影响报告书、环境影响报告表经批准后，建设项目的性质、规模、地点、采用的生产工艺或者防治污染、防止生态破坏的措施发生重大变动的，建设单位应当重新报批建设项目环境影响报告书、环境影响报告表。

建设项目环境影响报告书、环境影响报告表自批准之日起满 5 年，建设项目方开工建设的，其环境影响报告书、环境影响报告表应当报原审批部门重新审核。原审批部门应当自收到建设项目环境影响报告书、环境影响报告表之日起 10 日内，将审核意见书面通知建设单位；逾期未通知的，视为审核同意。

审核、审批建设项目环境影响报告书、环境影响报告表及备案环境影响登记表，不得收取任何费用。

第十三条 建设单位可以采取公开招标的方式，选择从事环境影响评价工作的单位，对建设项目进行环境影响评价。

任何行政机关不得为建设单位指定从事环境影响评价工作的单位，进行环境影响评价。

第十四条 建设单位编制环境影响报告书，应当依照有关法律规定，征求建设项目所在地有关单位和居民的意见。

第三章 环境保护设施建设

第十五条 建设项目需要配套建设的环境保护设施，必须与主体工程同时设计、同时施工、同时投产使用。

第十六条 建设项目的初步设计，应当按照环境保护设计规范的要求，编制环境保护篇章，落实防治环境污染和生态破坏的措施以及环境保护设施投资概算。

建设单位应当将环境保护设施建设纳入施工合同，保证环境保护设施建设进度和资金，并在项目建设过程中同时组织实施环境影响报告书、环境影响报告表及其审批部门审批决定中提出的环境保护对策措施。

第十七条 编制环境影响报告书、环境影响报告表的建设项目竣工后，建设单位应当按照国务院环境保护行政主管部门规定的标准和程序，对配套建设的环境保护设施进行验收，编制验收报告。

建设单位在环境保护设施验收过程中，应当如实查验、监测、记载建设项目环境保护设施的建设和调试情况，不得弄虚作假。

除按照国家规定需要保密的情形外，建设单位应当依法向社会公开验收报告。

第十八条 分期建设、分期投入生产或者使用的建设项目，其相应的环境保护设施应当分期验收。

第十九条 编制环境影响报告书、环境影响报告表的建设项目，其配套建设的环境保护设施经验收合格，方可投入生产或者使用；未经验收或者验收不合格的，不得投入生产或者使用。

前款规定的建设项目投入生产或者使用后，应当按照国务院环境保护行政主管部门的规定开展环境影响后评价。

第二十条 环境保护行政主管部门应当对建设项目环境保护设施设计、施工、验收、投入生产或者使用情况，以及有关环境影响评价文件确定的其他环境保护措施的落实情况，进行监督检查。

环境保护行政主管部门应当将建设项目有关环境违法信息记入社会诚信档案，及时向社会公开违法者名单。

第四章　法律责任

第二十一条 建设单位有下列行为之一的，依照《中华人民共和国环境影响评价法》的规定处罚：

（一）建设项目环境影响报告书、环境影响报告表未依法报批或者报请重新审核，擅自开工建设；

（二）建设项目环境影响报告书、环境影响报告表未经批准或者重新审核同意，擅自开工建设；

（三）建设项目环境影响登记表未依法备案。

第二十二条 违反本条例规定，建设单位编制建设项目初步设计未落实防治环境污染和生态破坏的措施以及环境保护设施投资概算，未将环境保护设施建设纳入施工合同，或者未依法开展环境影响后评价的，由建设项目所在地县级以上环境保护行政主管部门责令限期改正，处5万元以上20万元以下的罚款；逾期不改正的，处20万元以上100万元以下的罚款。

违反本条例规定，建设单位在项目建设过程中未同时组织实施环境影响报告书、环境影响报告表及其审批部门审批决定中提出的环境保护对策措施的，由建设项目所在地县级以上环境保护行政主管部门责令限期改正，处20万元以上100万元以下的罚款；逾期不改正的，责令停止建设。

第二十三条 违反本条例规定，需要配套建设的环境保护设施未建成、未经验收或者验收不合格，建设项目即投入生产或者使用，或者在环境保护设施验收中弄虚作假的，由县级以上环境保护行政主管部门责令限期改正，处20万元以上100万元以下的罚款；逾期不改正的，处100万元以上200万元以下的罚款；对直接负责的主管人员和其他责任人员，处5万元以上20万元以下的罚款；造成重大环境污染或者生态破坏的，责令停止生产或者使用，或者报经有批准权的人民政府批准，责令关闭。

违反本条例规定，建设单位未依法向社会公开环境保护设施验收报告的，由县级以上环境保护行政主管部门责令公开，处5万元以上20万元以下的罚款，并予以公告。

第二十四条 违反本条例规定，技术机构向建设单位、从事环境影响评价工作的单位收取费用的，由县级以上环境保护行政主管部门责令退还所收费用，处所收费用1倍以上3倍以下的罚款。

第二十五条 从事建设项目环境影响评价工作的单位，在环境影响评价工作中弄虚作假的，由县级以上环境保护行政主管部门处所收费用1倍以上3倍以下的罚款。

第二十六条 环境保护行政主管部门的工作人员徇私舞弊、滥用职权、玩忽职守，构成犯罪的，依法追究刑事责任；尚不构成犯罪的，依法给予行政处分。

第五章 附 则

第二十七条 流域开发、开发区建设、城市新区建设和旧区改建等区域性开发，编制建设规划时，应当进行环境影响评价。具体办法由国务院环境保护行政主管部门会同国务院有关部门另行规定。

第二十八条 海洋工程建设项目的环境保护管理，按照国务院关于海洋工程环境保护管理的规定执行。

第二十九条 军事设施建设项目的环境保护管理，按照中央军事委员会的有关规定执行。

第三十条 本条例自发布之日起施行。

中华人民共和国环境保护税法实施条例

（2018 年 1 月 1 日）

第一章 总 则

第一条 根据《中华人民共和国环境保护税法》（以下简称环境保护税法），制定本条例。

第二条 环境保护税法所附《环境保护税税目税额表》所称其他固体废物的具体范围，依照环境保护税法第六条第二款规定的程序确定。

第三条 环境保护税法第五条第一款、第十二条第一款第三项规定的城乡污水集中处理场所，是指为社会公众提供生活污水处理服务的场所，不包括为工业园区、开发区等工业聚集区域内的企业事业单位和其他生产经营者提供污水处理服务的场所，以及企业事业单位和其他生产经营者自建自用的污水处理场所。

第四条 达到省级人民政府确定的规模标准并且有污染物排放口的畜禽养殖场，应当依法缴纳环境保护税；依法对畜禽养殖废弃物进行综合利用和无害化处理的，不属于直接向环境排放污染物，不缴纳环境保护税。

第二章 计税依据

第五条 应税固体废物的计税依据，按照固体废物的排放量确定。固体废物的排放量为当期应税固体废物的产生量减去当期应税固体废物的贮存量、处置量、综合利用量的余额。

前款规定的固体废物的贮存量、处置量，是指在符合国家和地方环境保护标准的设施、场所贮存或者处置的固体废物数量；固体废物的综合利用量，是指按照国务院发展改革、工业和信息化主管部门关于资源综合利用要求以及国家和地方环境保护标准进行综合利用的固体废物数量。

第六条 纳税人有下列情形之一的，以其当期应税固体废物的产生量作为固体废物的排放量：

（一）非法倾倒应税固体废物；

（二）进行虚假纳税申报。

第七条 应税大气污染物、水污染物的计税依据，按照污染物排放量折合的污染当量数确定。

纳税人有下列情形之一的，以其当期应税大气污染物、水污染物的产生量作为污染物的排放量：

（一）未依法安装使用污染物自动监测设备或者未将污染物自动监测设备与环境保护主管部门的监控设备联网；

（二）损毁或者擅自移动、改变污染物自动监测设备；

（三）篡改、伪造污染物监测数据；

（四）通过暗管、渗井、渗坑、灌注或者稀释排放以及不正常运行防治污染设施等方式违法排放应税污染物；

（五）进行虚假纳税申报。

第八条 从两个以上排放口排放应税污染物的，对每一排放口排放的应税污染物分别计算征收环境保护税；纳税人持有排污许可证的，其污染物排放口按照排污许可证载明的污染物排放口确定。

第九条 属于环境保护税法第十条第二项规定情形的纳税人，自行对污染物进行监测所获取的监测数据，符合国家有关规定和监测规范的，视同环境保护税法第十条第二项规定的监测机构出具的监测数据。

第三章 税收减免

第十条 环境保护税法第十三条所称应税大气污染物或者水污染物的浓度值，是指纳税人安装使用的污染物自动监测设备当月自动监测的应税大气污染物浓度值的小时平均值再平均所得数值或者应税水污染物浓度值的日平均值再平均所得数值，或者监测机构当月监测的应税大气污染物、水污染物浓度值的平均值。

依照环境保护税法第十三条的规定减征环境保护税的，前款规定的应税大气污染物浓度值的小时平均值或者应税水污染物浓度值的日平均值，以及监测机构当月每次监测的应税大气污染物、水污染物的浓度值，均不得超过国家和地方规定的污染物排放标准。

第十一条 依照环境保护税法第十三条的规定减征环境保护税的，应当对每一排放口排放的不同应税污染物分别计算。

第四章 征收管理

第十二条 税务机关依法履行环境保护税纳税申报受理、涉税信息比对、组织税款入库等职责。

环境保护主管部门依法负责应税污染物监测管理，制定和完善污染物监测规范。

第十三条 县级以上地方人民政府应当加强对环境保护税征收管理工作的领导，及时协调、解决环境保护税征收管理工作中的重大问题。

第十四条 国务院税务、环境保护主管部门制定涉税信息共享平台技术标准以及数据采集、存储、传输、查询和使用规范。

第十五条 环境保护主管部门应当通过涉税信息共享平台向税务机关交送在环境保护监督管理中获取的下列信息：

（一）排污单位的名称、统一社会信用代码以及污染物排放口、排放污染物种类等基本信息；

（二）排污单位的污染物排放数据（包括污染物排放量以及大气污染物、水污染物的浓度值等数据）；

（三）排污单位环境违法和受行政处罚情况；

（四）对税务机关提请复核的纳税人的纳税申报数据资料异常或者纳税人未按照规定期限办理纳税申报的复核意见；

（五）与税务机关商定交送的其他信息。

第十六条 税务机关应当通过涉税信息共享平台向环境保护主管部门交送下列环境保护税涉税信息：

（一）纳税人基本信息；

（二）纳税申报信息；

（三）税款入库、减免税额、欠缴税款以及风险疑点等信息；

（四）纳税人涉税违法和受行政处罚情况；

（五）纳税人的纳税申报数据资料异常或者纳税人未按照规定期限办理纳税申报的信息；

（六）与环境保护主管部门商定交送的其他信息。

第十七条 环境保护税法第十七条所称应税污染物排放地是指：

（一）应税大气污染物、水污染物排放口所在地；

（二）应税固体废物产生地；

（三）应税噪声产生地。

第十八条 纳税人跨区域排放应税污染物，税务机关对税收征收管辖有争议的，由争议各方按照有利于征收管理的原则协商解决；不能协商一致的，报请共同的上级税务机关决定。

第十九条 税务机关应当依据环境保护主管部门交送的排污单位信息进行纳税人识别。

在环境保护主管部门交送的排污单位信息中没有对应信息的纳税人，由税务机关在纳税人首次办理环境保护税纳税申报时进行纳税人识别，并将相关信息交送环境保护主管部门。

第二十条 环境保护主管部门发现纳税人申报的应税污染物排放信息或者适用的排污系数、物料衡算方法有误的，应当通知税务机关处理。

第二十一条 纳税人申报的污染物排放数据与环境保护主管部门交送的相关数据不一致的，按照环境保护主管部门交送的数据确定应税污染物的计税依据。

第二十二条 环境保护税法第二十条第二款所称纳税人的纳税申报数据资料异常，包括但不限于下列情形：

（一）纳税人当期申报的应税污染物排放量与上一年同期相比明显偏低，且无正当理由；

（二）纳税人单位产品污染物排放量与同类型纳税人相比明显偏低，且无正当理由。

第二十三条 税务机关、环境保护主管部门应当无偿为纳税人提供与缴纳环境保护税有关的辅导、培训和咨询服务。

第二十四条 税务机关依法实施环境保护税的税务检查，环境保护主管部门予以配合。

第二十五条 纳税人应当按照税收征收管理的有关规定，妥善保管应税污染物监测和管理的有关资料。

第五章 附 则

第二十六条 本条例自2018年1月1日起施行。2003年1月2日国务院公布的《排污费征收使用管理条例》同时废止。

最高人民法院 最高人民检察院关于办理环境污染刑事案件适用法律若干问题的解释

（2016年12月8日）

（2016年11月7日最高人民法院审判委员会第1698次会议、2016年12月8日最高人民检察院第十二届检察委员会第58次会议通过，自2017年1月1日起施行）

为依法惩治有关环境污染犯罪，根据《中华人民共和国刑法》《中华人民共和国刑事诉讼法》的有关规定，现就办理此类刑事案件适用法律的若干问题解释如下：

第一条 实施刑法第三百三十八条规定的行为，具有下列情形之一的，应当认定为“严重污染环境”：

（一）在饮用水水源一级保护区、自然保护区核心区排放、倾倒、处置有放射性的废物、含传染病病原体的废物、有毒物质的；

（二）非法排放、倾倒、处置危险废物三吨以上的；

（三）排放、倾倒、处置含铅、汞、镉、铬、砷、铊、锑的污染物，超过国家或者地方污染物排放标准三倍以上的；

（四）排放、倾倒、处置含镍、铜、锌、银、钒、锰、钴的污染物，超过国家或者地方污染物排放标准十倍以上的；

（五）通过暗管、渗井、渗坑、裂隙、溶洞、灌注等逃避监管的方式排放、倾倒、处置有放射性的废物、含传染病病原体的废物、有毒物质的；

（六）二年内曾因违反国家规定，排放、倾倒、处置有放射性的废物、含传染病病原体的废物、有毒物质受过两次以上行政处罚，又实施前列行为的；

（七）重点排污单位篡改、伪造自动监测数据或者干扰自动监测设施，排放化学需氧量、氨氮、二氧化硫、氮氧化物等污染物的；

（八）违法减少防治污染设施运行支出一百万元以上的；

（九）违法所得或者致使公私财产损失三十万元以上的；

（十）造成生态环境严重损害的；

（十一）致使乡镇以上集中式饮用水水源取水中断十二小时以上的；

（十二）致使基本农田、防护林地、特种用途林地五亩以上，其他农用地十亩以上，其他土地二十亩以上基本功能丧失或者遭受永久性破坏的；

（十三）致使森林或者其他林木死亡五十立方米以上，或者幼树死亡二千五百株以上的；

（十四）致使疏散、转移群众五千人以上的；

（十五）致使三十人以上中毒的；

（十六）致使三人以上轻伤、轻度残疾或者器官组织损伤导致一般功能障碍的；

（十七）致使一人以上重伤、中度残疾或者器官组织损伤导致严重功能障碍的；

（十八）其他严重污染环境的情形。

第二条 实施刑法第三百三十九条、第四百零八条规定的行为，致使公私财产损失三十万元以上，或者具有本解释第一条第十项至第十七项规定情形之一的，应当认定为“致使公私财产遭受重大损失或者严重危害人体健康”或者“致使公私财产遭受重大损失或者造成人身伤亡的严重后果”。

第三条 实施刑法第三百三十八条、第三百三十九条规定的行为，具有下列情形之一的，应当认定为“后果特别严重”：

（一）致使县级以上城区集中式饮用水水源取水中断十二小时以上的；

（二）非法排放、倾倒、处置危险废物一百吨以上的；

（三）致使基本农田、防护林地、特种用途林地十五亩以上，其他农用地三十亩以上，其他土地六十亩以上基本功能丧失或者遭受永久性破坏的；

（四）致使森林或者其他林木死亡一百五十立方米以上，或者幼树死亡七千五百株以上的；

（五）致使公私财产损失一百万元以上的；

（六）造成生态环境特别严重损害的；

（七）致使疏散、转移群众一万五千人以上的；

（八）致使一百人以上中毒的；

（九）致使十人以上轻伤、轻度残疾或者器官组织损伤导致一般功能障碍的；

（十）致使三人以上重伤、中度残疾或者器官组织损伤导致严重功能障碍的；

（十一）致使一人以上重伤、中度残疾或者器官组织损伤导致严重功能障碍，并致使五人以上轻伤、轻度残疾或者器官组织损伤导致一般功能障碍的；

（十二）致使一人以上死亡或者重度残疾的；

（十三）其他后果特别严重的情形。

第四条 实施刑法第三百三十八条、第三百三十九条规定的犯罪行为，具有下列情形之一的，应当从重处罚：

（一）阻挠环境监督检查或者突发环境事件调查，尚不构成妨害公务等犯罪的；

（二）在医院、学校、居民区等人口集中地区及其附近，违反国家规定排放、倾倒、处置有放射性的废物、含传染病病原体的废物、有毒物质或者其他有害物质的；

（三）在重污染天气预警期间、突发环境事件处置期间或者被责令限期整改期间，违反国家规定排放、倾倒、处置有放射性的废物、含传染病病原体的废物、有毒物质或者其他有害物质的；

（四）具有危险废物经营许可证的企业违反国家规定排放、倾倒、处置有放射性的废物、含传染病病原体的废物、有毒物质或者其他有害物质的。

第五条 实施刑法第三百三十八条、第三百三十九条规定的行为，刚达到应当追究刑事责任的标准，但行为人及时采取措施，防止损失扩大、消除污染，全部赔偿损失，积极修复生态环境，且系初犯，确有悔罪表现的，可以认定为情节轻微，不起诉或者免予刑事处罚；确有必要判处刑罚的，应当从宽处罚。

第六条 无危险废物经营许可证从事收集、贮存、利用、处置危险废物经营活动，严重污染环境的，按照污染环境罪定罪处罚；同时构成非法经营罪的，依照处罚较重的规定定罪处罚。

实施前款规定的行为，不具有超标排放污染物、非法倾倒污染物或者其他违法造成环境污染的情形的，可以认定为非法经营情节显著轻微危害不大，不认为是犯罪；构成生产、销售伪劣产品等其他犯罪的，以其他犯罪论处。

第七条 明知他人无危险废物经营许可证，向其提供或者委托其收集、贮存、利用、处置危险废物，严重污染环境的，以共同犯罪论处。

第八条 违反国家规定，排放、倾倒、处置含有毒害性、放射性、传染病病原体等物质的污染物，同时构成污染环境罪、非法处置进口的固体废物罪、投放危险物质罪等犯罪的，依照处罚较重的规定定罪处罚。

第九条 环境影响评价机构或其人员，故意提供虚假环境影响评价文件，情节严重的，或者严重不负责任，出具的环境影响评价文件存在重大失实，造成严重后果的，应当依照刑法第二百二十九条、第二百三十一条的规定，以提供虚假证明文件罪或者出具证明文件重大失实罪定罪处罚。

第十条 违反国家规定，针对环境质量监测系统实施下列行为，或者强令、指使、授意他人实施下列行为的，应当依照刑法第二百八十六条的规定，以破坏计算机信息系统罪论处：

（一）修改参数或者监测数据的；

（二）干扰采样，致使监测数据严重失真的；

（三）其他破坏环境质量监测系统的行为。

重点排污单位篡改、伪造自动监测数据或者干扰自动监测设施，排放化学需氧量、氨氮、二氧化硫、氮氧化物等污染物，同时构成污染环境罪和破坏计算机信息系统罪的，依照处罚较重的规定定罪处罚。

从事环境监测设施维护、运营的人员实施或者参与实施篡改、伪造自动监测数据、干扰自动监测设施、破坏环境质量监测系统等行为的，应当从重处罚。

第十一条 单位实施本解释规定的犯罪的，依照本解释规定的定罪量刑标准，对直接负责的主管人员和其他直接责任人员定罪处罚，并对单位判处罚金。

第十二条 环境保护主管部门及其所属监测机构在行政执法过程中收集的监测数据，在刑事诉讼中可以作为证据使用。

公安机关单独或者会同环境保护主管部门，提取污染物样品进行检测获取的数据，在刑事诉讼中可以作为证据使用。

第十三条 对国家危险废物名录所列的废物，可以依据涉案物质的来源、产生过程、被告人供述、证人证言以及经批准或者备案的环境影响评价文件等证据，结合环境保护主管部门、公安机关等出具的书面意见作出认定。

对于危险废物的数量，可以综合被告人供述，涉案企业的生产工艺、物耗、能耗情况，以及经批准或者备案的环境影响评价文件等证据作出认定。

第十四条 对案件所涉的环境污染专门性问题难以确定的，依据司法鉴定机构出具的鉴定意见，或者国务院环境保护主管部门、公安部门指定的机构出具的报告，结合其他证据作出认定。

第十五条 下列物质应当认定为刑法第三百三十八条规定的“有毒物质”：

（一）危险废物，是指列入国家危险废物名录，或者根据国家规定的危险废物鉴别标准和鉴别方法认定的，具有危险特性的废物；

（二）《关于持久性有机污染物的斯德哥尔摩公约》附件所列物质；

（三）含重金属的污染物；

（四）其他具有毒性，可能污染环境的物质。

第十六条 无危险废物经营许可证，以营利为目的，从危险废物中提取物质作为原材料或者燃料，并具有超标排放污染物、非法倾倒污染物或者其他违法造成环境污染的情形的行为，应当认定为“非法处置危险废物”。

第十七条 本解释所称“二年内”，以第一次违法行为受到行政处罚的生效之日与又实施相应行为之日的时间间隔计算确定。

本解释所称“重点排污单位”，是指设区的市级以上人民政府环境保护主管部门依法确定的应当安装、使用污染物排放自动监测设备的重点监控企业及其他单位。

本解释所称“违法所得”，是指实施刑法第三百三十八条、第三百三十九条规定的行为所得和可得的全部违法收入。

本解释所称“公私财产损失”，包括实施刑法第三百三十八条、第三百三十九条规定的行为直接造成财产损毁、减少的实际价值，为防止污染扩大、消除污染而采取必要合理措施所产生的费用，以及处置突发环境事件的应急监测费用。

本解释所称“生态环境损害”，包括生态环境修复费用，生态环境修复期间服务功能的损失和生态环境功能永久性损害造成的损失，以及其他必要合理费用。

本解释所称“无危险废物经营许可证”，是指未取得危险废物经营许可证，或者超出危险废物经营许可证的经营范围。

第十八条 本解释自2017年1月1日起施行。本解释施行后，《最高人民法院、最高人民检察院关于办理环境污染刑事案件适用法律若干问题的解释》（法释〔2013〕15号）同时废止；之前发布的司法解释与本解释不一致的，以本解释为准。

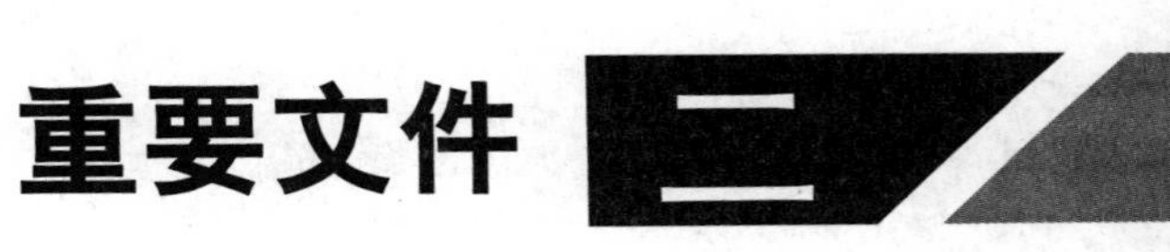
重要文件
二

国务院办公厅关于印发生态环境监测网络建设方案的通知

（国办发〔2015〕56号）

各省、自治区、直辖市人民政府，国务院各部委、各直属机构：

《生态环境监测网络建设方案》已经党中央、国务院同意，现印发给你们，请认真贯彻执行。

国务院办公厅

2015年7月26日

生态环境监测网络建设方案

生态环境监测是生态环境保护的基础，是生态文明建设的重要支撑。目前，我国生态环境监测网络存在范围和要素覆盖不全，建设规划、标准规范与信息发布不统一，信息化水平和共享程度不高，监测与监管结合不紧密，监测数据质量有待提高等突出问题，难以满足生态文明建设需要，影响了监测的科学性、权威性和政府公信力，必须加快推进生态环境监测网络建设。

一、总体要求

（一）指导思想。全面贯彻落实党的十八大和十八届二中、三中、四中全会精神，按照党中央、国务院决策部署，落实《中华人民共和国环境保护法》和《中共中央国务院关于加快推进生态文明建设的意见》要求，坚持全面设点、全国联网、自动预警、依法追责，形成政府主导、部门协同、社会参与、公众监督的生态环境监测新格局，为加快推进生态文明建设提供有力保障。

（二）基本原则。

明晰事权、落实责任。依法明确各方生态环境监测事权，推进部门分工合作，强化监测质量监管，落实政府、企业、社会责任和权利。

健全制度、统筹规划。健全生态环境监测法律法规、标准和技术规范体系，统一规划布局监测网络。

科学监测、创新驱动。依靠科技创新与技术进步，加强监测科研和综合分析，强化卫星遥感等高新技术、先进装备与系统的应用，提高生态环境监测立体化、自动化、智能化水平。

综合集成、测管协同。推进全国生态环境监测数据联网和共享，开展监测大数据分析，实现生态环境监测与监管有效联动。

（三）主要目标。到2020年，全国生态环境监测网络基本实现环境质量、重点污染源、生态状况监测全覆盖，各级各类监测数据系统互联共享，监测预报预警、信息化能力和保障水平明显提升，监测与监管协同联动，初步建成陆海统筹、天地一体、上下协同、信息共享的生态环境监测网络，使生态环境监测能力与生态文明建设要求相适应。

二、全面设点，完善生态环境监测网络

（四）建立统一的环境质量监测网络。环境保护部会同有关部门统一规划、整合优化环境质量监测点位，建设涵盖大气、水、土壤、噪声、辐射等要素，布局合理、功能完善的全国环境质量监测网络，按照统一的标准规范开展监测和评价，客观、准确反映环境质量状况。

（五）健全重点污染源监测制度。各级环境保护部门确定的重点排污单位必须落实污染物排放自行监测及信息公开的法定责任，严格执行排放标准和相关法律法规的监测要求。国家重点监控排污单位要建设稳定运行的污染物排放在线监测系统。各级环境保护部门要依法开展监督性监测，组织开展面源、移动源等监测与统计工作。

（六）加强生态监测系统建设。建立天地一体化的生态遥感监测系统，研制、

发射系列化的大气环境监测卫星和环境卫星后续星并组网运行；加强无人机遥感监测和地面生态监测，实现对重要生态功能区、自然保护区等大范围、全天候监测。

三、全国联网，实现生态环境监测信息集成共享

（七）建立生态环境监测数据集成共享机制。各级环境保护部门以及国土资源、住房城乡建设、交通运输、水利、农业、卫生、林业、气象、海洋等部门和单位获取的环境质量、污染源、生态状况监测数据要实现有效集成、互联共享。国家和地方建立重点污染源监测数据共享与发布机制，重点排污单位要按照环境保护部门要求将自行监测结果及时上传。

（八）构建生态环境监测大数据平台。加快生态环境监测信息传输网络与大数据平台建设，加强生态环境监测数据资源开发与应用，开展大数据关联分析，为生态环境保护决策、管理和执法提供数据支持。

（九）统一发布生态环境监测信息。依法建立统一的生态环境监测信息发布机制，规范发布内容、流程、权限、渠道等，及时准确发布全国环境质量、重点污染源及生态状况监测信息，提高政府环境信息发布的权威性和公信力，保障公众知情权。

四、自动预警，科学引导环境管理与风险防范

（十）加强环境质量监测预报预警。提高空气质量预报和污染预警水平，强化污染源追踪与解析。加强重要水体、水源地、源头区、水源涵养区等水质监测与预报预警。加强土壤中持久性、生物富集性和对人体健康危害大的污染物监测。提高辐射自动监测预警能力。

（十一）严密监控企业污染排放。完善重点排污单位污染排放自动监测与异常报警机制，提高污染物超标排放、在线监测设备运行和重要核设施流出物异常等信息追踪、捕获与报警能力以及企业排污状况智能化监控水平。增强工业园区环境风险预警与处置能力。

（十二）提升生态环境风险监测评估与预警能力。定期开展全国生态状况调查

与评估，建立生态保护红线监管平台，对重要生态功能区人类干扰、生态破坏等活动进行监测、评估与预警。开展化学品、持久性有机污染物、新型特征污染物及危险废物等环境健康危害因素监测，提高环境风险防控和突发事件应急监测能力。

五、依法追责，建立生态环境监测与监管联动机制

（十三）为考核问责提供技术支撑。完善生态环境质量监测与评估指标体系，利用监测与评价结果，为考核问责地方政府落实本行政区域环境质量改善、污染防治、主要污染物排放总量控制、生态保护、核与辐射安全监管等职责任务提供科学依据和技术支撑。

（十四）实现生态环境监测与执法同步。各级环境保护部门依法履行对排污单位的环境监管职责，依托污染源监测开展监管执法，建立监测与监管执法联动快速响应机制，根据污染物排放和自动报警信息，实施现场同步监测与执法。

（十五）加强生态环境监测机构监管。各级相关部门所属生态环境监测机构、环境监测设备运营维护机构、社会环境监测机构及其负责人要严格按照法律法规要求和技术规范开展监测，健全并落实监测数据质量控制与管理制度，对监测数据的真实性和准确性负责。环境保护部依法建立健全对不同类型生态环境监测机构及环境监测设备运营维护机构的监管制度，制定环境监测数据弄虚作假行为处理办法等规定。各级环境保护部门要加大监测质量核查巡查力度，严肃查处故意违反环境监测技术规范，篡改、伪造监测数据的行为。党政领导干部指使篡改、伪造监测数据的，按照《党政领导干部生态环境损害责任追究办法（试行）》等有关规定严肃处理。

六、健全生态环境监测制度与保障体系

（十六）健全生态环境监测法律法规及标准规范体系。研究制定环境监测条例、生态环境质量监测网络管理办法、生态环境监测信息发布管理规定等法规、规章。统一大气、地表水、地下水、土壤、海洋、生态、污染源、噪声、振动、辐射等监测布点、监测和评价技术标准规范，并根据工作需要及时修订完善。增强各部

门生态环境监测数据的可比性，确保排污单位、各类监测机构的监测活动执行统一的技术标准规范。

（十七）明确生态环境监测事权。各级环境保护部门主要承担生态环境质量监测、重点污染源监督性监测、环境执法监测、环境应急监测与预报预警等职能。环境保护部适度上收生态环境质量监测事权，准确掌握、客观评价全国生态环境质量总体状况。重点污染源监督性监测和监管重心下移，加强对地方重点污染源监督性监测的管理。地方各级环境保护部门相应上收生态环境质量监测事权，逐级承担重点污染源监督性监测及环境应急监测等职能。

（十八）积极培育生态环境监测市场。开放服务性监测市场，鼓励社会环境监测机构参与排污单位污染源自行监测、污染源自动监测设施运行维护、生态环境损害评估监测、环境影响评价现状监测、清洁生产审核、企事业单位自主调查等环境监测活动。在基础公益性监测领域积极推进政府购买服务，包括环境质量自动监测站运行维护等。环境保护部要制定相关政策和办法，有序推进环境监测服务社会化、制度化、规范化。

（十九）强化监测科技创新能力。推进环境监测新技术和新方法研究，健全生态环境监测技术体系，促进和鼓励高科技产品与技术手段在环境监测领域的推广应用。鼓励国内科研部门和相关企业研发具有自主知识产权的环境监测仪器设备，推进监测仪器设备国产化；在满足需求的条件下优先使用国产设备，促进国产监测仪器产业发展。积极开展国际合作，借鉴监测科技先进经验，提升我国技术创新能力。

（二十）提升生态环境监测综合能力。研究制定环境监测机构编制标准，加强环境监测队伍建设。加快实施生态环境保护人才发展相关规划，不断提高监测人员综合素质和能力水平。完善与生态环境监测网络发展需求相适应的财政保障机制，重点加强生态环境质量监测、监测数据质量控制、卫星和无人机遥感监测、环境应急监测、核与辐射监测等能力建设，提高样品采集、实验室测试分析及现场快速分析测试能力。完善环境保护监测岗位津贴政策。根据生态环境监测事权，将所需经费纳入各级财政预算重点保障。

地方各级人民政府要加强对生态环境监测网络建设的组织领导，制定具体工作方案，明确职责分工，落实各项任务。

中共中央办公厅 国务院办公厅印发关于省以下环保机构监测监察执法垂直管理制度改革试点工作的指导意见

（中办发〔2016〕63号）

为加快解决现行以块为主的地方环保管理体制存在的突出问题，现就省以下环保机构监测监察执法垂直管理制度改革试点工作提出如下意见。

一、总体要求

（一）指导思想。全面贯彻党的十八大和十八届三中、四中、五中全会精神，深入学习贯彻习近平总书记系列重要讲话精神，紧紧围绕统筹推进“五位一体”总体布局和协调推进“四个全面”战略布局，牢固树立新发展理念，认真落实党中央、国务院决策部署，改革环境治理基础制度，建立健全条块结合、各司其职、权责明确、保障有力、权威高效的地方环境保护管理体制，切实落实对地方政府及其相关部门的监督责任，增强环境监测监察执法的独立性、统一性、权威性和有效性，适应统筹解决跨区域、跨流域环境问题的新要求，规范和加强地方环保机构队伍建设，为建设天蓝、地绿、水净的美丽中国提供坚强体制保障。

（二）基本原则

——坚持问题导向。改革试点要有利于推动解决地方环境保护管理体制存在的突出问题，有利于环境保护责任目标任务的明确、分解及落实，有利于调动地方党委和政府及其相关部门的积极性，有利于新老环境保护管理体制平稳过渡。

——强化履职尽责。地方党委和政府对本地区生态环境负总责。建立健全职责明晰、分工合理的环境保护责任体系，加强监督检查，推动落实环境保护党政同责、一岗双责。对失职失责的，严肃追究责任。

——确保顺畅高效。改革完善体制机制，强化省级环保部门对市县两级环境监测监察的管理，协调处理好环保部门统一监督管理与属地主体责任、相关部门分工负责的关系，提升生态环境治理能力。

——搞好统筹协调。做好顶层设计，要与生态文明体制改革各项任务相协调，与生态环境保护制度完善相联动，与事业单位分类改革、行政审批制度改革、综合行政执法改革相衔接，提升改革综合效能。

二、强化地方党委和政府及其相关部门的环境保护责任

（三）落实地方党委和政府对生态环境负总责的要求。试点省份要进一步强化地方各级党委和政府环境保护主体责任、党委和政府主要领导成员主要责任，完善领导干部目标责任考核制度，把生态环境质量状况作为党政领导班子考核评价的重要内容。建立和实行领导干部违法违规干预环境监测执法活动、插手具体环境保护案件查处的责任追究制度，支持环保部门依法依规履职尽责。

（四）强化地方环保部门职责。省级环保部门对全省（自治区、直辖市）环境保护工作实施统一监督管理，在全省（自治区、直辖市）范围内统一规划建设环境监测网络，对省级环境保护许可事项等进行执法，对市县两级环境执法机构给予指导，对跨市相关纠纷及重大案件进行调查处理。市级环保部门对全市区域范围内环境保护工作实施统一监督管理，负责属地环境执法，强化综合统筹协调。县级环保部门强化现场环境执法，现有环境保护许可等职能上交市级环保部门，在市级环保部门授权范围内承担部分环境保护许可具体工作。

（五）明确相关部门环境保护责任。试点省份要制定负有生态环境监管职责相关部门的环境保护责任清单，明确各相关部门在工业污染防治、农业污染防治、城乡污水垃圾处理、国土资源开发环境保护、机动车船污染防治、自然生态保护等方面的环境保护责任，按职责开展监督管理。管发展必须管环保，管生产必须管环保，形成齐抓共管的工作格局，实现发展与环境保护的内在统一、相互促进。地方各级党委和政府将相关部门环境保护履职尽责情况纳入年度部门绩效考核。

三、调整地方环境保护管理体制

（六）调整市县环保机构管理体制。市级环保局实行以省级环保厅（局）为主

的双重管理，仍为市级政府工作部门。省级环保厅（局）党组负责提名市级环保局局长、副局长，会同市级党委组织部门进行考察，征求市级党委意见后，提交市级党委和政府按有关规定程序办理，其中局长提交市级人大任免；市级环保局党组书记、副书记、成员，征求市级党委意见后，由省级环保厅（局）党组审批任免。直辖市所属区县及省直辖县（市、区）环保局参照市级环保局实施改革。计划单列市、副省级城市环保局实行以省级环保厅（局）为主的双重管理；涉及厅级干部任免的，按照相应干部管理权限进行管理。

县级环保局调整为市级环保局的派出分局，由市级环保局直接管理，领导班子成员由市级环保局任免。开发区（高新区）等的环境保护管理体制改革方案由试点省份确定。

地方环境保护管理体制调整后，要注意统筹环保干部的交流使用。

（七）加强环境监察工作。试点省份将市县两级环保部门的环境监察职能上收，由省级环保部门统一行使，通过向市或跨市县区域派驻等形式实施环境监察。经省级政府授权，省级环保部门对本行政区域内各市县两级政府及相关部门环境保护法律法规、标准、政策、规划执行情况，一岗双责落实情况，以及环境质量责任落实情况进行监督检查，及时向省级党委和政府报告。

（八）调整环境监测管理体制。本省（自治区、直辖市）及所辖各市县生态环境质量监测、调查评价和考核工作由省级环保部门统一负责，实行生态环境质量省级监测、考核。现有市级环境监测机构调整为省级环保部门驻市环境监测机构，由省级环保部门直接管理，人员和工作经费由省级承担；领导班子成员由省级环保厅（局）任免；主要负责人任市级环保局党组成员，事先应征求市级环保局意见。省级和驻市环境监测机构主要负责生态环境质量监测工作。直辖市所属区县环境监测机构改革方案由直辖市环保局结合实际确定。

现有县级环境监测机构主要职能调整为执法监测，随县级环保局一并上收到市级，由市级承担人员和工作经费，具体工作接受县级环保分局领导，支持配合属地环境执法，形成环境监测与环境执法有效联动、快速响应，同时按要求做好生态环境质量监测相关工作。

（九）加强市县环境执法工作。环境执法重心向市县下移，加强基层执法队伍建设，强化属地环境执法。市级环保局统一管理、统一指挥本行政区域内县级环境执法力量，由市级承担人员和工作经费。依法赋予环境执法机构实施现场检查、行政处罚、行政强制的条件和手段。将环境执法机构列入政府行政执法部门序列，配备调查取证、移动执法等装备，统一环境执法人员着装，保障一线环境执法用车。

四、规范和加强地方环保机构和队伍建设

（十）加强环保机构规范化建设。试点省份要在不突破地方现有机构限额和编制总额的前提下，统筹解决好体制改革涉及的环保机构编制和人员身份问题，保障环保部门履职需要。目前仍为事业机构、使用事业编制的市县两级环保局，要结合体制改革和事业单位分类改革，逐步转为行政机构，使用行政编制。

强化环境监察职能，建立健全环境监察体系，加强对环境监察工作的组织领导。要配强省级环保厅（局）专职负责环境监察的领导，结合工作需要，加强环境监察内设机构建设，探索建立环境监察专员制度。

规范和加强环境监测机构建设，强化环保部门对社会监测机构和运营维护机构的管理。试点省份结合事业单位分类改革和综合行政执法改革，规范设置环境执法机构。健全执法责任制，严格规范和约束环境监管执法行为。市县两级环保机构精简的人员编制要重点充实一线环境执法力量。

乡镇（街道）要落实环境保护职责，明确承担环境保护责任的机构和人员，确保责有人负、事有人干；有关地方要建立健全农村环境治理体制机制，提高农村环境保护公共服务水平。

（十一）加强环保能力建设。尽快出台环保监测监察执法等方面的规范性文件，全面推进环保监测监察执法能力标准化建设，加强人员培训，提高队伍专业化水平。加强县级环境监测机构的能力建设，妥善解决监测机构改革中监测资质问题。实行行政执法人员持证上岗和资格管理制度。继续强化核与辐射安全监测执法能力建设。

（十二）加强党组织建设。认真落实党建工作责任制，把全面从严治党落到实处。应按照规定，在符合条件的市级环保局设立党组，接受批准其设立的市级党委领导，并向省级环保厅（局）党组请示报告党的工作。市级环保局党组报市级党委组织部门审批后，可在县级环保分局设立分党组。按照属地管理原则，建立健全党的基层组织，市县两级环保部门基层党组织接受所在地方党的机关工作委

员会领导和本级环保局（分局）党组指导。省以下环保部门纪检机构的设置，由省级环保厅（局）商省级纪检机关同意后，按程序报批确定。

五、建立健全高效协调的运行机制

（十三）加强跨区域、跨流域环境管理。试点省份要积极探索按流域设置环境监管和行政执法机构、跨地区环保机构，有序整合不同领域、不同部门、不同层次的监管力量。省级环保厅（局）可选择综合能力较强的驻市环境监测机构，承担跨区域、跨流域生态环境质量监测职能。

试点省份环保厅（局）牵头建立健全区域协作机制，推行跨区域、跨流域环境污染联防联控，加强联合监测、联合执法、交叉执法。

鼓励市级党委和政府在全市域范围内按照生态环境系统完整性实施统筹管理，统一规划、统一标准、统一环评、统一监测、统一执法，整合设置跨市辖区的环境执法和环境监测机构。

（十四）建立健全环境保护议事协调机制。试点省份县级以上地方政府要建立健全环境保护议事协调机制，研究解决本地区环境保护重大问题，强化综合决策，形成工作合力。日常工作由同级环保部门承担。

（十五）强化环保部门与相关部门协作。地方各级环保部门应为属地党委和政府履行环境保护责任提供支持，为突发环境事件应急处置提供监测支持。市级环保部门要协助做好县级生态环境保护工作的统筹谋划和科学决策。省级环保部门驻市环境监测机构要主动加强与属地环保部门的协调联动，参加其相关会议，为市县环境管理和执法提供支持。目前未设置环境监测机构的县，其环境监测任务由市级环保部门整合现有县级环境监测机构承担，或由驻市环境监测机构协助承担。加强地方各级环保部门与有关部门和单位的联动执法、应急响应，协同推进环境保护工作。

（十六）实施环境监测执法信息共享。试点省份环保厅（局）要建立健全生态环境监测与环境执法信息共享机制，牵头建立、运行生态环境监测信息传输网络与大数据平台，实现与市级政府及其环保部门、县级政府及县级环保分局互联互通、实时共享、成果共用。环保部门应将环境监测监察执法等情况及时通报属地党委和政府及其相关部门。

六、落实改革相关政策措施

（十七）稳妥开展人员划转。试点省份依据有关规定，结合机构隶属关系调整，相应划转编制和人员，对本行政区域内环保部门的机构和编制进行优化配置，合理调整，实现人事相符。试点省份根据地方实际，研究确定人员划转的数量、条件、程序，公开公平公正开展划转工作。地方各级政府要研究出台政策措施，解决人员划转、转岗、安置等问题，确保环保队伍稳定。改革后，县级环保部门继续按国家规定执行公务员职务与职级并行制度。

（十八）妥善处理资产债务。依据有关规定开展资产清查，做好账务清理和清产核资，确保账实相符，严防国有资产流失。对清查中发现的国有资产损益，按照有关规定，经同级财政部门核实并报经同级政府同意后处理。按照资产随机构走原则，根据国有资产管理相关制度规定的程序和要求，做好资产划转和交接。按照债权债务随资产（机构）走原则，明确债权债务责任人，做好债权债务划转和交接。地方政府承诺需要通过后续年度财政资金或其他资金安排解决的债务问题，待其处理稳妥后再行划转。

（十九）调整经费保障渠道。试点期间，环保部门开展正常工作所需的基本支出和相应的工作经费原则上由原渠道解决，核定划转基数后随机构调整划转。地方财政要充分考虑人员转岗安置经费，做好改革经费保障工作。要按照事权和支出责任相匹配的原则，将环保部门纳入相应级次的财政预算体系给予保障。人员待遇按属地化原则处理。环保部门经费保障标准由各地依法在现有制度框架内结合实际确定。

七、加强组织实施

（二十）加强组织领导。试点省份党委和政府对环保垂直管理制度改革试点工作负总责，成立相关工作领导小组。试点省份党委要把握改革方向，研究解决改革中的重大问题。试点省份政府要制定改革实施方案，明确责任，积极稳妥实施改革试点。试点省份环保、机构编制、组织、发展改革、财政、人力资源社会保障、法制等部门要密切配合，协力推动。市县两级党委和政府要切实解决改革过程中出现的问题，确保改革工作顺利开展、环保工作有序推进。

环境保护部、中央编办要加强对试点工作的分类指导和跟踪分析，做好典型引导和交流培训，加强统筹协调和督促检查，研究出台有关政策措施，重大事项要及时向党中央、国务院请示报告。涉及需要修改法律法规的，按法定程序办理。

（二十一）严明工作纪律。试点期间，严肃政治纪律、组织纪律、财经纪律等各项纪律，扎实做好宣传舆论引导，认真做好干部职工思想稳定工作。

（二十二）有序推进改革。鼓励各省（自治区、直辖市）申请开展试点工作，并积极做好前期准备。环境保护部、中央编办根据不同区域经济社会发展特点和环境问题类型，结合地方改革基础，对申请试点的省份改革实施方案进行研究，统筹确定试点省份。试点省份改革实施方案须经环境保护部、中央编办备案同意后方可组织实施。

试点省份要按照本指导意见要求和改革实施方案，因地制宜创新方式方法，细化举措，落实政策，先行先试，力争在2017年6月底前完成试点工作，形成自评估报告。环境保护部、中央编办对试点工作进行总结评估，提出配套政策和工作安排建议，报党中央、国务院批准后全面推开改革工作。

未纳入试点的省份要积极做好调查摸底、政策研究等前期工作，组织制定改革实施方案，经环境保护部、中央编办备案同意后组织实施、有序开展，力争在2018年6月底前完成省以下环境保护管理体制调整工作。在此基础上，各省（自治区、直辖市）要进一步完善配套措施，健全机制，确保“十三五”时期全面完成环保机构监测监察执法垂直管理制度改革任务，到2020年全国省以下环保部门按照新制度高效运行。

中共中央办公厅　国务院办公厅印发
关于深化环境监测改革　提高环境监测数据质量的意见

（厅字〔2017〕35号）

环境监测是保护环境的基础工作，是推进生态文明建设的重要支撑。环境监测数据是客观评价环境质量状况、反映污染治理成效、实施环境管理与决策的基本依据。当前，地方不当干预环境监测行为时有发生，相关部门环境监测数据不一致现象依然存在，排污单位监测数据弄虚作假屡禁不止，环境监测机构服务水平良莠不齐，导致环境监测数据质量问题突出，制约了环境管理水平提高。为切实提高环境监测数据质量，现提出如下意见。

一、总体要求

（一）指导思想。全面贯彻党的十八大和十八届三中、四中、五中、六中全会精神，深入贯彻习近平总书记系列重要讲话精神和治国理政新理念新思想新战略，紧紧围绕统筹推进“五位一体”总体布局和协调推进“四个全面”战略布局，牢固树立和贯彻落实新发展理念，认真落实党中央、国务院决策部署，立足我国生态环境保护需要，坚持依法监测、科学监测、诚信监测，深化环境监测改革，构建责任体系，创新管理制度，强化监管能力，依法依规严肃查处弄虚作假行为，切实保障环境监测数据质量，提高环境监测数据公信力和权威性，促进环境管理水平全面提升。

（二）基本原则

——创新机制，健全法规。改革环境监测质量保障机制，完善环境监测质量管理制度，健全环境监测法律法规和标准规范。

——多措并举，综合防范。综合运用法律、经济、技术和必要的行政手段，预防不当干预，规范监测行为，加强部门协作，推进信息公开，形成政策措施合力。

——明确责任，强化监管。明确地方党委和政府以及相关部门、排污单位和环境监测机构的责任，加大弄虚作假行为查处力度，严格问责，形成高压震慑态势。

（三）主要目标。到2020年，通过深化改革，全面建立环境监测数据质量保障责任体系，健全环境监测质量管理制度，建立环境监测数据弄虚作假防范和惩治机制，确保环境监测机构和人员独立公正开展工作，确保环境监测数据全面、准确、客观、真实。

二、坚决防范地方和部门不当干预

（四）明确领导责任和监管责任。地方各级党委和政府建立健全防范和惩治环境监测数据弄虚作假的责任体系和工作机制，并对防范和惩治环境监测数据弄虚作假负领导责任。对弄虚作假问题突出的市（地、州、盟），环境保护部或省级环境保护部门可公开约谈其政府负责人，责成当地政府查处和整改。被环境保护部约谈的市（地、州、盟），省级环境保护部门对相关责任人依照有关规定提出处分建议，交由所在地党委和政府依纪依法予以处理，并将处理结果书面报告环境保护部、省级党委和政府。（环境保护部牵头，中央组织部、监察部参与）

各级环境保护、质量技术监督部门依法对环境监测机构负监管责任，其他相关部门要加强对所属环境监测机构的数据质量管理。各相关部门发现对弄虚作假行为包庇纵容、监管不力，以及有其他未依法履职行为的，依照规定向有关部门移送直接负责的主管人员和其他责任人员的违规线索，依纪依法追究其责任。（环境保护部、质检总局牵头，国土资源部、住房城乡建设部、水利部、农业部、国家卫生计生委、国家林业局、中国气象局、国家海洋局等参与）

（五）强化防范和惩治。研究制定防范和惩治领导干部干预环境监测活动的管理办法，明确情形认定，规范查处程序，细化处理规定，重点解决地方党政领导干部和相关部门工作人员利用职务影响，指使篡改、伪造环境监测数据，限制、阻挠环境监测数据质量监管执法，影响、干扰对环境监测数据弄虚作假行为查处和责任追究，以及给环境监测机构和人员下达环境质量改善考核目标任务等问题。

（环境保护部牵头，中央组织部、监察部参与）

（六）实行干预留痕和记录。明确环境监测机构和人员的记录责任与义务，规范记录事项和方式，对党政领导干部与相关部门工作人员干预环境监测的批示、函文、口头意见或暗示等信息，做到全程留痕、依法提取、介质存储、归档备查。对不如实记录或隐瞒不报不当干预行为并造成严重后果的相关人员，应予以通报批评和警告。（环境保护部牵头，国土资源部、住房城乡建设部、水利部、农业部、国家卫生计生委、国家林业局、中国气象局、国家海洋局等参与）

三、大力推进部门环境监测协作

（七）依法统一监测标准规范与信息发布。环境保护部依法制定全国统一的环境监测规范，加快完善大气、水、土壤等要素的环境质量监测和排污单位自行监测标准规范，健全国家环境监测量值溯源体系。会同有关部门建设覆盖我国陆地、海洋、岛礁的国家环境质量监测网络。各级各类环境监测机构和排污单位要按照统一的环境监测标准规范开展监测活动，切实解决不同部门同类环境监测数据不一致、不可比的问题。（环境保护部、质检总局牵头，国土资源部、住房城乡建设部、水利部、农业部、国家卫生计生委、国家林业局、中国气象局、国家海洋局等参与）

环境保护部门统一发布环境质量和其他重大环境信息。其他相关部门发布信息中涉及环境质量内容的，应与同级环境保护部门协商一致或采用环境保护部门依法公开发布的环境质量信息。（环境保护部牵头，国土资源部、住房城乡建设部、水利部、农业部、国家卫生计生委、国家林业局、中国气象局、国家海洋局等参与）

（八）健全行政执法与刑事司法衔接机制。环境保护部门查实的篡改伪造环境监测数据案件，尚不构成犯罪的，除依照有关法律法规进行处罚外，依法移送公安机关予以拘留；对涉嫌犯罪的，应当制作涉嫌犯罪案件移送书、调查报告、现场勘查笔录、涉案物品清单等证据材料，及时向同级公安机关移送，并将案件移送书抄送同级检察机关。公安机关应当依法接受，并在规定期限内书面通知环境保护部门是否立案。检察机关依法履行法律监督职责。环境保护部门与公安机关及检察机关对企业超标排放污染物情况通报、环境执法督察报告等信息资源实行

共享。（环境保护部、公安部、最高人民检察院负责）

四、严格规范排污单位监测行为

（九）落实自行监测数据质量主体责任。排污单位要按照法律法规和相关监测标准规范开展自行监测，制定监测方案，保存完整的原始记录、监测报告，对数据的真实性负责，并按规定公开相关监测信息。对通过篡改、伪造监测数据等逃避监管方式违法排放污染物的，环境保护部门依法实施按日连续处罚。（环境保护部负责）

（十）明确污染源自动监测要求。建立重点排污单位自行监测与环境质量监测原始数据全面直传上报制度。重点排污单位应当依法安装使用污染源自动监测设备，定期检定或校准，保证正常运行，并公开自动监测结果。自动监测数据要逐步实现全国联网。逐步在污染治理设施、监测站房、排放口等位置安装视频监控设施，并与地方环境保护部门联网。取消环境保护部门负责的有效性审核。重点排污单位自行开展污染源自动监测的手工比对，及时处理异常情况，确保监测数据完整有效。自动监测数据可作为环境行政处罚等监管执法的依据。（环境保护部牵头，质检总局参与）

五、准确界定环境监测机构数据质量责任

（十一）建立"谁出数谁负责、谁签字谁负责"的责任追溯制度。环境监测机构及其负责人对其监测数据的真实性和准确性负责。采样与分析人员、审核与授权签字人分别对原始监测数据、监测报告的真实性终身负责。对违法违规操作或直接篡改、伪造监测数据的，依纪依法追究相关人员责任。（环境保护部牵头，质检总局参与）

（十二）落实环境监测质量管理制度。环境监测机构应当依法取得检验检测机构资质认定证书。建立覆盖布点、采样、现场测试、样品制备、分析测试、数据传输、评价和综合分析报告编制等全过程的质量管理体系。专门用于在线自动监测监控的仪器设备应当符合环境保护相关标准规范要求。使用的标准物质应当是有证标准物质或具有溯源性的标准物质。（环境保护部，质检总局负责）

六、严厉惩处环境监测数据弄虚作假行为

（十三）严肃查处监测机构和人员弄虚作假行为。环境保护、质量技术监督部门对环境监测机构开展“双随机”检查，强化事中事后监管。环境监测机构和人员弄虚作假或参与弄虚作假的，环境保护、质量技术监督部门及公安机关依法给予处罚；涉嫌犯罪的，移交司法机关依法追究相关责任人的刑事责任。从事环境监测设施维护、运营的人员有实施或参与篡改、伪造自动监测数据、干扰自动监测设施、破坏环境质量监测系统等行为的，依法从重处罚。（环境保护部、质检总局牵头，公安部、最高人民法院、最高人民检察院参与）

环境监测机构在提供环境服务中弄虚作假，对造成的环境污染和生态破坏负有责任的，除依法处罚外，检察机关、社会组织和其他法律规定的机关提起民事公益诉讼或者省级政府授权的行政机关依法提起生态环境损害赔偿诉讼时，可以要求环境监测机构与造成环境污染和生态破坏的其他责任者承担连带责任。（环境保护部、最高人民检察院牵头，公安部、质检总局、最高人民法院参与）

（十四）严厉打击排污单位弄虚作假行为。排污单位存在监测数据弄虚作假行为的，环境保护部门、公安机关依法予以处罚；涉嫌犯罪的，移交司法机关依法追究直接负责的主管人员和其他责任人的刑事责任，并对单位判处罚金；排污单位法定代表人强令、指使、授意、默许监测数据弄虚作假的，依纪依法追究其责任。（环境保护部牵头，公安部、最高人民法院、最高人民检察院参与）

（十五）推进联合惩戒。各级环境保护部门应当将依法处罚的环境监测数据弄虚作假企业、机构和个人信息向社会公开，并依法纳入全国信用信息共享平台，同时将企业违法信息依法纳入国家企业信用信息公示系统，实现一处违法、处处受限。（环境保护部牵头，国家发展改革委、工商总局、质检总局、中国人民银行等相关部门参与）

（十六）加强社会监督。广泛开展宣传教育，鼓励公众参与，完善举报制度，将环境监测数据弄虚作假行为的监督举报纳入“12369”环境保护举报和“12365”质量技术监督举报受理范围。充分发挥环境监测行业协会的作用，推动行业自律。（环境保护部、质检总局牵头，民政部参与）

七、加快提高环境监测质量监管能力

（十七）完善法规制度。研究制定环境监测条例，加大对环境监测数据弄虚作假行为的惩处力度。对侵占、损毁或擅自移动、改变环境质量监测设施和污染物排放自动监测设备的，依法处罚。制定环境监测与执法联动办法、环境监测机构监管办法等规章制度。探索建立环境监测人员数据弄虚作假从业禁止制度。研究建立排污单位环境监测数据真实性自我举证制度。推进监测数据采集、传输、存储的标准化建设。（环境保护部牵头，国务院法制办参与）

（十八）健全质量管理体系。结合现有资源建设国家环境监测量值溯源与传递实验室、污染物计量与实物标准实验室、环境监测标准规范验证实验室、专用仪器设备适用性检测实验室，提高国家环境监测质量控制水平。提升区域环境监测质量控制和管理能力，在华北、东北、西北、华东、华南、西南等地区，委托有条件的省级环境监测机构承担区域环境监测质量控制任务，对区域内环境质量监测活动进行全过程监督。（环境保护部牵头，国家发展改革委、财政部、质检总局等参与）

（十九）强化高新技术应用。加强大数据、人工智能、卫星遥感等高新技术在环境监测和质量管理中的应用，通过对环境监测活动全程监控，实现对异常数据的智能识别、自动报警。开展环境监测新技术、新方法和全过程质控技术研究，加快便携、快速、自动监测仪器设备的研发与推广应用，提升环境监测科技水平。（科技部、环境保护部牵头）

各地区各有关部门要按照党中央、国务院统一部署和要求，结合实际制定具体实施方案，明确任务分工、时间节点，扎实推进各项任务落实。地方各级党委和政府要结合环保机构监测监察执法垂直管理制度改革，加强对环境监测工作的组织领导，及时研究解决环境监测发展改革、机构队伍建设等问题，保障监测业务用房、业务用车和工作经费。环境保护部要把各地落实本意见情况作为中央环境保护督察的重要内容。中央组织部、国家发展改革委、财政部、监察部等有关部门要统筹落实责任追究、项目建设、经费保障、执纪问责等方面的事项。

国务院关于印发大气污染防治行动计划的通知

（国发〔2013〕37号）

各省、自治区、直辖市人民政府，国务院各部委、各直属机构：

现将《大气污染防治行动计划》印发给你们，请认真贯彻执行。

国务院

2013年9月10日

大气污染防治行动计划

大气环境保护事关人民群众根本利益，事关经济持续健康发展，事关全面建成小康社会，事关实现中华民族伟大复兴中国梦。当前，我国大气污染形势严峻，以可吸入颗粒物（PM_{10}）、细颗粒物（$PM_{2.5}$）为特征污染物的区域性大气环境问题日益突出，损害人民群众身体健康，影响社会和谐稳定。随着我国工业化、城镇化的深入推进，能源资源消耗持续增加，大气污染防治压力继续加大。为切实改善空气质量，制定本行动计划。

总体要求：以邓小平理论、“三个代表”重要思想、科学发展观为指导，以保障人民群众身体健康为出发点，大力推进生态文明建设，坚持政府调控与市场调节相结合、全面推进与重点突破相配合、区域协作与属地管理相协调、总量减排与质量改善相同步，形成政府统领、企业施治、市场驱动、公众参与的大气污染防治新机制，实施分区域、分阶段治理，推动产业结构优化、科技创新能力增强、经济增长质量提高，实现环境效益、经济效益与社会效益多赢，为建设美丽中国而奋斗。

奋斗目标：经过五年努力，全国空气质量总体改善，重污染天气较大幅度减少；京津冀、长三角、珠三角等区域空气质量明显好转。力争再用五年或更长时间，逐步消除重污染天气，全国空气质量明显改善。

具体指标：到 2017 年，全国地级及以上城市可吸入颗粒物浓度比 2012 年下降 10%以上，优良天数逐年提高；京津冀、长三角、珠三角等区域细颗粒物浓度分别下降 25%、20%、15%左右，其中北京市细颗粒物年均浓度控制在 60 微克/立方米左右。

一、加大综合治理力度，减少多污染物排放

（一）加强工业企业大气污染综合治理。全面整治燃煤小锅炉。加快推进集中供热、“煤改气”、“煤改电”工程建设，到 2017 年，除必要保留的以外，地级及以上城市建成区基本淘汰每小时 10 蒸吨及以下的燃煤锅炉，禁止新建每小时 20 蒸吨以下的燃煤锅炉；其他地区原则上不再新建每小时 10 蒸吨以下的燃煤锅炉。在供热供气管网不能覆盖的地区，改用电、新能源或洁净煤，推广应用高效节能环保型锅炉。在化工、造纸、印染、制革、制药等产业集聚区，通过集中建设热电联产机组逐步淘汰分散燃煤锅炉。

加快重点行业脱硫、脱硝、除尘改造工程建设。所有燃煤电厂、钢铁企业的烧结机和球团生产设备、石油炼制企业的催化裂化装置、有色金属冶炼企业都要安装脱硫设施，每小时 20 蒸吨及以上的燃煤锅炉要实施脱硫。除循环流化床锅炉以外的燃煤机组均应安装脱硝设施，新型干法水泥窑要实施低氮燃烧技术改造并安装脱硝设施。燃煤锅炉和工业窑炉现有除尘设施要实施升级改造。

推进挥发性有机物污染治理。在石化、有机化工、表面涂装、包装印刷等行业实施挥发性有机物综合整治，在石化行业开展“泄漏检测与修复”技术改造。限时完成加油站、储油库、油罐车的油气回收治理，在原油成品油码头积极开展油气回收治理。完善涂料、胶粘剂等产品挥发性有机物限值标准，推广使用水性涂料，鼓励生产、销售和使用低毒、低挥发性有机溶剂。

京津冀、长三角、珠三角等区域要于 2015 年底前基本完成燃煤电厂、燃煤锅炉和工业窑炉的污染治理设施建设与改造，完成石化企业有机废气综合治理。

（二）深化面源污染治理。综合整治城市扬尘。加强施工扬尘监管，积极推进

绿色施工，建设工程施工现场应全封闭设置围挡墙，严禁敞开式作业，施工现场道路应进行地面硬化。渣土运输车辆应采取密闭措施，并逐步安装卫星定位系统。推行道路机械化清扫等低尘作业方式。大型煤堆、料堆要实现封闭储存或建设防风抑尘设施。推进城市及周边绿化和防风防沙林建设，扩大城市建成区绿地规模。

开展餐饮油烟污染治理。城区餐饮服务经营场所应安装高效油烟净化设施，推广使用高效净化型家用吸油烟机。

（三）强化移动源污染防治。加强城市交通管理。优化城市功能和布局规划，推广智能交通管理，缓解城市交通拥堵。实施公交优先战略，提高公共交通出行比例，加强步行、自行车交通系统建设。根据城市发展规划，合理控制机动车保有量，北京、上海、广州等特大城市要严格限制机动车保有量。通过鼓励绿色出行、增加使用成本等措施，降低机动车使用强度。

提升燃油品质。加快石油炼制企业升级改造，力争在2013年底前，全国供应符合国家第四阶段标准的车用汽油，在2014年底前，全国供应符合国家第四阶段标准的车用柴油，在2015年底前，京津冀、长三角、珠三角等区域内重点城市全面供应符合国家第五阶段标准的车用汽、柴油，在2017年底前，全国供应符合国家第五阶段标准的车用汽、柴油。加强油品质量监督检查，严厉打击非法生产、销售不合格油品行为。

加快淘汰黄标车和老旧车辆。采取划定禁行区域、经济补偿等方式，逐步淘汰黄标车和老旧车辆。到2015年，淘汰2005年底前注册营运的黄标车，基本淘汰京津冀、长三角、珠三角等区域内的500万辆黄标车。到2017年，基本淘汰全国范围的黄标车。

加强机动车环保管理。环保、工业和信息化、质检、工商等部门联合加强新生产车辆环保监管，严厉打击生产、销售环保不达标车辆的违法行为；加强在用机动车年度检验，对不达标车辆不得发放环保合格标志，不得上路行驶。加快柴油车车用尿素供应体系建设。研究缩短公交车、出租车强制报废年限。鼓励出租车每年更换高效尾气净化装置。开展工程机械等非道路移动机械和船舶的污染控制。

加快推进低速汽车升级换代。不断提高低速汽车（三轮汽车、低速货车）节能环保要求，减少污染排放，促进相关产业和产品技术升级换代。自2017年起，新生产的低速货车执行与轻型载货车同等的节能与排放标准。

大力推广新能源汽车。公交、环卫等行业和政府机关要率先使用新能源汽车，采取直接上牌、财政补贴等措施鼓励个人购买。北京、上海、广州等城市每年新增或更新的公交车中新能源和清洁燃料车的比例达到60%以上。

二、调整优化产业结构，推动产业转型升级

（四）严控“两高”行业新增产能。修订高耗能、高污染和资源性行业准入条件，明确资源能源节约和污染物排放等指标。有条件的地区要制定符合当地功能定位、严于国家要求的产业准入目录。严格控制“两高”行业新增产能，新、改、扩建项目要实行产能等量或减量置换。

（五）加快淘汰落后产能。结合产业发展实际和环境质量状况，进一步提高环保、能耗、安全、质量等标准，分区域明确落后产能淘汰任务，倒逼产业转型升级。

按照《部分工业行业淘汰落后生产工艺装备和产品指导目录（2010年本）》、《产业结构调整指导目录（2011 年本）（修正）》的要求，采取经济、技术、法律和必要的行政手段，提前一年完成钢铁、水泥、电解铝、平板玻璃等21个重点行业的“十二五”落后产能淘汰任务。2015年再淘汰炼铁1500万吨、炼钢1500万吨、水泥（熟料及粉磨能力）1亿吨、平板玻璃2000万重量箱。对未按期完成淘汰任务的地区，严格控制国家安排的投资项目，暂停对该地区重点行业建设项目办理审批、核准和备案手续。2016年、2017年，各地区要制定范围更宽、标准更高的落后产能淘汰政策，再淘汰一批落后产能。

对布局分散、装备水平低、环保设施差的小型工业企业进行全面排查，制定综合整改方案，实施分类治理。

（六）压缩过剩产能。加大环保、能耗、安全执法处罚力度，建立以节能环保标准促进“两高”行业过剩产能退出的机制。制定财政、土地、金融等扶持政策，支持产能过剩“两高”行业企业退出、转型发展。发挥优强企业对行业发展的主导作用，通过跨地区、跨所有制企业兼并重组，推动过剩产能压缩。严禁核准产能严重过剩行业新增产能项目。

（七）坚决停建产能严重过剩行业违规在建项目。认真清理产能严重过剩行业违规在建项目，对未批先建、边批边建、越权核准的违规项目，尚未开工建设的，

不准开工；正在建设的，要停止建设。地方人民政府要加强组织领导和监督检查，坚决遏制产能严重过剩行业盲目扩张。

三、加快企业技术改造，提高科技创新能力

（八）强化科技研发和推广。加强灰霾、臭氧的形成机理、来源解析、迁移规律和监测预警等研究，为污染治理提供科学支撑。加强大气污染与人群健康关系的研究。支持企业技术中心、国家重点实验室、国家工程实验室建设，推进大型大气光化学模拟仓、大型气溶胶模拟仓等科技基础设施建设。

加强脱硫、脱硝、高效除尘、挥发性有机物控制、柴油机（车）排放净化、环境监测，以及新能源汽车、智能电网等方面的技术研发，推进技术成果转化应用。加强大气污染治理先进技术、管理经验等方面的国际交流与合作。

（九）全面推行清洁生产。对钢铁、水泥、化工、石化、有色金属冶炼等重点行业进行清洁生产审核，针对节能减排关键领域和薄弱环节，采用先进适用的技术、工艺和装备，实施清洁生产技术改造；到 2017 年，重点行业排污强度比 2012 年下降 30%以上。推进非有机溶剂型涂料和农药等产品创新，减少生产和使用过程中挥发性有机物排放。积极开发缓释肥料新品种，减少化肥施用过程中氨的排放。

（十）大力发展循环经济。鼓励产业集聚发展，实施园区循环化改造，推进能源梯级利用、水资源循环利用、废物交换利用、土地节约集约利用，促进企业循环式生产、园区循环式发展、产业循环式组合，构建循环型工业体系。推动水泥、钢铁等工业窑炉、高炉实施废物协同处置。大力发展机电产品再制造，推进资源再生利用产业发展。到 2017 年，单位工业增加值能耗比 2012 年降低 20%左右，在 50%以上的各类国家级园区和 30%以上的各类省级园区实施循环化改造，主要有色金属品种以及钢铁的循环再生比重达到 40%左右。

（十一）大力培育节能环保产业。着力把大气污染治理的政策要求有效转化为节能环保产业发展的市场需求，促进重大环保技术装备、产品的创新开发与产业化应用。扩大国内消费市场，积极支持新业态、新模式，培育一批具有国际竞争力的大型节能环保企业，大幅增加大气污染治理装备、产品、服务产业产值，有效推动节能环保、新能源等战略性新兴产业发展。鼓励外商投资节能环保产业。

四、加快调整能源结构，增加清洁能源供应

（十二）控制煤炭消费总量。制定国家煤炭消费总量中长期控制目标，实行目标责任管理。到 2017 年，煤炭占能源消费总量比重降低到 65%以下。京津冀、长三角、珠三角等区域力争实现煤炭消费总量负增长，通过逐步提高接受外输电比例、增加天然气供应、加大非化石能源利用强度等措施替代燃煤。

京津冀、长三角、珠三角等区域新建项目禁止配套建设自备燃煤电站。耗煤项目要实行煤炭减量替代。除热电联产外，禁止审批新建燃煤发电项目；现有多台燃煤机组装机容量合计达到 30 万千瓦以上的，可按照煤炭等量替代的原则建设为大容量燃煤机组。

（十三）加快清洁能源替代利用。加大天然气、煤制天然气、煤层气供应。到 2015 年，新增天然气干线管输能力 1500 亿立方米以上，覆盖京津冀、长三角、珠三角等区域。优化天然气使用方式，新增天然气应优先保障居民生活或用于替代燃煤；鼓励发展天然气分布式能源等高效利用项目，限制发展天然气化工项目；有序发展天然气调峰电站，原则上不再新建天然气发电项目。

制定煤制天然气发展规划，在满足最严格的环保要求和保障水资源供应的前提下，加快煤制天然气产业化和规模化步伐。

积极有序发展水电，开发利用地热能、风能、太阳能、生物质能，安全高效发展核电。到 2017 年，运行核电机组装机容量达到 5000 万千瓦，非化石能源消费比重提高到 13%。

京津冀区域城市建成区、长三角城市群、珠三角区域要加快现有工业企业燃煤设施天然气替代步伐；到 2017 年，基本完成燃煤锅炉、工业窑炉、自备燃煤电站的天然气替代改造任务。

（十四）推进煤炭清洁利用。提高煤炭洗选比例，新建煤矿应同步建设煤炭洗选设施，现有煤矿要加快建设与改造；到 2017 年，原煤入选率达到 70%以上。禁止进口高灰份、高硫份的劣质煤炭，研究出台煤炭质量管理办法。限制高硫石油焦的进口。

扩大城市高污染燃料禁燃区范围，逐步由城市建成区扩展到近郊。结合城中村、城乡结合部、棚户区改造，通过政策补偿和实施峰谷电价、季节性电价、阶

梯电价、调峰电价等措施，逐步推行以天然气或电替代煤炭。鼓励北方农村地区建设洁净煤配送中心，推广使用洁净煤和型煤。

（十五）提高能源使用效率。严格落实节能评估审查制度。新建高耗能项目单位产品（产值）能耗要达到国内先进水平，用能设备达到一级能效标准。京津冀、长三角、珠三角等区域，新建高耗能项目单位产品（产值）能耗要达到国际先进水平。

积极发展绿色建筑，政府投资的公共建筑、保障性住房等要率先执行绿色建筑标准。新建建筑要严格执行强制性节能标准，推广使用太阳能热水系统、地源热泵、空气源热泵、光伏建筑一体化、“热—电—冷”三联供等技术和装备。

推进供热计量改革，加快北方采暖地区既有居住建筑供热计量和节能改造；新建建筑和完成供热计量改造的既有建筑逐步实行供热计量收费。加快热力管网建设与改造。

五、严格节能环保准入，优化产业空间布局

（十六）调整产业布局。按照主体功能区规划要求，合理确定重点产业发展布局、结构和规模，重大项目原则上布局在优化开发区和重点开发区。所有新、改、扩建项目，必须全部进行环境影响评价；未通过环境影响评价审批的，一律不准开工建设；违规建设的，要依法进行处罚。加强产业政策在产业转移过程中的引导与约束作用，严格限制在生态脆弱或环境敏感地区建设“两高”行业项目。加强对各类产业发展规划的环境影响评价。

在东部、中部和西部地区实施差别化的产业政策，对京津冀、长三角、珠三角等区域提出更高的节能环保要求。强化环境监管，严禁落后产能转移。

（十七）强化节能环保指标约束。提高节能环保准入门槛，健全重点行业准入条件，公布符合准入条件的企业名单并实施动态管理。严格实施污染物排放总量控制，将二氧化硫、氮氧化物、烟粉尘和挥发性有机物排放是否符合总量控制要求作为建设项目环境影响评价审批的前置条件。

京津冀、长三角、珠三角区域以及辽宁中部、山东、武汉及其周边、长株潭、成渝、海峡西岸、山西中北部、陕西关中、甘宁、乌鲁木齐城市群等“三区十群”中的47个城市，新建火电、钢铁、石化、水泥、有色、化工等企业以及燃煤锅炉

项目要执行大气污染物特别排放限值。各地区可根据环境质量改善的需要，扩大特别排放限值实施的范围。

对未通过能评、环评审查的项目，有关部门不得审批、核准、备案，不得提供土地，不得批准开工建设，不得发放生产许可证、安全生产许可证、排污许可证，金融机构不得提供任何形式的新增授信支持，有关单位不得供电、供水。

（十八）优化空间格局。科学制定并严格实施城市规划，强化城市空间管制要求和绿地控制要求，规范各类产业园区和城市新城、新区设立和布局，禁止随意调整和修改城市规划，形成有利于大气污染物扩散的城市和区域空间格局。研究开展城市环境总体规划试点工作。

结合化解过剩产能、节能减排和企业兼并重组，有序推进位于城市主城区的钢铁、石化、化工、有色金属冶炼、水泥、平板玻璃等重污染企业环保搬迁、改造，到2017年基本完成。

六、发挥市场机制作用，完善环境经济政策

（十九）发挥市场机制调节作用。本着“谁污染、谁负责，多排放、多负担，节能减排得收益、获补偿”的原则，积极推行激励与约束并举的节能减排新机制。

分行业、分地区对水、电等资源类产品制定企业消耗定额。建立企业“领跑者”制度，对能效、排污强度达到更高标准的先进企业给予鼓励。

全面落实“合同能源管理”的财税优惠政策，完善促进环境服务业发展的扶持政策，推行污染治理设施投资、建设、运行一体化特许经营。完善绿色信贷和绿色证券政策，将企业环境信息纳入征信系统。严格限制环境违法企业贷款和上市融资。推进排污权有偿使用和交易试点。

（二十）完善价格税收政策。根据脱硝成本，结合调整销售电价，完善脱硝电价政策。现有火电机组采用新技术进行除尘设施改造的，要给予价格政策支持。实行阶梯式电价。

推进天然气价格形成机制改革，理顺天然气与可替代能源的比价关系。

按照合理补偿成本、优质优价和污染者付费的原则合理确定成品油价格，完善对部分困难群体和公益性行业成品油价格改革补贴政策。

加大排污费征收力度，做到应收尽收。适时提高排污收费标准，将挥发性有

机物纳入排污费征收范围。

研究将部分“两高”行业产品纳入消费税征收范围。完善“两高”行业产品出口退税政策和资源综合利用税收政策。积极推进煤炭等资源税从价计征改革。符合税收法律法规规定，使用专用设备或建设环境保护项目的企业以及高新技术企业，可以享受企业所得税优惠。

（二十一）拓宽投融资渠道。深化节能环保投融资体制改革，鼓励民间资本和社会资本进入大气污染防治领域。引导银行业金融机构加大对大气污染防治项目的信贷支持。探索排污权抵押融资模式，拓展节能环保设施融资、租赁业务。

地方人民政府要对涉及民生的“煤改气”项目、黄标车和老旧车辆淘汰、轻型载货车替代低速货车等加大政策支持力度，对重点行业清洁生产示范工程给予引导性资金支持。要将空气质量监测站点建设及其运行和监管经费纳入各级财政预算予以保障。

在环境执法到位、价格机制理顺的基础上，中央财政统筹整合主要污染物减排等专项，设立大气污染防治专项资金，对重点区域按治理成效实施“以奖代补”；中央基本建设投资也要加大对重点区域大气污染防治的支持力度。

七、健全法律法规体系，严格依法监督管理

（二十二）完善法律法规标准。加快大气污染防治法修订步伐，重点健全总量控制、排污许可、应急预警、法律责任等方面的制度，研究增加对恶意排污、造成重大污染危害的企业及其相关负责人追究刑事责任的内容，加大对违法行为的处罚力度。建立健全环境公益诉讼制度。研究起草环境税法草案，加快修改环境保护法，尽快出台机动车污染防治条例和排污许可证管理条例。各地区可结合实际，出台地方性大气污染防治法规、规章。

加快制（修）订重点行业排放标准以及汽车燃料消耗量标准、油品标准、供热计量标准等，完善行业污染防治技术政策和清洁生产评价指标体系。

（二十三）提高环境监管能力。完善国家监察、地方监管、单位负责的环境监管体制，加强对地方人民政府执行环境法律法规和政策的监督。加大环境监测、信息、应急、监察等能力建设力度，达到标准化建设要求。

建设城市站、背景站、区域站统一布局的国家空气质量监测网络，加强监测

数据质量管理，客观反映空气质量状况。加强重点污染源在线监控体系建设，推进环境卫星应用。建设国家、省、市三级机动车排污监管平台。到2015年，地级及以上城市全部建成细颗粒物监测点和国家直管的监测点。

（二十四）加大环保执法力度。推进联合执法、区域执法、交叉执法等执法机制创新，明确重点，加大力度，严厉打击环境违法行为。对偷排偷放、屡查屡犯的违法企业，要依法停产关闭。对涉嫌环境犯罪的，要依法追究刑事责任。落实执法责任，对监督缺位、执法不力、徇私枉法等行为，监察机关要依法追究有关部门和人员的责任。

（二十五）实行环境信息公开。国家每月公布空气质量最差的10个城市和最好的10个城市的名单。各省（区、市）要公布本行政区域内地级及以上城市空气质量排名。地级及以上城市要在当地主要媒体及时发布空气质量监测信息。

各级环保部门和企业要主动公开新建项目环境影响评价、企业污染物排放、治污设施运行情况等环境信息，接受社会监督。涉及群众利益的建设项目，应充分听取公众意见。建立重污染行业企业环境信息强制公开制度。

八、建立区域协作机制，统筹区域环境治理

（二十六）建立区域协作机制。建立京津冀、长三角区域大气污染防治协作机制，由区域内省级人民政府和国务院有关部门参加，协调解决区域突出环境问题，组织实施环评会商、联合执法、信息共享、预警应急等大气污染防治措施，通报区域大气污染防治工作进展，研究确定阶段性工作要求、工作重点和主要任务。

（二十七）分解目标任务。国务院与各省（区、市）人民政府签订大气污染防治目标责任书，将目标任务分解落实到地方人民政府和企业。将重点区域的细颗粒物指标、非重点地区的可吸入颗粒物指标作为经济社会发展的约束性指标，构建以环境质量改善为核心的目标责任考核体系。

国务院制定考核办法，每年初对各省（区、市）上年度治理任务完成情况进行考核；2015年进行中期评估，并依据评估情况调整治理任务；2017年对行动计划实施情况进行终期考核。考核和评估结果经国务院同意后，向社会公布，并交由干部主管部门，按照《关于建立促进科学发展的党政领导班子和领导干部考核评价机制的意见》、《地方党政领导班子和领导干部综合考核评价办法（试行）》、

《关于开展政府绩效管理试点工作的意见》等规定，作为对领导班子和领导干部综合考核评价的重要依据。

（二十八）实行严格责任追究。对未通过年度考核的，由环保部门会同组织部门、监察机关等部门约谈省级人民政府及其相关部门有关负责人，提出整改意见，予以督促。

对因工作不力、履职缺位等导致未能有效应对重污染天气的，以及干预、伪造监测数据和没有完成年度目标任务的，监察机关要依法依纪追究有关单位和人员的责任，环保部门要对有关地区和企业实施建设项目环评限批，取消国家授予的环境保护荣誉称号。

九、建立监测预警应急体系，妥善应对重污染天气

（二十九）建立监测预警体系。环保部门要加强与气象部门的合作，建立重污染天气监测预警体系。到2014年，京津冀、长三角、珠三角区域要完成区域、省、市级重污染天气监测预警系统建设；其他省（区、市）、副省级市、省会城市于2015年底前完成。要做好重污染天气过程的趋势分析，完善会商研判机制，提高监测预警的准确度，及时发布监测预警信息。

（三十）制定完善应急预案。空气质量未达到规定标准的城市应制定和完善重污染天气应急预案并向社会公布；要落实责任主体，明确应急组织机构及其职责、预警预报及响应程序、应急处置及保障措施等内容，按不同污染等级确定企业限产停产、机动车和扬尘管控、中小学校停课以及可行的气象干预等应对措施。开展重污染天气应急演练。

京津冀、长三角、珠三角等区域要建立健全区域、省、市联动的重污染天气应急响应体系。区域内各省（区、市）的应急预案，应于2013年底前报环境保护部备案。

（三十一）及时采取应急措施。将重污染天气应急响应纳入地方人民政府突发事件应急管理体系，实行政府主要负责人负责制。要依据重污染天气的预警等级，迅速启动应急预案，引导公众做好卫生防护。

十、明确政府企业和社会的责任，动员全民参与环境保护

（三十二）明确地方政府统领责任。地方各级人民政府对本行政区域内的大气环境质量负总责，要根据国家的总体部署及控制目标，制定本地区的实施细则，确定工作重点任务和年度控制指标，完善政策措施，并向社会公开；要不断加大监管力度，确保任务明确、项目清晰、资金保障。

（三十三）加强部门协调联动。各有关部门要密切配合、协调力量、统一行动，形成大气污染防治的强大合力。环境保护部要加强指导、协调和监督，有关部门要制定有利于大气污染防治的投资、财政、税收、金融、价格、贸易、科技等政策，依法做好各自领域的相关工作。

（三十四）强化企业施治。企业是大气污染治理的责任主体，要按照环保规范要求，加强内部管理，增加资金投入，采用先进的生产工艺和治理技术，确保达标排放，甚至达到“零排放”；要自觉履行环境保护的社会责任，接受社会监督。

（三十五）广泛动员社会参与。环境治理，人人有责。要积极开展多种形式的宣传教育，普及大气污染防治的科学知识。加强大气环境管理专业人才培养。倡导文明、节约、绿色的消费方式和生活习惯，引导公众从自身做起、从点滴做起、从身边的小事做起，在全社会树立起“同呼吸、共奋斗”的行为准则，共同改善空气质量。

我国仍然处于社会主义初级阶段，大气污染防治任务繁重艰巨，要坚定信心、综合治理，突出重点、逐步推进，重在落实、务求实效。各地区、各有关部门和企业要按照本行动计划的要求，紧密结合实际，狠抓贯彻落实，确保空气质量改善目标如期实现。

国务院关于印发水污染防治行动计划的通知

（国发〔2015〕17号）

各省、自治区、直辖市人民政府，国务院各部委、各直属机构：

现将《水污染防治行动计划》印发给你们，请认真贯彻执行。

国务院

2015年4月2日

水污染防治行动计划

水环境保护事关人民群众切身利益，事关全面建成小康社会，事关实现中华民族伟大复兴中国梦。当前，我国一些地区水环境质量差、水生态受损重、环境隐患多等问题十分突出，影响和损害群众健康，不利于经济社会持续发展。为切实加大水污染防治力度，保障国家水安全，制定本行动计划。

总体要求：全面贯彻党的十八大和十八届二中、三中、四中全会精神，大力推进生态文明建设，以改善水环境质量为核心，按照“节水优先、空间均衡、系统治理、两手发力”原则，贯彻“安全、清洁、健康”方针，强化源头控制，水陆统筹、河海兼顾，对江河湖海实施分流域、分区域、分阶段科学治理，系统推进水污染防治、水生态保护和水资源管理。坚持政府市场协同，注重改革创新；坚持全面依法推进，实行最严格环保制度；坚持落实各方责任，严格考核问责；坚持全民参与，推动节水洁水人人有责，形成“政府统领、企业施治、市场驱动、公众参与”的水污染防治新机制，实现环境效益、经济效益与社会效益多赢，为建设“蓝天常在、青山常在、绿水常在”的美丽中国而奋斗。

工作目标：到2020年，全国水环境质量得到阶段性改善，污染严重水体较大幅度减少，饮用水安全保障水平持续提升，地下水超采得到严格控制，地下水污染加剧趋势得到初步遏制，近岸海域环境质量稳中趋好，京津冀、长三角、珠三角等区域水生态环境状况有所好转。到2030年，力争全国水环境质量总体改善，水生态系统功能初步恢复。到本世纪中叶，生态环境质量全面改善，生态系统实现良性循环。

主要指标：到2020年，长江、黄河、珠江、松花江、淮河、海河、辽河等七大重点流域水质优良（达到或优于Ⅲ类）比例总体达到70%以上，地级及以上城市建成区黑臭水体均控制在10%以内，地级及以上城市集中式饮用水水源水质达到或优于Ⅲ类比例总体高于93%，全国地下水质量极差的比例控制在15%左右，近岸海域水质优良（一、二类）比例达到70%左右。京津冀区域丧失使用功能（劣于Ⅴ类）的水体断面比例下降15个百分点左右，长三角、珠三角区域力争消除丧失使用功能的水体。

到2030年，全国七大重点流域水质优良比例总体达到75%以上，城市建成区黑臭水体总体得到消除，城市集中式饮用水水源水质达到或优于Ⅲ类比例总体为95%左右。

一、全面控制污染物排放

（一）狠抓工业污染防治。取缔"十小"企业。全面排查装备水平低、环保设施差的小型工业企业。2016年底前，按照水污染防治法律法规要求，全部取缔不符合国家产业政策的小型造纸、制革、印染、染料、炼焦、炼硫、炼砷、炼油、电镀、农药等严重污染水环境的生产项目。（环境保护部牵头，工业和信息化部、国土资源部、能源局等参与，地方各级人民政府负责落实。以下均需地方各级人民政府落实，不再列出）

专项整治十大重点行业。制定造纸、焦化、氮肥、有色金属、印染、农副食品加工、原料药制造、制革、农药、电镀等行业专项治理方案，实施清洁化改造。新建、改建、扩建上述行业建设项目实行主要污染物排放等量或减量置换。2017年底前，造纸行业力争完成纸浆无元素氯漂白改造或采取其他低污染制浆技术，钢铁企业焦炉完成干熄焦技术改造，氮肥行业尿素生产完成工艺冷凝液水解解析技术改造，印染行业实施低排水染整工艺改造，制药（抗生素、维生素）行业实

施绿色酶法生产技术改造，制革行业实施铬减量化和封闭循环利用技术改造。（环境保护部牵头，工业和信息化部等参与）

集中治理工业集聚区水污染。强化经济技术开发区、高新技术产业开发区、出口加工区等工业集聚区污染治理。集聚区内工业废水必须经预处理达到集中处理要求，方可进入污水集中处理设施。新建、升级工业集聚区应同步规划、建设污水、垃圾集中处理等污染治理设施。2017 年底前，工业集聚区应按规定建成污水集中处理设施，并安装自动在线监控装置，京津冀、长三角、珠三角等区域提前一年完成；逾期未完成的，一律暂停审批和核准其增加水污染物排放的建设项目，并依照有关规定撤销其园区资格。（环境保护部牵头，科技部、工业和信息化部、商务部等参与）

（二）强化城镇生活污染治理。加快城镇污水处理设施建设与改造。现有城镇污水处理设施，要因地制宜进行改造，2020 年底前达到相应排放标准或再生利用要求。敏感区域（重点湖泊、重点水库、近岸海域汇水区域）城镇污水处理设施应于 2017 年底前全面达到一级 A 排放标准。建成区水体水质达不到地表水Ⅳ类标准的城市，新建城镇污水处理设施要执行一级 A 排放标准。按照国家新型城镇化规划要求，到 2020 年，全国所有县城和重点镇具备污水收集处理能力，县城、城市污水处理率分别达到 85%、95%左右。京津冀、长三角、珠三角等区域提前一年完成。（住房城乡建设部牵头，发展改革委、环境保护部等参与）

全面加强配套管网建设。强化城中村、老旧城区和城乡结合部污水截流、收集。现有合流制排水系统应加快实施雨污分流改造，难以改造的，应采取截流、调蓄和治理等措施。新建污水处理设施的配套管网应同步设计、同步建设、同步投运。除干旱地区外，城镇新区建设均实行雨污分流，有条件的地区要推进初期雨水收集、处理和资源化利用。到 2017 年，直辖市、省会城市、计划单列市建成区污水基本实现全收集、全处理，其他地级城市建成区于 2020 年底前基本实现。（住房城乡建设部牵头，发展改革委、环境保护部等参与）

推进污泥处理处置。污水处理设施产生的污泥应进行稳定化、无害化和资源化处理处置，禁止处理处置不达标的污泥进入耕地。非法污泥堆放点一律予以取缔。现有污泥处理处置设施应于 2017 年底前基本完成达标改造，地级及以上城市污泥无害化处理处置率应于 2020 年底前达到 90%以上。（住房城乡建设部牵头，发展改革委、工业和信息化部、环境保护部、农业部等参与）

（三）推进农业农村污染防治。防治畜禽养殖污染。科学划定畜禽养殖禁养区，2017年底前，依法关闭或搬迁禁养区内的畜禽养殖场（小区）和养殖专业户，京津冀、长三角、珠三角等区域提前一年完成。现有规模化畜禽养殖场（小区）要根据污染防治需要，配套建设粪便污水贮存、处理、利用设施。散养密集区要实行畜禽粪便污水分户收集、集中处理利用。自2016年起，新建、改建、扩建规模化畜禽养殖场（小区）要实施雨污分流、粪便污水资源化利用。（农业部牵头，环境保护部参与）

控制农业面源污染。制定实施全国农业面源污染综合防治方案。推广低毒、低残留农药使用补助试点经验，开展农作物病虫害绿色防控和统防统治。实行测土配方施肥，推广精准施肥技术和机具。完善高标准农田建设、土地开发整理等标准规范，明确环保要求，新建高标准农田要达到相关环保要求。敏感区域和大中型灌区，要利用现有沟、塘、窖等，配置水生植物群落、格栅和透水坝，建设生态沟渠、污水净化塘、地表径流集蓄池等设施，净化农田排水及地表径流。到2020年，测土配方施肥技术推广覆盖率达到90%以上，化肥利用率提高到40%以上，农作物病虫害统防统治覆盖率达到40%以上；京津冀、长三角、珠三角等区域提前一年完成。（农业部牵头，发展改革委、工业和信息化部、国土资源部、环境保护部、水利部、质检总局等参与）

调整种植业结构与布局。在缺水地区试行退地减水。地下水易受污染地区要优先种植需肥需药量低、环境效益突出的农作物。地表水过度开发和地下水超采问题较严重，且农业用水比重较大的甘肃、新疆（含新疆生产建设兵团）、河北、山东、河南等五省（区），要适当减少用水量较大的农作物种植面积，改种耐旱作物和经济林；2018年底前，对3300万亩灌溉面积实施综合治理，退减水量37亿立方米以上。（农业部、水利部牵头，发展改革委、国土资源部等参与）

加快农村环境综合整治。以县级行政区域为单元，实行农村污水处理统一规划、统一建设、统一管理，有条件的地区积极推进城镇污水处理设施和服务向农村延伸。深化“以奖促治”政策，实施农村清洁工程，开展河道清淤疏浚，推进农村环境连片整治。到2020年，新增完成环境综合整治的建制村13万个。（环境保护部牵头，住房城乡建设部、水利部、农业部等参与）

（四）加强船舶港口污染控制。积极治理船舶污染。依法强制报废超过使用年限的船舶。分类分级修订船舶及其设施、设备的相关环保标准。2018年起投入使用的沿海船舶、2021 年起投入使用的内河船舶执行新的标准；其他船舶于 2020 年底前完成改造，经改造仍不能达到要求的，限期予以淘汰。航行于我国水域的国际航线船舶，要实施压载水交换或安装压载水灭活处理系统。规范拆船行为，禁止冲滩拆解。（交通运输部牵头，工业和信息化部、环境保护部、农业部、质检总局等参与）

增强港口码头污染防治能力。编制实施全国港口、码头、装卸站污染防治方案。加快垃圾接收、转运及处理处置设施建设，提高含油污水、化学品洗舱水等接收处置能力及污染事故应急能力。位于沿海和内河的港口、码头、装卸站及船舶修造厂，分别于 2017 年底前和 2020 年底前达到建设要求。港口、码头、装卸站的经营人应制定防治船舶及其有关活动污染水环境的应急计划。（交通运输部牵头，工业和信息化部、住房城乡建设部、农业部等参与）

二、推动经济结构转型升级

（五）调整产业结构。依法淘汰落后产能。自 2015 年起，各地要依据部分工业行业淘汰落后生产工艺装备和产品指导目录、产业结构调整指导目录及相关行业污染物排放标准，结合水质改善要求及产业发展情况，制定并实施分年度的落后产能淘汰方案，报工业和信息化部、环境保护部备案。未完成淘汰任务的地区，暂停审批和核准其相关行业新建项目。（工业和信息化部牵头，发展改革委、环境保护部等参与）

严格环境准入。根据流域水质目标和主体功能区规划要求，明确区域环境准入条件，细化功能分区，实施差别化环境准入政策。建立水资源、水环境承载能力监测评价体系，实行承载能力监测预警，已超过承载能力的地区要实施水污染物削减方案，加快调整发展规划和产业结构。到 2020 年，组织完成市、县域水资源、水环境承载能力现状评价。（环境保护部牵头，住房城乡建设部、水利部、海洋局等参与）

（六）优化空间布局。合理确定发展布局、结构和规模。充分考虑水资源、水环境承载能力，以水定城、以水定地、以水定人、以水定产。重大项目原则上布局在优化开发区和重点开发区，并符合城乡规划和土地利用总体规划。鼓励发展节水高效现代农业、低耗水高新技术产业以及生态保护型旅游业，严格控制缺水地区、水污染严重地区和敏感区域高耗水、高污染行业发展，新建、改建、扩建重点行业建设项目实行主要污染物排放减量置换。七大重点流域干流沿岸，要严格控制石油加工、化学原料和化学制品制造、医药制造、化学纤维制造、有色金属冶炼、纺织印染等项目环境风险，合理布局生产装置及危险化学品仓储等设施。（发展改革委、工业和信息化部牵头，国土资源部、环境保护部、住房城乡建设部、水利部等参与）

推动污染企业退出。城市建成区内现有钢铁、有色金属、造纸、印染、原料药制造、化工等污染较重的企业应有序搬迁改造或依法关闭。（工业和信息化部牵头，环境保护部等参与）

积极保护生态空间。严格城市规划蓝线管理，城市规划区范围内应保留一定比例的水域面积。新建项目一律不得违规占用水域。严格水域岸线用途管制，土地开发利用应按照有关法律法规和技术标准要求，留足河道、湖泊和滨海地带的管理和保护范围，非法挤占的应限期退出。（国土资源部、住房城乡建设部牵头，环境保护部、水利部、海洋局等参与）

（七）推进循环发展。加强工业水循环利用。推进矿井水综合利用，煤炭矿区的补充用水、周边地区生产和生态用水应优先使用矿井水，加强洗煤废水循环利用。鼓励钢铁、纺织印染、造纸、石油石化、化工、制革等高耗水企业废水深度处理回用。（发展改革委、工业和信息化部牵头，水利部、能源局等参与）

促进再生水利用。以缺水及水污染严重地区城市为重点，完善再生水利用设施，工业生产、城市绿化、道路清扫、车辆冲洗、建筑施工以及生态景观等用水，要优先使用再生水。推进高速公路服务区污水处理和利用。具备使用再生水条件但未充分利用的钢铁、火电、化工、制浆造纸、印染等项目，不得批准其新增取水许可。自 2018 年起，单体建筑面积超过 2 万平方米的新建公共建筑，北京市 2 万平方米、天津市 5 万平方米、河北省 10 万平方米以上集中新建的保障性住房，应安装建筑中水设施。积极推动其他新建住房安装建筑中水设施。到 2020 年，缺水城市再生水利用率达到 20%以上，京津冀区域达到 30%以上。（住房城乡建设部牵头，发展改革委、工业和信息化部、环境保护部、交通运输部、水利部等参与）

推动海水利用。在沿海地区电力、化工、石化等行业，推行直接利用海水作为循环冷却等工业用水。在有条件的城市，加快推进淡化海水作为生活用水补充

水源。（发展改革委牵头，工业和信息化部、住房城乡建设部、水利部、海洋局等参与）

三、着力节约保护水资源

（八）控制用水总量。实施最严格水资源管理。健全取用水总量控制指标体系。加强相关规划和项目建设布局水资源论证工作，国民经济和社会发展规划以及城市总体规划的编制、重大建设项目的布局，应充分考虑当地水资源条件和防洪要求。对取用水总量已达到或超过控制指标的地区，暂停审批其建设项目新增取水许可。对纳入取水许可管理的单位和其他用水大户实行计划用水管理。新建、改建、扩建项目用水要达到行业先进水平，节水设施应与主体工程同时设计、同时施工、同时投运。建立重点监控用水单位名录。到2020年，全国用水总量控制在6700亿立方米以内。（水利部牵头，发展改革委、工业和信息化部、住房城乡建设部、农业部等参与）

严控地下水超采。在地面沉降、地裂缝、岩溶塌陷等地质灾害易发区开发利用地下水，应进行地质灾害危险性评估。严格控制开采深层承压水，地热水、矿泉水开发应严格实行取水许可和采矿许可。依法规范机井建设管理，排查登记已建机井，未经批准的和公共供水管网覆盖范围内的自备水井，一律予以关闭。编制地面沉降区、海水入侵区等区域地下水压采方案。开展华北地下水超采区综合治理，超采区内禁止工农业生产及服务业新增取用地下水。京津冀区域实施土地整治、农业开发、扶贫等农业基础设施项目，不得以配套打井为条件。2017年底前，完成地下水禁采区、限采区和地面沉降控制区范围划定工作，京津冀、长三角、珠三角等区域提前一年完成。（水利部、国土资源部牵头，发展改革委、工业和信息化部、财政部、住房城乡建设部、农业部等参与）

（九）提高用水效率。建立万元国内生产总值水耗指标等用水效率评估体系，把节水目标任务完成情况纳入地方政府政绩考核。将再生水、雨水和微咸水等非常规水源纳入水资源统一配置。到2020年，全国万元国内生产总值用水量、万元工业增加值用水量比2013年分别下降35%、30%以上。（水利部牵头，发展改革委、工业和信息化部、住房城乡建设部等参与）

抓好工业节水。制定国家鼓励和淘汰的用水技术、工艺、产品和设备目录，完善高耗水行业取用水定额标准。开展节水诊断、水平衡测试、用水效率评估，严格用水定额管理。到2020年，电力、钢铁、纺织、造纸、石油石化、化工、食品发酵等高耗水行业达到先进定额标准。（工业和信息化部、水利部牵头，发展改革委、住房城乡建设部、质检总局等参与）

加强城镇节水。禁止生产、销售不符合节水标准的产品、设备。公共建筑必须采用节水器具，限期淘汰公共建筑中不符合节水标准的水嘴、便器水箱等生活用水器具。鼓励居民家庭选用节水器具。对使用超过50年和材质落后的供水管网进行更新改造，到2017年，全国公共供水管网漏损率控制在12%以内；到2020年，控制在10%以内。积极推行低影响开发建设模式，建设滞、渗、蓄、用、排相结合的雨水收集利用设施。新建城区硬化地面，可渗透面积要达到40%以上。到2020年，地级及以上缺水城市全部达到国家节水型城市标准要求，京津冀、长三角、珠三角等区域提前一年完成。（住房城乡建设部牵头，发展改革委、工业和信息化部、水利部、质检总局等参与）

发展农业节水。推广渠道防渗、管道输水、喷灌、微灌等节水灌溉技术，完善灌溉用水计量设施。在东北、西北、黄淮海等区域，推进规模化高效节水灌溉，推广农作物节水抗旱技术。到2020年，大型灌区、重点中型灌区续建配套和节水改造任务基本完成，全国节水灌溉工程面积达到7亿亩左右，农田灌溉水有效利用系数达到0.55以上。（水利部、农业部牵头，发展改革委、财政部等参与）

（十）科学保护水资源。完善水资源保护考核评价体系。加强水功能区监督管理，从严核定水域纳污能力。（水利部牵头，发展改革委、环境保护部等参与）

加强江河湖库水量调度管理。完善水量调度方案。采取闸坝联合调度、生态补水等措施，合理安排闸坝下泄水量和泄流时段，维持河湖基本生态用水需求，重点保障枯水期生态基流。加大水利工程建设力度，发挥好控制性水利工程在改善水质中的作用。（水利部牵头，环境保护部参与）

科学确定生态流量。在黄河、淮河等流域进行试点，分期分批确定生态流量（水位），作为流域水量调度的重要参考。（水利部牵头，环境保护部参与）

四、强化科技支撑

（十一）推广示范适用技术。加快技术成果推广应用，重点推广饮用水净化、节水、水污染治理及循环利用、城市雨水收集利用、再生水安全回用、水生态修复、畜禽养殖污染防治等适用技术。完善环保技术评价体系，加强国家环保科技成果共享平台建设，推动技术成果共享与转化。发挥企业的技术创新主体作用，推动水处理重点企业与科研院所、高等学校组建产学研技术创新战略联盟，示范推广控源减排和清洁生产先进技术。(科技部牵头，发展改革委、工业和信息化部、环境保护部、住房城乡建设部、水利部、农业部、海洋局等参与)

（十二）攻关研发前瞻技术。整合科技资源，通过相关国家科技计划（专项、基金）等，加快研发重点行业废水深度处理、生活污水低成本高标准处理、海水淡化和工业高盐废水脱盐、饮用水微量有毒污染物处理、地下水污染修复、危险化学品事故和水上溢油应急处置等技术。开展有机物和重金属等水环境基准、水污染对人体健康影响、新型污染物风险评价、水环境损害评估、高品质再生水补充饮用水水源等研究。加强水生态保护、农业面源污染防治、水环境监控预警、水处理工艺技术装备等领域的国际交流合作。(科技部牵头，发展改革委、工业和信息化部、国土资源部、环境保护部、住房城乡建设部、水利部、农业部、卫生计生委等参与)

（十三）大力发展环保产业。规范环保产业市场。对涉及环保市场准入、经营行为规范的法规、规章和规定进行全面梳理，废止妨碍形成全国统一环保市场和公平竞争的规定和做法。健全环保工程设计、建设、运营等领域招投标管理办法和技术标准。推进先进适用的节水、治污、修复技术和装备产业化发展。(发展改革委牵头，科技部、工业和信息化部、财政部、环境保护部、住房城乡建设部、水利部、海洋局等参与)

加快发展环保服务业。明确监管部门、排污企业和环保服务公司的责任和义务，完善风险分担、履约保障等机制。鼓励发展包括系统设计、设备成套、工程施工、调试运行、维护管理的环保服务总承包模式、政府和社会资本合作模式等。以污水、垃圾处理和工业园区为重点，推行环境污染第三方治理。(发展改革委、财政部牵头，科技部、工业和信息化部、环境保护部、住房城乡建设部等参与)

五、充分发挥市场机制作用

（十四）理顺价格税费。加快水价改革。县级及以上城市应于 2015 年底前全面实行居民阶梯水价制度，具备条件的建制镇也要积极推进。2020年底前，全面实行非居民用水超定额、超计划累进加价制度。深入推进农业水价综合改革。（发展改革委牵头，财政部、住房城乡建设部、水利部、农业部等参与）

完善收费政策。修订城镇污水处理费、排污费、水资源费征收管理办法，合理提高征收标准，做到应收尽收。城镇污水处理收费标准不应低于污水处理和污泥处理处置成本。地下水水资源费征收标准应高于地表水，超采地区地下水水资源费征收标准应高于非超采地区。（发展改革委、财政部牵头，环境保护部、住房城乡建设部、水利部等参与）

健全税收政策。依法落实环境保护、节能节水、资源综合利用等方面税收优惠政策。对国内企业为生产国家支持发展的大型环保设备，必需进口的关键零部件及原材料，免征关税。加快推进环境保护税立法、资源税税费改革等工作。研究将部分高耗能、高污染产品纳入消费税征收范围。（财政部、税务总局牵头，发展改革委、工业和信息化部、商务部、海关总署、质检总局等参与）

（十五）促进多元融资。引导社会资本投入。积极推动设立融资担保基金，推进环保设备融资租赁业务发展。推广股权、项目收益权、特许经营权、排污权等质押融资担保。采取环境绩效合同服务、授予开发经营权益等方式，鼓励社会资本加大水环境保护投入。（人民银行、发展改革委、财政部牵头，环境保护部、住房城乡建设部、银监会、证监会、保监会等参与）

增加政府资金投入。中央财政加大对属于中央事权的水环境保护项目支持力度，合理承担部分属于中央和地方共同事权的水环境保护项目，向欠发达地区和重点地区倾斜；研究采取专项转移支付等方式，实施“以奖代补”。地方各级人民政府要重点支持污水处理、污泥处理处置、河道整治、饮用水水源保护、畜禽养殖污染防治、水生态修复、应急清污等项目和工作。对环境监管能力建设及运行费用分级予以必要保障。（财政部牵头，发展改革委、环境保护部等参与）

（十六）建立激励机制。健全节水环保“领跑者”制度。鼓励节能减排先进企业、工业集聚区用水效率、排污强度等达到更高标准，支持开展清洁生产、节约用水和污染治理等示范。（发展改革委牵头，工业和信息化部、财政部、环境保护部、住房城乡建设部、水利部等参与）

推行绿色信贷。积极发挥政策性银行等金融机构在水环境保护中的作用，重点支持循环经济、污水处理、水资源节约、水生态环境保护、清洁及可再生能源利用等领域。严格限制环境违法企业贷款。加强环境信用体系建设，构建守信激励与失信惩戒机制，环保、银行、证券、保险等方面要加强协作联动，于2017年底前分级建立企业环境信用评价体系。鼓励涉重金属、石油化工、危险化学品运输等高环境风险行业投保环境污染责任保险。（人民银行牵头，工业和信息化部、环境保护部、水利部、银监会、证监会、保监会等参与）

实施跨界水环境补偿。探索采取横向资金补助、对口援助、产业转移等方式，建立跨界水环境补偿机制，开展补偿试点。深化排污权有偿使用和交易试点。（财政部牵头，发展改革委、环境保护部、水利部等参与）

六、严格环境执法监管

（十七）完善法规标准。健全法律法规。加快水污染防治、海洋环境保护、排污许可、化学品环境管理等法律法规制修订步伐，研究制定环境质量目标管理、环境功能区划、节水及循环利用、饮用水水源保护、污染责任保险、水功能区监督管理、地下水管理、环境监测、生态流量保障、船舶和陆源污染防治等法律法规。各地可结合实际，研究起草地方性水污染防治法规。（法制办牵头，发展改革委、工业和信息化部、国土资源部、环境保护部、住房城乡建设部、交通运输部、水利部、农业部、卫生计生委、保监会、海洋局等参与）

完善标准体系。制修订地下水、地表水和海洋等环境质量标准，城镇污水处理、污泥处理处置、农田退水等污染物排放标准。健全重点行业水污染物特别排放限值、污染防治技术政策和清洁生产评价指标体系。各地可制定严于国家标准的地方水污染物排放标准。（环境保护部牵头，发展改革委、工业和信息化部、国土资源部、住房城乡建设部、水利部、农业部、质检总局等参与）

（十八）加大执法力度。所有排污单位必须依法实现全面达标排放。逐一排查工业企业排污情况，达标企业应采取措施确保稳定达标；对超标和超总量的企业予以“黄牌”警示，一律限制生产或停产整治；对整治仍不能达到要求且情节严重的企业予以“红牌”处罚，一律停业、关闭。自2016年起，定期公布环保“黄牌”、“红牌”企业名单。定期抽查排污单位达标排放情况，结果向社会公布。（环境保护部负责）

完善国家督查、省级巡查、地市检查的环境监督执法机制，强化环保、公安、监察等部门和单位协作，健全行政执法与刑事司法衔接配合机制，完善案件移送、受理、立案、通报等规定。加强对地方人民政府和有关部门环保工作的监督，研究建立国家环境监察专员制度。（环境保护部牵头，工业和信息化部、公安部、中央编办等参与）

严厉打击环境违法行为。重点打击私设暗管或利用渗井、渗坑、溶洞排放、倾倒含有毒有害污染物废水、含病原体污水，监测数据弄虚作假，不正常使用水污染物处理设施，或者未经批准拆除、闲置水污染物处理设施等环境违法行为。对造成生态损害的责任者严格落实赔偿制度。严肃查处建设项目环境影响评价领域越权审批、未批先建、边批边建、久试不验等违法违规行为。对构成犯罪的，要依法追究刑事责任。（环境保护部牵头，公安部、住房城乡建设部等参与）

（十九）提升监管水平。完善流域协作机制。健全跨部门、区域、流域、海域水环境保护议事协调机制，发挥环境保护区域督查派出机构和流域水资源保护机构作用，探索建立陆海统筹的生态系统保护修复机制。流域上下游各级政府、各部门之间要加强协调配合、定期会商，实施联合监测、联合执法、应急联动、信息共享。京津冀、长三角、珠三角等区域要于2015年底前建立水污染防治联动协作机制。建立严格监管所有污染物排放的水环境保护管理制度。（环境保护部牵头，交通运输部、水利部、农业部、海洋局等参与）．

完善水环境监测网络。统一规划设置监测断面（点位）。提升饮用水水源水质全指标监测、水生生物监测、地下水环境监测、化学物质监测及环境风险防控技术支撑能力。2017年底前，京津冀、长三角、珠三角等区域、海域建成统一的水环境监测网。（环境保护部牵头，发展改革委、国土资源部、住房城乡建设部、交通运输部、水利部、农业部、海洋局等参与）

提高环境监管能力。加强环境监测、环境监察、环境应急等专业技术培训，严格落实执法、监测等人员持证上岗制度，加强基层环保执法力量，具备条件的乡镇（街道）及工业园区要配备必要的环境监管力量。各市、县应自2016年起实行环境监管网格化管理。（环境保护部负责）

七、切实加强水环境管理

（二十）强化环境质量目标管理。明确各类水体水质保护目标，逐一排查达标状况。未达到水质目标要求的地区要制定达标方案，将治污任务逐一落实到汇水范围内的排污单位，明确防治措施及达标时限，方案报上一级人民政府备案，自2016年起，定期向社会公布。对水质不达标的区域实施挂牌督办，必要时采取区域限批等措施。（环境保护部牵头，水利部参与）

（二十一）深化污染物排放总量控制。完善污染物统计监测体系，将工业、城镇生活、农业、移动源等各类污染源纳入调查范围。选择对水环境质量有突出影响的总氮、总磷、重金属等污染物，研究纳入流域、区域污染物排放总量控制约束性指标体系。（环境保护部牵头，发展改革委、工业和信息化部、住房城乡建设部、水利部、农业部等参与）

（二十二）严格环境风险控制。防范环境风险。定期评估沿江河湖库工业企业、工业集聚区环境和健康风险，落实防控措施。评估现有化学物质环境和健康风险，2017年底前公布优先控制化学品名录，对高风险化学品生产、使用进行严格限制，并逐步淘汰替代。（环境保护部牵头，工业和信息化部、卫生计生委、安全监管总局等参与）

稳妥处置突发水环境污染事件。地方各级人民政府要制定和完善水污染事故处置应急预案，落实责任主体，明确预警预报与响应程序、应急处置及保障措施等内容，依法及时公布预警信息。（环境保护部牵头，住房城乡建设部、水利部、农业部、卫生计生委等参与）

（二十三）全面推行排污许可。依法核发排污许可证。2015 年底前，完成国控重点污染源及排污权有偿使用和交易试点地区污染源排污许可证的核发工作，其他污染源于2017年底前完成。（环境保护部负责）

加强许可证管理。以改善水质、防范环境风险为目标，将污染物排放种类、浓度、总量、排放去向等纳入许可证管理范围。禁止无证排污或不按许可证规定排污。强化海上排污监管，研究建立海上污染排放许可证制度。2017年底前，完成全国排污许可证管理信息平台建设。（环境保护部牵头，海洋局参与）

八、全力保障水生态环境安全

（二十四）保障饮用水水源安全。从水源到水龙头全过程监管饮用水安全。地方各级人民政府及供水单位应定期监测、检测和评估本行政区域内饮用水水源、供水厂出水和用户水龙头水质等饮水安全状况，地级及以上城市自2016年起每季度向社会公开。自2018年起，所有县级及以上城市饮水安全状况信息都要向社会公开。（环境保护部牵头，发展改革委、财政部、住房城乡建设部、水利部、卫生计生委等参与）

强化饮用水水源环境保护。开展饮用水水源规范化建设，依法清理饮用水水源保护区内违法建筑和排污口。单一水源供水的地级及以上城市应于2020年底前基本完成备用水源或应急水源建设，有条件的地方可以适当提前。加强农村饮用水水源保护和水质检测。（环境保护部牵头，发展改革委、财政部、住房城乡建设部、水利部、卫生计生委等参与）

防治地下水污染。定期调查评估集中式地下水型饮用水水源补给区等区域环境状况。石化生产存贮销售企业和工业园区、矿山开采区、垃圾填埋场等区域应进行必要的防渗处理。加油站地下油罐应于2017年底前全部更新为双层罐或完成防渗池设置。报废矿井、钻井、取水井应实施封井回填。公布京津冀等区域内环境风险大、严重影响公众健康的地下水污染场地清单，开展修复试点。（环境保护部牵头，财政部、国土资源部、住房城乡建设部、水利部、商务部等参与）

（二十五）深化重点流域污染防治。编制实施七大重点流域水污染防治规划。研究建立流域水生态环境功能分区管理体系。对化学需氧量、氨氮、总磷、重金属及其他影响人体健康的污染物采取针对性措施，加大整治力度。汇入富营养化湖库的河流应实施总氮排放控制。到2020年，长江、珠江总体水质达到优良，松花江、黄河、淮河、辽河在轻度污染基础上进一步改善，海河污染程度得到缓解。三峡库区水质保持良好，南水北调、引滦入津等调水工程确保水质安全。太湖、巢湖、滇池富营养化水平有所好转。白洋淀、乌梁素海、呼伦湖、艾比湖等湖泊污染程度减轻。环境容量较小、生态环境脆弱，环境风险高的地区，应执行水污染物特别排放限值。各地可根据水环境质量改善需要，扩大特别排放限值实施范围。（环境保护部牵头，发展改革委、工业和信息化部、财政部、住房城乡建设部、水利部等参与）

加强良好水体保护。对江河源头及现状水质达到或优于III类的江河湖库开展生态环境安全评估，制定实施生态环境保护方案。东江、滦河、千岛湖、南四湖等流域于2017年底前完成。浙闽片河流、西南诸河、西北诸河及跨界水体水质保持稳定。（环境保护部牵头，外交部、发展改革委、财政部、水利部、林业局等参

与）

（二十六）加强近岸海域环境保护。实施近岸海域污染防治方案。重点整治黄河口、长江口、闽江口、珠江口、辽东湾、渤海湾、胶州湾、杭州湾、北部湾等河口海湾污染。沿海地级及以上城市实施总氮排放总量控制。研究建立重点海域排污总量控制制度。规范入海排污口设置，2017 年底前全面清理非法或设置不合理的入海排污口。到 2020 年，沿海省（区、市）入海河流基本消除劣于 V 类的水体。提高涉海项目准入门槛。（环境保护部、海洋局牵头，发展改革委、工业和信息化部、财政部、住房城乡建设部、交通运输部、农业部等参与）

推进生态健康养殖。在重点河湖及近岸海域划定限制养殖区。实施水产养殖池塘、近海养殖网箱标准化改造，鼓励有条件的渔业企业开展海洋离岸养殖和集约化养殖。积极推广人工配合饲料，逐步减少冰鲜杂鱼饲料使用。加强养殖投入品管理，依法规范、限制使用抗生素等化学药品，开展专项整治。到 2015 年，海水养殖面积控制在 220 万公顷左右。（农业部负责）

严格控制环境激素类化学品污染。2017 年底前完成环境激素类化学品生产使用情况调查，监控评估水源地、农产品种植区及水产品集中养殖区风险，实施环境激素类化学品淘汰、限制、替代等措施。（环境保护部牵头，工业和信息化部、农业部等参与）

（二十七）整治城市黑臭水体。采取控源截污、垃圾清理、清淤疏浚、生态修复等措施，加大黑臭水体治理力度，每半年向社会公布治理情况。地级及以上城市建成区应于 2015 年底前完成水体排查，公布黑臭水体名称、责任人及达标期限；于 2017 年底前实现河面无大面积漂浮物，河岸无垃圾，无违法排污口；于 2020 年底前完成黑臭水体治理目标。直辖市、省会城市、计划单列市建成区要于 2017 年底前基本消除黑臭水体。（住房城乡建设部牵头，环境保护部、水利部、农业部等参与）

（二十八）保护水和湿地生态系统。加强河湖水生态保护，科学划定生态保护红线。禁止侵占自然湿地等水源涵养空间，已侵占的要限期予以恢复。强化水源涵养林建设与保护，开展湿地保护与修复，加大退耕还林、还草、还湿力度。加强滨河（湖）带生态建设，在河道两侧建设植被缓冲带和隔离带。加大水生野生动植物类自然保护区和水产种质资源保护区保护力度，开展珍稀濒危水生生物和重要水产种质资源的就地和迁地保护，提高水生生物多样性。2017 年底前，制定实施七大重点流域水生生物多样性保护方案。（环境保护部、林业局牵头，财政部、国土资源部、住房城乡建设部、水利部、农业部等参与）

保护海洋生态。加大红树林、珊瑚礁、海草床等滨海湿地、河口和海湾典型生态系统，以及产卵场、索饵场、越冬场、洄游通道等重要渔业水域的保护力度，实施增殖放流，建设人工鱼礁。开展海洋生态补偿及赔偿等研究，实施海洋生态修复。认真执行围填海管制计划，严格围填海管理和监督，重点海湾、海洋自然保护区的核心区及缓冲区、海洋特别保护区的重点保护区及预留区、重点河口区域、重要滨海湿地区域、重要砂质岸线及沙源保护海域、特殊保护海岛及重要渔业海域禁止实施围填海，生态脆弱敏感区、自净能力差的海域严格限制围填海。严肃查处违法围填海行为，追究相关人员责任。将自然海岸线保护纳入沿海地方政府政绩考核。到2020年，全国自然岸线保有率不低于35%（不包括海岛岸线）。（环境保护部、海洋局牵头，发展改革委、财政部、农业部、林业局等参与）

九、明确和落实各方责任

（二十九）强化地方政府水环境保护责任。各级地方人民政府是实施本行动计划的主体，要于2015年底前分别制定并公布水污染防治工作方案，逐年确定分流域、分区域、分行业的重点任务和年度目标。要不断完善政策措施，加大资金投入，统筹城乡水污染治理，强化监管，确保各项任务全面完成。各省（区、市）工作方案报国务院备案。（环境保护部牵头，发展改革委、财政部、住房城乡建设部、水利部等参与）

（三十）加强部门协调联动。建立全国水污染防治工作协作机制，定期研究解决重大问题。各有关部门要认真按照职责分工，切实做好水污染防治相关工作。环境保护部要加强统一指导、协调和监督，工作进展及时向国务院报告。（环境保护部牵头，发展改革委、科技部、工业和信息化部、财政部、住房城乡建设部、水利部、农业部、海洋局等参与）

（三十一）落实排污单位主体责任。各类排污单位要严格执行环保法律法规和制度，加强污染治理设施建设和运行管理，开展自行监测，落实治污减排、环境风险防范等责任。中央企业和国有企业要带头落实，工业集聚区内的企业要探索建立环保自律机制。（环境保护部牵头，国资委参与）

（三十二）严格目标任务考核。国务院与各省（区、市）人民政府签订水污染防治目标责任书，分解落实目标任务，切实落实“一岗双责”。每年分流域、分区域、分海域对行动计划实施情况进行考核，考核结果向社会公布，并作为对领导班子和领导干部综合考核评价的重要依据。（环境保护部牵头，中央组织部参与）

将考核结果作为水污染防治相关资金分配的参考依据。（财政部、发展改革委牵头，环境保护部参与）

对未通过年度考核的，要约谈省级人民政府及其相关部门有关负责人，提出整改意见，予以督促；对有关地区和企业实施建设项目环评限批。对因工作不力、履职缺位等导致未能有效应对水环境污染事件的，以及干预、伪造数据和没有完成年度目标任务的，要依法依纪追究有关单位和人员责任。对不顾生态环境盲目决策，导致水环境质量恶化，造成严重后果的领导干部，要记录在案，视情节轻重，给予组织处理或党纪政纪处分，已经离任的也要终身追究责任。（环境保护部牵头，监察部参与）

十、强化公众参与和社会监督

（三十三）依法公开环境信息。综合考虑水环境质量及达标情况等因素，国家每年公布最差、最好的10个城市名单和各省（区、市）水环境状况。对水环境状况差的城市，经整改后仍达不到要求的，取消其环境保护模范城市、生态文明建设示范区、节水型城市、园林城市、卫生城市等荣誉称号，并向社会公告。（环境保护部牵头，发展改革委、住房城乡建设部、水利部、卫生计生委、海洋局等参与）

各省（区、市）人民政府要定期公布本行政区域内各地级市（州、盟）水环境质量状况。国家确定的重点排污单位应依法向社会公开其产生的主要污染物名称、排放方式、排放浓度和总量、超标排放情况，以及污染防治设施的建设和运行情况，主动接受监督。研究发布工业集聚区环境友好指数、重点行业污染物排放强度、城市环境友好指数等信息。（环境保护部牵头，发展改革委、工业和信息化部等参与）

（三十四）加强社会监督。为公众、社会组织提供水污染防治法规培训和咨询，邀请其全程参与重要环保执法行动和重大水污染事件调查。公开曝光环境违法典型案件。健全举报制度，充分发挥“12369”环保举报热线和网络平台作用。限期办理群众举报投诉的环境问题，一经查实，可给予举报人奖励。通过公开听证、网络征集等形式，充分听取公众对重大决策和建设项目的意见。积极推行环境公益诉讼。（环境保护部负责）

（三十五）构建全民行动格局。树立“节水洁水，人人有责”的行为准则。加强宣传教育，把水资源、水环境保护和水情知识纳入国民教育体系，提高公众对经济社会发展和环境保护客观规律的认识。依托全国中小学节水教育、水土保持教育、环境教育等社会实践基地，开展环保社会实践活动。支持民间环保机构、志愿者开展工作。倡导绿色消费新风尚，开展环保社区、学校、家庭等群众性创建活动，推动节约用水，鼓励购买使用节水产品和环境标志产品。（环境保护部牵头，教育部、住房城乡建设部、水利部等参与）

我国正处于新型工业化、信息化、城镇化和农业现代化快速发展阶段，水污染防治任务繁重艰巨。各地区、各有关部门要切实处理好经济社会发展和生态文明建设的关系，按照“地方履行属地责任、部门强化行业管理”的要求，明确执法主体和责任主体，做到各司其职，恪尽职守，突出重点，综合整治，务求实效，以抓铁有痕、踏石留印的精神，依法依规狠抓贯彻落实，确保全国水环境治理与保护目标如期实现，为实现“两个一百年”奋斗目标和中华民族伟大复兴中国梦作出贡献。

国务院关于印发土壤污染防治行动计划的通知

（国发〔2016〕31号）

各省、自治区、直辖市人民政府，国务院各部委、各直属机构：

现将《土壤污染防治行动计划》印发给你们，请认真贯彻执行。

国务院

2016年5月28日

土壤污染防治行动计划

土壤是经济社会可持续发展的物质基础，关系人民群众身体健康，关系美丽中国建设，保护好土壤环境是推进生态文明建设和维护国家生态安全的重要内容。当前，我国土壤环境总体状况堪忧，部分地区污染较为严重，已成为全面建成小康社会的突出短板之一。为切实加强土壤污染防治，逐步改善土壤环境质量，制定本行动计划。

总体要求：全面贯彻党的十八大和十八届三中、四中、五中全会精神，按照“五位一体”总体布局和“四个全面”战略布局，牢固树立创新、协调、绿色、开放、共享的新发展理念，认真落实党中央、国务院决策部署，立足我国国情和发展阶段，着眼经济社会发展全局，以改善土壤环境质量为核心，以保障农产品质量和人居环境安全为出发点，坚持预防为主、保护优先、风险管控，突出重点区域、行业和污染物，实施分类别、分用途、分阶段治理，严控新增污染、逐步减少存量，形成政府主导、企业担责、公众参与、社会监督的土壤污染防治体系，促进土壤资源永续利用，为建设“蓝天常在、青山常在、绿水常在”的美丽中国而奋斗。

工作目标：到 2020 年，全国土壤污染加重趋势得到初步遏制，土壤环境质量总体保持稳定，农用地和建设用地土壤环境安全得到基本保障，土壤环境风险得到基本管控。到 2030 年，全国土壤环境质量稳中向好，农用地和建设用地土壤环境安全得到有效保障，土壤环境风险得到全面管控。到本世纪中叶，土壤环境质量全面改善，生态系统实现良性循环。

主要指标：到 2020 年，受污染耕地安全利用率达到 90%左右，污染地块安全利用率达到 90%以上。到 2030 年，受污染耕地安全利用率达到 95%以上，污染地块安全利用率达到 95%以上。

一、开展土壤污染调查，掌握土壤环境质量状况

（一）深入开展土壤环境质量调查。在现有相关调查基础上，以农用地和重点行业企业用地为重点，开展土壤污染状况详查，2018 年底前查明农用地土壤污染的面积、分布及其对农产品质量的影响；2020 年底前掌握重点行业企业用地中的污染地块分布及其环境风险情况。制定详查总体方案和技术规定，开展技术指导、监督检查和成果审核。建立土壤环境质量状况定期调查制度，每 10 年开展 1 次。（环境保护部牵头，财政部、国土资源部、农业部、国家卫生计生委等参与，地方各级人民政府负责落实。以下均需地方各级人民政府落实，不再列出）

（二）建设土壤环境质量监测网络。统一规划、整合优化土壤环境质量监测点位，2017 年底前，完成土壤环境质量国控监测点位设置，建成国家土壤环境质量监测网络，充分发挥行业监测网作用，基本形成土壤环境监测能力。各省（区、市）每年至少开展 1 次土壤环境监测技术人员培训。各地可根据工作需要，补充设置监测点位，增加特征污染物监测项目，提高监测频次。2020 年底前，实现土壤环境质量监测点位所有县（市、区）全覆盖。（环境保护部牵头，国家发展改革委、工业和信息化部、国土资源部、农业部等参与）

（三）提升土壤环境信息化管理水平。利用环境保护、国土资源、农业等部门相关数据，建立土壤环境基础数据库，构建全国土壤环境信息化管理平台，力争 2018 年底前完成。借助移动互联网、物联网等技术，拓宽数据获取渠道，实现数据动态更新。加强数据共享，编制资源共享目录，明确共享权限和方式，发挥土壤环境大数据在污染防治、城乡规划、土地利用、农业生产中的作用。（环境保护

部牵头，国家发展改革委、教育部、科技部、工业和信息化部、国土资源部、住房城乡建设部、农业部、国家卫生计生委、国家林业局等参与）

二、推进土壤污染防治立法，建立健全法规标准体系

（四）加快推进立法进程。配合完成土壤污染防治法起草工作。适时修订污染防治、城乡规划、土地管理、农产品质量安全相关法律法规，增加土壤污染防治有关内容。2016年底前，完成农药管理条例修订工作，发布污染地块土壤环境管理办法、农用地土壤环境管理办法。2017年底前，出台农药包装废弃物回收处理、工矿用地土壤环境管理、废弃农膜回收利用等部门规章。到2020年，土壤污染防治法律法规体系基本建立。各地可结合实际，研究制定土壤污染防治地方性法规。（国务院法制办、环境保护部牵头，工业和信息化部、国土资源部、住房城乡建设部、农业部、国家林业局等参与）

（五）系统构建标准体系。健全土壤污染防治相关标准和技术规范。2017年底前，发布农用地、建设用地土壤环境质量标准；完成土壤环境监测、调查评估、风险管控、治理与修复等技术规范以及环境影响评价技术导则制修订工作；修订肥料、饲料、灌溉用水中有毒有害物质限量和农用污泥中污染物控制等标准，进一步严格污染物控制要求；修订农膜标准，提高厚度要求，研究制定可降解农膜标准；修订农药包装标准，增加防止农药包装废弃物污染土壤的要求。适时修订污染物排放标准，进一步明确污染物特别排放限值要求。完善土壤中污染物分析测试方法，研制土壤环境标准样品。各地可制定严于国家标准的地方土壤环境质量标准。（环境保护部牵头，工业和信息化部、国土资源部、住房城乡建设部、水利部、农业部、质检总局、国家林业局等参与）

（六）全面强化监管执法。明确监管重点。重点监测土壤中镉、汞、砷、铅、铬等重金属和多环芳烃、石油烃等有机污染物，重点监管有色金属矿采选、有色金属冶炼、石油开采、石油加工、化工、焦化、电镀、制革等行业，以及产粮（油）大县、地级以上城市建成区等区域。（环境保护部牵头，工业和信息化部、国土资源部、住房城乡建设部、农业部等参与）

加大执法力度。将土壤污染防治作为环境执法的重要内容，充分利用环境监管网格，加强土壤环境日常监管执法。严厉打击非法排放有毒有害污染物、违法

违规存放危险化学品、非法处置危险废物、不正常使用污染治理设施、监测数据弄虚作假等环境违法行为。开展重点行业企业专项环境执法，对严重污染土壤环境、群众反映强烈的企业进行挂牌督办。改善基层环境执法条件，配备必要的土壤污染快速检测等执法装备。对全国环境执法人员每3年开展1轮土壤污染防治专业技术培训。提高突发环境事件应急能力，完善各级环境污染事件应急预案，加强环境应急管理、技术支撑、处置救援能力建设。（环境保护部牵头，工业和信息化部、公安部、国土资源部、住房城乡建设部、农业部、安全监管总局、国家林业局等参与）

三、实施农用地分类管理，保障农业生产环境安全

（七）划定农用地土壤环境质量类别。按污染程度将农用地划为三个类别，未污染和轻微污染的划为优先保护类，轻度和中度污染的划为安全利用类，重度污染的划为严格管控类，以耕地为重点，分别采取相应管理措施，保障农产品质量安全。2017年底前，发布农用地土壤环境质量类别划分技术指南。以土壤污染状况详查结果为依据，开展耕地土壤和农产品协同监测与评价，在试点基础上有序推进耕地土壤环境质量类别划定，逐步建立分类清单，2020年底前完成。划定结果由各省级人民政府审定，数据上传全国土壤环境信息化管理平台。根据土地利用变更和土壤环境质量变化情况，定期对各类别耕地面积、分布等信息进行更新。有条件的地区要逐步开展林地、草地、园地等其他农用地土壤环境质量类别划定等工作。（环境保护部、农业部牵头，国土资源部、国家林业局等参与）

（八）切实加大保护力度。各地要将符合条件的优先保护类耕地划为永久基本农田，实行严格保护，确保其面积不减少、土壤环境质量不下降，除法律规定的重点建设项目选址确实无法避让外，其他任何建设不得占用。产粮（油）大县要制定土壤环境保护方案。高标准农田建设项目向优先保护类耕地集中的地区倾斜。推行秸秆还田、增施有机肥、少耕免耕、粮豆轮作、农膜减量与回收利用等措施。继续开展黑土地保护利用试点。农村土地流转的受让方要履行土壤保护的责任，避免因过度施肥、滥用农药等掠夺式农业生产方式造成土壤环境质量下降。各省级人民政府要对本行政区域内优先保护类耕地面积减少或土壤环境质量下降的县（市、区），进行预警提醒并依法采取环评限批等限制性措施。（国土资源部、农业

部牵头，国家发展改革委、环境保护部、水利部等参与）

防控企业污染。严格控制在优先保护类耕地集中区域新建有色金属冶炼、石油加工、化工、焦化、电镀、制革等行业企业，现有相关行业企业要采用新技术、新工艺，加快提标升级改造步伐。（环境保护部、国家发展改革委牵头，工业和信息化部参与）

（九）着力推进安全利用。根据土壤污染状况和农产品超标情况，安全利用类耕地集中的县（市、区）要结合当地主要作物品种和种植习惯，制定实施受污染耕地安全利用方案，采取农艺调控、替代种植等措施，降低农产品超标风险。强化农产品质量检测。加强对农民、农民合作社的技术指导和培训。2017 年底前，出台受污染耕地安全利用技术指南。到 2020 年，轻度和中度污染耕地实现安全利用的面积达到 4000 万亩。（农业部牵头，国土资源部等参与）

（十）全面落实严格管控。加强对严格管控类耕地的用途管理，依法划定特定农产品禁止生产区域，严禁种植食用农产品；对威胁地下水、饮用水水源安全的，有关县（市、区）要制定环境风险管控方案，并落实有关措施。研究将严格管控类耕地纳入国家新一轮退耕还林还草实施范围，制定实施重度污染耕地种植结构调整或退耕还林还草计划。继续在湖南长株潭地区开展重金属污染耕地修复及农作物种植结构调整试点。实行耕地轮作休耕制度试点。到 2020 年，重度污染耕地种植结构调整或退耕还林还草面积力争达到 2000 万亩。（农业部牵头，国家发展改革委、财政部、国土资源部、环境保护部、水利部、国家林业局参与）

（十一）加强林地草地园地土壤环境管理。严格控制林地、草地、园地的农药使用量，禁止使用高毒、高残留农药。完善生物农药、引诱剂管理制度，加大使用推广力度。优先将重度污染的牧草地集中区域纳入禁牧休牧实施范围。加强对重度污染林地、园地产出食用农（林）产品质量检测，发现超标的，要采取种植结构调整等措施。（农业部、国家林业局负责）

四、实施建设用地准入管理，防范人居环境风险

（十二）明确管理要求。建立调查评估制度。2016 年底前，发布建设用地土壤环境调查评估技术规定。自 2017 年起，对拟收回土地使用权的有色金属冶炼、石油加工、化工、焦化、电镀、制革等行业企业用地，以及用途拟变更为居住和

商业、学校、医疗、养老机构等公共设施的上述企业用地，由土地使用权人负责开展土壤环境状况调查评估；已经收回的，由所在地市、县级人民政府负责开展调查评估。自 2018 年起，重度污染农用地转为城镇建设用地的，由所在地市、县级人民政府负责组织开展调查评估。调查评估结果向所在地环境保护、城乡规划、国土资源部门备案。（环境保护部牵头，国土资源部、住房城乡建设部参与）

分用途明确管理措施。自 2017 年起，各地要结合土壤污染状况详查情况，根据建设用地土壤环境调查评估结果，逐步建立污染地块名录及其开发利用的负面清单，合理确定土地用途。符合相应规划用地土壤环境质量要求的地块，可进入用地程序。暂不开发利用或现阶段不具备治理修复条件的污染地块，由所在地县级人民政府组织划定管控区域，设立标识，发布公告，开展土壤、地表水、地下水、空气环境监测；发现污染扩散的，有关责任主体要及时采取污染物隔离、阻断等环境风险管控措施。（国土资源部牵头，环境保护部、住房城乡建设部、水利部等参与）

（十三）落实监管责任。地方各级城乡规划部门要结合土壤环境质量状况，加强城乡规划论证和审批管理。地方各级国土资源部门要依据土地利用总体规划、城乡规划和地块土壤环境质量状况，加强土地征收、收回、收购以及转让、改变用途等环节的监管。地方各级环境保护部门要加强对建设用地土壤环境状况调查、风险评估和污染地块治理与修复活动的监管。建立城乡规划、国土资源、环境保护等部门间的信息沟通机制，实行联动监管。（国土资源部、环境保护部、住房城乡建设部负责）

（十四）严格用地准入。将建设用地土壤环境管理要求纳入城市规划和供地管理，土地开发利用必须符合土壤环境质量要求。地方各级国土资源、城乡规划等部门在编制土地利用总体规划、城市总体规划、控制性详细规划等相关规划时，应充分考虑污染地块的环境风险，合理确定土地用途。（国土资源部、住房城乡建设部牵头，环境保护部参与）

五、强化未污染土壤保护，严控新增土壤污染

（十五）加强未利用地环境管理。按照科学有序原则开发利用未利用地，防止造成土壤污染。拟开发为农用地的，有关县（市、区）人民政府要组织开展土壤

环境质量状况评估；不符合相应标准的，不得种植食用农产品。各地要加强纳入耕地后备资源的未利用地保护，定期开展巡查。依法严查向沙漠、滩涂、盐碱地、沼泽地等非法排污、倾倒有毒有害物质的环境违法行为。加强对矿山、油田等矿产资源开采活动影响区域内未利用地的环境监管，发现土壤污染问题的，要及时督促有关企业采取防治措施。推动盐碱地土壤改良，自 2017 年起，在新疆生产建设兵团等地开展利用燃煤电厂脱硫石膏改良盐碱地试点。（环境保护部、国土资源部牵头，国家发展改革委、公安部、水利部、农业部、国家林业局等参与）

（十六）防范建设用地新增污染。排放重点污染物的建设项目，在开展环境影响评价时，要增加对土壤环境影响的评价内容，并提出防范土壤污染的具体措施；需要建设的土壤污染防治设施，要与主体工程同时设计、同时施工、同时投产使用；有关环境保护部门要做好有关措施落实情况的监督管理工作。自 2017 年起，有关地方人民政府要与重点行业企业签订土壤污染防治责任书，明确相关措施和责任，责任书向社会公开。（环境保护部负责）

（十七）强化空间布局管控。加强规划区划和建设项目布局论证，根据土壤等环境承载能力，合理确定区域功能定位、空间布局。鼓励工业企业集聚发展，提高土地节约集约利用水平，减少土壤污染。严格执行相关行业企业布局选址要求，禁止在居民区、学校、医疗和养老机构等周边新建有色金属冶炼、焦化等行业企业；结合推进新型城镇化、产业结构调整和化解过剩产能等，有序搬迁或依法关闭对土壤造成严重污染的现有企业。结合区域功能定位和土壤污染防治需要，科学布局生活垃圾处理、危险废物处置、废旧资源再生利用等设施和场所，合理确定畜禽养殖布局和规模。（国家发展改革委牵头，工业和信息化部、国土资源部、环境保护部、住房城乡建设部、水利部、农业部、国家林业局等参与）

六、加强污染源监管，做好土壤污染预防工作

（十八）严控工矿污染。加强日常环境监管。各地要根据工矿企业分布和污染排放情况，确定土壤环境重点监管企业名单，实行动态更新，并向社会公布。列入名单的企业每年要自行对其用地进行土壤环境监测，结果向社会公开。有关环境保护部门要定期对重点监管企业和工业园区周边开展监测，数据及时上传全国土壤环境信息化管理平台，结果作为环境执法和风险预警的重要依据。适时修订

国家鼓励的有毒有害原料（产品）替代品目录。加强电器电子、汽车等工业产品中有害物质控制。有色金属冶炼、石油加工、化工、焦化、电镀、制革等行业企业拆除生产设施设备、构筑物和污染治理设施，要事先制定残留污染物清理和安全处置方案，并报所在地县级环境保护、工业和信息化部门备案；要严格按照有关规定实施安全处理处置，防范拆除活动污染土壤。2017 年底前，发布企业拆除活动污染防治技术规定。（环境保护部、工业和信息化部负责）

严防矿产资源开发污染土壤。自 2017 年起，内蒙古、江西、河南、湖北、湖南、广东、广西、四川、贵州、云南、陕西、甘肃、新疆等省（区）矿产资源开发活动集中的区域，执行重点污染物特别排放限值。全面整治历史遗留尾矿库，完善覆膜、压土、排洪、堤坝加固等隐患治理和闭库措施。有重点监管尾矿库的企业要开展环境风险评估，完善污染治理设施，储备应急物资。加强对矿产资源开发利用活动的辐射安全监管，有关企业每年要对本矿区土壤进行辐射环境监测。（环境保护部、安全监管总局牵头，工业和信息化部、国土资源部参与）

加强涉重金属行业污染防控。严格执行重金属污染物排放标准并落实相关总量控制指标，加大监督检查力度，对整改后仍不达标的企业，依法责令其停业、关闭，并将企业名单向社会公开。继续淘汰涉重金属重点行业落后产能，完善重金属相关行业准入条件，禁止新建落后产能或产能严重过剩行业的建设项目。按计划逐步淘汰普通照明白炽灯。提高铅酸蓄电池等行业落后产能淘汰标准，逐步退出落后产能。制定涉重金属重点工业行业清洁生产技术推行方案，鼓励企业采用先进适用生产工艺和技术。2020 年重点行业的重点重金属排放量要比 2013 年下降 10%。（环境保护部、工业和信息化部牵头，国家发展改革委参与）

加强工业废物处理处置。全面整治尾矿、煤矸石、工业副产石膏、粉煤灰、赤泥、冶炼渣、电石渣、铬渣、砷渣以及脱硫、脱硝、除尘产生固体废物的堆存场所，完善防扬散、防流失、防渗漏等设施，制定整治方案并有序实施。加强工业固体废物综合利用。对电子废物、废轮胎、废塑料等再生利用活动进行清理整顿，引导有关企业采用先进适用加工工艺、集聚发展，集中建设和运营污染治理设施，防止污染土壤和地下水。自 2017 年起，在京津冀、长三角、珠三角等地区的部分城市开展污水与污泥、废气与废渣协同治理试点。（环境保护部、国家发展改革委牵头，工业和信息化部、国土资源部参与）

（十九）控制农业污染。合理使用化肥农药。鼓励农民增施有机肥，减少化肥使用量。科学施用农药，推行农作物病虫害专业化统防统治和绿色防控，推广高效低毒低残留农药和现代植保机械。加强农药包装废弃物回收处理，自 2017 年起，在江苏、山东、河南、海南等省份选择部分产粮（油）大县和蔬菜产业重点县开展试点；到 2020 年，推广到全国 30%的产粮（油）大县和所有蔬菜产业重点县。推行农业清洁生产，开展农业废弃物资源化利用试点，形成一批可复制、可推广的农业面源污染防治技术模式。严禁将城镇生活垃圾、污泥、工业废物直接用作肥料。到 2020 年，全国主要农作物化肥、农药使用量实现零增长，利用率提高到 40%以上，测土配方施肥技术推广覆盖率提高到 90%以上。（农业部牵头，国家发展改革委、环境保护部、住房城乡建设部、供销合作总社等参与）

加强废弃农膜回收利用。严厉打击违法生产和销售不合格农膜的行为。建立健全废弃农膜回收贮运和综合利用网络，开展废弃农膜回收利用试点；到 2020 年，河北、辽宁、山东、河南、甘肃、新疆等农膜使用量较高省份力争实现废弃农膜全面回收利用。（农业部牵头，国家发展改革委、工业和信息化部、公安部、工商总局、供销合作总社等参与）

强化畜禽养殖污染防治。严格规范兽药、饲料添加剂的生产和使用，防止过量使用，促进源头减量。加强畜禽粪便综合利用，在部分生猪大县开展种养业有机结合、循环发展试点。鼓励支持畜禽粪便处理利用设施建设，到 2020 年，规模化养殖场、养殖小区配套建设废弃物处理设施比例达到 75%以上。（农业部牵头，国家发展改革委、环境保护部参与）

加强灌溉水水质管理。开展灌溉水水质监测。灌溉用水应符合农田灌溉水水质标准。对因长期使用污水灌溉导致土壤污染严重、威胁农产品质量安全的，要及时调整种植结构。（水利部牵头，农业部参与）

（二十）减少生活污染。建立政府、社区、企业和居民协调机制，通过分类投放收集、综合循环利用，促进垃圾减量化、资源化、无害化。建立村庄保洁制度，推进农村生活垃圾治理，实施农村生活污水治理工程。整治非正规垃圾填埋场。深入实施“以奖促治”政策，扩大农村环境连片整治范围。推进水泥窑协同处置生活垃圾试点。鼓励将处理达标后的污泥用于园林绿化。开展利用建筑垃圾生产建材产品等资源化利用示范。强化废氧化汞电池、镍镉电池、铅酸蓄电池和含汞荧光灯管、温度计等含重金属废物的安全处置。减少过度包装，鼓励使用环境标志产品。（住房城乡建设部牵头，国家发展改革委、工业和信息化部、财政部、环

境保护部参与）

七、开展污染治理与修复，改善区域土壤环境质量

（二十一）明确治理与修复主体。按照“谁污染，谁治理”原则，造成土壤污染的单位或个人要承担治理与修复的主体责任。责任主体发生变更的，由变更后继承其债权、债务的单位或个人承担相关责任；土地使用权依法转让的，由土地使用权受让人或双方约定的责任人承担相关责任。责任主体灭失或责任主体不明确的，由所在地县级人民政府依法承担相关责任。（环境保护部牵头，国土资源部、住房城乡建设部参与）

（二十二）制定治理与修复规划。各省（区、市）要以影响农产品质量和人居环境安全的突出土壤污染问题为重点，制定土壤污染治理与修复规划，明确重点任务、责任单位和分年度实施计划，建立项目库，2017 年底前完成。规划报环境保护部备案。京津冀、长三角、珠三角地区要率先完成。（环境保护部牵头，国土资源部、住房城乡建设部、农业部等参与）

（二十三）有序开展治理与修复。确定治理与修复重点。各地要结合城市环境质量提升和发展布局调整，以拟开发建设居住、商业、学校、医疗和养老机构等项目的污染地块为重点，开展治理与修复。在江西、湖北、湖南、广东、广西、四川、贵州、云南等省份污染耕地集中区域优先组织开展治理与修复；其他省份要根据耕地土壤污染程度、环境风险及其影响范围，确定治理与修复的重点区域。到 2020 年，受污染耕地治理与修复面积达到 1000 万亩。（国土资源部、农业部、环境保护部牵头，住房城乡建设部参与）

强化治理与修复工程监管。治理与修复工程原则上在原址进行，并采取必要措施防止污染土壤挖掘、堆存等造成二次污染；需要转运污染土壤的，有关责任单位要将运输时间、方式、线路和污染土壤数量、去向、最终处置措施等，提前向所在地和接收地环境保护部门报告。工程施工期间，责任单位要设立公告牌，公开工程基本情况、环境影响及其防范措施；所在地环境保护部门要对各项环境保护措施落实情况进行检查。工程完工后，责任单位要委托第三方机构对治理与修复效果进行评估，结果向社会公开。实行土壤污染治理与修复终身责任制，2017 年底前，出台有关责任追究办法。（环境保护部牵头，国土资源部、住房城乡建设

部、农业部参与）

（二十四）监督目标任务落实。各省级环境保护部门要定期向环境保护部报告土壤污染治理与修复工作进展；环境保护部要会同有关部门进行督导检查。各省（区、市）要委托第三方机构对本行政区域各县（市、区）土壤污染治理与修复成效进行综合评估，结果向社会公开。2017 年底前，出台土壤污染治理与修复成效评估办法。（环境保护部牵头，国土资源部、住房城乡建设部、农业部参与）

八、加大科技研发力度，推动环境保护产业发展

（二十五）加强土壤污染防治研究。整合高等学校、研究机构、企业等科研资源，开展土壤环境基准、土壤环境容量与承载能力、污染物迁移转化规律、污染生态效应、重金属低积累作物和修复植物筛选，以及土壤污染与农产品质量、人体健康关系等方面基础研究。推进土壤污染诊断、风险管控、治理与修复等共性关键技术研究，研发先进适用装备和高效低成本功能材料（药剂），强化卫星遥感技术应用，建设一批土壤污染防治实验室、科研基地。优化整合科技计划（专项、基金等），支持土壤污染防治研究。（科技部牵头，国家发展改革委、教育部、工业和信息化部、国土资源部、环境保护部、住房城乡建设部、农业部、国家卫生计生委、国家林业局、中科院等参与）

（二十六）加大适用技术推广力度。建立健全技术体系。综合土壤污染类型、程度和区域代表性，针对典型受污染农用地、污染地块，分批实施 200 个土壤污染治理与修复技术应用试点项目，2020 年底前完成。根据试点情况，比选形成一批易推广、成本低、效果好的适用技术。（环境保护部、财政部牵头，科技部、国土资源部、住房城乡建设部、农业部等参与）

加快成果转化应用。完善土壤污染防治科技成果转化机制，建成以环保为主导产业的高新技术产业开发区等一批成果转化平台。2017 年底前，发布鼓励发展的土壤污染防治重大技术装备目录。开展国际合作研究与技术交流，引进消化土壤污染风险识别、土壤污染物快速检测、土壤及地下水污染阻隔等风险管控先进技术和管理经验。（科技部牵头，国家发展改革委、教育部、工业和信息化部、国土资源部、环境保护部、住房城乡建设部、农业部、中科院等参与）

（二十七）推动治理与修复产业发展。放开服务性监测市场，鼓励社会机构参

与土壤环境监测评估等活动。通过政策推动，加快完善覆盖土壤环境调查、分析测试、风险评估、治理与修复工程设计和施工等环节的成熟产业链，形成若干综合实力雄厚的龙头企业，培育一批充满活力的中小企业。推动有条件的地区建设产业化示范基地。规范土壤污染治理与修复从业单位和人员管理，建立健全监督机制，将技术服务能力弱、运营管理水平低、综合信用差的从业单位名单通过企业信用信息公示系统向社会公开。发挥“互联网+”在土壤污染治理与修复全产业链中的作用，推进大众创业、万众创新。（国家发展改革委牵头，科技部、工业和信息化部、国土资源部、环境保护部、住房城乡建设部、农业部、商务部、工商总局等参与）

九、发挥政府主导作用，构建土壤环境治理体系

（二十八）强化政府主导。完善管理体制。按照“国家统筹、省负总责、市县落实”原则，完善土壤环境管理体制，全面落实土壤污染防治属地责任。探索建立跨行政区域土壤污染防治联动协作机制。（环境保护部牵头，国家发展改革委、科技部、工业和信息化部、财政部、国土资源部、住房城乡建设部、农业部等参与）

加大财政投入。中央和地方各级财政加大对土壤污染防治工作的支持力度。中央财政整合重金属污染防治专项资金等，设立土壤污染防治专项资金，用于土壤环境调查与监测评估、监督管理、治理与修复等工作。各地应统筹相关财政资金，通过现有政策和资金渠道加大支持，将农业综合开发、高标准农田建设、农田水利建设、耕地保护与质量提升、测土配方施肥等涉农资金，更多用于优先保护类耕地集中的县（市、区）。有条件的省（区、市）可对优先保护类耕地面积增加的县（市、区）予以适当奖励。统筹安排专项建设基金，支持企业对涉重金属落后生产工艺和设备进行技术改造。（财政部牵头，国家发展改革委、工业和信息化部、国土资源部、环境保护部、水利部、农业部等参与）

完善激励政策。各地要采取有效措施，激励相关企业参与土壤污染治理与修复。研究制定扶持有机肥生产、废弃农膜综合利用、农药包装废弃物回收处理等企业的激励政策。在农药、化肥等行业，开展环保领跑者制度试点。（财政部牵头，国家发展改革委、工业和信息化部、国土资源部、环境保护部、住房城乡建设部、

农业部、税务总局、供销合作总社等参与）

建设综合防治先行区。2016年底前，在浙江省台州市、湖北省黄石市、湖南省常德市、广东省韶关市、广西壮族自治区河池市和贵州省铜仁市启动土壤污染综合防治先行区建设，重点在土壤污染源头预防、风险管控、治理与修复、监管能力建设等方面进行探索，力争到2020年先行区土壤环境质量得到明显改善。有关地方人民政府要编制先行区建设方案，按程序报环境保护部、财政部备案。京津冀、长三角、珠三角等地区可因地制宜开展先行区建设。（环境保护部、财政部牵头，国家发展改革委、国土资源部、住房城乡建设部、农业部、国家林业局等参与）

（二十九）发挥市场作用。通过政府和社会资本合作（PPP）模式，发挥财政资金撬动功能，带动更多社会资本参与土壤污染防治。加大政府购买服务力度，推动受污染耕地和以政府为责任主体的污染地块治理与修复。积极发展绿色金融，发挥政策性和开发性金融机构引导作用，为重大土壤污染防治项目提供支持。鼓励符合条件的土壤污染治理与修复企业发行股票。探索通过发行债券推进土壤污染治理与修复，在土壤污染综合防治先行区开展试点。有序开展重点行业企业环境污染强制责任保险试点。（国家发展改革委、环境保护部牵头，财政部、人民银行、银监会、证监会、保监会等参与）

（三十）加强社会监督。推进信息公开。根据土壤环境质量监测和调查结果，适时发布全国土壤环境状况。各省（区、市）人民政府定期公布本行政区域各地级市（州、盟）土壤环境状况。重点行业企业要依据有关规定，向社会公开其产生的污染物名称、排放方式、排放浓度、排放总量，以及污染防治设施建设和运行情况。（环境保护部牵头，国土资源部、住房城乡建设部、农业部等参与）

引导公众参与。实行有奖举报，鼓励公众通过“12369”环保举报热线、信函、电子邮件、政府网站、微信平台等途径，对乱排废水、废气，乱倒废渣、污泥等污染土壤的环境违法行为进行监督。有条件的地方可根据需要聘请环境保护义务监督员，参与现场环境执法、土壤污染事件调查处理等。鼓励种粮大户、家庭农场、农民合作社以及民间环境保护机构参与土壤污染防治工作。（环境保护部牵头，国土资源部、住房城乡建设部、农业部等参与）

推动公益诉讼。鼓励依法对污染土壤等环境违法行为提起公益诉讼。开展检察机关提起公益诉讼改革试点的地区，检察机关可以以公益诉讼人的身份，对污染土壤等损害社会公共利益的行为提起民事公益诉讼；也可以对负有土壤污染防治职责的行政机关，因违法行使职权或者不作为造成国家和社会公共利益受到侵害的行为提起行政公益诉讼。地方各级人民政府和有关部门应当积极配合司法机关的相关案件办理工作和检察机关的监督工作。（最高人民检察院、最高人民法院牵头，国土资源部、环境保护部、住房城乡建设部、水利部、农业部、国家林业局等参与）

（三十一）开展宣传教育。制定土壤环境保护宣传教育工作方案。制作挂图、视频，出版科普读物，利用互联网、数字化放映平台等手段，结合世界地球日、世界环境日、世界土壤日、世界粮食日、全国土地日等主题宣传活动，普及土壤污染防治相关知识，加强法律法规政策宣传解读，营造保护土壤环境的良好社会氛围，推动形成绿色发展方式和生活方式。把土壤环境保护宣传教育融入党政机关、学校、工厂、社区、农村等的环境宣传和培训工作。鼓励支持有条件的高等学校开设土壤环境专门课程。（环境保护部牵头，中央宣传部、教育部、国土资源部、住房城乡建设部、农业部、新闻出版广电总局、国家网信办、国家粮食局、中国科协等参与）

十、加强目标考核，严格责任追究

（三十二）明确地方政府主体责任。地方各级人民政府是实施本行动计划的主体，要于 2016 年底前分别制定并公布土壤污染防治工作方案，确定重点任务和工作目标。要加强组织领导，完善政策措施，加大资金投入，创新投融资模式，强化监督管理，抓好工作落实。各省（区、市）工作方案报国务院备案。（环境保护部牵头，国家发展改革委、财政部、国土资源部、住房城乡建设部、农业部等参与）

（三十三）加强部门协调联动。建立全国土壤污染防治工作协调机制，定期研究解决重大问题。各有关部门要按照职责分工，协同做好土壤污染防治工作。环境保护部要抓好统筹协调，加强督促检查，每年 2 月底前将上年度工作进展情况向国务院报告。（环境保护部牵头，国家发展改革委、科技部、工业和信息化部、财政部、国土资源部、住房城乡建设部、水利部、农业部、国家林业局等参与）

（三十四）落实企业责任。有关企业要加强内部管理，将土壤污染防治纳入环境风险防控体系，严格依法依规建设和运营污染治理设施，确保重点污染物稳定达标排放。造成土壤污染的，应承担损害评估、治理与修复的法律责任。逐步建立土壤污染治理与修复企业行业自律机制。国有企业特别是中央企业要带头落实。（环境保护部牵头，工业和信息化部、国务院国资委等参与）

（三十五）严格评估考核。实行目标责任制。2016年底前，国务院与各省（区、市）人民政府签订土壤污染防治目标责任书，分解落实目标任务。分年度对各省（区、市）重点工作进展情况进行评估，2020年对本行动计划实施情况进行考核，评估和考核结果作为对领导班子和领导干部综合考核评价、自然资源资产离任审计的重要依据。（环境保护部牵头，中央组织部、审计署参与）

评估和考核结果作为土壤污染防治专项资金分配的重要参考依据。（财政部牵头，环境保护部参与）

对年度评估结果较差或未通过考核的省（区、市），要提出限期整改意见，整改完成前，对有关地区实施建设项目环评限批；整改不到位的，要约谈有关省级人民政府及其相关部门负责人。对土壤环境问题突出、区域土壤环境质量明显下降、防治工作不力、群众反映强烈的地区，要约谈有关地市级人民政府和省级人民政府相关部门主要负责人。对失职渎职、弄虚作假的，区分情节轻重，予以诫勉、责令公开道歉、组织处理或党纪政纪处分；对构成犯罪的，要依法追究刑事责任，已经调离、提拔或者退休的，也要终身追究责任。（环境保护部牵头，中央组织部、监察部参与）

我国正处于全面建成小康社会决胜阶段，提高环境质量是人民群众的热切期盼，土壤污染防治任务艰巨。各地区、各有关部门要认清形势，坚定信心，狠抓落实，切实加强污染治理和生态保护，如期实现全国土壤污染防治目标，确保生态环境质量得到改善、各类自然生态系统安全稳定，为建设美丽中国、实现“两个一百年”奋斗目标和中华民族伟大复兴的中国梦作出贡献。

财政部　环保部印发关于支持环境监测体制改革的实施意见

（财建〔2015〕 985号）

环境监测是开展生态环保工作的基础，是生态文明建设的重要支撑。近年来，各级财政、环保部门切实加大财政投入，积极开展工作，初步建立了全国环境监测网络，开展了上收大气国家直管监测站的试点，在全国地级以上城市向公众发布实时空气质量监测数据，环境监测能力明显增强，一些地方开展了第三方托管运营等试点探索，取得了积极成效。但当前我国环境监测工作存在的问题也较为突出，中央与地方环境监测事权还没有完全理顺，地方行政干预监测数据的现象依然存在；企业环境监测报告责任没有完全落实，企业排污底数不清。保障群众环境知情权是政府的基本职责，新形势下全面推进生态文明建设也迫切要求加快理顺各级政府间环境监测事权，深化环境监测体制改革，报经国务院领导批准同意，提出如下改革实施意见：

一、财政支持监测体制改革的总体要求、工作目标和基本原则

（一）总体要求。

深入贯彻落实党的十八大、十八届三中、四中和五中全会精神，贯彻落实国务院《生态环境监测网络建设方案》(国办发[2015]56 号)，理顺国家环境监测管理体系，加快推进环境监测体制改革，中央承担起重要区域、跨界环境质量监测事权，在大气、水、土壤方面形成国家环境监测直管网；各省份承担起辖区内环境质量监测，并强化污染源排放监督性监测，加强环境监管执法；落实企业主体责任，严格执行有关污染排放自行监测与报告制度，从而建立起中央、地方、企业责任边界清晰的环境监测体系，为各级政府环保考核提供准确、权威的数据支

撑，夯实生态文明建设的基础。

（二）工作目标。

到2018年，全面完成国家监测站点及国控断面的上收工作，国家直管的大气、水、土壤环境质量监测网建立健全；省内环境质量监测体系有效建立，同国控监测数据相互印证、互联互通；环境监测市场化改革迈向深入，第三方托管运营机制普遍实行，环境监测效率大幅度提升，陆海统筹、天地一体、信息共享的生态环境监测体系不断完善，环境监测能力同生态文明建设要求更相适应。

（三）基本原则。

明晰事权、落实责任。按照“谁考核、谁监测”的要求，分清中央与地方在环境质量监测方面的事权与支出责任；依法落实企业排污监测、报告的责任，政府间环境监测事权更加清晰，各方职责得到有效落实。

分级保障、强化支撑。中央及地方环境监测纳入同级财政保障范围。中央财政将加大投入，保障国家环境监测体系网络的建设和运行；地方财政部门也应将环境监测工作作为环保支出的重点予以保障。

分步实施、积极稳妥。环境监测体制改革牵涉面较广，要做好统筹规划，编制3年中期财政规划，保障上收环境监测事权重点支出，根据现有环境监测工作能力，逐步上收到位。

二、支持建成国家大气、水、土壤等环境质量监测直管网

中央要准确掌握、客观评价全国生态环境质量总体状况，满足对地方生态环保工作考核要求。根据加强环境保护和治理的要求，增加国控监测站点和断面建设，将全部国控监测站点和断面分步上收由国家直管。在大气监测方面，适当增加国控监测站点建设并充实监测功能，实现对全国主要地级以上城市全覆盖，满足《大气污染防治行动计划》的考核和评价需要；在水质监测方面，增加国控水质自动监测站点和国控断面，覆盖地级以上城市水域，进一步涵盖国家界河、主要一级和二级支流等1 400多条重要河流和92个重要湖库、重点饮用水源地等，满足《水污染防治行动计划》考核和评价需要；在土壤监测方面，支持开展全国土壤污染状况加密调查，开展风险点位的监测，覆盖国家重点关注的重要饮用水源地和污染场地土壤，支持建立完善国家环境监测网数据质控体系，提高国家层

面的环境监测质量控制和管理水平，保证国家环境监测数据准确可靠。

三、积极推动地方环境监测体制改革

各地应当加快理顺辖区内环境质量监测体系，做好本辖区环境质量监测工作，掌握辖区内生态环境质量的状况以及污染物排放总量，主动接受辖区内群众监督。具备条件的省（自治区、直辖市）可上收辖区内市、县两级的环境质量监测点位、断面，满足省级考核要求。各省、自治区、直辖市、要根据实际情况，明确各项改革任务时间表，并做好相关经费保障。各省级环境监测数据要与国家联网共享。

四、全面落实企业污染源监测的主体责任

企业是说清污染排放情况的第一责任人，应依法自行监测或委托第三方开展监测，及时向环保部门报告排污数据，重点企业还应定期向社会公开监测信息。地方政府要从代替企业排污监测中退出来，切实履行好污染源排放监督性监测的职责，健全重点污染源在线监测体系，强化污染排放过程监管。督促企业履行污染源自行监测及信息公开责任，对弄虚作假、偷排偷放的企业依法惩处。中央对地方政府履行职责加强环境监察。

五、大力推进环境监测市场化改革

中央上收的环境监测站点、监测断面等，除敏感环境数据外，原则上将采取政府购买服务的方式，选择第三方专业公司托管运营。地方应加快环境监测市场化，深化环保事业单位分类改革，培育环境监测市场。政府要进一步加强对第三方环境监测市场监管，强化问责机制，全面建立环境监测标准规范、考核评价及质量控制体系，提高国家层面的环境监测质量控制和管理水平。

各级财政、环保部门要充分认识深化环境监测体制改革的重大意义，要积极作为，切实加强组织协调，确保改革的顺利实施，为不断提高我国环境质量监测水平、推动生态文明建设做出新的贡献。

国务院办公厅关于印发国家突发环境事件应急预案的通知

（国办函〔2014〕119号）

各省、自治区、直辖市人民政府，国务院各部委、各直属机构：

经国务院同意，现将修订后的《国家突发环境事件应急预案》印发给你们，请认真组织实施。2005年5月24日经国务院批准、由国务院办公厅印发的《国家突发环境事件应急预案》同时废止。

国务院办公厅

2014年12月29日

国家突发环境事件应急预案

1 总则

1.1 编制目的

健全突发环境事件应对工作机制，科学有序高效应对突发环境事件，保障人民群众生命财产安全和环境安全，促进社会全面、协调、可持续发展。

1.2 编制依据

依据《中华人民共和国环境保护法》、《中华人民共和国突发事件应对法》、《中华人民共和国放射性污染防治法》、《国家突发公共事件总体应急预案》及相关法律法规等，制定本预案。

1.3 适用范围

本预案适用于我国境内突发环境事件应对工作。

突发环境事件是指由于污染物排放或自然灾害、生产安全事故等因素，导致污染物或放射性物质等有毒有害物质进入大气、水体、土壤等环境介质，突然造成或可能造成环境质量下降，危及公众身体健康和财产安全，或造成生态环境破坏，或造成重大社会影响，需要采取紧急措施予以应对的事件，主要包括大气污染、水体污染、土壤污染等突发性环境污染事件和辐射污染事件。

核设施及有关核活动发生的核事故所造成的辐射污染事件、海上溢油事件、船舶污染事件的应对工作按照其他相关应急预案规定执行。重污染天气应对工作按照国务院《大气污染防治行动计划》等有关规定执行。

1.4 工作原则

突发环境事件应对工作坚持统一领导、分级负责，属地为主、协调联动，快速反应、科学处置，资源共享、保障有力的原则。突发环境事件发生后，地方人民政府和有关部门立即自动按照职责分工和相关预案开展应急处置工作。

1.5 事件分级

按照事件严重程度，突发环境事件分为特别重大、重大、较大和一般四级。突发环境事件分级标准见附件 1。

2 组织指挥体系

2.1 国家层面组织指挥机构

环境保护部负责重特大突发环境事件应对的指导协调和环境应急的日常监督管理工作。根据突发环境事件的发展态势及影响，环境保护部或省级人民政府可报请国务院批准，或根据国务院领导同志指示，成立国务院工作组，负责指导、协调、督促有关地区和部门开展突发环境事件应对工作。必要时，成立国家环境应急指挥部，由国务院领导同志担任总指挥，统一领导、组织和指挥应急处置工作；国务院办公厅履行信息汇总和综合协调职责，发挥运转枢纽作用。国家环境应急指挥部组成及工作组职责见附件 2。

2.2 地方层面组织指挥机构

县级以上地方人民政府负责本行政区域内的突发环境事件应对工作，明确相应组织指挥机构。跨行政区域的突发环境事件应对工作，由各有关行政区域人民政府共同负责，或由有关行政区域共同的上一级地方人民政府负责。对需要国家层面协调处置的跨省级行政区域突发环境事件，由有关省级人民政府向国务院提出请求，或由有关省级环境保护主管部门向环境保护部提出请求。

地方有关部门按照职责分工，密切配合，共同做好突发环境事件应对工作。

2.3 现场指挥机构

负责突发环境事件应急处置的人民政府根据需要成立现场指挥部，负责现场组织指挥工作。参与现场处置的有关单位和人员要服从现场指挥部的统一指挥。

3 监测预警和信息报告

3.1 监测和风险分析

各级环境保护主管部门及其他有关部门要加强日常环境监测，并对可能导致突发环境事件的风险信息加强收集、分析和研判。安全监管、交通运输、公安、住房城乡建设、水利、农业、卫生计生、气象等有关部门按照职责分工，应当及时将可能导致突发环境事件的信息通报同级环境保护主管部门。

企业事业单位和其他生产经营者应当落实环境安全主体责任，定期排查环境安全隐患，开展环境风险评估，健全风险防控措施。当出现可能导致突发环境事件的情况时，要立即报告当地环境保护主管部门。

3.2 预警

3.2.1 预警分级

对可以预警的突发环境事件，按照事件发生的可能性大小、紧急程度和可能造成的危害程度，将预警分为四级，由低到高依次用蓝色、黄色、橙色和红色表示。

预警级别的具体划分标准，由环境保护部制定。

3.2.2 预警信息发布

地方环境保护主管部门研判可能发生突发环境事件时，应当及时向本级人民政府提出预警信息发布建议，同时通报同级相关部门和单位。地方人民政府或其授权的相关部门，及时通过电视、广播、报纸、互联网、手机短信、当面告知等渠道或方式向本行政区域公众发布预警信息，并通报可能影响到的相关地区。

上级环境保护主管部门要将监测到的可能导致突发环境事件的有关信息，及时通报可能受影响地区的下一级环境保护主管部门。

3.2.3 预警行动

预警信息发布后，当地人民政府及其有关部门视情采取以下措施：

（1）分析研判。组织有关部门和机构、专业技术人员及专家，及时对预警信息进行分析研判，预估可能的影响范围和危害程度。

（2）防范处置。迅速采取有效处置措施，控制事件苗头。在涉险区域设置注意事项提示或事件危害警告标志，利用各种渠道增加宣传频次，告知公众避险和减轻危害的常识、需采取的必要的健康防护措施。

（3）应急准备。提前疏散、转移可能受到危害的人员，并进行妥善安置。责令应急救援队伍、负有特定职责的人员进入待命状态，动员后备人员做好参加应急救援和处置工作的准备，并调集应急所需物资和设备，做好应急保障工作。对可能导致突发环境事件发生的相关企业事业单位和其他生产经营者加强环境监管。

（4）舆论引导。及时准确发布事态最新情况，公布咨询电话，组织专家解读。加强相关舆情监测，做好舆论引导工作。

3.2.4　预警级别调整和解除

发布突发环境事件预警信息的地方人民政府或有关部门，应当根据事态发展情况和采取措施的效果适时调整预警级别；当判断不可能发生突发环境事件或者危险已经消除时，宣布解除预警，适时终止相关措施。

3.3　信息报告与通报

突发环境事件发生后，涉事企业事业单位或其他生产经营者必须采取应对措施，并立即向当地环境保护主管部门和相关部门报告，同时通报可能受到污染危害的单位和居民。因生产安全事故导致突发环境事件的，安全监管等有关部门应当及时通报同级环境保护主管部门。环境保护主管部门通过互联网信息监测、环境污染举报热线等多种渠道，加强对突发环境事件的信息收集，及时掌握突发环境事件发生情况。

事发地环境保护主管部门接到突发环境事件信息报告或监测到相关信息后，应当立即进行核实，对突发环境事件的性质和类别作出初步认定，按照国家规定的时限、程序和要求向上级环境保护主管部门和同级人民政府报告，并通报同级其他相关部门。突发环境事件已经或者可能涉及相邻行政区域的，事发地人民政府或环境保护主管部门应当及时通报相邻行政区域同级人民政府或环境保护主管部门。地方各级人民政府及其环境保护主管部门应当按照有关规定逐级上报，必要时可越级上报。

接到已经发生或者可能发生跨省级行政区域突发环境事件信息时，环境保护部要及时通报相关省级环境保护主管部门。

对以下突发环境事件信息，省级人民政府和环境保护部应当立即向国务院报告：

（1）初判为特别重大或重大突发环境事件；

（2）可能或已引发大规模群体性事件的突发环境事件；

（3）可能造成国际影响的境内突发环境事件；

（4）境外因素导致或可能导致我境内突发环境事件；

（5）省级人民政府和环境保护部认为有必要报告的其他突发环境事件。

4 应急响应

4.1 响应分级

根据突发环境事件的严重程度和发展态势，将应急响应设定为Ⅰ级、Ⅱ级、Ⅲ级和Ⅳ级四个等级。初判发生特别重大、重大突发环境事件，分别启动Ⅰ级、Ⅱ级应急响应，由事发地省级人民政府负责应对工作；初判发生较大突发环境事件，启动Ⅲ级应急响应，由事发地设区的市级人民政府负责应对工作；初判发生一般突发环境事件，启动Ⅳ级应急响应，由事发地县级人民政府负责应对工作。

突发环境事件发生在易造成重大影响的地区或重要时段时，可适当提高响应级别。应急响应启动后，可视事件损失情况及其发展趋势调整响应级别，避免响应不足或响应过度。

4.2 响应措施

突发环境事件发生后，各有关地方、部门和单位根据工作需要，组织采取以下措施。

4.2.1 现场污染处置

涉事企业事业单位或其他生产经营者要立即采取关闭、停产、封堵、围挡、喷淋、转移等措施，切断和控制污染源，防止污染蔓延扩散。做好有毒有害物质和消防废水、废液等的收集、清理和安全处置工作。当涉事企业事业单位或其他生产经营者不明时，由当地环境保护主管部门组织对污染来源开展调查，查明涉事单位，确定污染物种类和污染范围，切断污染源。

事发地人民政府应组织制订综合治污方案，采用监测和模拟等手段追踪污染气体扩散途径和范围；采取拦截、导流、疏浚等形式防止水体污染扩大；采取隔离、吸附、打捞、氧化还原、中和、沉淀、消毒、去污洗消、临时收贮、微生物消解、调水稀释、转移异地处置、临时改造污染处置工艺或临时建设污染处置工程等方法处置污染物。必要时，要求其他排污单位停产、限产、限排，减轻环境污染负荷。

4.2.2 转移安置人员

根据突发环境事件影响及事发当地的气象、地理环境、人员密集度等，建立现场警戒区、交通管制区域和重点防护区域，确定受威胁人员疏散的方式和途径，有组织、有秩序地及时疏散转移受威胁人员和可能受影响地区居民，确保生命安全。妥善做好转移人员安置工作，确保有饭吃、有水喝、有衣穿、有住处和必要医疗条件。

4.2.3 医学救援

迅速组织当地医疗资源和力量，对伤病员进行诊断治疗，根据需要及时、安全地将重症伤病员转运到有条件的医疗机构加强救治。指导和协助开展受污染人员的去污洗消工作，提出保护公众健康的措施建议。视情增派医疗卫生专家和卫生应急队伍、调配急需医药物资，支持事发地医学救援工作。做好受影响人员的心理援助。

4.2.4 应急监测

加强大气、水体、土壤等应急监测工作，根据突发环境事件的污染物种类、性质以及当地自然、社会环境状况等，明确相应的应急监测方案及监测方法，确定监测的布点和频次，调配应急监测设备、车辆，及时准确监测，为突发环境事件应急决策提供依据。

4.2.5 市场监管和调控

密切关注受事件影响地区市场供应情况及公众反应，加强对重要生活必需品等商品的市场监管和调控。禁止或限制受污染食品和饮用水的生产、加工、流通和食用，防范因突发环境事件造成的集体中毒等。

4.2.6 信息发布和舆论引导

通过政府授权发布、发新闻稿、接受记者采访、举行新闻发布会、组织专家解读等方式，借助电视、广播、报纸、互联网等多种途径，主动、及时、准确、客观向社会发布突发环境事件和应对工作信息，回应社会关切，澄清不实信息，正确引导社会舆论。信息发布内容包括事件原因、污染程度、影响范围、应对措施、需要公众配合采取的措施、公众防范常识和事件调查处理进展情况等。

4.2.7 维护社会稳定

加强受影响地区社会治安管理，严厉打击借机传播谣言制造社会恐慌、哄抢救灾物资等违法犯罪行为；加强转移人员安置点、救灾物资存放点等重点地区治安管控；做好受影响人员与涉事单位、地方人民政府及有关部门矛盾纠纷化解和法律服务工作，防止出现群体性事件，维护社会稳定。

4.2.8 国际通报和援助

如需向国际社会通报或请求国际援助时，环境保护部商外交部、商务部提出需要通报或请求援助的国家（地区）和国际组织、事项内容、时机等，按照有关规定由指定机构向国际社会发出通报或呼吁信息。

4.3 国家层面应对工作

4.3.1 部门工作组应对

初判发生重大以上突发环境事件或事件情况特殊时，环境保护部立即派出工作组赴现场指导督促当地开展应急处置、应急监测、原因调查等工作，并根据需要协调有关方面提供队伍、物资、技术等支持。

4.3.2 国务院工作组应对

当需要国务院协调处置时，成立国务院工作组。主要开展以下工作：

（1）了解事件情况、影响、应急处置进展及当地需求等；

（2）指导地方制订应急处置方案；

（3）根据地方请求，组织协调相关应急队伍、物资、装备等，为应急处置提供支援和技术支持；

（4）对跨省级行政区域突发环境事件应对工作进行协调；

（5）指导开展事件原因调查及损害评估工作。

4.3.3 国家环境应急指挥部应对

根据事件应对工作需要和国务院决策部署，成立国家环境应急指挥部。主要开展以下工作：

（1）组织指挥部成员单位、专家组进行会商，研究分析事态，部署应急处置工作；

（2）根据需要赴事发现场或派出前方工作组赴事发现场协调开展应对工作；

（3）研究决定地方人民政府和有关部门提出的请求事项；

（4）统一组织信息发布和舆论引导；

（5）视情向国际通报，必要时与相关国家和地区、国际组织领导人通电话；

（6）组织开展事件调查。

4.4 响应终止

当事件条件已经排除、污染物质已降至规定限值以内、所造成的危害基本消除时，由启动响应的人民政府终止应急响应。

5 后期工作

5.1 损害评估

突发环境事件应急响应终止后，要及时组织开展污染损害评估，并将评估结果向社会公布。评估结论作为事件调查处理、损害赔偿、环境修复和生态恢复重建的依据。

突发环境事件损害评估办法由环境保护部制定。

5.2 事件调查

突发环境事件发生后，根据有关规定，由环境保护主管部门牵头，可会同监察机关及相关部门，组织开展事件调查，查明事件原因和性质，提出整改防范措施和处理建议。

5.3 善后处置

事发地人民政府要及时组织制订补助、补偿、抚慰、抚恤、安置和环境恢复等善后工作方案并组织实施。保险机构要及时开展相关理赔工作。

6 应急保障

6.1 队伍保障

国家环境应急监测队伍、公安消防部队、大型国有骨干企业应急救援队伍及其他相关方面应急救援队伍等力量，要积极参加突发环境事件应急监测、应急处置与救援、调查处理等工作任务。发挥国家环境应急专家组作用，为重特大突发环境事件应急处置方案制订、污染损害评估和调查处理工作提供决策建议。县级以上地方人民政府要强化环境应急救援队伍能力建设，加强环境应急专家队伍管理，提高突发环境事件快速响应及应急处置能力。

6.2 物资与资金保障

国务院有关部门按照职责分工，组织做好环境应急救援物资紧急生产、储备调拨和紧急配送工作，保障支援突发环境事件应急处置和环境恢复治理工作的需要。县级以上地方人民政府及其有关部门要加强应急物资储备，鼓励支持社会化应急物资储备，保障应急物资、生活必需品的生产和供给。环境保护主管部门要加强对当地环境应急物资储备信息的动态管理。

突发环境事件应急处置所需经费首先由事件责任单位承担。县级以上地方人民政府对突发环境事件应急处置工作提供资金保障。

6.3 通信、交通与运输保障

地方各级人民政府及其通信主管部门要建立健全突发环境事件应急通信保障体系，确保应急期间通信联络和信息传递需要。交通运输部门要健全公路、铁路、航空、水运紧急运输保障体系，保障应急响应所需人员、物资、装备、器材等的运输。公安部门要加强应急交通管理，保障运送伤病员、应急救援人员、物资、装备、器材车辆的优先通行。

6.4 技术保障

支持突发环境事件应急处置和监测先进技术、装备的研发。依托环境应急指挥技术平台，实现信息综合集成、分析处理、污染损害评估的智能化和数字化。

7 附则

7.1 预案管理

预案实施后，环境保护部要会同有关部门组织预案宣传、培训和演练，并根据实际情况，适时组织评估和修订。地方各级人民政府要结合当地实际制定或修订突发环境事件应急预案。

7.2 预案解释

本预案由环境保护部负责解释。

7.3 预案实施时间

本预案自印发之日起实施。

附件：1. 突发环境事件分级标准

2. 国家环境应急指挥部组成及工作组职责

附件 1

突发环境事件分级标准

一、特别重大突发环境事件

凡符合下列情形之一的，为特别重大突发环境事件：

1．因环境污染直接导致 30 人以上死亡或 100 人以上中毒或重伤的；

2．因环境污染疏散、转移人员 5 万人以上的；

3．因环境污染造成直接经济损失 1 亿元以上的；

4．因环境污染造成区域生态功能丧失或该区域国家重点保护物种灭绝的；

5．因环境污染造成设区的市级以上城市集中式饮用水水源地取水中断的；

6．Ⅰ、Ⅱ类放射源丢失、被盗、失控并造成大范围严重辐射污染后果的；放射性同位素和射线装置失控导致 3 人以上急性死亡的；放射性物质泄漏，造成大范围辐射污染后果的；

7．造成重大跨国境影响的境内突发环境事件。

二、重大突发环境事件

凡符合下列情形之一的，为重大突发环境事件：

1．因环境污染直接导致 10 人以上 30 人以下死亡或 50 人以上 100 人以下中毒或重伤的；

2．因环境污染疏散、转移人员 1 万人以上 5 万人以下的；

3．因环境污染造成直接经济损失 2000 万元以上 1 亿元以下的；

4. 因环境污染造成区域生态功能部分丧失或该区域国家重点保护野生动植物种群大批死亡的；

5．因环境污染造成县级城市集中式饮用水水源地取水中断的；

6．Ⅰ、Ⅱ类放射源丢失、被盗的；放射性同位素和射线装置失控导致 3 人以下急性死亡或者 10 人以上急性重度放射病、局部器官残疾的；放射性物质泄漏，造成较大范围辐射污染后果的；

7．造成跨省级行政区域影响的突发环境事件。

三、较大突发环境事件

凡符合下列情形之一的，为较大突发环境事件：

1．因环境污染直接导致3人以上10人以下死亡或10人以上50人以下中毒或重伤的；

2．因环境污染疏散、转移人员5000人以上1万人以下的；

3．因环境污染造成直接经济损失500万元以上2000万元以下的；

4．因环境污染造成国家重点保护的动植物物种受到破坏的；

5．因环境污染造成乡镇集中式饮用水水源地取水中断的；

6．Ⅲ类放射源丢失、被盗的；放射性同位素和射线装置失控导致10人以下急性重度放射病、局部器官残疾的；放射性物质泄漏，造成小范围辐射污染后果的；

7．造成跨设区的市级行政区域影响的突发环境事件。

四、一般突发环境事件

凡符合下列情形之一的，为一般突发环境事件：

1．因环境污染直接导致3人以下死亡或10人以下中毒或重伤的；

2．因环境污染疏散、转移人员5000人以下的；

3．因环境污染造成直接经济损失500万元以下的；

4．因环境污染造成跨县级行政区域纠纷，引起一般性群体影响的；

5．Ⅳ、Ⅴ类放射源丢失、被盗的；放射性同位素和射线装置失控导致人员受到超过年剂量限值的照射的；放射性物质泄漏，造成厂区内或设施内局部辐射污染后果的；铀矿冶、伴生矿超标排放，造成环境辐射污染后果的；

6．对环境造成一定影响，尚未达到较大突发环境事件级别的。

上述分级标准有关数量的表述中，“以上”含本数，“以下”不含本数。

附件 2

国家环境应急指挥部组成及工作组职责

国家环境应急指挥部主要由环境保护部、中央宣传部（国务院新闻办）、中央网信办、外交部、发展改革委、工业和信息化部、公安部、民政部、财政部、住房城乡建设部、交通运输部、水利部、农业部、商务部、卫生计生委、新闻出版广电总局、安全监管总局、食品药品监管总局、林业局、气象局、海洋局、测绘地信局、铁路局、民航局、总参作战部、总后基建营房部、武警总部、中国铁路总公司等部门和单位组成，根据应对工作需要，增加有关地方人民政府和其他有关部门。

国家环境应急指挥部设立相应工作组，各工作组组成及职责分工如下：

一、污染处置组。由环境保护部牵头，公安部、交通运输部、水利部、农业部、安全监管总局、林业局、海洋局、总参作战部、武警总部等参加。

主要职责：收集汇总相关数据，组织进行技术研判，开展事态分析；迅速组织切断污染源，分析污染途径，明确防止污染物扩散的程序；组织采取有效措施，消除或减轻已经造成的污染；明确不同情况下的现场处置人员须采取的个人防护措施；组织建立现场警戒区和交通管制区域，确定重点防护区域，确定受威胁人员疏散的方式和途径，疏散转移受威胁人员至安全紧急避险场所；协调军队、武警有关力量参与应急处置。

二、应急监测组。由环境保护部牵头，住房城乡建设部、水利部、农业部、气象局、海洋局、总参作战部、总后基建营房部等参加。

主要职责：根据突发环境事件的污染物种类、性质以及当地气象、自然、社会环境状况等，明确相应的应急监测方案及监测方法；确定污染物扩散范围，明确监测的布点和频次，做好大气、水体、土壤等应急监测，为突发环境事件应急决策提供依据；协调军队力量参与应急监测。

三、医学救援组。由卫生计生委牵头，环境保护部、食品药品监管总局等参加。

主要职责：组织开展伤病员医疗救治、应急心理援助；指导和协助开展受污染人员的去污洗消工作；提出保护公众健康的措施建议；禁止或限制受污染食品和饮用水的生产、加工、流通和食用，防范因突发环境事件造成集体中毒等。

四、应急保障组。由发展改革委牵头，工业和信息化部、公安部、民政部、财政部、环境保护部、住房城乡建设部、交通运输部、水利部、商务部、测绘地信局、铁路局、民航局、中国铁路总公司等参加。

主要职责：指导做好事件影响区域有关人员的紧急转移和临时安置工作；组织做好环境应急救援物资及临时安置重要物资的紧急生产、储备调拨和紧急配送工作；及时组织调运重要生活必需品，保障群众基本生活和市场供应；开展应急测绘。

五、新闻宣传组。由中央宣传部（国务院新闻办）牵头，中央网信办、工业和信息化部、环境保护部、新闻出版广电总局等参加。

主要职责：组织开展事件进展、应急工作情况等权威信息发布，加强新闻宣传报道；收集分析国内外舆情和社会公众动态，加强媒体、电信和互联网管理，正确引导舆论；通过多种方式，通俗、权威、全面、前瞻地做好相关知识普及；及时澄清不实信息，回应社会关切。

六、社会稳定组。由公安部牵头，中央网信办、工业和信息化部、环境保护部、商务部等参加。

主要职责：加强受影响地区社会治安管理，严厉打击借机传播谣言制造社会恐慌、哄抢物资等违法犯罪行为；加强转移人员安置点、救灾物资存放点等重点地区治安管控；做好受影响人员与涉事单位、地方人民政府及有关部门矛盾纠纷化解和法律服务工作，防止出现群体性事件，维护社会稳定；加强对重要生活必需品等商品的市场监管和调控，打击囤积居奇行为。

七、涉外事务组。由外交部牵头，环境保护部、商务部、海洋局等参加。

主要职责：根据需要向有关国家和地区、国际组织通报突发环境事件信息，协调处理对外交涉、污染检测、危害防控、索赔等事宜，必要时申请、接受国际援助。

工作组设置、组成和职责可根据工作需要作适当调整。

国务院关于开展第二次全国污染源普查的通知

（国发〔2016〕59号）

各省、自治区、直辖市人民政府，国务院各部委、各直属机构：

根据《全国污染源普查条例》规定，国务院决定于2017年开展第二次全国污染源普查。现将有关事项通知如下：

一、普查目的和意义

全国污染源普查是重大的国情调查，是环境保护的基础性工作。开展第二次全国污染源普查，掌握各类污染源的数量、行业和地区分布情况，了解主要污染物产生、排放和处理情况，建立健全重点污染源档案、污染源信息数据库和环境统计平台，对于准确判断我国当前环境形势，制定实施有针对性的经济社会发展和环境保护政策、规划，不断改善环境质量，加快推进生态文明建设，补齐全面建成小康社会的生态环境短板具有重要意义。

二、普查对象和内容

普查对象是中华人民共和国境内有污染源的单位和个体经营户。范围包括：工业污染源，农业污染源，生活污染源，集中式污染治理设施，移动源及其他产生、排放污染物的设施。

普查内容包括普查对象的基本信息、污染物种类和来源、污染物产生和排放情况、污染治理设施建设和运行情况等。

本次普查的具体范围和内容，由国务院批准的普查方案确定。

三、普查时间安排

本次普查标准时点为2017年12月31日，时期资料为2017年度资料。2016年第四季度至2017年底为普查前期准备阶段，重点做好普查方案编制、普查工作试点以及宣传培训等工作。2018年为全面普查阶段，各地组织开展普查，通过逐级审核汇总形成普查数据库，年底完成普查工作。2019年为总结发布阶段，重点做好普查工作验收、数据汇总和结果发布等工作。

四、普查组织和实施

在全国范围内开展污染源普查，涉及范围广、参与部门多、普查任务重、技术要求高、工作难度大。各地区、各部门要按照“全国统一领导、部门分工协作、地方分级负责、各方共同参与”的原则组织实施普查。同时，按照信息共享和厉行节约的要求，充分利用有关部门现有统计、监测和各专项调查等相关资料，借鉴和采纳国家有关经济普查、农业普查等成果。

为加强组织领导，国务院决定成立第二次全国污染源普查领导小组，负责领导和协调全国污染源普查工作。领导小组办公室设在环境保护部，负责普查的日常工作。领导小组成员单位要按照各自职责协调落实相关工作。

县级以上地方人民政府成立相应的污染源普查领导小组及其办公室，按照全国污染源普查领导小组的统一规定和要求，做好本行政区域内的污染源普查工作。要充分利用报刊、广播、电视、网络等各种媒体，广泛深入地宣传全国污染源普查的重要意义和有关要求，为普查工作的顺利实施营造良好的社会氛围。对普查工作中遇到的各种困难和问题，要及时采取措施，切实予以解决。

军队、武装警察部队的污染源普查工作由中央军委后勤保障部按照国家统一规定和要求组织实施。

新疆生产建设兵团的污染源普查工作由新疆生产建设兵团按照国家统一规定和要求组织实施。

五、普查经费保障

第二次全国污染源普查工作经费，按照分级保障原则，由同级财政予以保障。中央财政负担部分，由相关部门按要求列入部门预算。地方财政负担部分，由同级地方财政根据工作需要统筹安排。

六、普查工作要求

污染源普查对象有义务接受污染源普查领导小组办公室、普查人员依法进行的调查，并如实反映情况，提供有关资料，按照要求填报污染源普查表。任何地方、部门、单位和个人都不得迟报、虚报、瞒报和拒报普查数据，不得伪造、篡改普查资料。

各级普查机构及其工作人员，对普查对象的技术和商业秘密，必须履行保密义务。

附件：国务院第二次全国污染源普查领导小组人员名单

国务院

2016 年 10 月 20 日

附件

国务院第二次全国污染源普查领导小组人员名单

组　长：张高丽　国务院副总理

副组长：陈吉宁　环境保护部部长

　　　　宁吉喆　国家统计局局长

　　　　丁向阳　国务院副秘书长

成　员：郭卫民　国务院新闻办副主任

张　勇　国家发展改革委副主任
辛国斌　工业和信息化部副部长
黄　明　公安部副部长
刘　昆　财政部副部长
汪　民　国土资源部副部长
翟　青　环境保护部副部长
倪　虹　住房城乡建设部副部长
戴东昌　交通运输部副部长
陆桂华　水利部副部长
张桃林　农业部副部长
孙瑞标　税务总局副局长
刘玉亭　工商总局副局长
田世宏　质检总局党组成员、国家标准委主任
钱毅平　中央军委后勤保障部副部长

领导小组办公室主任由环境保护部副部长翟青兼任。

国务院关于印发“十三五”生态环境保护规划的通知

（国发〔2016〕65号）

各省、自治区、直辖市人民政府，国务院各部委、各直属机构：

现将《“十三五”生态环境保护规划》印发给你们，请认真贯彻实施。

国务院

2016年11月24日

“十三五”生态环境保护规划

第一章　全国生态环境保护形势

党中央、国务院高度重视生态环境保护工作。“十二五”以来，坚决向污染宣战，全力推进大气、水、土壤污染防治，持续加大生态环境保护力度，生态环境质量有所改善，完成了“十二五”规划确定的主要目标和任务。“十三五”期间，经济社会发展不平衡、不协调、不可持续的问题仍然突出，多阶段、多领域、多类型生态环境问题交织，生态环境与人民群众需求和期待差距较大，提高环境质量，加强生态环境综合治理，加快补齐生态环境短板，是当前核心任务。

第一节　生态环境保护取得积极进展

生态文明建设上升为国家战略。党中央、国务院高度重视生态文明建设。习近平总书记多次强调，“绿水青山就是金山银山”，“要坚持节约资源和保护环境的基本国策”，“像保护眼睛一样保护生态环境，像对待生命一样对待生态环境”。李克强总理多次指出，要加大环境综合治理力度，提高生态文明水平，促进绿色发展，下决心走出一条经济发展与环境改善双赢之路。党的十八大以来，党中央、国务院把生态文明建设摆在更加重要的战略位置，纳入“五位一体”总体布局，作出一系列重大决策部署，出台《生态文明体制改革总体方案》，实施大气、水、土壤污染防治行动计划。把发展观、执政观、自然观内在统一起来，融入到执政理念、发展理念中，生态文明建设的认识高度、实践深度、推进力度前所未有。

生态环境质量有所改善。2015 年，全国 338 个地级及以上城市细颗粒物（$PM_{2.5}$）年均浓度为 50 微克/立方米，首批开展监测的 74 个城市细颗粒物年均浓度比 2013 年下降 23.6%，京津冀、长三角、珠三角分别下降 27.4%、20.9%、27.7%，酸雨区占国土面积比例由历史高峰值的 30%左右降至 7.6%，大气污染防治初见成效。全国 1940 个地表水国控断面Ⅰ—Ⅲ类比例提高至 66%，劣Ⅴ类比例下降至 9.7%，大江大河干流水质明显改善。全国森林覆盖率提高至 21.66%，森林蓄积量达到 151.4 亿立方米，草原综合植被盖度 54%。建成自然保护区 2740 个，占陆地国土面积 14.8%，超过 90%的陆地自然生态系统类型、89%的国家重点保护野生动植物种类以及大多数重要自然遗迹在自然保护区内得到保护，大熊猫、东北虎、朱鹮、藏羚羊、扬子鳄等部分珍稀濒危物种野外种群数量稳中有升。荒漠化和沙化状况连续三个监测周期实现面积“双缩减”。

治污减排目标任务超额完成。到 2015 年，全国脱硫、脱硝机组容量占煤电总装机容量比例分别提高到 99%、92%，完成煤电机组超低排放改造 1.6 亿千瓦。全国城市污水处理率提高到 92%，城市建成区生活垃圾无害化处理率达到 94.1%。7.2 万个村庄实施环境综合整治，1.2 亿多农村人口直接受益。6.1 万家规模化养殖场（小区）建成废弃物处理和资源化利用设施。“十二五”期间，全国化学需氧量和氨氮、二氧化硫、氮氧化物排放总量分别累计下降 12.9%、13%、18%、18.6%。

生态保护与建设取得成效。天然林资源保护、退耕还林还草、退牧还草、防护林体系建设、河湖与湿地保护修复、防沙治沙、水土保持、石漠化治理、野生动植物保护及自然保护区建设等一批重大生态保护与修复工程稳步实施。重点国有林区天然林全部停止商业性采伐。全国受保护的湿地面积增加 525.94 万公顷，自然湿地保护率提高到 46.8%。沙化土地治理 10 万平方公里、水土流失治理 26.6 万平方公里。完成全国生态环境十年变化（2000—2010 年）调查评估，发布《中国生物多样性红色名录》。建立各级森林公园、湿地公园、沙漠公园4300多个。16个省（区、市）开展生态省建设，1000多个市（县、区）开展生态市（县、区）建设，114个市（县、区）获得国家生态建设示范区命名。国有林场改革方案及国有林区改革指导意见印发实施，6个省完成国有林场改革试点任务。

环境风险防控稳步推进。到2015年，50个危险废物、273个医疗废物集中处置设施基本建成，历史遗留的670万吨铬渣全部处置完毕，铅、汞、镉、铬、砷五种重金属污染物排放量比2007年下降27.7%，涉重金属突发环境事件数量大幅减少。科学应对天津港“8•12”特别重大火灾爆炸等事故环境影响。核设施安全水平持续提高，核技术利用管理日趋规范，辐射环境质量保持良好。

生态环境法治建设不断完善。环境保护法、大气污染防治法、放射性废物安全管理条例、环境空气质量标准等完成制修订，生态环境损害责任追究办法等文件陆续出台，生态保护补偿机制进一步健全。深入开展环境保护法实施年活动和环境保护综合督察。全社会生态环境法治观念和意识不断加强。

第二节　生态环境是全面建成小康社会的突出短板

污染物排放量大面广，环境污染重。我国化学需氧量、二氧化硫等主要污染物排放量仍然处于2000万吨左右的高位，环境承载能力超过或接近上限。78.4%的城市空气质量未达标，公众反映强烈的重度及以上污染天数比例占3.2%，部分地区冬季空气重污染频发高发。饮用水水源安全保障水平亟需提升，排污布局与水环境承载能力不匹配，城市建成区黑臭水体大量存在，湖库富营养化问题依然突出，部分流域水体污染依然较重。全国土壤点位超标率16.1%，耕地土壤点位超标率19.4%，工矿废弃地土壤污染问题突出。城乡环境公共服务差距大，治理和改善任务艰巨。

山水林田湖缺乏统筹保护，生态损害大。中度以上生态脆弱区域占全国陆地国土面积的55%，荒漠化和石漠化土地占国土面积的近20%。森林系统低质化、森林结构纯林化、生态功能低效化、自然景观人工化趋势加剧，每年违法违规侵占林地约200万亩，全国森林单位面积蓄积量只有全球平均水平的78%。全国草原生态总体恶化局面尚未根本扭转，中度和重度退化草原面积仍占1/3以上，已恢复的草原生态系统较为脆弱。全国湿地面积近年来每年减少约510万亩，900多种脊椎动物、3700多种高等植物生存受到威胁。资源过度开发利用导致生态破坏问题突出，生态空间不断被蚕食侵占，一些地区生态资源破坏严重，系统保护难度加大。

产业结构和布局不合理，生态环境风险高。我国是化学品生产和消费大国，有毒有害污染物种类不断增加，区域性、结构性、布局性环境风险日益凸显。环境风险企业数量庞大、近水靠城，危险化学品安全事故导致的环境污染事件频发。突发环境事件呈现原因复杂、污染物质多样、影响地域敏感、影响范围扩大的趋势。过去十年年均发生森林火灾7600多起，森林病虫害发生面积1.75亿亩以上。近年来，年均截获有害生物达100万批次，动植物传染及检疫性有害生物从国境口岸传入风险高。

第三节　生态环境保护面临机遇与挑战

“十三五”期间，生态环境保护面临重要的战略机遇。全面深化改革与全面依法治国深入推进，创新发展和绿色发展深入实施，生态文明建设体制机制逐步健全，为环境保护释放政策红利、法治红利和技术红利。经济转型升级、供给侧结构性改革加快化解重污染过剩产能、增加生态产品供给，污染物新增排放压力趋缓。公众生态环境保护意识日益增强，全社会保护生态环境的合力逐步形成。

同时，我国工业化、城镇化、农业现代化的任务尚未完成，生态环境保护仍面临巨大压力。伴随着经济下行压力加大，发展与保护的矛盾更加突出，一些地方环保投入减弱，进一步推进环境治理和质量改善任务艰巨。区域生态环境分化趋势显现，污染点状分布转向面上扩张，部分地区生态系统稳定性和服务功能下降，统筹协调保护难度大。我国积极应对全球气候变化，推进“一带一路”建设，国际社会尤其是发达国家要求我国承担更多环境责任，深度参与全球环境治理挑战大。

“十三五”期间，生态环境保护机遇与挑战并存，既是负重前行、大有作为的关键期，也是实现质量改善的攻坚期、窗口期。要充分利用新机遇新条件，妥善应对各种风险和挑战，坚定推进生态环境保护，提高生态环境质量。

第二章　指导思想、基本原则与主要目标

第一节　指导思想

全面贯彻党的十八大和十八届三中、四中、五中、六中全会精神，以邓小平理论、“三个代表”重要思想、科学发展观为指导，深入贯彻习近平总书记系列重

要讲话精神和治国理政新理念新思想新战略，统筹推进“五位一体”总体布局和协调推进“四个全面”战略布局，牢固树立和贯彻落实创新、协调、绿色、开放、共享的发展理念，按照党中央、国务院决策部署，以提高环境质量为核心，实施最严格的环境保护制度，打好大气、水、土壤污染防治三大战役，加强生态保护与修复，严密防控生态环境风险，加快推进生态环境领域国家治理体系和治理能力现代化，不断提高生态环境管理系统化、科学化、法治化、精细化、信息化水平，为人民提供更多优质生态产品，为实现“两个一百年”奋斗目标和中华民族伟大复兴的中国梦作出贡献。

第二节　基本原则

坚持绿色发展、标本兼治。绿色富国、绿色惠民，处理好发展和保护的关系，协同推进新型工业化、城镇化、信息化、农业现代化与绿色化。坚持立足当前与着眼长远相结合，加强生态环境保护与稳增长、调结构、惠民生、防风险相结合，强化源头防控，推进供给侧结构性改革，优化空间布局，推动形成绿色生产和绿色生活方式，从源头预防生态破坏和环境污染，加大生态环境治理力度，促进人与自然和谐发展。

坚持质量核心、系统施治。以解决生态环境突出问题为导向，分区域、分流域、分阶段明确生态环境质量改善目标任务。统筹运用结构优化、污染治理、污染减排、达标排放、生态保护等多种手段，实施一批重大工程，开展多污染物协同防治，系统推进生态修复与环境治理，确保生态环境质量稳步提升，提高优质生态产品供给能力。

坚持空间管控、分类防治。生态优先，统筹生产、生活、生态空间管理，划定并严守生态保护红线，维护国家生态安全。建立系统完整、责权清晰、监管有效的管理格局，实施差异化管理，分区分类管控，分级分项施策，提升精细化管理水平。

坚持改革创新、强化法治。以改革创新推进生态环境保护，转变环境治理理念和方式，改革生态环境治理基础制度，建立覆盖所有固定污染源的企业排放许可制，实行省以下环保机构监测监察执法垂直管理制度，加快形成系统完整的生态文明制度体系。加强环境立法、环境司法、环境执法，从硬从严，重拳出击，促进全社会遵纪守法。依靠法律和制度加强生态环境保护，实现源头严防、过程严管、后果严惩。

坚持履职尽责、社会共治。建立严格的生态环境保护责任制度，合理划分中央和地方环境保护事权和支出责任，落实生态环境保护“党政同责”、“一岗双责”。落实企业环境治理主体责任，动员全社会积极参与生态环境保护，激励与约束并举，政府与市场“两手发力”，形成政府、企业、公众共治的环境治理体系。

第三节　主要目标

到 2020 年，生态环境质量总体改善。生产和生活方式绿色、低碳水平上升，主要污染物排放总量大幅减少，环境风险得到有效控制，生物多样性下降势头得到基本控制，生态系统稳定性明显增强，生态安全屏障基本形成，生态环境领域国家治理体系和治理能力现代化取得重大进展，生态文明建设水平与全面建成小康社会目标相适应。

专栏 1　“十三五”生态环境保护主要指标

指标		2015 年	2020 年	〔累计〕[1]	属性
生态环境质量					
1.空气质量	地级及以上城市[2]空气质量优良天数比率（%）	76.7	＞80	-	约束性
	细颗粒物未达标地级及以上城市浓度下降（%）	-	-	〔18〕	约束性
	地级及以上城市重度及以上污染天数比例下降（%）	-	-	〔25〕	预期性
2.水环境质量	地表水质量[3]达到或好于III类水体比例（%）	66	＞70	-	约束性
	地表水质量劣V类水体比例（%）	9.7	＜5	-	约束性
	重要江河湖泊水功能区水质达标率（%）	70.8	＞80		预期性
	地下水质量极差比例（%）	15.74	15 左右	-	预期性
	近岸海域水质优良（一、二类）比例（%）	70.5	70 左右	-	预期性
3.土壤环境质量	受污染耕地安全利用率（%）	70.6	90 左右	-	约束性
	污染地块安全利用率（%）	-	90 以上	-	约束性

指　标		2015 年	2020 年	〔累计〕[1]	属性
4.生态状况	森林覆盖率（%）	21.66	23.04	〔1.38〕	约束性
	森林蓄积量（亿立方米）	151	165	〔14〕	约束性
	湿地保有量（亿亩）	-	≥8	-	预期性
	草原综合植被盖度（%）	54	56		预期性
	重点生态功能区所属县域生态环境状况指数	60.4	＞60.4	-	预期性
污染物排放总量					
5.主要污染物排放总量减少（%）	化学需氧量	-	-	〔10〕	约束性
	氨氮	-	-	〔10〕	
	二氧化硫	-	-	〔15〕	
	氮氧化物	-	-	〔15〕	
6.区域性污染物排放总量减少（%）	重点地区重点行业挥发性有机物[5]	-	-	〔10〕	预期性
	重点地区总氮[6]	-	-	〔10〕	预期性
	重点地区总磷[7]	-	-	〔10〕	
生态保护修复					
7.国家重点保护野生动植物保护率（%）		-	＞95	-	预期性
8.全国自然岸线保有率（%）		-	≥35	-	预期性
9.新增沙化土地治理面积（万平方公里）		-	-	〔10〕	预期性
10.新增水土流失治理面积（万平方公里）		-	-	〔27〕	预期性

注：1.〔　〕内为五年累计数。

2.空气质量评价覆盖全国 338 个城市（含地、州、盟所在地及部分省辖县级市，不含三沙和儋州）。

3.水环境质量评价覆盖全国地表水国控断面，断面数量由“十二五”期间的 972 个增加到 1940 个。

4.为 2013 年数据。

5.在重点地区、重点行业推进挥发性有机物总量控制，全国排放总量下降 10%以上。

6.对沿海 56 个城市及 29 个富营养化湖库实施总氮总量控制。

7.总磷超标的控制单元以及上游相关地区实施总磷总量控制。

第三章　强化源头防控，夯实绿色发展基础

绿色发展是从源头破解我国资源环境约束瓶颈、提高发展质量的关键。要创新调控方式，强化源头管理，以生态空间管控引导构建绿色发展格局，以生态环

境保护推进供给侧结构性改革，以绿色科技创新引领生态环境治理，促进重点区域绿色、协调发展，加快形成节约资源和保护环境的空间布局、产业结构和生产生活方式，从源头保护生态环境。

第一节 强化生态空间管控

全面落实主体功能区规划。强化主体功能区在国土空间开发保护中的基础作用，推动形成主体功能区布局。依据不同区域主体功能定位，制定差异化的生态环境目标、治理保护措施和考核评价要求。禁止开发区域实施强制性生态环境保护，严格控制人为因素对自然生态和自然文化遗产原真性、完整性的干扰，严禁不符合主体功能定位的各类开发活动，引导人口逐步有序转移。限制开发的重点生态功能区开发强度得到有效控制，形成环境友好型的产业结构，保持并提高生态产品供给能力，增强生态系统服务功能。限制开发的农产品主产区着力保护耕地土壤环境，确保农产品供给和质量安全。重点开发区域加强环境管理与治理，大幅降低污染物排放强度，减少工业化、城镇化对生态环境的影响，改善人居环境，努力提高环境质量。优化开发区域引导城市集约紧凑、绿色低碳发展，扩大绿色生态空间，优化生态系统格局。实施海洋主体功能区规划，优化海洋资源开发格局。

划定并严守生态保护红线。2017 年底前，京津冀区域、长江经济带沿线各省（市）划定生态保护红线；2018 年底前，其他省（区、市）划定生态保护红线；2020 年底前，全面完成全国生态保护红线划定、勘界定标，基本建立生态保护红线制度。制定生态保护红线管控措施，建立健全生态保护补偿机制，定期发布生态保护红线保护状况信息。建立监控体系与评价考核制度，对各省（区、市）生态保护红线保护成效进行评价考核。全面保障国家生态安全，保护和提升森林、草原、河流、湖泊、湿地、海洋等生态系统功能，提高优质生态产品供给能力。

推动“多规合一”。以主体功能区规划为基础，规范完善生态环境空间管控、生态环境承载力调控、环境质量底线控制、战略环评与规划环评刚性约束等环境引导和管控要求，制定落实生态保护红线、环境质量底线、资源利用上线和环境准入负面清单的技术规范，强化“多规合一”的生态环境支持。以市县级行政区为单元，建立由空间规划、用途管制、差异化绩效考核等构成的空间治理体系。积极推动建立国家空间规划体系，统筹各类空间规划，推进“多规合一”。研究制定生态环境保护促进“多规合一”的指导意见。自2018年起，启动省域、区域、城市群生态环境保护空间规划研究。

第二节 推进供给侧结构性改革

强化环境硬约束推动淘汰落后和过剩产能。建立重污染产能退出和过剩产能化解机制，对长期超标排放的企业、无治理能力且无治理意愿的企业、达标无望的企业，依法予以关闭淘汰。修订完善环境保护综合名录，推动淘汰高污染、高环境风险的工艺、设备与产品。鼓励各地制定范围更宽、标准更高的落后产能淘汰政策，京津冀地区要加大对不能实现达标排放的钢铁等过剩产能淘汰力度。依据区域资源环境承载能力，确定各地区造纸、制革、印染、焦化、炼硫、炼砷、炼油、电镀、农药等行业规模限值。实行新（改、扩）建项目重点污染物排放等量或减量置换。调整优化产业结构，煤炭、钢铁、水泥、平板玻璃等产能过剩行业实行产能等量或减量置换。

严格环保能耗要求促进企业加快升级改造。实施能耗总量和强度“双控”行动，全面推进工业、建筑、交通运输、公共机构等重点领域节能。严格新建项目节能评估审查，加强工业节能监察，强化全过程节能监管。钢铁、有色金属、化工、建材、轻工、纺织等传统制造业全面实施电机、变压器等能效提升、清洁生产、节水治污、循环利用等专项技术改造，实施系统能效提升、燃煤锅炉节能环保综合提升、绿色照明、余热暖民等节能重点工程。支持企业增强绿色精益制造能力，推动工业园区和企业应用分布式能源。

促进绿色制造和绿色产品生产供给。从设计、原料、生产、采购、物流、回收等全流程强化产品全生命周期绿色管理。支持企业推行绿色设计，开发绿色产品，完善绿色包装标准体系，推动包装减量化、无害化和材料回收利用。建设绿色工厂，发展绿色工业园区，打造绿色供应链，开展绿色评价和绿色制造工艺推广行动，全面推进绿色制造体系建设。增强绿色供给能力，整合环保、节能、节水、循环、低碳、再生、有机等产品认证，建立统一的绿色产品标准、认证、标识体系。发展生态农业和有机农业，加快有机食品基地建设和产业发展，增加有机产品供给。到2020年，创建百家绿色设计示范企业、百家绿色示范园区、千家绿色示范工厂，绿色制造体系基本建立。

推动循环发展。实施循环发展引领计划，推进城市低值废弃物集中处置，开展资源循环利用示范基地和生态工业园区建设，建设一批循环经济领域国家新型工业化产业示范基地和循环经济示范市县。实施高端再制造、智能再制造和在役再制造示范工程。深化工业固体废物综合利用基地建设试点，建设产业固体废物综合利用和资源再生利用示范工程。依托国家“城市矿产”示范基地，培育一批回收和综合利用骨干企业、再生资源利用产业基地和园区。健全再生资源回收利用网络，规范完善废钢铁、废旧轮胎、废旧纺织品与服装、废塑料、废旧动力电池等综合利用行业管理。尝试建立逆向回收渠道，推广“互联网+回收”、智能回收等新型回收方式，实行生产者责任延伸制度。到2020年，全国工业固体废物综合利用率提高到73%。实现化肥农药零增长，实施循环农业示范工程，推进秸秆高值化和产业化利用。到2020年，秸秆综合利用率达到85%，国家现代农业示范区和粮食主产县基本实现农业资源循环利用。

推进节能环保产业发展。推动低碳循环、治污减排、监测监控等核心环保技术工艺、成套产品、装备设备、材料药剂研发与产业化，尽快形成一批具有竞争力的主导技术和产品。鼓励发展节能环保技术咨询、系统设计、设备制造、工程施工、运营管理等专业化服务。大力发展环境服务业，推进形成合同能源管理、合同节水管理、第三方监测、环境污染第三方治理及环境保护政府和社会资本合作等服务市场，开展小城镇、园区环境综合治理托管服务试点。规范环境绩效合同管理，逐步建立环境服务绩效评价考核机制。发布政府采购环境服务清单。鼓励社会资本投资环保企业，培育一批具有国际竞争力的大型节能环保企业与环保品牌。鼓励生态环保领域大众创业、万众创新。充分发挥环保行业组织、科技社团在环保科技创新、成果转化和产业化过程中的作用。完善行业监管制度，开展环保产业常规调查统计工作，建立环境服务企业诚信档案，发布环境服务业发展报告。

第三节　强化绿色科技创新引领

推进绿色化与创新驱动深度融合。把绿色化作为国家实施创新驱动发展战略、经济转型发展的重要基点，推进绿色化与各领域新兴技术深度融合发展。发展智能绿色制造技术，推动制造业向价值链高端攀升。发展生态绿色、高效安全的现代农业技术，深入开展节水农业、循环农业、有机农业、现代林业和生物肥料等技术研发，促进农业提质增效和可持续发展。发展安全、清洁、高效的现代能源技术，推动能源生产和消费革命。发展资源节约循环利用的关键技术，建立城镇生活垃圾资源化利用、再生资源回收利用、工业固体废物综合利用等技术体系。重点针对大气、水、土壤等问题，形成源头预防、末端治理和生态环境修复的成套技术。

加强生态环保科技创新体系建设。瞄准世界生态环境科技发展前沿，立足我国生态环境保护的战略要求，突出自主创新、综合集成创新，加快构建层次清晰、分工明确、运行高效、支撑有力的国家生态环保科技创新体系。重点建立以科学研究为先导的生态环保科技创新理论体系，以应用示范为支撑的生态环保技术研发体系，以人体健康为目标的环境基准和环境标准体系，以提升竞争力为核心的环保产业培育体系，以服务保障为基础的环保科技管理体系。实施环境科研领军人才工程，加强环保专业技术领军人才和青年拔尖人才培养，重点建设一批创新人才培养基地，打造一批高水平创新团队。支持相关院校开展环保基础科学和应用科学研究。建立健全环保职业荣誉制度。

建设生态环保科技创新平台。统筹科技资源，深化生态环保科技体制改革。加强重点实验室、工程技术中心、科学观测研究站、环保智库等科技创新平台建设，加强技术研发推广，提高管理科学化水平。积极引导企业与科研机构加强合作，强化企业创新主体作用，推动环保技术研发、科技成果转移转化和推广应用。推动建立环保装备与服务需求信息平台、技术创新转化交易平台。依托有条件的科技产业园区，集中打造环保科技创新试验区、环保高新技术产业区、环保综合治理技术服务区、国际环保技术合作区、环保高水平人才培养教育区，建立一批国家级环保高新技术产业开发区。

实施重点生态环保科技专项。继续实施水体污染控制与治理国家科技重大专项，实施大气污染成因与控制技术研究、典型脆弱生态修复与保护研究、煤炭清洁高效利用和新型节能技术研发、农业面源和重金属污染农田综合防治与修复技术研发、海洋环境安全保障等重点研发计划专项。在京津冀地区、长江经济带、“一带一路”沿线省（区、市）等重点区域开展环境污染防治和生态修复技术应用试点示范，提出生态环境治理系统性技术解决方案。打造京津冀等区域环境质量提升协同创新共同体，实施区域环境质量提升创新科技工程。创新青藏高原等生态屏障带保护修复技术方法与治理模式，研发生态环境监测预警、生态修复、生物多样性保护、生态保护红线评估管理、生态廊道构建等关键技术，建立一批生态保护与修复科技示范区。支持生态、土壤、大气、温室气体等环境监测预警网络系统及关键技术装备研发，支持生态环境突发事故监测预警及应急处置技术、遥感监测技术、数据分析与服务产品、高端环境监测仪器等研发。开展重点行业危险废物污染特性与环境效应、危险废物溯源及快速识别、全过程风险防控、信息化管理技术等领域研究，加快建立危险废物技术规范体系。建立化学品环境与健康风险评估方法、程序和技术规范体系。加强生态环境管理决策支撑科学研究，开展多污染物协同控制、生态环境系统模拟、污染源解析、生态环境保护规划、生态环境损害评估、网格化管理、绿色国内生产总值核算等技术方法研究应用。

完善环境标准和技术政策体系。研究制定环境基准，修订土壤环境质量标准，完善挥发性有机物排放标准体系，严格执行污染物排放标准。加快机动车和非道路移动源污染物排放标准、燃油产品质量标准的制修订和实施。发布实施船舶发动机排气污染物排放限值及测量方法（中国第一、二阶段）、轻型汽车和重型汽车污染物排放限值及测量方法（中国第六阶段）、摩托车和轻便摩托车污染物排放限值及测量方法（中国第四阶段）、畜禽养殖污染物排放标准。修订在用机动车排放标准，力争实施非道路移动机械国Ⅳ排放标准。完善环境保护技术政策，建立生态保护红线监管技术规范。健全钢铁、水泥、化工等重点行业清洁生产评价指标体系。加快制定完善电力、冶金、有色金属等重点行业以及城乡垃圾处理、机动车船和非道路移动机械污染防治、农业面源污染防治等重点领域技术政策。建立危险废物利用处置无害化管理标准和技术体系。

第四节　推动区域绿色协调发展

促进四大区域绿色协调发展。西部地区要坚持生态优先，强化生态环境保护，提升生态安全屏障功能，建设生态产品供给区，合理开发石油、煤炭、天然气等战略性资源和生态旅游、农畜产品等特色资源。东北地区要加强大小兴安岭、长白山等森林生态系统保护和北方防沙带建设，强化东北平原湿地和农用地土壤环境保护，推动老工业基地振兴。中部地区要以资源环境承载能力为基础，有序承接产业转移，推进鄱阳湖、洞庭湖生态经济区和汉江、淮河生态经济带建设，研究建设一批流域沿岸及交通通道沿线的生态走廊，加强水环境保护和治理。东部地区要扩大生态空间，提高环境资源利用效率，加快推动产业升级，在生态环境质量改善等方面走在前列。

推进“一带一路”绿色化建设。加强中俄、中哈以及中国—东盟、上海合作组织等现有多双边合作机制，积极开展澜沧江—湄公河环境合作，开展全方位、多渠道的对话交流活动，加强与沿线国家环境官员、学者、青年的交流和合作，开展生态环保公益活动，实施绿色丝路使者计划，分享中国生态文明、绿色发展理念与实践经验。建立健全绿色投资与绿色贸易管理制度体系，落实对外投资合作环境保护指南。开展环保产业技术合作园区及示范基地建设，推动环保产业走出去。树立中国铁路、电力、汽车、通信、新能源、钢铁等优质产能绿色品牌。推进“一带一路”沿线省（区、市）产业结构升级与创新升级，推动绿色产业链延伸；开展重点战略和关键项目环境评估，提高生态环境风险防范与应对能力。编制实施国内“一带一路”沿线区域生态环保规划。

推动京津冀地区协同保护。以资源环境承载能力为基础，优化经济发展和生态环境功能布局，扩大环境容量与生态空间。加快推动天津传统制造业绿色化改造。促进河北有序承接北京非首都功能转移和京津科技成果转化。强化区域环保协作，联合开展大气、河流、湖泊等污染治理，加强区域生态屏障建设，共建坝上高原生态防护区、燕山—太行山生态涵养区，推动光伏等新能源广泛应用。创新生态环境联动管理体制机制，构建区域一体化的生态环境监测网络、生态环境信息网络和生态环境应急预警体系，建立区域生态环保协调机制、水资源统一调配制度、跨区域联合监察执法机制，建立健全区域生态保护补偿机制和跨区域排污权交易市场。到2020年，京津冀地区生态环境保护协作机制有效运行，生态环境质量明显改善。

推进长江经济带共抓大保护。把保护和修复长江生态环境摆在首要位置，推进长江经济带生态文明建设，建设水清地绿天蓝的绿色生态廊道。统筹水资源、水环境、水生态，推动上中下游协同发展、东中西部互动合作，加强跨部门、跨区域监管与应急协调联动，把实施重大生态修复工程作为推动长江经济带发展项目的优先选项，共抓大保护，不搞大开发。统筹江河湖泊丰富多样的生态要素，构建以长江干支流为经络，以山水林田湖为有机整体，江湖关系和谐、流域水质优良、生态流量充足、水土保持有效、生物种类多样的生态安全格局。上游区重点加强水源涵养、水土保持功能和生物多样性保护，合理开发利用水资源，严控水电开发生态影响；中游区重点协调江湖关系，确保丹江口水库水质安全；下游区加快产业转型升级，重点加强退化水生态系统恢复，强化饮用水水源保护，严格控制城镇周边生态空间占用，开展河网地区水污染治理。妥善处理江河湖泊关系，实施长江干流及洞庭湖上游“四水”、鄱阳湖上游“五河”的水库群联合调度，保障长江干支流生态流量与两湖生态水位。统筹规划、集约利用长江岸线资源，控制岸线开发强度。强化跨界水质断面考核，推动协同治理。

第四章　深化质量管理，大力实施三大行动计划

以提高环境质量为核心，推进联防联控和流域共治，制定大气、水、土壤三大污染防治行动计划的施工图。根据区域、流域和类型差异分区施策，实施多污染物协同控制，提高治理措施的针对性和有效性。实行环境质量底线管理，努力实现分阶段达到环境质量标准、治理责任清单式落地，解决群众身边的突出环境问题。

第一节　分区施策改善大气环境质量

实施大气环境质量目标管理和限期达标规划。各省（区、市）要对照国家大气环境质量标准，开展形势分析，定期考核并公布大气环境质量信息。强化目标和任务的过程管理，深入推进钢铁、水泥等重污染行业过剩产能退出，大力推进清洁能源使用，推进机动车和油品标准升级，加强油品等能源产品质量监管，加强移动源污染治理，加大城市扬尘和小微企业分散源、生活源污染整治力度。深入实施《大气污染防治行动计划》，大幅削减二氧化硫、氮氧化物和颗粒物的排放量，全面启动挥发性有机物污染防治，开展大气氨排放控制试点，实现全国地级及以上城市二氧化硫、一氧化碳浓度全部达标，细颗粒物、可吸入颗粒物浓度明显下降，二氧化氮浓度继续下降，臭氧浓度保持稳定、力争改善。实施城市大气环境质量目标管理，已经达标的城市，应当加强保护并持续改善；未达标的城市，应确定达标期限，向社会公布，并制定实施限期达标规划，明确达标时间表、路线图和重点任务。

加强重污染天气应对。强化各级空气质量预报中心运行管理，提高预报准确性，及时发布空气质量预报信息，实现预报信息全国共享、联网发布。完善重度及以上污染天气的区域联合预警机制，加强东北、西北、成渝和华中区域大气环境质量预测预报能力。健全应急预案体系，制定重污染天气应急预案实施情况评估技术规程，加强对预案实施情况的检查和评估。各省（区、市）和地级及以上

城市及时修编重污染天气应急预案，开展重污染天气成因分析和污染物来源解析，科学制定针对性减排措施，每年更新应急减排措施项目清单。及时启动应急响应措施，提高重污染天气应对的有效性。强化监管和督察，对应对不及时、措施不力的地方政府，视情况予以约谈、通报、挂牌督办。

深化区域大气污染联防联控。全面深化京津冀及周边地区、长三角、珠三角等区域大气污染联防联控，建立常态化区域协作机制，区域内统一规划、统一标准、统一监测、统一防治。对重点行业、领域制定实施统一的环保标准、排污收费政策、能源消费政策，统一老旧车辆淘汰和在用车辆管理标准。重点区域严格控制煤炭消费总量，京津冀及山东、长三角、珠三角等区域，以及空气质量排名较差的前10位城市中受燃煤影响较大的城市要实现煤炭消费负增长。通过市场化方式促进老旧车辆、船舶加速淘汰以及防污设施设备改造，强化新生产机动车、非道路移动机械环保达标监管。开展清洁柴油机行动，加强高排放工程机械、重型柴油车、农业机械等管理，重点区域开展柴油车注册登记环保查验，对货运车、客运车、公交车等开展入户环保检查。提高公共车辆中新能源汽车占比，具备条件的城市在2017年底前基本实现公交新能源化。落实珠三角、长三角、环渤海京津冀水域船舶排放控制区管理政策，靠港船舶优先使用岸电，建设船舶大气污染物排放遥感监测和油品质量监测网点，开展船舶排放控制区内船舶排放监测和联合监管，构建机动车船和油品环保达标监管体系。加快非道路移动源油品升级。强化城市道路、施工等扬尘监管和城市综合管理。

显著削减京津冀及周边地区颗粒物浓度。以北京市、保定市、廊坊市为重点，突出抓好冬季散煤治理、重点行业综合治理、机动车监管、重污染天气应对，强化高架源的治理和监管，改善区域空气质量。提高接受外输电比例，增加非化石能源供应，重点城市实施天然气替代煤炭工程，推进电力替代煤炭，大幅减少冬季散煤使用量，“十三五”期间，北京、天津、河北、山东、河南五省（市）煤炭消费总量下降10%左右。加快区域内机动车排污监控平台建设，重点治理重型柴油车和高排放车辆。到2020年，区域细颗粒物污染形势显著好转，臭氧浓度基本稳定。

明显降低长三角区域细颗粒物浓度。加快产业结构调整，依法淘汰能耗、环保等不达标的产能。“十三五”期间，上海、江苏、浙江、安徽四省（市）煤炭消费总量下降5%左右，地级及以上城市建成区基本淘汰35蒸吨以下燃煤锅炉。全面推进炼油、石化、工业涂装、印刷等行业挥发性有机物综合整治。到2020年，长三角区域细颗粒物浓度显著下降，臭氧浓度基本稳定。

大力推动珠三角区域率先实现大气环境质量基本达标。统筹做好细颗粒物和臭氧污染防控，重点抓好挥发性有机物和氮氧化物协同控制。加快区域内产业转型升级，调整和优化能源结构，工业园区与产业聚集区实施集中供热，有条件的发展大型燃气供热锅炉，“十三五”期间，珠三角区域煤炭消费总量下降10%左右。重点推进石化、化工、油品储运销、汽车制造、船舶制造（维修）、集装箱制造、印刷、家具制造、制鞋等行业开展挥发性有机物综合整治。到2020年，实现珠三角区域大气环境质量基本达标，基本消除重度及以上污染天气。

第二节　精准发力提升水环境质量

实施以控制单元为基础的水环境质量目标管理。依据主体功能区规划和行政区划，划定陆域控制单元，建立流域、水生态控制区、水环境控制单元三级分区体系。实施以控制单元为空间基础、以断面水质为管理目标、以排污许可制为核心的流域水环境质量目标管理。优化控制单元水质断面监测网络，建立控制单元产排污与断面水质响应反馈机制，明确划分控制单元水环境质量责任，从严控制污染物排放量。全面推行“河长制”。在黄河、淮河等流域进行试点，分期分批科学确定生态流量（水位），作为流域水量调度的重要参考。深入实施《水污染防治行动计划》，落实控制单元治污责任，完成目标任务。固定污染源排放为主的控制单元，要确定区域、流域重点水污染物和主要超标污染物排放控制目标，实施基于改善水质要求的排污许可，将治污任务逐一落实到控制单元内的各排污单位（含污水处理厂、设有排放口的规模化畜禽养殖单位）。面源（分散源）污染为主或严重缺水的控制单元，要采用政策激励、加强监管以及确保生态基流等措施改善水生态环境。自2017年起，各省份要定期向社会公开控制单元水环境质量目标管理情况。

专栏 2　各流域需要改善的控制单元

（一）长江流域（108 个）。

双桥河合肥市控制单元等 40 个单元由Ⅳ类升为Ⅲ类；乌江重庆市控制单元等 7 个单元由Ⅴ类升为Ⅲ类；来河滁州市控制单元等 9 个单元由Ⅴ类升为Ⅳ类；京山河荆门市控制单元等 2 个单元由劣Ⅴ类升为Ⅲ类；沱江内江市控制单元等 4 个单元由劣Ⅴ类升为Ⅳ类；十五里河合肥市控制单元等 24 个单元由劣Ⅴ类升为Ⅴ类；滇池外海昆明市控制单元化学需氧量浓度下降；南淝河合肥市控制单元等 3 个单元氨氮浓度下降；竹皮河荆门市控制单元等 4 个单元氨氮、总磷浓度下降；岷江宜宾市控制单元等 14 个单元总磷浓度下降。

（二）海河流域（75 个）。

洋河张家口市八号桥控制单元等 9 个单元由Ⅳ类升为Ⅲ类；妫水河下段北京市控制单元等 3 个单元由Ⅴ类升为Ⅳ类；潮白河通州区控制单元等 26 个单元由劣Ⅴ类升为Ⅴ类；宣惠河沧州市控制单元等 6 个单元化学需氧量浓度下降；通惠河下段北京市控制单元等 26 个单元氨氮浓度下降；共产主义渠新乡市控制单元等 3 个单元氨氮、总磷浓度下降；海河天津市海河大闸控制单元化学需氧量、氨氮浓度下降；潮白新河天津市控制单元总磷浓度下降。

（三）淮河流域（49 个）。

谷河阜阳市控制单元等 17 个单元由Ⅳ类升为Ⅲ类；东鱼河菏泽市控制单元由Ⅴ类升为Ⅲ类；新濉河宿迁市控制单元等 9 个单元由Ⅴ类升为Ⅳ类；洙赵新河菏泽市控制单元由劣Ⅴ类升为Ⅲ类；运料河徐州市控制单元由劣Ⅴ类升为Ⅳ类；涡河亳州市岳坊大桥控制单元等 16 个单元由劣Ⅴ类升为Ⅴ类；包河商丘市控制单元等 4 个单元氨氮浓度下降。

（四）黄河流域（35 个）。

伊洛河洛阳市控制单元等 14 个单元由Ⅳ类升为Ⅲ类；葫芦河固原市控制单元等 4 个单元由Ⅴ类升为Ⅳ类；岚河吕梁市控制单元由劣Ⅴ类升为Ⅳ类；大黑河乌兰察布市控制单元等 8 个单元由劣Ⅴ类升为Ⅴ类；昆都仑河包头市控制单元等 8 个单元氨氮浓度下降。

（五）松花江流域（12 个）。

小兴凯湖鸡西市控制单元等 9 个单元由Ⅳ类升为Ⅲ类；阿什河哈尔滨市控制单元由劣Ⅴ类升为Ⅴ类；呼伦湖呼伦贝尔市控制单元化学需氧量浓度下降；饮马河长春市靠山南楼控制单元氨氮浓度下降。

（六）辽河流域（13 个）。

寇河铁岭市控制单元等 6 个单元由Ⅳ类升为Ⅲ类；辽河沈阳市巨流河大桥控制单元等 3 个单元由Ⅴ类升为Ⅳ类；亮子河铁岭市控制单元等 2 个单元由劣Ⅴ类升为Ⅴ类；浑河抚顺市控制单元总磷浓度下降；条子河四平市控制单元氨氮浓度下降。

（七）珠江流域（17 个）。

九洲江湛江市排里控制单元等 2 个单元由Ⅲ类升为Ⅱ类；潭江江门市牛湾控制单元由Ⅳ类升为Ⅱ类；鉴江茂名市江口门控制单元等 4 个单元由Ⅳ类升为Ⅲ类；东莞运河东莞市樟村控制单元

等2个单元由Ⅴ类升为Ⅳ类；小东江茂名市石碧控制单元由劣Ⅴ类升为Ⅳ类；深圳河深圳市河口控制单元等5个单元由劣Ⅴ类升为Ⅴ类；杞麓湖玉溪市控制单元化学需氧量浓度下降；星云湖玉溪市控制单元总磷浓度下降。
（八）浙闽片河流（25个）。
浦阳江杭州市控制单元等13个单元由Ⅳ类升为Ⅲ类；汀溪厦门市控制单元等3个单元由Ⅴ类升为Ⅲ类；南溪漳州市控制单元等5个单元由Ⅴ类升为Ⅳ类；金清港台州市控制单元等4个单元由劣Ⅴ类升为Ⅴ类。
（九）西北诸河（3个）。
博斯腾湖巴音郭楞蒙古自治州控制单元由Ⅳ类升为Ⅲ类；北大河酒泉市控制单元由劣Ⅴ类升为Ⅲ类；克孜河喀什地区控制单元由劣Ⅴ类升为Ⅴ类。
（十）西南诸河（6个）。
黑惠江大理白族自治州控制单元等4个单元由Ⅳ类升为Ⅲ类；异龙湖红河哈尼族彝族自治州控制单元化学需氧量浓度下降；西洱河大理白族自治州控制单元氨氮浓度下降。

实施流域污染综合治理。实施重点流域水污染防治规划。流域上下游各级政府、各部门之间加强协调配合、定期会商，实施联合监测、联合执法、应急联动、信息共享。长江流域强化系统保护，加大水生生物多样性保护力度，强化水上交通、船舶港口污染防治。实施岷江、沱江、乌江、清水江、长江干流宜昌段总磷污染综合治理，有效控制贵州、四川、湖北、云南等总磷污染。太湖坚持综合治理，增强流域生态系统功能，防范蓝藻暴发，确保饮用水安全；巢湖加强氮、磷总量控制，改善入湖河流水质，修复湖滨生态功能；滇池加强氮、磷总量控制，重点防控城市污水和农业面源污染入湖，分区分步开展生态修复，逐步恢复水生态系统。海河流域突出节水和再生水利用，强化跨界水体治理，重点整治城乡黑臭水体，保障白洋淀、衡水湖、永定河生态需水。淮河流域大幅降低造纸、化肥、酿造等行业污染物排放强度，有效控制氨氮污染，持续改善洪河、涡河、颍河、惠济河、包河等支流水质，切实防控突发污染事件。黄河流域重点控制煤化工、石化企业排放，持续改善汾河、涑水河、总排干、大黑河、乌梁素海、湟水河等支流水质，降低中上游水环境风险。松花江流域持续改善阿什河、伊通河等支流水质，重点解决石化、酿造、制药、造纸等行业污染问题，加大水生态保护力度，进一步增加野生鱼类种群数量，加快恢复湿地生态系统。辽河流域大幅降低石化、造纸、化工、农副食品加工等行业污染物排放强度，持续改善浑河、太子河、条子河、招苏台河等支流水质，显著恢复水生态系统，全面恢复湿地生态系统。珠江流域建立健全广东、广西、云南等联合治污防控体系，重点保障东江、西江供水水质安全，改善珠江三角洲地区水生态环境。

优先保护良好水体。实施从水源到水龙头全过程监管，持续提升饮用水安全保障水平。地方各级人民政府及供水单位应定期监测、检测和评估本行政区域内饮用水水源、供水厂出水和用户水龙头水质等饮水安全状况。地级及以上城市每季度向社会公开饮水安全状况信息，县级及以上城市自2018年起每季度向社会公开。开展饮用水水源规范化建设，依法清理饮用水水源保护区内违法建筑和排污口。加强农村饮用水水源保护，实施农村饮水安全巩固提升工程。各省（区、市）应于2017年底前，基本完成乡镇及以上集中式饮用水水源保护区划定，开展定期监测和调查评估。到2020年，地级及以上城市集中式饮用水水源水质达到或优于Ⅲ类比例高于93%。对江河源头及现状水质达到或优于Ⅲ类的江河湖库开展生态环境安全评估，制定实施生态环境保护方案，东江、滦河、千岛湖、南四湖等流域于2017年底前完成。七大重点流域制定实施水生生物多样性保护方案。

推进地下水污染综合防治。定期调查评估集中式地下水型饮用水水源补给区和污染源周边区域环境状况。加强重点工业行业地下水环境监管，采取防控措施有效降低地下水污染风险。公布地下水污染地块清单，管控风险，开展地下水污染修复试点。到2020年，全国地下水污染加剧趋势得到初步遏制，质量极差的地下水比例控制在15%左右。

大力整治城市黑臭水体。建立地级及以上城市建成区黑臭水体等污染严重水体清单，制定整治方案，细化分阶段目标和任务安排，向社会公布年度治理进展和水质改善情况。建立全国城市黑臭水体整治监管平台，公布全国黑臭水体清单，接受公众评议。各城市在当地主流媒体公布黑臭水体清单、整治达标期限、责任人、整治进展及效果；建立长效机制，开展水体日常维护与监管工作。2017年底前，直辖市、省会城市、计划单列市建成区基本消除黑臭水体，其他地级城市实现河面无大面积漂浮物、河岸无垃圾、无违法排污口；到2020年，地级及以上城市建成区黑臭水体比例均控制在10%以内，其他城市力争大幅度消除重度黑臭水体。

改善河口和近岸海域生态环境质量。实施近岸海域污染防治方案，加大渤海、东海等近岸海域污染治理力度。强化直排海污染源和沿海工业园区监管，防控沿海地区陆源溢油污染海洋。开展国际航行船舶压载水及污染物治理。规范入海排污口设置，2017年底前，全面清理非法或设置不合理的入海排污口。到2020年，沿海省（区、市）入海河流基本消除劣V类的水体。实施蓝色海湾综合治理，重点整治黄河口、长江口、闽江口、珠江口、辽东湾、渤海湾、胶州湾、杭州湾、北部湾等河口海湾污染。严格禁渔休渔措施。控制近海养殖密度，推进生态健康养殖，大力开展水生生物增殖放流，加强人工鱼礁和海洋牧场建设。加强海岸带生态保护与修复，实施“南红北柳”湿地修复工程，严格控制生态敏感地区围填海活动。到2020年，全国自然岸线（不包括海岛岸线）保有率不低于35%，整治修复海岸线1000公里。建设一批海洋自然保护区、海洋特别保护区和水产种质资源保护区，实施生态岛礁工程，加强海洋珍稀物种保护。

第三节　分类防治土壤环境污染

推进基础调查和监测网络建设。全面实施《土壤污染防治行动计划》，以农用地和重点行业企业用地为重点，开展土壤污染状况详查，2018年底前查明农用地土壤污染的面积、分布及其对农产品质量的影响，2020年底前掌握重点行业企业用地中的污染地块分布及其环境风险情况。开展电子废物拆解、废旧塑料回收、非正规垃圾填埋场、历史遗留尾矿库等土壤环境问题集中区域风险排查，建立风险管控名录。统一规划、整合优化土壤环境质量监测点位。充分发挥行业监测网作用，支持各地因地制宜补充增加设置监测点位，增加特征污染物监测项目，提高监测频次。2017年底前，完成土壤环境质量国控监测点位设置，建成国家土壤环境质量监测网络，基本形成土壤环境监测能力；到2020年，实现土壤环境质量监测点位所有县（市、区）全覆盖。

实施农用地土壤环境分类管理。按污染程度将农用地划为三个类别，未污染和轻微污染的划为优先保护类，轻度和中度污染的划为安全利用类，重度污染的划为严格管控类，分别采取相应管理措施。各省级人民政府要对本行政区域内优先保护类耕地面积减少或土壤环境质量下降的县（市、区）进行预警提醒并依法采取环评限批等限制性措施。将符合条件的优先保护类耕地划为永久基本农田，实行严格保护，确保其面积不减少、土壤环境质量不下降。根据土壤污染状况和农产品超标情况，安全利用类耕地集中的县（市、区）要结合当地主要作物品种和种植习惯，制定实施受污染耕地安全利用方案，采取农艺调控、替代种植等措施，降低农产品超标风险。加强对严格管控类耕地的用途管理，依法划定特定农产品禁止生产区域，严禁种植食用农产品，继续在湖南长株潭地区开展重金属污染耕地修复及农作物种植结构调整试点。到2020年，重度污染耕地种植结构调整或退耕还林还草面积力争达到2000万亩。

加强建设用地环境风险管控。建立建设用地土壤环境质量强制调查评估制度。构建土壤环境质量状况、污染地块修复与土地再开发利用协同一体的管理与政策体系。自2017年起，对拟收回土地使用权的有色金属冶炼、石油加工、化工、焦化、电镀、制革等行业企业用地，以及用途拟变更为居住和商业、学校、医疗、养老机构等公共设施的上述企业用地，由土地使用权人负责开展土壤环境状况调查评估；已经收回的，由所在地市、县级人民政府负责开展调查评估。将建设用地土壤环境管理要求纳入城市规划和供地管理，土地开发利用必须符合土壤环境质量要求。暂不开发利用或现阶段不具备治理修复条件的污染地块，由所在地县级人民政府组织划定管控区域，设立标志，发布公告，开展土壤、地表水、地下水、空气环境监测。

开展土壤污染治理与修复。针对典型受污染农用地、污染地块，分批实施200个土壤污染治理与修复技术应用试点项目，加快建立健全技术体系。自2017年起，各地要逐步建立污染地块名录及其开发利用的负面清单，合理确定土地用途。京津冀、长三角、珠三角、东北老工业基地地区城市和矿产资源枯竭型城市等污染地块集中分布的城市，要规范、有序开展再开发利用污染地块治理与修复。长江中下游、成都平原、珠江流域等污染耕地集中分布的省（区、市），应于2018年底前编制实施污染耕地治理与修复方案。2017年底前，发布土壤污染治理与修复责任方终身责任追究办法。建立土壤污染治理与修复全过程监管制度，严格修复方案审查，加强修复过程监督和检查，开展修复成效第三方评估。

强化重点区域土壤污染防治。京津冀区域以城市“退二进三”遗留污染地块为重点，严格管控建设用地开发利用土壤环境风险，加大污灌区、设施农业集中区域土壤环境监测和监管。东北地区加大黑土地保护力度，采取秸秆还田、增施有机肥、轮作休耕等措施实施综合治理。珠江三角洲地区以化工、电镀、印染等重污染行业企业遗留污染地块为重点，强化污染地块开发利用环境监管。湘江流域地区以镉、砷等重金属污染为重点，对污染耕地采取农艺调控、种植结构调整、退耕还林还草等措施，严格控制农产品超标风险。西南地区以有色金属、磷矿等矿产资源开发过程导致的环境污染风险防控为重点，强化磷、汞、铅等历史遗留土壤污染治理。在浙江台州、湖北黄石、湖南常德、广东韶关、广西河池、贵州铜仁等6个地区启动土壤污染综合防治先行区建设。

第五章　实施专项治理，全面推进达标排放与污染减排

以污染源达标排放为底线，以骨干性工程推进为抓手，改革完善总量控制制度，推动行业多污染物协同治污减排，加强城乡统筹治理，严格控制增量，大幅度削减污染物存量，降低生态环境压力。

第一节　实施工业污染源全面达标排放计划

工业污染源全面开展自行监测和信息公开。工业企业要建立环境管理台账制度，开展自行监测，如实申报，属于重点排污单位的还要依法履行信息公开义务。实施排污口规范化整治，2018年底前，工业企业要进一步规范排污口设置，编制年度排污状况报告。排污企业全面实行在线监测，地方各级人民政府要完善重点排污单位污染物超标排放和异常报警机制，逐步实现工业污染源排放监测数据统一采集、公开发布，不断加强社会监督，对企业守法承诺履行情况进行监督检查。2019年底前，建立全国工业企业环境监管信息平台。

排查并公布未达标工业污染源名单。各地要加强对工业污染源的监督检查，全面推进“双随机”抽查制度，实施环境信用颜色评价，鼓励探索实施企业超标排放计分量化管理。对污染物排放超标或者重点污染物排放超总量的企业予以“黄牌”警示，限制生产或停产整治；对整治后仍不能达到要求且情节严重的企业予以“红牌”处罚，限期停业、关闭。自2017年起，地方各级人民政府要制定本行政区域工业污染源全面达标排放计划，确定年度工作目标，每季度向社会公布“黄牌”、“红牌”企业名单。环境保护部将加大抽查核查力度，对企业超标现象普遍、超标企业集中地区的地方政府进行通报、挂牌督办。

实施重点行业企业达标排放限期改造。建立分行业污染治理实用技术公开遴选与推广应用机制，发布重点行业污染治理技术。分流域分区域制定实施重点行业限期整治方案，升级改造环保设施，加大检查核查力度，确保稳定达标。以钢铁、水泥、石化、有色金属、玻璃、燃煤锅炉、造纸、印染、化工、焦化、氮肥、农副食品加工、原料药制造、制革、农药、电镀等行业为重点，推进行业达标排放改造。

完善工业园区污水集中处理设施。实行“清污分流、雨污分流”，实现废水分类收集、分质处理，入园企业应在达到国家或地方规定的排放标准后接入集中式污水处理设施处理，园区集中式污水处理设施总排口应安装自动监控系统、视频监控系统，并与环境保护主管部门联网。开展工业园区污水集中处理规范化改造示范。

第二节 深入推进重点污染物减排

改革完善总量控制制度。以提高环境质量为核心，以重大减排工程为主要抓手，上下结合，科学确定总量控制要求，实施差别化管理。优化总量减排核算体系，以省级为主体实施核查核算，推动自主减排管理，鼓励将持续有效改善环境质量的措施纳入减排核算。加强对生态环境保护重大工程的调度，对进度滞后地区及早预警通报，各地减排工程、指标情况要主动向社会公开。总量减排考核服从于环境质量考核，重点审查环境质量未达到标准、减排数据与环境质量变化趋势明显不协调的地区，并根据环境保护督查、日常监督检查和排污许可执行情况，对各省（区、市）自主减排管理情况实施“双随机”抽查。大力推行区域性、行业性总量控制，鼓励各地实施特征性污染物总量控制，并纳入各地国民经济和社会发展规划。

推动治污减排工程建设。各省（区、市）要制定实施造纸、印染等十大重点涉水行业专项治理方案，大幅降低污染物排放强度。电力、钢铁、纺织、造纸、石油石化、化工、食品发酵等高耗水行业达到先进定额标准。以燃煤电厂超低排放改造为重点，对电力、钢铁、建材、石化、有色金属等重点行业，实施综合治理，对二氧化硫、氮氧化物、烟粉尘以及重金属等多污染物实施协同控制。各省（区、市）应于2017年底前制定专项治理方案并向社会公开，对治理不到位的工程项目要公开曝光。制定分行业治污技术政策，培育示范企业和示范工程。

专栏3 推动重点行业治污减排

（一）造纸行业。
力争完成纸浆无元素氯漂白改造或采取其他低污染制浆技术，完善中段水生化处理工艺，增加深度治理工艺，进一步完善中控系统。
（二）印染行业。

实施低排水染整工艺改造及废水综合利用，强化清污分流、分质处理、分质回用，完善中段水生化处理，增加强氧化、膜处理等深度治理工艺。

（三）味精行业。

提高生产废水循环利用水平，分离尾液和离交尾液采用絮凝气浮和蒸发浓缩等措施，外排水采取厌氧—好氧二级生化处理工艺；敏感区域应深度处理。

（四）柠檬酸行业。

采用低浓度废水循环再利用技术，高浓度废水采用喷浆造粒等措施。

（五）氮肥行业。

开展工艺冷凝液水解解析技术改造，实施含氰、含氨废水综合治理。

（六）酒精与啤酒行业。

低浓度废水采用物化—生化工艺，预处理后由园区集中处理。啤酒行业采用就地清洗技术。

（七）制糖行业。

采用无滤布真空吸滤机、高压水清洗、甜菜干法输送及压粕水回收，推进废糖蜜、酒精废醪液发酵还田综合利用，鼓励废水生化处理后回用，敏感区域执行特别排放限值。

（八）淀粉行业。

采用厌氧+好氧生化处理技术，建设污水处理设施在线监测和中控系统。

（九）屠宰行业。

强化外排污水预处理，敏感区域执行特别排放限值，有条件的采用膜生物反应器工艺进行深度处理。

（十）磷化工行业。

实施湿法磷酸净化改造，严禁过磷酸钙、钙镁磷肥新增产能。发展磷炉尾气净化合成有机化工产品，鼓励各种建材或建材添加剂综合利用磷渣、磷石膏。

（十一）煤电行业。

加快推进燃煤电厂超低排放和节能改造。强化露天煤场抑尘措施，有条件的实施封闭改造。

（十二）钢铁行业。

完成干熄焦技术改造，不同类型的废水应分别进行预处理。未纳入淘汰计划的烧结机和球团生产设备全部实施全烟气脱硫，禁止设置脱硫设施烟气旁路；烧结机头、机尾、焦炉、高炉出铁场、转炉烟气除尘等设施实施升级改造，露天原料场实施封闭改造，原料转运设施建设封闭皮带通廊，转运站和落料点配套抽风收尘装置。

（十三）建材行业。

原料破碎、生产、运输、装卸等各环节实施堆场及输送设备全封闭、道路清扫等措施，有效控制无组织排放。水泥窑全部实施烟气脱硝，水泥窑及窑磨一体机进行高效除尘改造；平板玻璃行业推进“煤改气”、“煤改电”，禁止掺烧高硫石油焦等劣质原料，未使用清洁能源的浮法玻璃生产线全部实施烟气脱硫，浮法玻璃生产线全部实施烟气高效除尘、脱硝；建筑卫生陶瓷行业使用清洁燃料，喷雾干燥塔、陶瓷窑炉安装脱硫除尘设施，氮氧化物不能稳定达标排放的喷雾干燥塔采取脱硝措施。
（十四）石化行业。
催化裂化装置实施催化再生烟气治理，对不能稳定达标排放的硫磺回收尾气，提高硫磺回收率或加装脱硫设施。
（十五）有色金属行业。
加强富余烟气收集，对二氧化硫含量大于3.5%的烟气，采取两转两吸制酸等方式回收。低浓度烟气和制酸尾气排放超标的必须进行脱硫。规范冶炼企业废气排放口设置，取消脱硫设施旁路。

控制重点地区重点行业挥发性有机物排放。全面加强石化、有机化工、表面涂装、包装印刷等重点行业挥发性有机物控制。细颗粒物和臭氧污染严重省份实施行业挥发性有机污染物总量控制，制定挥发性有机污染物总量控制目标和实施方案。强化挥发性有机物与氮氧化物的协同减排，建立固定源、移动源、面源排放清单，对芳香烃、烯烃、炔烃、醛类、酮类等挥发性有机物实施重点减排。开展石化行业“泄漏检测与修复”专项行动，对无组织排放开展治理。各地要明确时限，完成加油站、储油库、油罐车油气回收治理，油气回收率提高到90%以上，并加快推进原油成品油码头油气回收治理。涂装行业实施低挥发性有机物含量涂料替代、涂装工艺与设备改进，建设挥发性有机物收集与治理设施。印刷行业全面开展低挥发性有机物含量原辅料替代，改进生产工艺。京津冀及周边地区、长三角地区、珠三角地区，以及成渝、武汉及其周边、辽宁中部、陕西关中、长株潭等城市群全面加强挥发性有机物排放控制。

总磷、总氮超标水域实施流域、区域性总量控制。总磷超标的控制单元以及上游相关地区要实施总磷总量控制，明确控制指标并作为约束性指标，制定水质达标改善方案。重点开展100家磷矿采选和磷化工企业生产工艺及污水处理设施建设改造。大力推广磷铵生产废水回用，促进磷石膏的综合加工利用，确保磷酸生产企业磷回收率达到96%以上。沿海地级及以上城市和汇入富营养化湖库的河流，实施总氮总量控制，开展总氮污染来源解析，明确重点控制区域、领域和行业，制定总氮总量控制方案，并将总氮纳入区域总量控制指标。氮肥、味精等行业提高辅料利用效率，加大资源回收力度。印染等行业降低尿素的使用量或使用尿素替代助剂。造纸等行业加快废水处理设施精细化管理，严格控制营养盐投加量。强化城镇污水处理厂生物除磷、脱氮工艺，实施畜禽养殖业总磷、总氮与化学需氧量、氨氮协同控制。

专栏4 区域性、流域性总量控制地区

（一）挥发性有机物总量控制。
在细颗粒物和臭氧污染较严重的16个省份实施行业挥发性有机物总量控制，包括：北京市、天津市、河北省、辽宁省、上海市、江苏省、浙江省、安徽省、山东省、河南省、湖北省、湖南省、广东省、重庆市、四川省、陕西省等。
（二）总磷总量控制。
总磷超标的控制单元以及上游相关地区实施总磷总量控制，包括：天津市宝坻区，黑龙江省鸡西市，贵州省黔南布依族苗族自治州、黔东南苗族侗族自治州，河南省漯河市、鹤壁市、安阳市、新乡市，湖北省宜昌市、十堰市，湖南省常德市、益阳市、岳阳市，江西省南昌市、九江市，辽宁省抚顺市，四川省宜宾市、泸州市、眉山市、乐山市、成都市、资阳市，云南省玉溪市等。
（三）总氮总量控制。
在56个沿海地级及以上城市或区域实施总氮总量控制，包括：丹东市、大连市、锦州市、营口市、盘锦市、葫芦岛市、秦皇岛市、唐山市、沧州市、天津市、滨州市、东营市、潍坊市、烟台市、威海市、青岛市、日照市、连云港市、盐城市、南通市、上海市、杭州市、宁波市、温州市、嘉兴市、绍兴市、舟山市、台州市、福州市、平潭综合实验区、厦门市、莆田市、宁德市、漳州市、泉州市、广州市、深圳市、珠海市、汕头市、江门市、湛江市、茂名市、惠州市、汕尾市、阳江市、东莞市、中山市、潮州市、揭阳市、北海市、防城港市、钦州市、海口市、三亚市、三沙市和海南省直辖县级行政区等。
在29个富营养化湖库汇水范围内实施总氮总量控制，包括：安徽省巢湖、龙感湖，安徽省、湖北省南漪湖，北京市怀柔水库，天津市于桥水库，河北省白洋淀，吉林省松花湖，内蒙古自治区呼伦湖、乌梁素海，山东省南四湖，江苏省白马湖、高邮湖、洪泽湖、太湖、阳澄湖，浙江省西湖，上海市、江苏省淀山湖，湖南省洞庭湖，广东省高州水库、鹤地水库，四川省鲁班水库、邛海，云南省滇池、杞麓湖、星云湖、异龙湖，宁夏自治区沙湖、香山湖，新疆自治区艾比湖等。

第三节 加强基础设施建设

加快完善城镇污水处理系统。全面加强城镇污水处理及配套管网建设，加大雨污分流、清污混流污水管网改造，优先推进城中村、老旧城区和城乡结合部污水截流、收集、纳管，消除河水倒灌、地下水渗入等现象。到2020年，全国所有县城和重点镇具备污水收集处理能力，城市和县城污水处理率分别达到 95%和

85%左右，地级及以上城市建成区基本实现污水全收集、全处理。提升污水再生利用和污泥处置水平，大力推进污泥稳定化、无害化和资源化处理处置，地级及以上城市污泥无害化处理处置率达到90%，京津冀区域达到95%。控制初期雨水污染，排入自然水体的雨水须经过岸线净化，加快建设和改造沿岸截流干管，控制渗漏和合流制污水溢流污染。因地制宜、一河一策，控源截污、内源污染治理多管齐下，科学整治城市黑臭水体；因地制宜实施城镇污水处理厂升级改造，有条件的应配套建设湿地生态处理系统，加强废水资源化、能源化利用。敏感区域（重点湖泊、重点水库、近岸海域汇水区域）城镇污水处理设施应于2017年底前全面达到一级A排放标准。建成区水体水质达不到地表水Ⅳ类标准的城市，新建城镇污水处理设施要执行一级A排放标准。到2020年，实现缺水城市再生水利用率达到20%以上，京津冀区域达到30%以上。将港口、船舶修造厂环卫设施、污水处理设施纳入城市设施建设规划，提升含油污水、化学品洗舱水、生活污水等的处置能力。实施船舶压载水管理。

实现城镇垃圾处理全覆盖和处置设施稳定达标运行。加快县城垃圾处理设施建设，实现城镇垃圾处理设施全覆盖。提高城市生活垃圾处理减量化、资源化和无害化水平，全国城市生活垃圾无害化处理率达到95%以上，90%以上村庄的生活垃圾得到有效治理。大中型城市重点发展生活垃圾焚烧发电技术，鼓励区域共建共享焚烧处理设施，积极发展生物处理技术，合理统筹填埋处理技术，到2020年，垃圾焚烧处理率达到40%。完善收集储运系统，设市城市全面推广密闭化收运，实现干、湿分类收集转运。加强垃圾渗滤液处理处置、焚烧飞灰处理处置、填埋场甲烷利用和恶臭处理，向社会公开垃圾处置设施污染物排放情况。加快建设城市餐厨废弃物、建筑垃圾和废旧纺织品等资源化利用和无害化处理系统。以大中型城市为重点，建设生活垃圾分类示范城市（区）、生活垃圾存量治理示范项目，大中型城市建设餐厨垃圾处理设施。支持水泥窑协同处置城市生活垃圾。

推进海绵城市建设。转变城市规划建设理念，保护和恢复城市生态。老城区以问题为导向，以解决城市内涝、雨水收集利用、黑臭水体治理为突破口，推进区域整体治理，避免大拆大建。城市新区以目标为导向，优先保护生态环境，合理控制开发强度。综合采取“渗、滞、蓄、净、用、排”等措施，加强海绵型建筑与小区、海绵型道路与广场、海绵型公园和绿地、雨水调蓄与排水防涝设施等建设。大力推进城市排水防涝设施的达标建设，加快改造和消除城市易涝点。到

2020 年，能够将 70%的降雨就地消纳和利用的土地面积达到城市建成区面积的20%以上。加强城镇节水，公共建筑必须采用节水器具，鼓励居民家庭选用节水器具。到 2020 年，地级及以上缺水城市全部达到国家节水型城市标准要求，京津冀、长三角、珠三角等区域提前一年完成。

增加清洁能源供给和使用。优先保障水电和国家“十三五”能源发展相关规划内的风能、太阳能、生物质能等清洁能源项目发电上网，落实可再生能源全额保障性收购政策，到 2020 年，非化石能源装机比重达到 39%。煤炭占能源消费总量的比重降至 58%以下。扩大城市高污染燃料禁燃区范围，提高城市燃气化率，地级及以上城市供热供气管网覆盖的地区禁止使用散煤，京津冀、长三角、珠三角等重点区域、重点城市实施“煤改气”工程，推进北方地区农村散煤替代。加快城市新能源汽车充电设施建设，政府机关、大中型企事业单位带头配套建设，继续实施新能源汽车推广。

大力推进煤炭清洁化利用。加强商品煤质量管理，限制开发和销售高硫、高灰等煤炭资源，发展煤炭洗选加工，到 2020 年，煤炭入洗率提高到 75%以上。大力推进以电代煤、以气代煤和以其他清洁能源代煤，对暂不具备煤炭改清洁燃料条件的地区，积极推进洁净煤替代。建设洁净煤配送中心，建立以县（区）为单位的全密闭配煤中心以及覆盖所有乡镇、村的洁净煤供应网络。加快纯凝（只发电不供热）发电机组供热改造，鼓励热电联产机组替代燃煤小锅炉，推进城市集中供热。到 2017 年，除确有必要保留的外，全国地级及以上城市建成区基本淘汰 10 蒸吨以下燃煤锅炉。

第四节　加快农业农村环境综合治理

继续推进农村环境综合整治。继续深入开展爱国卫生运动，持续推进城乡环境卫生整治行动，建设健康、宜居、美丽家园。深化“以奖促治”政策，以南水北调沿线、三峡库区、长江沿线等重要水源地周边为重点，推进新一轮农村环境连片整治，有条件的省份开展全覆盖拉网式整治。因地制宜开展治理，完善农村生活垃圾“村收集、镇转运、县处理”模式，鼓励就地资源化，加快整治“垃圾围村”、“垃圾围坝”等问题，切实防止城镇垃圾向农村转移。整县推进农村污水处理统一规划、建设、管理。积极推进城镇污水、垃圾处理设施和服务向农村延伸，开展农村厕所无害化改造。继续实施农村清洁工程，开展河道清淤疏浚。到

2020 年，新增完成环境综合整治建制村 13 万个。

大力推进畜禽养殖污染防治。划定禁止建设畜禽规模养殖场（小区）区域，加强分区分类管理，以废弃物资源化利用为途径，整县推进畜禽养殖污染防治。养殖密集区推行粪污集中处理和资源化综合利用。2017 年底前，各地区依法关闭或搬迁禁养区内的畜禽养殖场（小区）和养殖专业户。大力支持畜禽规模养殖场（小区）标准化改造和建设。

打好农业面源污染治理攻坚战。优化调整农业结构和布局，推广资源节约型农业清洁生产技术，推动资源节约型、环境友好型、生态保育型农业发展。建设生态沟渠、污水净化塘、地表径流集蓄池等设施，净化农田排水及地表径流。实施环水有机农业行动计划。推进健康生态养殖。实行测土配方施肥。推进种植业清洁生产，开展农膜回收利用，率先实现东北黑土地大田生产地膜零增长。在环渤海京津冀、长三角、珠三角等重点区域，开展种植业和养殖业重点排放源氨防控研究与示范。研究建立农药使用环境影响后评价制度，制定农药包装废弃物回收处理办法。到 2020 年，实现化肥农药使用量零增长，化肥利用率提高到 40%以上，农膜回收率达到 80%以上；京津冀、长三角、珠三角等区域提前一年完成。

强化秸秆综合利用与禁烧。建立逐级监督落实机制，疏堵结合、以疏为主，完善秸秆收储体系，支持秸秆代木、纤维原料、清洁制浆、生物质能、商品有机肥等新技术产业化发展，加快推进秸秆综合利用；强化重点区域和重点时段秸秆禁烧措施，不断提高禁烧监管水平。

第六章 实行全程管控，有效防范和降低环境风险

提升风险防控基础能力，将风险纳入常态化管理，系统构建事前严防、事中严管、事后处置的全过程、多层级风险防范体系，严密防控重金属、危险废物、有毒有害化学品、核与辐射等重点领域环境风险，强化核与辐射安全监管体系和能力建设，有效控制影响健康的生态和社会环境危险因素，守牢安全底线。

第一节 完善风险防控和应急响应体系

加强风险评估与源头防控。完善企业突发环境事件风险评估制度，推进突发环境事件风险分类分级管理，严格重大突发环境事件风险企业监管。改进危险废物鉴别体系。选择典型区域、工业园区、流域开展试点，进行废水综合毒性评估、

区域突发环境事件风险评估，以此作为行业准入、产业布局与结构调整的基本依据，发布典型区域环境风险评估报告范例。

开展环境与健康调查、监测和风险评估。制定环境与健康工作办法，建立环境与健康调查、监测和风险评估制度，形成配套政策、标准和技术体系。开展重点地区、流域、行业环境与健康调查，初步建立环境健康风险哨点监测工作网络，识别和评估重点地区、流域、行业的环境健康风险，对造成环境健康风险的企业和污染物实施清单管理，研究发布一批利于人体健康的环境基准。

严格环境风险预警管理。强化重污染天气、饮用水水源地、有毒有害气体、核安全等预警工作，开展饮用水水源地水质生物毒性、化工园区有毒有害气体等监测预警试点。

强化突发环境事件应急处置管理。健全国家、省、市、县四级联动的突发环境事件应急管理体系，深入推进跨区域、跨部门的突发环境事件应急协调机制，健全综合应急救援体系，建立社会化应急救援机制。完善突发环境事件现场指挥与协调制度，以及信息报告和公开机制。加强突发环境事件调查、突发环境事件环境影响和损失评估制度建设。

加强风险防控基础能力。构建生产、运输、贮存、处置环节的环境风险监测预警网络，建设“能定位、能查询、能跟踪、能预警、能考核”的危险废物全过程信息化监管体系。建立健全突发环境事件应急指挥决策支持系统，完善环境风险源、敏感目标、环境应急能力及环境应急预案等数据库。加强石化等重点行业以及政府和部门突发环境事件应急预案管理。建设国家环境应急救援实训基地，加强环境应急管理队伍、专家队伍建设，强化环境应急物资储备和信息化建设，增强应急监测能力。推动环境应急装备产业化、社会化，推进环境应急能力标准化建设。

第二节　加大重金属污染防治力度

加强重点行业环境管理。严格控制涉重金属新增产能快速扩张，优化产业布局，继续淘汰涉重金属重点行业落后产能。涉重金属行业分布集中、产业规模大、发展速度快、环境问题突出的地区，制定实施更严格的地方污染物排放标准和环境准入标准，依法关停达标无望、治理整顿后仍不能稳定达标的涉重金属企业。制定电镀、制革、铅蓄电池等行业工业园区综合整治方案，推动园区清洁、规范发展。强化涉重金属工业园区和重点工矿企业的重金属污染物排放及周边环境中的重金属监测，加强环境风险隐患排查，向社会公开涉重金属企业生产排放、环境管理和环境质量等信息。组织开展金属矿采选冶炼、钢铁等典型行业和贵州黔西南布依族苗族自治州等典型地区铊污染排放调查，制定铊污染防治方案。加强进口矿产品中重金属等环保项目质量监管。

深化重点区域分类防控。重金属污染防控重点区域制定实施重金属污染综合防治规划，有效防控环境风险和改善区域环境质量，分区指导、一区一策，实施差别化防控管理，加快湘江等流域、区域突出问题综合整治，“十三五”期间，争取 20 个左右地区退出重点区域。在江苏靖江市、浙江平阳县等 16 个重点区域和江西大余县浮江河流域等 8 个流域开展重金属污染综合整治示范，探索建立区域和流域重金属污染治理与风险防控的技术和管理体系。建立“锰三角”（锰矿开采和生产过程中存在严重环境污染问题的重庆市秀山县、湖南省花垣县、贵州省松桃县三个县）综合防控协调机制，统一制定综合整治规划。优化调整重点区域环境质量监测点位，2018 年底前建成全国重金属环境监测体系。

专栏 5　重金属综合整治示范

（一）区域综合防控（16 个）。

泰州靖江市（电镀行业综合整治）、温州平阳县（产业入园升级与综合整治）、湖州长兴县（铅蓄电池行业综合整治）、济源市（重金属综合治理与环境监测）、黄石大冶市及周边地区（铜冶炼治理与历史遗留污染整治）、湘潭竹埠港及周边地区（历史遗留污染治理）、衡阳水口山及周边地区（行业综合整治提升）、郴州三十六湾及周边地区（历史遗留污染整治和环境风险预警监控）、常德石门县雄黄矿地区（历史遗留砷污染治理与风险防控）、河池金城江区（结构调整与历史遗留污染整治）、重庆秀山县（电解锰行业综合治理）、凉山西昌市（有色行业整治及污染地块治理）、铜仁万山区（汞污染综合整治）、红河个旧市（产业调整与历史遗留污染整治）、渭南潼关县（有色行业综合整治）、金昌市金川区（产业升级与历史遗留综合整治）。

（二）流域综合整治（8 个）。

赣州大余县浮江河流域（砷）、三门峡灵宝市宏农涧河流域（镉、汞）、荆门钟祥市利河—南泉河流域（砷）、韶关大宝山矿区横石水流域（镉）、河池市南丹县刁江流域（砷、镉）、黔南独山县都柳江流域（锑）、怒江兰坪县沘江流域（铅、镉）、陇南徽县永宁河流域（铅、砷）。

加强汞污染控制。禁止新建采用含汞工艺的电石法聚氯乙烯生产项目，到 2020 年聚氯乙烯行业每单位产品用汞量在 2010 年的基础上减少 50%。加强燃煤电厂等重点行业汞污染排放控制。禁止新建原生汞矿，逐步停止原生汞开采。淘汰含汞体温计、血压计等添汞产品。

第三节　提高危险废物处置水平

合理配置危险废物安全处置能力。各省（区、市）应组织开展危险废物产生、利用处置能力和设施运行情况评估，科学规划并实施危险废物集中处置设施建设规划，将危险废物集中处置设施纳入当地公共基础设施统筹建设。鼓励大型石油化工等产业基地配套建设危险废物利用处置设施。鼓励产生量大、种类单一的企业和园区配套建设危险废物收集贮存、预处理和处置设施，引导和规范水泥窑协同处置危险废物。开展典型危险废物集中处置设施累积性环境风险评价与防控，淘汰一批工艺落后、不符合标准规范的设施，提标改造一批设施，规范管理一批设施。

防控危险废物环境风险。动态修订国家危险废物名录，开展全国危险废物普查，2020 年底前，力争基本摸清全国重点行业危险废物产生、贮存、利用和处置状况。以石化和化工行业为重点，打击危险废物非法转移和利用处置违法犯罪活动。加强进口石化和化工产品质量安全监管，打击以原油、燃料油、润滑油等产品名义进口废油等固体废物。继续开展危险废物规范化管理督查考核，以含铬、铅、汞、镉、砷等重金属废物和生活垃圾焚烧飞灰、抗生素菌渣、高毒持久性废物等为重点开展专项整治。制定废铅蓄电池回收管理办法。明确危险废物利用处置二次污染控制要求及综合利用过程环境保护要求，制定综合利用产品中有毒有害物质含量限值，促进危险废物安全利用。

推进医疗废物安全处置。扩大医疗废物集中处置设施服务范围，建立区域医疗废物协同与应急处置机制，因地制宜推进农村、乡镇和偏远地区医疗废物安全处置。实施医疗废物焚烧设施提标改造工程。提高规范化管理水平，严厉打击医疗废物非法买卖等行为，建立医疗废物特许经营退出机制，严格落实医疗废物处置收费政策。

第四节　夯实化学品风险防控基础

评估现有化学品环境和健康风险。开展一批现有化学品危害初步筛查和风险评估，评估化学品在环境中的积累和风险情况。2017 年底前，公布优先控制化学品名录，严格限制高风险化学品生产、使用、进口，并逐步淘汰替代。加强有毒有害化学品环境与健康风险评估能力建设。

削减淘汰公约管制化学品。到2020年，基本淘汰林丹、全氟辛基磺酸及其盐类和全氟辛基磺酰氟、硫丹等一批《关于持久性有机污染物的斯德哥尔摩公约》管制的化学品。强化对拟限制或禁止的持久性有机污染物替代品、最佳可行技术以及相关监测检测设备的研发。

严格控制环境激素类化学品污染。2017年底前，完成环境激素类化学品生产使用情况调查，监控、评估水源地、农产品种植区及水产品集中养殖区风险，实行环境激素类化学品淘汰、限制、替代等措施。

第五节 加强核与辐射安全管理

我国是核能核技术利用大国。"十三五"期间，要强化核安全监管体系和监管能力建设，加快推进核安全法治进程，落实核安全规划，依法从严监管，严防发生放射性污染环境的核事故。

提高核设施、放射源安全水平。持续提高核电厂安全运行水平，加强在建核电机组质量监督，确保新建核电厂满足国际最新核安全标准。加快研究堆、核燃料循环设施安全改进。优化核安全设备许可管理，提高核安全设备质量和可靠性。实施加强放射源安全行动计划。

推进放射性污染防治。加快老旧核设施退役和放射性废物处理处置，进一步提升放射性废物处理处置能力，落实废物最小化政策。推进铀矿冶设施退役治理和环境恢复，加强铀矿冶和伴生放射性矿监督管理。

强化核与辐射安全监管体系和能力建设。加强核与辐射安全监管体制机制建设，将核安全关键技术纳入国家重点研发计划。强化国家、区域、省级核事故应急物资储备和能力建设。建成国家核与辐射安全监管技术研发基地。建立国家核安全监控预警和应急响应平台，完善全国辐射环境监测网络，加强国家、省、地市级核与辐射安全监管能力。

第七章 加大保护力度，强化生态修复

贯彻"山水林田湖是一个生命共同体"理念，坚持保护优先、自然恢复为主，推进重点区域和重要生态系统保护与修复，构建生态廊道和生物多样性保护网络，

全面提升各类生态系统稳定性和生态服务功能，筑牢生态安全屏障。

第一节 维护国家生态安全

系统维护国家生态安全。识别事关国家生态安全的重要区域，以生态安全屏障以及大江大河重要水系为骨架，以国家重点生态功能区为支撑，以国家禁止开发区域为节点，以生态廊道和生物多样性保护网络为脉络，优先加强生态保护，维护国家生态安全。

建设“两屏三带”国家生态安全屏障。建设青藏高原生态安全屏障，推进青藏高原区域生态建设与环境保护，重点保护好多样、独特的生态系统。推进黄土高原—川滇生态安全屏障建设，重点加强水土流失防治和天然植被保护，保障长江、黄河中下游地区生态安全。建设东北森林带生态安全屏障，重点保护好森林资源和生物多样性，维护东北平原生态安全。建设北方防沙带生态安全屏障，重点加强防护林建设、草原保护和防风固沙，对暂不具备治理条件的沙化土地实行封禁保护，保障“三北”地区生态安全。建设南方丘陵山地带生态安全屏障，重点加强植被修复和水土流失防治，保障华南和西南地区生态安全。

构建生物多样性保护网络。深入实施中国生物多样性保护战略与行动计划，继续开展联合国生物多样性十年中国行动，编制实施地方生物多样性保护行动计划。加强生物多样性保护优先区域管理，构建生物多样性保护网络，完善生物多样性迁地保护设施，实现对生物多样性的系统保护。开展生物多样性与生态系统服务价值评估与示范。

第二节 管护重点生态区域

深化国家重点生态功能区保护和管理。制定国家重点生态功能区产业准入负面清单，制定区域限制和禁止发展的产业目录。优化转移支付政策，强化对区域生态功能稳定性和提供生态产品能力的评价和考核。支持甘肃生态安全屏障综合示范区建设，推进沿黄生态经济带建设。加快重点生态功能区生态保护与建设项目实施，加强对开发建设活动的生态监管，保护区域内重点野生动植物资源，明显提升重点生态功能区生态系统服务功能。

优先加强自然保护区建设与管理。优化自然保护区布局，将重要河湖、海洋、草原生态系统及水生生物、自然遗迹、极小种群野生植物和极度濒危野生动物的保护空缺作为新建自然保护区重点，建设自然保护区群和保护小区，全面提高自然保护区管理系统化、精细化、信息化水平。建立全国自然保护区“天地一体化”动态监测体系，利用遥感等手段开展监测，国家级自然保护区每年监测两次，省级自然保护区每年监测一次。定期组织自然保护区专项执法检查，严肃查处违法违规活动，加强问责监督。加强自然保护区综合科学考察、基础调查和管理评估。积极推进全国自然保护区范围界限核准和勘界立标工作，开展自然保护区土地确权和用途管制，有步骤地对居住在自然保护区核心区和缓冲区的居民实施生态移民。到2020年，全国自然保护区陆地面积占我国陆地国土面积的比例稳定在15%左右，国家重点保护野生动植物种类和典型生态系统类型得到保护的占90%以上。

整合设立一批国家公园。加强对国家公园试点的指导，在试点基础上研究制定建立国家公园体制总体方案。合理界定国家公园范围，整合完善分类科学、保护有力的自然保护地体系，更好地保护自然生态和自然文化遗产原真性、完整性。加强风景名胜区、自然文化遗产、森林公园、沙漠公园、地质公园等各类保护地规划、建设和管理的统筹协调，提高保护管理效能。

第三节　保护重要生态系统

保护森林生态系统。完善天然林保护制度，强化天然林保护和抚育，健全和落实天然林管护体系，加强管护基础设施建设，实现管护区域全覆盖，全面停止天然林商业性采伐。继续实施森林管护和培育、公益林建设补助政策。严格保护林地资源，分级分类进行林地用途管制。到2020年，林地保有量达到31230万公顷。

推进森林质量精准提升。坚持保护优先、自然恢复为主，坚持数量和质量并重、质量优先，坚持封山育林、人工造林并举，宜封则封、宜造则造，宜林则林、宜灌则灌、宜草则草，强化森林经营，大力培育混交林，推进退化林修复，优化森林组成、结构和功能。到2020年，混交林占比达到45%，单位面积森林蓄积量达到95立方米/公顷，森林植被碳储量达到95亿吨。

保护草原生态系统。稳定和完善草原承包经营制度，实行基本草原保护制度，落实草畜平衡、禁牧休牧和划区轮牧等制度。严格草原用途管制，加强草原管护员队伍建设，严厉打击非法征占用草原、开垦草原、乱采滥挖草原野生植物等破坏草原的违法犯罪行为。开展草原资源调查和统计，建立草原生产、生态监测预警系统。加强“三化”草原治理，防治鼠虫草害。到2020年，治理“三化”草原3000万公顷。

保护湿地生态系统。开展湿地生态效益补偿试点、退耕还湿试点。在国际和国家重要湿地、湿地自然保护区、国家湿地公园，实施湿地保护与修复工程，逐步恢复湿地生态功能，扩大湿地面积。提升湿地保护与管理能力。

第四节　提升生态系统功能

大规模绿化国土。开展大规模国土绿化行动，加强农田林网建设，建设配置合理、结构稳定、功能完善的城乡绿地，形成沿海、沿江、沿线、沿边、沿湖（库）、沿岛的国土绿化网格，促进山脉、平原、河湖、城市、乡村绿化协同。

继续实施新一轮退耕还林还草和退牧还草。扩大新一轮退耕还林还草范围和规模，在具备条件的25度以上坡耕地、严重沙化耕地和重要水源地15—25度坡耕地实施退耕还林还草。实施全国退牧还草工程建设规划，稳定扩大退牧还草范围，转变草原畜牧业生产方式，建设草原保护基础设施，保护和改善天然草原生态。

建设防护林体系。加强“三北”、长江、珠江、太行山、沿海等防护林体系建设。“三北”地区乔灌草相结合，突出重点、规模治理、整体推进。长江流域推进退化林修复，提高森林质量，构建“两湖一库”防护林体系。珠江流域推进退化林修复。太行山脉优化林分结构。沿海地区推进海岸基干林带和消浪林建设，修复退化林，完善沿海防护林体系和防灾减灾体系。在粮食主产区营造农田林网，加强村镇绿化，提高平原农区防护林体系综合功能。

建设储备林。在水土光热条件较好的南方省区和其他适宜地区，吸引社会资本参与储备林投资、运营和管理，加快推进储备林建设。在东北、内蒙古等重点国有林区，采取人工林集约栽培、现有林改培、抚育及补植补造等措施，建设以用材林和珍贵树种培育为主体的储备林基地。到2020年，建设储备林1400万公顷，每年新增木材供应能力9500万立方米以上。

培育国土绿化新机制。继续坚持全国动员、全民动手、全社会搞绿化的指导方针，鼓励家庭林场、林业专业合作组织、企业、社会组织、个人开展专业化规模化造林绿化。发挥国有林区和林场在绿化国土中的带动作用，开展多种形式的场外合作造林和森林保育经营，鼓励国有林场担负区域国土绿化和生态修复主体任务。创新产权模式，鼓励地方探索在重要生态区域通过赎买、置换等方式调整商品林为公益林的政策。

第五节 修复生态退化地区

综合治理水土流失。加强长江中上游、黄河中上游、西南岩溶区、东北黑土区等重点区域水土保持工程建设，加强黄土高原地区沟壑区固沟保塬工作，推进东北黑土区侵蚀沟治理，加快南方丘陵地带崩岗治理，积极开展生态清洁小流域建设。

推进荒漠化石漠化治理。加快实施全国防沙治沙规划，开展固沙治沙，加大对主要风沙源区、风沙口、沙尘路径区、沙化扩展活跃区等治理力度，加强“一带一路”沿线防沙治沙，推进沙化土地封禁保护区和防沙治沙综合示范区建设。继续实施京津风沙源治理二期工程，进一步遏制沙尘危害。以“一片两江”（滇桂黔石漠化片区和长江、珠江）岩溶地区为重点，开展石漠化综合治理。到 2020 年，努力建成 10 个百万亩、100 个十万亩、1000 个万亩防沙治沙基地。

加强矿山地质环境保护与生态恢复。严格实施矿产资源开发环境影响评价，建设绿色矿山。加大矿山植被恢复和地质环境综合治理，开展病危险尾矿库和“头顶库”（1 公里内有居民或重要设施的尾矿库）专项整治，强化历史遗留矿山地质环境恢复和综合治理。推广实施尾矿库充填开采等技术，建设一批“无尾矿山”（通过有效手段实现无尾矿或仅有少量尾矿占地堆存的矿山），推进工矿废弃地修复利用。

第六节 扩大生态产品供给

推进绿色产业建设。加强林业资源基地建设，加快产业转型升级，促进产业高端化、品牌化、特色化、定制化，满足人民群众对优质绿色产品的需求。建设一批具有影响力的花卉苗木示范基地，发展一批增收带动能力强的木本粮油、特色经济林、林下经济、林业生物产业、沙产业、野生动物驯养繁殖利用示范基地。加快发展和提升森林旅游休闲康养、湿地度假、沙漠探秘、野生动物观赏等产业，加快林产工业、林业装备制造业技术改造和创新，打造一批竞争力强、特色鲜明的产业集群和示范园区，建立绿色产业和全国重点林产品市场监测预警体系。

构建生态公共服务网络。加大自然保护地、生态体验地的公共服务设施建设力度，开发和提供优质的生态教育、游憩休闲、健康养生养老等生态服务产品。加快建设生态标志系统、绿道网络、环卫、安全等公共服务设施，精心设计打造以森林、湿地、沙漠、野生动植物栖息地、花卉苗木为景观依托的生态体验精品旅游线路，集中建设一批公共营地、生态驿站，提高生态体验产品档次和服务水平。

加强风景名胜区和世界遗产保护与管理。开展风景名胜区资源普查，稳步做好世界自然遗产、自然与文化双遗产培育与申报。强化风景名胜区和世界遗产的管理，实施遥感动态监测，严格控制利用方式和强度。加大保护投入，加强风景名胜区保护利用设施建设。

维护修复城市自然生态系统。提高城市生物多样性，加强城市绿地保护，完善城市绿线管理。优化城市绿地布局，建设绿道绿廊，使城市森林、绿地、水系、河湖、耕地形成完整的生态网络。扩大绿地、水域等生态空间，合理规划建设各类城市绿地，推广立体绿化、屋顶绿化。开展城市山体、水体、废弃地、绿地修复，通过自然恢复和人工修复相结合的措施，实施城市生态修复示范工程项目。加强城市周边和城市群绿化，实施“退工还林”，成片建设城市森林。大力提高建成区绿化覆盖率，加快老旧公园改造，提升公园绿地服务功能。推行生态绿化方式，广植当地树种，乔灌草合理搭配、自然生长。加强古树名木保护，严禁移植天然大树进城。发展森林城市、园林城市、森林小镇。到2020年，城市人均公园绿地面积达到14.6平方米，城市建成区绿地率达到38.9%。

第七节　保护生物多样性

开展生物多样性本底调查和观测。实施生物多样性保护重大工程，以生物多样性保护优先区域为重点，开展生态系统、物种、遗传资源及相关传统知识调查与评估，建立全国生物多样性数据库和信息平台。到2020年，基本摸清生物多样性保护优先区域本底状况。完善生物多样性观测体系，开展生物多样性综合观测站和观测样区建设。对重要生物类群和生态系统、国家重点保护物种及其栖息地开展常态化观测、监测、评价和预警。

实施濒危野生动植物抢救性保护。保护、修复和扩大珍稀濒危野生动植物栖息地、原生境保护区（点），优先实施重点保护野生动物和极小种群野生植物保护工程，开发濒危物种繁育、恢复和保护技术，加强珍稀濒危野生动植物救护、繁育和野化放归，开展长江经济带及重点流域人工种群野化放归试点示范，科学进行珍稀濒危野生动植物再引入。优化全国野生动物救护网络，完善布局并建设一批野生动物救护繁育中心，建设兰科植物等珍稀濒危植物的人工繁育中心。强化野生动植物及其制品利用监管，开展野生动植物繁育利用及其制品的认证标识。调整修订国家重点保护野生动植物名录。

加强生物遗传资源保护。建立生物遗传资源及相关传统知识获取与惠益分享制度，规范生物遗传资源采集、保存、交换、合作研究和开发利用活动，加强与遗传资源相关传统知识保护。开展生物遗传资源价值评估，加强对生物资源的发掘、整理、检测、培育和性状评价，筛选优良生物遗传基因。强化野生动植物基因保护，建设野生动植物人工种群保育基地和基因库。完善西南部生物遗传资源库，新建中东部生物遗传资源库，收集保存国家特有、珍稀濒危及具有重要价值的生物遗传资源。建设药用植物资源、农作物种质资源、野生花卉种质资源、林木种质资源中长期保存库（圃），合理规划和建设植物园、动物园、野生动物繁育中心。

强化野生动植物进出口管理。加强生物遗传资源、野生动植物及其制品进出口管理，建立部门信息共享、联防联控的工作机制，建立和完善进出口电子信息网络系统。严厉打击象牙等野生动植物制品非法交易，构建情报信息分析研究和共享平台，组建打击非法交易犯罪合作机制，严控特有、珍稀、濒危野生动植物种质资源流失。

防范生物安全风险。加强对野生动植物疫病的防护。建立健全国家生态安全动态监测预警体系，定期对生态风险开展全面调查评估。加强转基因生物环境释放监管，开展转基因生物环境释放风险评价和跟踪监测。建设国门生物安全保护网，完善国门生物安全查验机制，严格外来物种引入管理。严防严控外来有害生物物种入侵，开展外来入侵物种普查、监测与生态影响评价，对造成重大生态危害的外来入侵物种开展治理和清除。

第八章　加快制度创新，积极推进治理体系和治理能力现代化

统筹推进生态环境治理体系建设，以环保督察巡视、编制自然资源资产负债表、领导干部自然资源资产离任审计、生态环境损害责任追究等落实地方环境保护责任，以环境司法、排污许可、损害赔偿等落实企业主体责任，加强信息公开，

推进公益诉讼，强化绿色金融等市场激励机制，形成政府、企业、公众共治的治理体系。

第一节 健全法治体系

完善法律法规。积极推进资源环境类法律法规制修订。适时完善水污染防治、环境噪声污染防治、土壤污染防治、生态保护补偿、自然保护区等相关制度。

严格环境执法监督。完善环境执法监督机制，推进联合执法、区域执法、交叉执法，强化执法监督和责任追究。进一步明确环境执法部门行政调查、行政处罚、行政强制等职责，有序整合不同领域、不同部门、不同层次的执法监督力量，推动环境执法力量向基层延伸。

推进环境司法。健全行政执法和环境司法的衔接机制，完善程序衔接、案件移送、申请强制执行等方面规定，加强环保部门与公安机关、人民检察院和人民法院的沟通协调。健全环境案件审理制度。积极配合司法机关做好相关司法解释的制修订工作。

第二节 完善市场机制

推行排污权交易制度。建立健全排污权初始分配和交易制度，落实排污权有偿使用制度，推进排污权有偿使用和交易试点，加强排污权交易平台建设。鼓励新建项目污染物排放指标通过交易方式取得，且不得增加本地区污染物排放总量。推行用能预算管理制度，开展用能权有偿使用和交易试点。

发挥财政税收政策引导作用。开征环境保护税。全面推进资源税改革，逐步将资源税扩展到占用各种自然生态空间范畴。落实环境保护、生态建设、新能源开发利用的税收优惠政策。研究制定重点危险废物集中处置设施、场所的退役费用预提政策。

深化资源环境价格改革。完善资源环境价格机制，全面反映市场供求、资源稀缺程度、生态环境损害成本和修复效益等因素。落实调整污水处理费和水资源费征收标准政策，提高垃圾处理费收缴率，完善再生水价格机制。研究完善燃煤电厂环保电价政策，加大高耗能、高耗水、高污染行业差别化电价水价等政策实施力度。

加快环境治理市场主体培育。探索环境治理项目与经营开发项目组合开发模式，健全社会资本投资环境治理回报机制。深化环境服务试点，创新区域环境治理一体化、环保“互联网+”、环保物联网等污染治理与管理模式，鼓励各类投资进入环保市场。废止各类妨碍形成全国统一市场和公平竞争的制度规定，加强环境治理市场信用体系建设，规范市场环境。鼓励推行环境治理依效付费与环境绩效合同服务。

建立绿色金融体系。建立绿色评级体系以及公益性的环境成本核算和影响评估体系，明确贷款人尽职免责要求和环境保护法律责任。鼓励各类金融机构加大绿色信贷发放力度。在环境高风险领域建立环境污染强制责任保险制度。研究设立绿色股票指数和发展相关投资产品。鼓励银行和企业发行绿色债券，鼓励对绿色信贷资产实行证券化。加大风险补偿力度，支持开展排污权、收费权、购买服务协议抵押等担保贷款业务。支持设立市场化运作的各类绿色发展基金。

加快建立多元化生态保护补偿机制。加大对重点生态功能区的转移支付力度，合理提高补偿标准，向生态敏感和脆弱地区、流域倾斜，推进有关转移支付分配与生态保护成效挂钩，探索资金、政策、产业及技术等多元互补方式。完善补偿范围，逐步实现森林、草原、湿地、荒漠、河流、海洋和耕地等重点领域和禁止开发区域、重点生态功能区等重要区域全覆盖。中央财政支持引导建立跨省域的生态受益地区和保护地区、流域上游与下游的横向补偿机制，推进省级区域内横向补偿。在长江、黄河等重要河流探索开展横向生态保护补偿试点。深入推进南水北调中线工程水源区对口支援、新安江水环境生态补偿试点，推动在京津冀水源涵养区、广西广东九洲江、福建广东汀江—韩江、江西广东东江、云南贵州广西广东西江等开展跨地区生态保护补偿试点。到2017年，建立京津冀区域生态保护补偿机制，将北京、天津支持河北开展生态建设与环境保护制度化。

第三节　落实地方责任

落实政府生态环境保护责任。建立健全职责明晰、分工合理的环境保护责任体系，加强监督检查，推动落实环境保护党政同责、一岗双责。省级人民政府对本行政区域生态环境和资源保护负总责，对区域流域生态环保负相应责任，统筹推进区域环境基本公共服务均等化，市级人民政府强化统筹和综合管理职责，区县人民政府负责执行落实。

改革生态环境保护体制机制。积极推行省以下环保机构监测监察执法垂直管理制度改革试点，加强对地方政府及其相关部门环保履责情况的监督检查。建立区域流域联防联控和城乡协同的治理模式。建立和完善严格监管所有污染物排放的环境保护管理制度。

推进战略和规划环评。在完成京津冀、长三角、珠三角地区及长江经济带、“一带一路”战略环评基础上，稳步推进省、市两级行政区战略环评。探索开展重大政策环境影响论证试点。严格开展开发建设规划环评，作为规划编制、审批、实施的重要依据。深入开展城市、新区总体规划环评，强化规划环评生态空间保护，完善规划环评会商机制。以产业园区规划环评为重点，推进空间和环境准入的清单管理，探索园区内建设项目环评审批管理改革。加强项目环评与规划环评联动，建设四级环保部门环评审批信息联网系统。地方政府和有关部门要依据战略、规划环评，把空间管制、总量管控和环境准入等要求转化为区域开发和保护的刚性约束。严格规划环评责任追究，加强对地方政府和有关部门规划环评工作开展情况的监督。

编制自然资源资产负债表。探索编制自然资源资产负债表，建立实物量核算账户，建立生态环境价值评估制度，开展生态环境资产清查与核算。实行领导干部自然资源资产离任审计，推动地方领导干部落实自然资源资产管理责任。在完成编制自然资源资产负债表试点基础上，逐步建立健全自然资源资产负债表编制制度，在国家层面探索形成主要自然资源资产价值量核算技术方法。

建立资源环境承载能力监测预警机制。研究制定监测评价、预警指标体系和技术方法，开展资源环境承载能力监测预警与成因解析，对资源消耗和环境容量接近或超过承载能力的地区实行预警提醒和差异化的限制性措施，严格约束开发活动在资源环境承载能力范围内。各省（区、市）应组织开展市、县域资源环境承载能力现状评价，超过承载能力的地区要调整发展规划和产业结构。

实施生态文明绩效评价考核。贯彻落实生态文明建设目标评价考核办法，建立体现生态文明要求的目标体系、考核办法、奖惩机制，把资源消耗、环境损害、生态效益纳入地方各级政府经济社会发展评价体系，对不同区域主体功能定位实行差异化绩效评价考核。

开展环境保护督察。推动地方落实生态环保主体责任，开展环境保护督察，重点检查环境质量呈现恶化趋势的区域流域及整治情况，重点督察地方党委和政府及其有关部门环保不作为、乱作为的情况，重点了解地方落实环境保护党政同责、一岗双责以及严格责任追究等情况，推动地方生态文明建设和环境保护工作，促进绿色发展。

建立生态环境损害责任终身追究制。建立重大决策终身责任追究及责任倒查机制，对在生态环境和资源方面造成严重破坏负有责任的干部不得提拔使用或者转任重要职务，对构成犯罪的依法追究刑事责任。实行领导干部自然资源资产离任审计，对领导干部离任后出现重大生态环境损害并认定其应承担责任的，实行终身追责。

第四节　加强企业监管

建立覆盖所有固定污染源的企业排放许可制度。全面推行排污许可，以改善环境质量、防范环境风险为目标，将污染物排放种类、浓度、总量、排放去向等纳入许可证管理范围，企业按排污许可证规定生产、排污。完善污染治理责任体系，环境保护部门对照排污许可证要求对企业排污行为实施监管执法。2017 年底前，完成重点行业及产能过剩行业企业许可证核发，建成全国排污许可管理信息平台。到 2020 年，全国基本完成排污许可管理名录规定行业企业的许可证核发。

激励和约束企业主动落实环保责任。建立企业环境信用评价和违法排污黑名单制度，企业环境违法信息将记入社会诚信档案，向社会公开。建立上市公司环保信息强制性披露机制，对未尽披露义务的上市公司依法予以处罚。实施能效和环保“领跑者”制度，采取财税优惠、荣誉表彰等措施激励企业实现更高标准的环保目标。到 2020 年，分级建立企业环境信用评价体系，将企业环境信用信息纳入全国信用信息共享平台，建立守信激励与失信惩戒机制。

建立健全生态环境损害评估和赔偿制度。推进生态环境损害鉴定评估规范化管理，完善鉴定评估技术方法。2017 年底前，完成生态环境损害赔偿制度改革试点；自 2018 年起，在全国试行生态环境损害赔偿制度；到 2020 年，力争在全国范围内初步建立生态环境损害赔偿制度。

第五节　实施全民行动

提高全社会生态环境保护意识。加大生态环境保护宣传教育，组织环保公益活动，开发生态文化产品，全面提升全社会生态环境保护意识。地方各级人民政府、教育主管部门和新闻媒体要依法履行环境保护宣传教育责任，把环境保护和生态文明建设作为践行社会主义核心价值观的重要内容，实施全民环境保护宣传教育行动计划。引导抵制和谴责过度消费、奢侈消费、浪费资源能源等行为，倡导勤俭节约、绿色低碳的社会风尚。鼓励生态文化作品创作，丰富环境保护宣传产品，开展环境保护公益宣传活动。建设国家生态环境教育平台，引导公众践行绿色简约生活和低碳休闲模式。小学、中学、高等学校、职业学校、培训机构等要将生态文明教育纳入教学内容。

推动绿色消费。强化绿色消费意识，提高公众环境行为自律意识，加快衣食住行向绿色消费转变。实施全民节能行动计划，实行居民水、电、气阶梯价格制度，推广节水、节能用品和绿色环保家具、建材等。实施绿色建筑行动计划，完善绿色建筑标准及认证体系，扩大强制执行范围，京津冀地区城镇新建建筑中绿色建筑达到50%以上。强化政府绿色采购制度，制定绿色产品采购目录，倡导非政府机构、企业实行绿色采购。鼓励绿色出行，改善步行、自行车出行条件，完善城市公共交通服务体系。到2020年，城区常驻人口300万以上城市建成区公共交通占机动化出行比例达到60%。

强化信息公开。建立生态环境监测信息统一发布机制。全面推进大气、水、土壤等生态环境信息公开，推进监管部门生态环境信息、排污单位环境信息以及建设项目环境影响评价信息公开。各地要建立统一的信息公开平台，健全反馈机制。建立健全环境保护新闻发言人制度。

加强社会监督。建立公众参与环境管理决策的有效渠道和合理机制，鼓励公众对政府环保工作、企业排污行为进行监督。在建设项目立项、实施、后评价等环节，建立沟通协商平台，听取公众意见和建议，保障公众环境知情权、参与权、监督权和表达权。引导新闻媒体，加强舆论监督，充分利用“12369”环保热线和环保微信举报平台。研究推进环境典型案例指导示范制度，推动司法机关强化公民环境诉权的保障，细化环境公益诉讼的法律程序，加强对环境公益诉讼的技术支持，完善环境公益诉讼制度。

第六节　提升治理能力

加强生态环境监测网络建设。统一规划、优化环境质量监测点位，建设涵盖大气、水、土壤、噪声、辐射等要素，布局合理、功能完善的全国环境质量监测网络，实现生态环境监测信息集成共享。大气、地表水环境质量监测点位总体覆盖 80%左右的区县，人口密集的区县实现全覆盖，土壤环境质量监测点位实现全覆盖。提高大气环境质量预报和污染预警水平，强化污染源追踪与解析，地级及以上城市开展大气环境质量预报。建设国家水质监测预警平台。加强饮用水水源和土壤中持久性、生物富集性以及对人体健康危害大的污染物监测。加强重点流域城镇集中式饮用水水源水质、水体放射性监测和预警。建立天地一体化的生态遥感监测系统，实现环境卫星组网运行，加强无人机遥感监测和地面生态监测。构建生物多样性观测网络。

专栏 6　全国生态环境监测网络建设

（一）稳步推进环境质量监测事权上收。
对 1436 个城市大气环境质量自动监测站、96 个区域站和 16 个背景站，2767 个国控地表水监测断面、419 个近岸海域水环境质量监测点和 300 个水质自动监测站，40000 个土壤环境国家监控点位，承担管理职责，保障运行经费，采取第三方监测服务、委托地方运维管理、直接监测等方式运行，推动环境监测数据联网共享与统一发布。
（二）加快建设生态监测网络。
建立天地一体化的生态遥感监测系统，建立生态功能地面监测站点，加强无人机遥感监测，对重要生态系统服务功能开展统一监测、统一信息公布。建设全国生态保护红线监管平台，建立一批相对固定的生态保护红线监管地面核查点。建立生物多样性观测网络体系，开展重要生态系统和生物类群的常态化监测与观测。新建大气辐射自动监测站 400 个、土壤辐射监测点 163 个、饮用水水源地辐射监测点 330 个。建设森林监测站 228 个、湿地监测站 85 个、荒漠监测站 108 个、生物多样性监测站 300 个。

加强环境监管执法能力建设。实现环境监管网格化管理，优化配置监管力量，推动环境监管服务向农村地区延伸。完善环境监管执法人员选拔、培训、考核等制度，充实一线执法队伍，保障执法装备，加强现场执法取证能力，加强环境监管执法队伍职业化建设。实施全国环保系统人才双向交流计划，加强中西部地区环境监管执法队伍建设。到 2020 年，基本实现各级环境监管执法人员资格培训及持证上岗全覆盖，全国县级环境执法机构装备基本满足需求。

加强生态环保信息系统建设。组织开展第二次全国污染源普查，建立完善全国污染源基本单位名录。加强环境统计能力，将小微企业纳入环境统计范围，梳理污染物排放数据，逐步实现各套数据的整合和归真。建立典型生态区基础数据库和信息管理系统。建设和完善全国统一、覆盖全面的实时在线环境监测监控系统。加快生态环境大数据平台建设，实现生态环境质量、污染源排放、环境执法、环评管理、自然生态、核与辐射等数据整合集成、动态更新，建立信息公开和共享平台，启动生态环境大数据建设试点。提高智慧环境管理技术水平，重点提升环境污染治理工艺自动化、智能化技术水平，建立环保数据共享与产品服务业务体系。

专栏7 加强生态环境基础调查

加大基础调查力度，重点开展第二次全国污染源普查、全国危险废物普查、集中式饮用水水源环境保护状况调查、农村集中式饮用水水源环境保护状况调查、地下水污染调查、土壤污染状况详查、环境激素类化学品调查、生物多样性综合调查、外来入侵物种调查、重点区域河流湖泊底泥调查、国家级自然保护区资源环境本底调查、公民生活方式绿色化实践调查。开展全国生态状况变化（2011—2015年）调查评估、生态风险调查评估、地下水基础环境状况调查评估、公众生态文明意识调查评估、长江流域生态健康调查评估、环境健康调查、监测和风险评估等。

第九章 实施一批国家生态环境保护重大工程

“十三五”期间，国家组织实施工业污染源全面达标排放等25项重点工程，建立重大项目库，强化项目绩效管理。项目投入以企业和地方政府为主，中央财政予以适当支持。

专栏8 环境治理保护重点工程

（一）工业污染源全面达标排放。 限期改造50万蒸吨燃煤锅炉、工业园区污水处理设施。全国地级及以上城市建成区基本淘汰10蒸吨以下燃煤锅炉，完成燃煤锅炉脱硫脱硝除尘改造、钢铁行业烧结机脱硫改造、水泥行业脱硝改造。对钢铁、水泥、平板玻璃、造纸、印染、氮肥、制糖等行业中不能稳定达标的企业逐一进行改造。限期改造工业园区污水处理设施。 （二）大气污染重点区域气化。 建设完善京津冀、长三角、珠三角和东北地区天然气输送管道、城市燃气管网、天然气储气库、城市调峰站储气罐等基础设施，推进重点城市“煤改气”工程，替代燃煤锅炉18.9万蒸吨。 （三）燃煤电厂超低排放改造。 完成4.2亿千瓦机组超低排放改造任务，实施1.1亿千瓦机组达标改造，限期淘汰2000万千瓦落后产能和不符合相关强制性标准要求的机组。

（四）挥发性有机物综合整治。

开展石化企业挥发性有机物治理，实施有机化工园区、医药化工园区及煤化工基地挥发性有机物综合整治，推进加油站、油罐车、储油库油气回收及综合治理。推动工业涂装和包装印刷行业挥发性有机物综合整治。

（五）良好水体及地下水环境保护。

对江河源头及378个水质达到或优于Ⅲ类的江河湖库实施严格保护。实施重要江河湖库入河排污口整治工程。完成重要饮用水水源地达标建设，推进备用水源建设、水源涵养和生态修复，探索建设生物缓冲带。加强地下水保护，对报废矿井、钻井、取水井实施封井回填，开展京津冀晋等区域地下水修复试点。

（六）重点流域海域水环境治理。

针对七大流域及近岸海域水环境突出问题，以580个优先控制单元为重点，推进流域水环境保护与综合治理，统筹点源、面源污染防治和河湖生态修复，分类施策，实施流域水环境综合治理工程，加大整治力度，切实改善重点流域海域水环境质量。实施太湖、洞庭湖、滇池、巢湖、鄱阳湖、白洋淀、乌梁素海、呼伦湖、艾比湖等重点湖库水污染综合治理。开展长江中下游、珠三角等河湖内源治理。

（七）城镇生活污水处理设施全覆盖。

以城市黑臭水体整治和343个水质需改善控制单元为重点，强化污水收集处理与重污染水体治理。加强城市、县城和重点镇污水处理设施建设，加快收集管网建设，对污水处理厂升级改造，全面达到一级A排放标准。推进再生水回用，强化污泥处理处置，提升污泥无害化处理能力。

（八）农村环境综合整治。

实施农村生活垃圾治理专项行动，推进13万个行政村环境综合整治，实施农业废弃物资源化利用示范工程，建设污水垃圾收集处理利用设施，梯次推进农村生活污水治理，实现90%的行政村生活垃圾得到治理。实施畜禽养殖废弃物污染治理与资源化利用，开展畜禽规模养殖场（小区）污染综合治理，实现75%以上的畜禽养殖场（小区）配套建设固体废物和污水贮存处理设施。

（九）土壤环境治理。

组织开展土壤污染详查，开发土壤环境质量风险识别系统。完成100个农用地和100个建设用地污染治理试点。建设6个土壤污染综合防治先行区。开展1000万亩受污染耕地治理修复和4000万亩受污染耕地风险管控。组织开展化工企业搬迁后污染状况详查，制定综合整治方案，开展治理与修复工程示范，对暂不开发利用的高风险污染地块实施风险管控。全面整治历史遗留尾矿库。实施高风险历史遗留重金属污染地块、河道、废渣污染修复治理工程，完成31块历史遗留无主铬渣污染地块治理修复。

（十）重点领域环境风险防范。

开展生活垃圾焚烧飞灰处理处置，建成区域性废铅蓄电池、废锂电池回收网络。加强有毒有害化学品环境和健康风险评估能力建设，建立化学品危害特性基础数据库，建设国家化学品计算毒理中心和国家化学品测试实验室。建设50个针对大型化工园区、集中饮用水水源地等不同类型风险区域的全过程环境风险管理示范区。建设1个国家环境应急救援实训基地，具备人员实训、物资储备、成果展示、应急救援、后勤保障、科技研发等核心功能，配套建设环境应急演练系统、环境应急模拟训练场以及网络培训平台。建设国家生态环境大数据平台，研制发射系列化的大气环境监测卫星和环境卫星后续星并组网运行。建设全国及重点区域大气环境质量预报预警平台、国家水质监测预警平台、国家生态保护监控平台。加强中西部地区市县两级、东部欠发达地区县级执法机构的调查取证仪器设备配置。

（十一）核与辐射安全保障能力提升。

建成核与辐射安全监管技术研发基地，加快建设早期核设施退役及历史遗留放射性废物处理处置工程，建设5座中低放射性废物处置场和1个高放射性废物处理地下实验室，建设高风险放射源实时监控系统，废旧放射源100%安全收贮。加强国家核事故应急救援队伍建设。

专栏9 山水林田湖生态工程

（一）国家生态安全屏障保护修复。

推进青藏高原、黄土高原、云贵高原、秦巴山脉、祁连山脉、大小兴安岭和长白山、南岭山地地区、京津冀水源涵养区、内蒙古高原、河西走廊、塔里木河流域、滇桂黔喀斯特地区等关系国家生态安全的核心地区生态修复治理。

（二）国土绿化行动。

开展大规模植树增绿活动，集中连片建设森林，加强“三北”、沿海、长江和珠江流域等防护林体系建设，加快建设储备林及用材林基地建设，推进退化防护林修复，建设绿色生态保护空间和连接各生态空间的生态廊道。开展农田防护林建设，开展太行山绿化，开展盐碱地、干热河谷造林试点示范，开展山体生态修复。

（三）国土综合整治。

开展重点流域、海岸带和海岛综合整治，加强矿产资源开发集中地区地质环境治理和生态修复。推进损毁土地、工矿废弃地复垦，修复受自然灾害、大型建设项目破坏的山体、矿山废弃地。加大京杭大运河、黄河明清故道沿线综合治理力度。推进边疆地区国土综合开发、防护和整治。

（四）天然林资源保护。

将天然林和可以培育成为天然林的未成林封育地、疏林地、灌木林地全部划入天然林，对难以自然更新的林地通过人工造林恢复森林植被。

（五）新一轮退耕还林还草和退牧还草。

实施具备条件的25度以上坡耕地、严重沙化耕地和重要水源地15—25度坡耕地退耕还林还草。稳定扩大退牧还草范围，优化建设内容，适当提高中央投资补助标准。实施草原围栏1000万公顷、退化草原改良267万公顷，建设人工饲草地33万公顷、舍饲棚圈（储草棚、青贮窖）30万户、开展岩溶地区草地治理33万公顷、黑土滩治理7万公顷、毒害草治理12万公顷。

（六）防沙治沙和水土流失综合治理。

实施北方防沙带、黄土高原区、东北黑土区、西南岩溶区以及“一带一路”沿线区域等重点区域水土流失综合防治，以及京津风沙源和石漠化综合治理，推进沙化土地封禁保护、坡耕地综合治理、侵蚀沟整治和生态清洁小流域建设。新增水土流失治理面积27万平方公里。

（七）河湖与湿地保护恢复。

加强长江中上游、黄河沿线及贵州草海等自然湿地保护，对功能降低、生物多样性减少的湿地进行综合治理，开展湿地可持续利用示范。加强珍稀濒危水生生物、重要水产种质资源以及产卵场、索饵场、越冬场、洄游通道等重要渔业水域保护。推进京津冀“六河五湖”、湖北“四湖”、钱塘江上游、草海、梁子湖、汾河、滹沱河、红碱淖等重要河湖和湿地生态保护与修复，推进城市河湖生态化治理。

（八）濒危野生动植物抢救性保护。

保护和改善大熊猫、朱鹮、虎、豹、亚洲象、兰科植物、苏铁类、野生稻等珍稀濒危野生动植物栖息地，建设原生境保护区、救护繁育中心和基因库，开展拯救繁育和野化放归。加强野外生存繁衍困难的极小种群、野生植物和极度濒危野生动物拯救。开展珍稀濒危野生动植物种质资源调查、抢救性收集和保存，建设种质资源库（圃）。

（九）生物多样性保护。

开展生物多样性保护优先区域生物多样性调查和评估，建设50个生物多样性综合观测站和800个观测样区，建立生物多样性数据库及生物多样性评估预警平台、生物物种查验鉴定平台，完成国家级自然保护区勘界确权，60%以上国家级自然保护区达到规范化建设要求，加强生态廊道建设，有步骤地实施自然保护区核心区、缓冲区生态移民，完善迁地保护体系，建设国家生物多样性博物馆。开展生物多样性保护、恢复与减贫示范。

（十）外来入侵物种防治行动。

选择50个国家级自然保护区开展典型外来入侵物种防治行动。选择云南、广西和东南沿海省份等外来入侵物种危害严重区域，建立50个外来入侵物种防控和资源化利用示范推广区，建设100个天敌繁育基地、1000公里隔离带。建设300个口岸物种查验点，提升50个重点进境口岸的防范外来物种入侵能力。针对已入侵我国的外来物种进行调查，建立外来入侵物种数据库，构建卫星遥感与地面监测相结合的外来入侵物种监测预警体系。

（十一）森林质量精准提升。

加快推进混交林培育、森林抚育、退化林修复、公益林管护和林木良种培育。精准提升大江大河源头、国有林区（场）和集体林区森林质量。森林抚育4000万公顷，退化林修复900万公顷。

（十二）古树名木保护。

严格保护古树名木树冠覆盖区域、根系分布区域，科学设置标牌和保护围栏，对衰弱、濒危古树名木采取促进生长、增强树势措施，抢救古树名木60万株、复壮300万株。

（十三）城市生态修复和生态产品供给。

对城市规划区范围内自然资源和生态空间进行调查评估，综合识别已被破坏、自我恢复能力差、亟需实施修复的区域，开展城市生态修复试点示范。推进绿道绿廊建设，合理规划建设各类公园绿地，加快老旧公园改造，增加生态产品供给。

（十四）生态环境技术创新。

建设一批生态环境科技创新平台，优先推动建设一批专业化环保高新技术开发区。推进水、大气、土壤、生态、风险、智慧环保等重大研究专项，实施京津冀、长江经济带、"一带一路"、东北老工业基地、湘江流域等区域环境质量提升创新工程，实施青藏高原、黄土高原、北方风沙带、西南岩溶区等生态屏障区保护修复创新工程，实施城市废物安全处置与循环利用创新工程、环境风险治理与清洁替代创新工程、智慧环境创新工程。推进环境保护重点实验室、工程技术中心、科学观测站和决策支撑体系建设。建设澜沧江—湄公河水资源合作中心和环境合作中心、"一带一路"信息共享与决策平台。

第十章　健全规划实施保障措施

第一节　明确任务分工

明确地方目标责任。地方各级人民政府是规划实施的责任主体，要把生态环境保护目标、任务、措施和重点工程纳入本地区国民经济和社会发展规划，制定并公布生态环境保护重点任务和年度目标。各地区对规划实施情况进行信息公开，推动全社会参与和监督，确保各项任务全面完成。

部门协同推进规划任务。有关部门要各负其责，密切配合，完善体制机制，加大资金投入，加大规划实施力度。在大气、水、土壤、重金属、生物多样性等领域建立协作机制，定期研究解决重大问题。环境保护部每年向国务院报告环境保护重点工作进展情况。

第二节　加大投入力度

加大财政资金投入。按照中央与地方事权和支出责任划分的要求，加快建立与环保支出责任相适应的财政管理制度，各级财政应保障同级生态环保重点支出。优化创新环保专项资金使用方式，加大对环境污染第三方治理、政府和社会资本合作模式的支持力度。按照山水林田湖系统治理的要求，整合生态保护修复相关资金。

拓宽资金筹措渠道。完善使用者付费制度，支持经营类环境保护项目。积极推行政府和社会资本合作，探索以资源开发项目、资源综合利用等收益弥补污染防治项目投入和社会资本回报，吸引社会资本参与准公益性和公益性环境保护项目。鼓励社会资本以市场化方式设立环境保护基金。鼓励创业投资企业、股权投资企业和社会捐赠资金增加生态环保投入。

第三节　加强国际合作

参与国际环境治理。积极参与全球环境治理规则构建，深度参与环境国际公约、核安全国际公约和与环境相关的国际贸易投资协定谈判，承担并履行好同发展中大国相适应的国际责任，并做好履约工作。依法规范境外环保组织在华活动。加大宣传力度，对外讲好中国环保故事。根据对外援助统一部署，加大对外援助力度，创新对外援助方式。

提升国际合作水平。建立完善与相关国家、国际组织、研究机构、民间团体的交流合作机制，搭建对话交流平台，促进生态环保理念、管理制度政策、环保产业技术等方面的国际交流合作，全面提升国际化水平。组织开展一批大气、水、土壤、生物多样性等领域的国际合作项目。落实联合国2030年可持续发展议程。加强与世界各国、区域和国际组织在生态环保和核安全领域的对话交流与务实合作。加强南南合作，积极开展生态环保和核安全领域的对外合作。严厉打击化学品非法贸易、固体废物非法越境转移。

第四节　推进试点示范

推进国家生态文明试验区建设。以改善生态环境质量、推动绿色发展为目标，以体制创新、制度供给、模式探索为重点，设立统一规范的国家生态文明试验区。积极推进绿色社区、绿色学校、生态工业园区等“绿色细胞”工程。到2017年，试验区重点改革任务取得重要进展，形成若干可操作、有效管用的生态文明制度成果；到2020年，试验区率先建成较为完善的生态文明制度体系，形成一批可在全国复制推广的重大制度成果。

强化示范引领。深入开展生态文明建设示范区创建，提高创建规范化和制度化水平，注重创建的区域平衡性。加强创建与环保重点工作的协调联动，强化后续监督与管理，开展成效评估和经验总结，宣传推广现有的可复制、可借鉴的创建模式。

深入推进重点政策制度试点示范。开展农村环境保护体制机制综合改革与创新试点。试点划分环境质量达标控制区和未达标控制区，分别按照排放标准和质量约束实施污染源监管和排污许可。推进环境审计、环境损害赔偿、环境服务业和政府购买服务改革试点，强化政策支撑和监管，适时扩大环境污染第三方治理试点地区、行业范围。开展省级生态环境保护综合改革试点。

第五节　严格评估考核

环境保护部要会同有关部门定期对各省（区、市）环境质量改善、重点污染物排放、生态环境保护重大工程进展情况进行调度，结果向社会公开。整合各类生态环境评估考核，在 2018 年、2020 年底，分别对本规划执行情况进行中期评估和终期考核，评估考核结果向国务院报告，向社会公布，并作为对领导班子和领导干部综合考核评价的重要依据。

国务院关于印发“十三五”节能减排综合工作方案的通知

（国发〔2016〕74号）

各省、自治区、直辖市人民政府，国务院各部委、各直属机构：

现将《“十三五”节能减排综合工作方案》印发给你们，请结合本地区、本部门实际，认真贯彻执行。

一、“十二五”节能减排工作取得显著成效。各地区、各部门认真贯彻落实党中央、国务院决策部署，把节能减排作为优化经济结构、推动绿色循环低碳发展、加快生态文明建设的重要抓手和突破口，各项工作积极有序推进。“十二五”时期，全国单位国内生产总值能耗降低18.4%，化学需氧量、二氧化硫、氨氮、氮氧化物等主要污染物排放总量分别减少12.9%、18%、13%和18.6%，超额完成节能减排预定目标任务，为经济结构调整、环境改善、应对全球气候变化作出了重要贡献。

二、充分认识做好“十三五”节能减排工作的重要性和紧迫性。当前，我国经济发展进入新常态，产业结构优化明显加快，能源消费增速放缓，资源性、高耗能、高排放产业发展逐渐衰减。但必须清醒认识到，随着工业化、城镇化进程加快和消费结构持续升级，我国能源需求刚性增长，资源环境问题仍是制约我国经济社会发展的瓶颈之一，节能减排依然形势严峻、任务艰巨。各地区、各部门不能有丝毫放松和懈怠，要进一步把思想和行动统一到党中央、国务院决策部署上来，下更大决心，用更大气力，采取更有效的政策措施，切实将节能减排工作推向深入。

三、坚持政府主导、企业主体、市场驱动、社会参与的工作格局。要切实发挥政府主导作用，综合运用经济、法律、技术和必要的行政手段，着力健全激励约束机制，落实地方各级人民政府对本行政区域节能减排负总责、政府主要领导是第一责任人的工作要求。要进一步明确企业主体责任，严格执行节能环保法律法规和标准，细化和完善管理措施，落实节能减排目标任务。要充分发挥市场机制作用，加大市场化机制推广力度，真正把节能减排转化为企业和各类社会主体的内在要求。要努力增强全体公民的资源节约和环境保护意识，实施全民节能行动，形成全社会共同参与、共同促进节能减排的良好氛围。

四、加强对节能减排工作的组织领导。要严格落实目标责任，国务院每年组织开展省级人民政府节能减排目标责任评价考核，将考核结果作为领导班子和领导干部年度考核、目标责任考核、绩效考核、任职考察、换届考察的重要内容。发挥国家应对气候变化及节能减排工作领导小组的统筹协调作用，国家发展改革委负责承担领导小组的具体工作，切实加强节能减排工作的综合协调，组织推动节能降耗工作；环境保护部主要承担污染减排方面的工作；国务院国资委要切实加强对国有企业节能减排的监督考核工作；国家统计局负责加强能源统计和监测工作；其他各有关部门要切实履行职责，密切协调配合。各省级人民政府要立即部署本地区“十三五”节能减排工作，进一步明确相关部门责任、分工和进度要求。

各地区、各部门和中央企业要按照本通知的要求，结合实际抓紧制定具体实施方案，明确目标责任，狠抓贯彻落实，强化考核问责，确保实现“十三五”节能减排目标。

国务院

2016 年 12 月 20 日

“十三五”节能减排综合工作方案

一、总体要求和目标

（一）总体要求。全面贯彻党的十八大和十八届三中、四中、五中、六中全会精神，深入贯彻习近平总书记系列重要讲话精神，认真落实党中央、国务院决策部署，紧紧围绕“五位一体”总体布局和“四个全面”战略布局，牢固树立创新、协调、绿色、开放、共享的发展理念，落实节约资源和保护环境基本国策，以提高能源利用效率和改善生态环境质量为目标，以推进供给侧结构性改革和实施创新驱动发展战略为动力，坚持政府主导、企业主体、市场驱动、社会参与，加快建设资源节约型、环境友好型社会，确保完成“十三五”节能减排约束性目标，保障人民群众健康和经济社会可持续发展，促进经济转型升级，实现经济发展与环境改善双赢，为建设生态文明提供有力支撑。

（二）主要目标。到2020年，全国万元国内生产总值能耗比2015年下降15%，能源消费总量控制在50亿吨标准煤以内。全国化学需氧量、氨氮、二氧化硫、氮氧化物排放总量分别控制在2001万吨、207万吨、1580万吨、1574万吨以内，比2015年分别下降10%、10%、15%和15%。全国挥发性有机物排放总量比2015年下降10%以上。

二、优化产业和能源结构

（三）促进传统产业转型升级。深入实施“中国制造2025”，深化制造业与互联网融合发展，促进制造业高端化、智能化、绿色化、服务化。构建绿色制造体系，推进产品全生命周期绿色管理，不断优化工业产品结构。支持重点行业改造升级，鼓励企业瞄准国际同行业标杆全面提高产品技术、工艺装备、能效环保等水平。严禁以任何名义、任何方式核准或备案产能严重过剩行业的增加产能项目。强化节能环保标准约束，严格行业规范、准入管理和节能审查，对电力、钢铁、建材、有色、化工、石油石化、船舶、煤炭、印染、造纸、制革、染料、焦化、电镀等行业中，环保、能耗、安全等不达标或生产、使用淘汰类产品的企业和产能，要依法依规有序退出。（牵头单位：国家发展改革委、工业和信息化部、环境保护部、国家能源局，参加单位：科技部、财政部、国务院国资委、质检总局、国家海洋局等）

（四）加快新兴产业发展。加快发展壮大新一代信息技术、高端装备、新材料、生物、新能源、新能源汽车、节能环保、数字创意等战略性新兴产业，推动新领域、新技术、新产品、新业态、新模式蓬勃发展。进一步推广云计算技术应用，新建大型云计算数据中心能源利用效率（PUE）值优于1.5。支持技术装备和服务模式创新。鼓励发展节能环保技术咨询、系统设计、设备制造、工程施工、运营管理、计量检测认证等专业化服务。开展节能环保产业常规调查统计。打造一批节能环保产业基地，培育一批具有国际竞争力的大型节能环保企业。到2020年，战略性新兴产业增加值和服务业增加值占国内生产总值比重分别提高到15%和56%，节能环保、新能源装备、新能源汽车等绿色低碳产业总产值突破10万亿元，成为支柱产业。（牵头单位：国家发展改革委、工业和信息化部、环境保护部，参加单位：科技部、质检总局、国家统计局、国家能源局等）

（五）推动能源结构优化。加强煤炭安全绿色开发和清洁高效利用，推广使用优质煤、洁净型煤，推进煤改气、煤改电，鼓励利用可再生能源、天然气、电力等优质能源替代燃煤使用。因地制宜发展海岛太阳能、海上风能、潮汐能、波浪能等可再生能源。安全发展核电，有序发展水电和天然气发电，协调推进风电开发，推动太阳能大规模发展和多元化利用，增加清洁低碳电力供应。对超出规划部分可再生能源消费量，不纳入能耗总量和强度目标考核。在居民采暖、工业与农业生产、港口码头等领域推进天然气、电能替代，减少散烧煤和燃油消费。到2020年，煤炭占能源消费总量比重下降到58%以下，电煤占煤炭消费量比重提高到55%以上，非化石能源占能源消费总量比重达到15%，天然气消费比重提高到10%左右。（牵头单位：国家发展改革委、环境保护部、国家能源局，参加单位：工业和信息化部、住房城乡建设部、交通运输部、水利部、质检总局、国家统计局、国管局、国家海洋局等）

三、加强重点领域节能

（六）加强工业节能。实施工业能效赶超行动，加强高能耗行业能耗管控，在重点耗能行业全面推行能效对标，推进工业企业能源管控中心建设，推广工业智能化用能监测和诊断技术。到2020年，工业能源利用效率和清洁化水平显著提高，规模以上工业企业单位增加值能耗比2015年降低18%以上，电力、钢铁、有色、建材、石油石化、化工等重点耗能行业能源利用效率达到或接近世界先进水平。推进新一代信息技术与制造技术融合发展，提升工业生产效率和能耗效率。开展工业领域电力需求侧管理专项行动，推动可再生能源在工业园区的应用，将可再生能源占比指标纳入工业园区考核体系。（牵头单位：工业和信息化部、国家发展

改革委、国家能源局，参加单位：科技部、环境保护部、质检总局等）

（七）强化建筑节能。实施建筑节能先进标准领跑行动，开展超低能耗及近零能耗建筑建设试点，推广建筑屋顶分布式光伏发电。编制绿色建筑建设标准，开展绿色生态城区建设示范，到2020年，城镇绿色建筑面积占新建建筑面积比重提高到50%。实施绿色建筑全产业链发展计划，推行绿色施工方式，推广节能绿色建材、装配式和钢结构建筑。强化既有居住建筑节能改造，实施改造面积5亿平方米以上，2020年前基本完成北方采暖地区有改造价值城镇居住建筑的节能改造。推动建筑节能宜居综合改造试点城市建设，鼓励老旧住宅节能改造与抗震加固改造、加装电梯等适老化改造同步实施，完成公共建筑节能改造面积1亿平方米以上。推进利用太阳能、浅层地热能、空气热能、工业余热等解决建筑用能需求。（牵头单位：住房城乡建设部，参加单位：国家发展改革委、工业和信息化部、国家林业局、国管局、中直管理局等）

（八）促进交通运输节能。加快推进综合交通运输体系建设，发挥不同运输方式的比较优势和组合效率，推广甩挂运输等先进组织模式，提高多式联运比重。大力发展公共交通，推进“公交都市”创建活动，到2020年大城市公共交通分担率达到30%。促进交通用能清洁化，大力推广节能环保汽车、新能源汽车、天然气（CNG/LNG）清洁能源汽车、液化天然气动力船舶等，并支持相关配套设施建设。提高交通运输工具能效水平，到2020年新增乘用车平均燃料消耗量降至5.0升/百公里。推进飞机辅助动力装置（APU）替代、机场地面车辆“油改电”、新能源应用等绿色民航项目实施。推动铁路编组站制冷/供暖系统的节能和燃煤替代改造。推动交通运输智能化，建立公众出行和物流平台信息服务系统，引导培育“共享型”交通运输模式。（牵头单位：交通运输部、国家发展改革委、国家能源局，参加单位：科技部、工业和信息化部、环境保护部、国管局、中国民航局、中直管理局、中国铁路总公司等）

（九）推动商贸流通领域节能。推动零售、批发、餐饮、住宿、物流等企业建设能源管理体系，建立绿色节能低碳运营管理流程和机制，加快淘汰落后用能设备，推动照明、制冷和供热系统节能改造。贯彻绿色商场标准，开展绿色商场示范，鼓励商贸流通企业设置绿色产品专柜，推动大型商贸企业实施绿色供应链管理。完善绿色饭店标准体系，推进绿色饭店建设。加快绿色仓储建设，支持仓储设施利用太阳能等清洁能源，鼓励建设绿色物流园区。（牵头单位：商务部，参加

单位：国家发展改革委、工业和信息化部、住房城乡建设部、质检总局、国家旅游局等）

（十）推进农业农村节能。加快淘汰老旧农业机械，推广农用节能机械、设备和渔船，发展节能农业大棚。推进节能及绿色农房建设，结合农村危房改造稳步推进农房节能及绿色化改造，推动城镇燃气管网向农村延伸和省柴节煤灶更新换代，因地制宜采用生物质能、太阳能、空气热能、浅层地热能等解决农房采暖、炊事、生活热水等用能需求，提升农村能源利用的清洁化水平。鼓励使用生物质可再生能源，推广液化石油气等商品能源。到2020年，全国农村地区基本实现稳定可靠的供电服务全覆盖，鼓励农村居民使用高效节能电器。（牵头单位：农业部、国家发展改革委、工业和信息化部、国家能源局，参加单位：科技部、住房城乡建设部等）

（十一）加强公共机构节能。公共机构率先执行绿色建筑标准，新建建筑全部达到绿色建筑标准。推进公共机构以合同能源管理方式实施节能改造，积极推进政府购买合同能源管理服务，探索用能托管模式。2020年公共机构单位建筑面积能耗和人均能耗分别比2015年降低10%和11%。推动公共机构建立能耗基准和公开能源资源消费信息。实施公共机构节能试点示范，创建3000家节约型公共机构示范单位，遴选200家能效领跑者。公共机构率先淘汰老旧车，率先采购使用节能和新能源汽车，中央国家机关、新能源汽车推广应用城市的政府部门及公共机构购买新能源汽车占当年配备更新车辆总量的比例提高到50%以上，新建和既有停车场要配备电动汽车充电设施或预留充电设施安装条件。公共机构率先淘汰采暖锅炉、茶浴炉、食堂大灶等燃煤设施，实施以电代煤、以气代煤，率先使用太阳能、地热能、空气能等清洁能源提供供电、供热/制冷服务。（牵头单位：国管局、国家发展改革委，参加单位：工业和信息化部、环境保护部、住房城乡建设部、交通运输部、国家能源局、中直管理局等）

（十二）强化重点用能单位节能管理。开展重点用能单位“百千万”行动，按照属地管理和分级管理相结合原则，国家、省、地市分别对“百家”、“千家”、“万家”重点用能单位进行目标责任评价考核。重点用能单位要围绕能耗总量控制和能效目标，对用能实行年度预算管理。推动重点用能单位建设能源管理体系并开展效果评价，健全能源消费台账。按标准要求配备能源计量器具，进一步完善能源计量体系。依法开展能源审计，组织实施能源绩效评价，开展达标对标和节能自愿活动，采取企业节能自愿承诺和政府适当引导相结合的方式，大力提升重点用能单位能效水平。严格执行能源统计、能源利用状况报告、能源管理岗位和能源管理负责人等制度。（牵头单位：国家发展改革委，参加单位：教育部、工业和信息化部、住房城乡建设部、交通运输部、国务院国资委、质检总局、国家统计局、国管局、国家能源局、中直管理局等）

（十三）强化重点用能设备节能管理。加强高耗能特种设备节能审查和监管，构建安全、节能、环保三位一体的监管体系。组织开展燃煤锅炉节能减排攻坚战，推进锅炉生产、经营、使用等全过程节能环保监督标准化管理。“十三五”期间燃煤工业锅炉实际运行效率提高 5 个百分点，到 2020 年新生产燃煤锅炉效率不低于 80%，燃气锅炉效率不低于 92%。普及锅炉能效和环保测试，强化锅炉运行及管理人员节能环保专项培训。开展锅炉节能环保普查整治，建设覆盖安全、节能、环保信息的数据平台，开展节能环保在线监测试点并实现信息共享。开展电梯能效测试与评价，在确保安全的前提下，鼓励永磁同步电机、变频调速、能量反馈等节能技术的集成应用，开展老旧电梯安全节能改造工程试点。推广高效换热器，提升热交换系统能效水平。加快高效电机、配电变压器等用能设备开发和推广应用，淘汰低效电机、变压器、风机、水泵、压缩机等用能设备，全面提升重点用能设备能效水平。（牵头单位：质检总局、国家发展改革委、工业和信息化部、环境保护部，参加单位：住房城乡建设部、国管局、国家能源局、中直管理局等）

四、强化主要污染物减排

（十四）控制重点区域流域排放。推进京津冀及周边地区、长三角、珠三角、东北等重点地区，以及大气污染防治重点城市煤炭消费总量控制，新增耗煤项目实行煤炭消耗等量或减量替代；实施重点区域大气污染传输通道气化工程，加快推进以气代煤。加快发展热电联产和集中供热，利用城市和工业园区周边现有热电联产机组、纯凝发电机组及低品位余热实施供热改造，淘汰供热供气范围内的燃煤锅炉（窑炉）。结合环境质量改善要求，实施行业、区域、流域重点污染物总量减排，在重点行业、重点区域推进挥发性有机物排放总量控制，在长江经济带范围内的部分省市实施总磷排放总量控制，在沿海地级及以上城市实施总氮排放总量控制，对重点行业的重点重金属排放实施总量控制。加强我国境内重点跨国河流水污染防治。严格控制长江、黄河、珠江、松花江、淮河、海河、辽河等七大重点流域干流沿岸的石油加工、化学原料和化学制品制造、医药制造、化学纤维制造、有色金属冶炼、纺织印染等项目。分区域、分流域制定实施钢铁、水泥、平板玻璃、锅炉、造纸、印染、化工、焦化、农副食品加工、原料药制造、制革、电镀等重点行业、领域限期整治方案，升级改造环保设施，确保稳定达标。实施重点区域、重点流域清洁生产水平提升行动。城市建成区内的现有钢铁、建材、有色金属、造纸、印染、原料药制造、化工等污染较重的企业应有序搬迁改造或依法关闭。（牵头单位：环境保护部、国家发展改革委、工业和信息化部、质检总局、国家能源局，参加单位：财政部、住房城乡建设部、国管局、国家海洋局等）

（十五）推进工业污染物减排。实施工业污染源全面达标排放计划。加强工业企业无组织排放管理。严格执行环境影响评价制度。实行建设项目主要污染物排放总量指标等量或减量替代。建立以排污许可制为核心的工业企业环境管理体系。继续推行重点行业主要污染物总量减排制度，逐步扩大总量减排行业范围。以削减挥发性有机物、持久性有机物、重金属等污染物为重点，实施重点行业、重点领域工业特征污染物削减计划。全面实施燃煤电厂超低排放和节能改造，加快燃煤锅炉综合整治，大力推进石化、化工、印刷、工业涂装、电子信息等行业挥发性有机物综合治理。全面推进现有企业达标排放，研究制修订农药、制药、汽车、家具、印刷、集装箱制造等行业排放标准，出台涂料、油墨、胶黏剂、清洗剂等有机溶剂产品挥发性有机物含量限值强制性环保标准，控制集装箱、汽车、船舶制造等重点行业挥发性有机物排放，推动有关企业实施原料替代和清洁生产技术改造。强化经济技术开发区、高新技术产业开发区、出口加工区等工业聚集区规划环境影响评价及污染治理。加强工业企业环境信息公开，推动企业环境信用评价。建立企业排放红黄牌制度。（牵头单位：环境保护部，参加单位：国家发展改革委、工业和信息化部、财政部、质检总局、国家能源局等）

（十六）促进移动源污染物减排。实施清洁柴油机行动，全面推进移动源排放控制。提高新机动车船和非道路移动机械环保标准，发布实施机动车国Ⅵ排放标准。加速淘汰黄标车、老旧机动车、船舶以及高排放工程机械、农业机械。逐步淘汰高油耗、高排放民航特种车辆与设备。2016 年淘汰黄标车及老旧车 380 万辆，2017 年基本淘汰全国范围内黄标车。加快船舶和港口污染物减排，在珠三角、长三角、环渤海京津冀水域设立船舶排放控制区，主要港口 90%的港作船舶、公务船舶靠港使用岸电，50%的集装箱、客滚和邮轮专业化码头具备向船舶供应岸电的能力；主要港口大型煤炭、矿石码头堆场全面建设防风抑尘设施或实现煤炭、矿石封闭储存。加快油品质量升级，2017 年 1 月 1 日起全国全面供应国Ⅴ标准的车用汽油、柴油；2018 年 1 月 1 日起全国全面供应与国Ⅴ标准柴油相同硫含量的普通柴油；抓紧发布实施第六阶段汽、柴油国家（国Ⅵ）标准，2020 年实现车用柴油、普通柴油和部分船舶用油并轨，柴油车、非道路移动机械、内河和江海直达船舶均统一使用相同标准的柴油。车用汽柴油应加入符合要求的清净剂。修订《储油库大气污染物排放标准》、《加油站大气污染物排放标准》，推进储油储气库、加油加气站、原油成品油码头、原油成品油运输船舶和油罐车、气罐车等油气回收治理工作。加强机动车、非道路移动机械环保达标和油品质量监督执法，严厉打击违法行为。（牵头单位：环境保护部、公安部、交通运输部、农业部、质检总局、国家能源局，参加单位：国家发展改革委、财政部、工商总局等）

（十七）强化生活源污染综合整治。对城镇污水处理设施建设发展进行填平补齐、升级改造，完善配套管网，提升污水收集处理能力。合理确定污水排放标准，加强运行监管，实现污水处理厂全面达标排放。加大对雨污合流、清污混流管网的改造力度，优先推进城中村、老旧城区和城乡结合部污水截流、收集、纳管。强化农村生活污染源排放控制，采取城镇管网延伸、集中处理和分散处理等多种形式，加快农村生活污水治理和改厕。促进再生水利用，完善再生水利用设施。注重污水处理厂污泥安全处理处置，杜绝二次污染。到 2020 年，全国所有县城和重点镇具备污水处理能力，地级及以上城市建成区污水基本实现全收集、全处理，城市、县城污水处理率分别达到 95%、85%左右。加强生活垃圾回收处理设施建设，强化对生活垃圾分类、收运、处理的管理和督导，提升城市生活垃圾回收处理水平，全面推进农村垃圾治理，普遍建立村庄保洁制度，推广垃圾分类和就近资源化利用，到 2020 年，90%以上行政村的生活垃圾得到处理。加大民用散煤清洁化治理力度，推进以电代煤、以气代煤，推广使用洁净煤、先进民用炉具，制定散煤质量标准，加强民用散煤管理，力争 2017 年底前基本解决京津冀区域民用散煤清洁化利用问题，到 2020 年底前北方地区散煤治理取得明显进展。加快治理公共机构食堂、餐饮服务企业油烟污染，推进餐厨废弃物资源化利用。家具、印刷、汽车维修等政府定点招标采购企业要使用低挥发性原辅材料。严格执行有机溶剂产品有害物质限量标准，推进建筑装饰、汽修、干洗、餐饮等行业挥发性有机物治理。（牵头单位：环境保护部、国家发展改革委、住房城乡建设部、国家能源局，参加单位：工业和信息化部、财政部、农业部、质检总局、国管局、中直管理局等）

（十八）重视农业污染排放治理。大力推广节约型农业技术，推进农业清洁生产。促进畜禽养殖场粪便收集处理和资源化利用，建设秸秆、粪便等有机废弃物处理设施，加强分区分类管理，依法关闭或搬迁禁养区内的畜禽养殖场（小区）和养殖专业户并给予合理补偿。开展农膜回收利用，到 2020 年农膜回收率达到 80%以上，率先实现东北黑土地大田生产地膜零增长。深入推广测土配方施肥技术，提倡增施有机肥，开展农作物病虫害绿色防控和统防统治，推广高效低毒低残留农药使用，到 2020 年实现主要农作物化肥农药使用量零增长，化肥利用率提高到 40%以上，京津冀、长三角、珠三角等区域提前一年完成。研究建立农药使用环境影响后评估制度，推进农药包装废弃物回收处理。建立逐级监督落实机制，疏堵结合、以疏为主，加强重点区域和重点时段秸秆禁烧。（牵头单位：农业部、环境保护部、国家能源局，参加单位：国家发展改革委、财政部、住房城乡建设部、质检总局等）

五、大力发展循环经济

（十九）全面推动园区循环化改造。按照空间布局合理化、产业结构最优化、产业链接循环化、资源利用高效化、污染治理集中化、基础设施绿色化、运行管理规范化的要求，加快对现有园区的循环化改造升级，延伸产业链，提高产业关联度，建设公共服务平台，实现土地集约利用、资源能源高效利用、废弃物资源化利用。对综合性开发区、重化工产业开发区、高新技术开发区等不同性质的园区，加强分类指导，强化效果评估和工作考核。到 2020 年，75%的国家级园区和 50%的省级园区实施循环化改造，长江经济带超过 90%的省级以上（含省级）重化工园区实施循环化改造。（牵头单位：国家发展改革委、财政部，参加单位：科技部、工业和信息化部、环境保护部、商务部等）

（二十）加强城市废弃物规范有序处理。推动餐厨废弃物、建筑垃圾、园林废弃物、城市污泥和废旧纺织品等城市典型废弃物集中处理和资源化利用，推进燃煤耦合污泥等城市废弃物发电。选择 50 个左右地级及以上城市规划布局低值废弃物协同处理基地，完善城市废弃物回收利用体系，到2020年，餐厨废弃物资源化率达到30%。（牵头单位：国家发展改革委、住房城乡建设部，参加单位：环境保护部、农业部、民政部、国管局、中直管理局等）

（二十一）促进资源循环利用产业提质升级。依托国家“城市矿产”示范基地，促进资源再生利用企业集聚化、园区化、区域协同化布局，提升再生资源利用行业清洁化、高值化水平。实行生产者责任延伸制度。推动太阳能光伏组件、碳纤维材料、生物基纤维、复合材料和节能灯等新品种废弃物的回收利用，推进动力蓄电池梯级利用和规范回收处理。加强再生资源规范管理，发布重点品种规范利用条件。大力发展再制造产业，推动汽车零部件及大型工业装备、办公设备等产品再制造。规范再制造服务体系，建立健全再生产品、再制造产品的推广应用机制。鼓励专业化再制造服务公司与钢铁、冶金、化工、机械等生产制造企业合作，开展设备寿命评估与检测、清洗与强化延寿等再制造专业技术服务。继续开展再制造产业示范基地建设和机电产品再制造试点示范工作。到2020年，再生资源回收利用产业产值达到1.5万亿元，再制造产业产值超过1000亿元。（牵头单位：国家发展改革委，参加单位：科技部、工业和信息化部、环境保护部、住房城乡建设部、商务部等）

（二十二）统筹推进大宗固体废弃物综合利用。加强共伴生矿产资源及尾矿综合利用。推动煤矸石、粉煤灰、工业副产石膏、冶炼和化工废渣等工业固体废弃物综合利用。开展大宗产业废弃物综合利用示范基地建设。推进水泥窑协同处置城市生活垃圾。大力推动农作物秸秆、林业“三剩物”（采伐、造材和加工剩余物）、规模化养殖场粪便的资源化利用，因地制宜发展各类沼气工程和燃煤耦合秸秆发电工程。到2020年，工业固体废物综合利用率达到73%以上，农作物秸秆综合利用率达到85%。（牵头单位：国家发展改革委，参加单位：工业和信息化部、国土资源部、环境保护部、住房城乡建设部、农业部、国家林业局、国家能源局等）

（二十三）加快互联网与资源循环利用融合发展。支持再生资源企业利用大数据、云计算等技术优化逆向物流网点布局，建立线上线下融合的回收网络，在地级及以上城市逐步建设废弃物在线回收、交易等平台，推广“互联网+”回收新模式。建立重点品种的全生命周期追溯机制。在开展循环化改造的园区建设产业共生平台。鼓励相关行业协会、企业逐步构建行业性、区域性、全国性的产业废弃物和再生资源在线交易系统，发布交易价格指数。支持汽车维修、汽车保险、旧件回收、再制造、报废拆解等汽车产品售后全生命周期信息的互通共享。到2020年，初步形成废弃电器电子产品等高值废弃物在线回收利用体系。（牵头单位：国家发展改革委，参加单位：科技部、工业和信息化部、环境保护部、交通运输部、商务部、保监会等）

六、实施节能减排工程

（二十四）节能重点工程。组织实施燃煤锅炉节能环保综合提升、电机系统能效提升、余热暖民、绿色照明、节能技术装备产业化示范、能量系统优化、煤炭消费减量替代、重点用能单位综合能效提升、合同能源管理推进、城镇化节能升级改造、天然气分布式能源示范工程等节能重点工程，推进能源综合梯级利用，形成3亿吨标准煤左右的节能能力，到2020年节能服务产业产值比2015年翻一番。（牵头单位：国家发展改革委，参加单位：科技部、工业和信息化部、财政部、住房城乡建设部、国务院国资委、质检总局、国管局、国家能源局、中直管理局等）

（二十五）主要大气污染物重点减排工程。实施燃煤电厂超低排放和节能改造工程，到2020年累计完成5.8亿千瓦机组超低排放改造任务，限期淘汰2000万千瓦落后产能和不符合相关强制性标准要求的机组。实施电力、钢铁、水泥、石化、平板玻璃、有色等重点行业全面达标排放治理工程。实施京津冀、长三角、珠三角等区域“煤改气”和“煤改电”工程，扩大城市禁煤区范围，建设完善区域天然气输送管道、城市燃气管网、农村配套电网，加快建设天然气储气库、城市调峰站储气罐等基础工程，新增“煤改气”工程用气450亿立方米以上，替代燃煤锅炉18.9万蒸吨。实施石化、化工、工业涂装、包装印刷等重点行业挥发性有机物治理工程，到2020年石化企业基本完成挥发性有机物治理。（牵头单位：环境保护部、国家能源局，参加单位：国家发展改革委、工业和信息化部、财政部、国务院国资委、质检总局等）

（二十六）主要水污染物重点减排工程。加强城市、县城和其他建制镇生活污染减排设施建设。加快污水收集管网建设，实施城镇污水、工业园区废水、污泥处理设施建设与提标改造工程，推进再生水回用设施建设。加快畜禽规模养殖场（小区）污染治理，75%以上的养殖场（小区）配套建设固体废弃物和污水贮存处理设施。（牵头单位：环境保护部、国家发展改革委、住房城乡建设部，参加单位：工业和信息化部、财政部、农业部、国家海洋局等）

（二十七）循环经济重点工程。组织实施园区循环化改造、资源循环利用产业示范基地建设、工农复合型循环经济示范区建设、京津冀固体废弃物协同处理、“互联网+”资源循环、再生产品与再制造产品推广等专项行动，建设100个资源循环利用产业示范基地、50个工业废弃物综合利用产业基地、20个工农复合型循环经济示范区，推进生产和生活系统循环链接，构建绿色低碳循环的产业体系。到2020年，再生资源替代原生资源量达到13亿吨，资源循环利用产业产值达到3万亿元。（牵头单位：国家发展改革委、财政部，参加单位：科技部、工业和信息化部、环境保护部、住房城乡建设部、农业部、商务部等）

七、强化节能减排技术支撑和服务体系建设

（二十八）加快节能减排共性关键技术研发示范推广。启动“十三五”节能减排科技战略研究和专项规划编制工作，加快节能减排科技资源集成和统筹部署，继续组织实施节能减排重大科技产业化工程。加快高超超临界发电、低品位余热发电、小型燃气轮机、煤炭清洁高效利用、细颗粒物治理、挥发性有机物治理、汽车尾气净化、原油和成品油码头油气回收、垃圾渗滤液处理、多污染协同处理等新型技术装备研发和产业化。推广高效烟气除尘和余热回收一体化、高效热泵、半导体照明、废弃物循环利用等成熟适用技术。遴选一批节能减排协同效益突出、产业化前景好的先进技术，推广系统性技术解决方案。（牵头单位：科技部、国家发展改革委，参加单位：工业和信息化部、环境保护部、住房城乡建设部、交通运输部、国家能源局等）

（二十九）推进节能减排技术系统集成应用。推进区域、城镇、园区、用能单位等系统用能和节能。选择具有示范作用、辐射效应的园区和城市，统筹整合钢铁、水泥、电力等高耗能企业的余热余能资源和区域用能需求，实现能源梯级利用。大力发展“互联网+”智慧能源，支持基于互联网的能源创新，推动建立城市智慧能源系统，鼓励发展智能家居、智能楼宇、智能小区和智能工厂，推动智能电网、储能设施、分布式能源、智能用电终端协同发展。综合采取节能减排系统集成技术，推动锅炉系统、供热/制冷系统、电机系统、照明系统等优化升级。（牵

头单位：国家发展改革委、工业和信息化部、国家能源局，参加单位：科技部、财政部、住房城乡建设部、质检总局等）

（三十）完善节能减排创新平台和服务体系。建立完善节能减排技术评估体系和科技创新创业综合服务平台，建设绿色技术服务平台，推动建立节能减排技术和产品的检测认证服务机制。培育一批具有核心竞争力的节能减排科技企业和服务基地，建立一批节能科技成果转移促进中心和交流转化平台，组建一批节能减排产业技术创新战略联盟、研究基地（平台）等。继续发布国家重点节能低碳技术推广目录，建立节能减排技术遴选、评定及推广机制。加快引进国外节能环保新技术、新装备，推动国内节能减排先进技术装备“走出去”。（牵头单位：科技部、国家发展改革委、工业和信息化部、环境保护部，参加单位：住房城乡建设部、交通运输部、质检总局等）

八、完善节能减排支持政策

（三十一）完善价格收费政策。加快资源环境价格改革，健全价格形成机制。督促各地落实差别电价和惩罚性电价政策，严格清理地方违规出台的高耗能企业优惠电价政策。实行超定额用水累进加价制度。督促各地严格落实水泥、电解铝等行业阶梯电价政策，促进节能降耗。研究完善天然气价格政策。完善居民阶梯电价（煤改电除外）制度，全面推行居民阶梯气价（煤改气除外）、水价制度。深化供热计量收费改革，完善脱硫、脱硝、除尘和超低排放环保电价政策，加强运行监管，严肃查处不执行环保电价政策的行为。鼓励各地制定差别化排污收费政策。研究扩大挥发性有机物排放行业排污费征收范围。实施环境保护费改税，推进开征环境保护税。落实污水处理费政策，完善排污权交易价格体系。加大垃圾处理费收缴力度，提高收缴率。（牵头单位：国家发展改革委、财政部，参加单位：工业和信息化部、环境保护部、住房城乡建设部、水利部、国家能源局等）

（三十二）完善财政税收激励政策。加大对节能减排工作的资金支持力度，统筹安排相关专项资金，支持节能减排重点工程、能力建设和公益宣传。创新财政资金支持节能减排重点工程、项目的方式，发挥财政资金的杠杆作用。推广节能环保服务政府采购，推行政府绿色采购，完善节能环保产品政府强制采购和优先采购制度。清理取消不合理化石能源补贴。对节能减排工作任务完成较好的地区和企业予以奖励。落实支持节能减排的企业所得税、增值税等优惠政策，修订完善《环境保护专用设备企业所得税优惠目录》和《节能节水专用设备企业所得税优惠目录》。全面推进资源税改革，逐步扩大征收范围。继续落实资源综合利用税收优惠政策。从事国家鼓励类项目的企业进口自用节能减排技术装备且符合政策规定的，免征进口关税。（牵头单位：财政部、税务总局，参加单位：国家发展改革委、工业和信息化部、环境保护部、住房城乡建设部、国务院国资委、国管局等）

（三十三）健全绿色金融体系。加强绿色金融体系的顶层设计，推进绿色金融业务创新。鼓励银行业金融机构对节能减排重点工程给予多元化融资支持。健全市场化绿色信贷担保机制，对于使用绿色信贷的项目单位，可按规定申请财政贴息支持。对银行机构实施绿色评级，鼓励金融机构进一步完善绿色信贷机制，支持以用能权、碳排放权、排污权和节能项目收益权等为抵（质）押的绿色信贷。推进绿色债券市场发展，积极推动金融机构发行绿色金融债券，鼓励企业发行绿色债券。研究设立绿色发展基金，鼓励社会资本按市场化原则设立节能环保产业投资基金。支持符合条件的节能减排项目通过资本市场融资，鼓励绿色信贷资产、节能减排项目应收账款证券化。在环境高风险领域建立环境污染强制责任保险制度。积极推动绿色金融领域国际合作。（牵头单位：人民银行、财政部、国家发展改革委、环境保护部、银监会、证监会、保监会）

九、建立和完善节能减排市场化机制

（三十四）建立市场化交易机制。健全用能权、排污权、碳排放权交易机制，创新有偿使用、预算管理、投融资等机制，培育和发展交易市场。推进碳排放权交易，2017 年启动全国碳排放权交易市场。建立用能权有偿使用和交易制度，选择若干地区开展用能权交易试点。加快实施排污许可制，建立企事业单位污染物排放总量控制制度，继续推进排污权交易试点，试点地区到 2017 年底基本建立排污权交易制度，研究扩大试点范围，发展跨区域排污权交易市场。（牵头单位：国家发展改革委、财政部、环境保护部）

（三十五）推行合同能源管理模式。实施合同能源管理推广工程，鼓励节能服务公司创新服务模式，为用户提供节能咨询、诊断、设计、融资、改造、托管等

“一站式”合同能源管理综合服务。取消节能服务公司审核备案制度，任何地方和单位不得以是否具备节能服务公司审核备案资格限制企业开展业务。建立节能服务公司、用能单位、第三方机构失信黑名单制度，将失信行为纳入全国信用信息共享平台。落实节能服务公司税收优惠政策，鼓励各级政府加大对合同能源管理的支持力度。政府机构按照合同能源管理合同支付给节能服务公司的支出，视同能源费用支出。培育以合同能源管理资产交易为特色的资产交易平台。鼓励社会资本建立节能服务产业投资基金。支持节能服务公司发行绿色债券。创新投债贷结合促进合同能源管理业务发展。（牵头单位：国家发展改革委、财政部、税务总局，参加单位：工业和信息化部、住房城乡建设部、人民银行、国管局、银监会、证监会、中直管理局等）

（三十六）健全绿色标识认证体系。强化能效标识管理制度，扩大实施范围。推行节能低碳环保产品认证。完善绿色建筑、绿色建材标识和认证制度，建立可追溯的绿色建材评价和信息管理系统。推进能源管理体系认证。制修订绿色商场、绿色宾馆、绿色饭店、绿色景区等绿色服务评价办法，积极开展第三方认证评价。逐步将目前分头设立的环保、节能、节水、循环、低碳、再生、有机等产品统一整合为绿色产品，建立统一的绿色产品标准、认证、标识体系。加强节能低碳环保标识监督检查，依法查处虚标企业。开展能效、水效、环保领跑者引领行动。（牵头单位：国家发展改革委、工业和信息化部、环境保护部、质检总局，参加单位：财政部、住房城乡建设部、水利部、商务部等）

（三十七）推进环境污染第三方治理。鼓励在环境监测与风险评估、环境公用设施建设与运行、重点区域和重点行业污染防治、生态环境综合整治等领域推行第三方治理。研究制定第三方治理项目增值税即征即退政策，加大财政对第三方治理项目的补助和奖励力度。鼓励各地积极设立第三方治理项目引导基金，解决第三方治理企业融资难、融资贵问题。引导地方政府开展第三方治理试点，建立以效付费机制。提升环境服务供给水平与质量。到2020年，环境公用设施建设与运营、工业园区第三方治理取得显著进展，污染治理效率和专业化水平明显提高，环境公用设施投资运营体制改革基本完成，涌现出一批技术能力强、运营管理水平高、综合信用好、具有国际竞争力的环境服务公司。（牵头单位：国家发展改革委、环境保护部，参加单位：工业和信息化部、财政部、住房城乡建设部等）

（三十八）加强电力需求侧管理。推行节能低碳、环保电力调度，建设国家电力需求侧管理平台，推广电能服务，总结电力需求侧管理城市综合试点经验，实施工业领域电力需求侧管理专项行动，引导电网企业支持和配合平台建设及试点工作，鼓励电力用户积极采用节电技术产品，优化用电方式。深化电力体制改革，扩大峰谷电价、分时电价、可中断电价实施范围。加强储能和智能电网建设，增强电网调峰和需求侧响应能力。（牵头单位：国家发展改革委，参加单位：工业和信息化部、财政部、国家能源局等）

十、落实节能减排目标责任

（三十九）健全节能减排计量、统计、监测和预警体系。健全能源计量体系和消费统计指标体系，完善企业联网直报系统，加大统计数据审核与执法力度，强化统计数据质量管理，确保统计数据基本衔接。完善环境统计体系，补充调整工业、城镇生活、农业等重要污染源调查范围。建立健全能耗在线监测系统和污染源自动在线监测系统，对重点用能单位能源消耗实现实时监测，强化企业污染物排放自行监测和环境信息公开，2020 年污染源自动监控数据有效传输率、企业自行监测结果公布率保持在 90%以上，污染源监督性监测结果公布率保持在 95%以上。定期公布各地区、重点行业、重点单位节能减排目标完成情况，发布预警信息，及时提醒高预警等级地区和单位的相关负责人，强化督促指导和帮扶。完善生态环境质量监测评价，建立地市报告、省级核查、国家审查的减排管理机制，鼓励引入第三方评估；加强重点减排工程调度管理，对环境质量改善达不到进度要求、重点减排工程建设滞后或运行不稳定、政策措施落实不到位的地区及时预警。（牵头单位：国家发展改革委、环境保护部、国家统计局，参加单位：工业和信息化部、住房城乡建设部、交通运输部、国务院国资委、质检总局、国管局等）

（四十）合理分解节能减排指标。实施能源消耗总量和强度双控行动，改革完善主要污染物总量减排制度。强化约束性指标管理，健全目标责任分解机制，将全国能耗总量控制和节能目标分解到各地区、主要行业和重点用能单位。各地区要根据国家下达的任务明确年度工作目标并层层分解落实，明确下一级政府、有关部门、重点用能单位责任，逐步建立省、市、县三级用能预算管理体系，编制用能预算管理方案；以改善环境质量为核心，突出重点工程减排，实行分区分类差别化管理，科学确定减排指标，环境质量改善任务重的地区承担更多的减排任务。（牵头单位：国家发展改革委、环境保护部，参加单位：工业和信息化部、住房城乡建设部、交通运输部、国管局、国家能源局等）

（四十一）加强目标责任评价考核。强化节能减排约束性指标考核，坚持总量减排和环境质量考核相结合，建立以环境质量考核为导向的减排考核制度。国务院每年组织开展省级人民政府节能减排目标责任评价考核，将考核结果作为领导班子和领导干部考核的重要内容，继续深入开展领导干部自然资源资产离任审计试点。对未完成能耗强度降低目标的省级人民政府实行问责，对未完成国家下达能耗总量控制目标任务的予以通报批评和约谈，实行高耗能项目缓批限批。对环境质量改善、总量减排目标均未完成的地区，暂停新增排放重点污染物建设项目的环评审批，暂停或减少中央财政资金支持，必要时列入环境保护督查范围。对重点单位节能减排考核结果进行公告并纳入社会信用记录系统，对未完成目标任务的暂停审批或核准新建扩建高耗能项目。落实国有企业节能减排目标责任制，将节能减排指标完成情况作为企业绩效和负责人业绩考核的重要内容。对节能减排贡献突出的地区、单位和个人以适当方式给予表彰奖励。（牵头单位：国家发展改革委、环境保护部、中央组织部，参加单位：工业和信息化部、财政部、住房城乡建设部、交通运输部、国务院国资委、质检总局、国家统计局、国管局、国家海洋局等）

十一、强化节能减排监督检查

（四十二）健全节能环保法律法规标准。加快修订完善节能环保方面的法律制度，推动制修订环境保护税法、水污染防治法、土壤污染防治法、能源法、固体废弃物污染环境防治法等。制修订建设项目环境保护管理条例、环境监测管理条例、重点用能单位节能管理办法、锅炉节能环保监督管理办法、节能服务机构管理暂行办法、污染地块土壤环境管理暂行办法、环境影响登记表备案管理办法等。健全节能标准体系，提高建筑节能标准，实现重点行业、设备节能标准全覆盖，继续实施百项能效标准推进工程。开展节能标准化和循环经济标准化试点示范建设。制定完善环境保护综合名录。制修订环保产品、环保设施运行效果评估、环境质量、污染物排放、环境监测方法等相关标准。鼓励地方依法制定更加严格的节能环保标准，鼓励制定节能减排团体标准。（牵头单位：国家发展改革委、工业和信息化部、环境保护部、质检总局、国务院法制办，参加单位：住房城乡建设部、交通运输部、商务部、国家统计局、国管局、国家海洋局、国家能源局、中直管理局等）

（四十三）严格节能减排监督检查。组织开展节能减排专项检查，督促各项措施落实。强化节能环保执法监察，加强节能审查，强化事中事后监管，加大对重点用能单位和重点污染源的执法检查力度，严厉查处各类违法违规用能和环境违法违规行为，依法公布违法单位名单，发布重点企业污染物排放信息，对严重违法违规行为进行公开通报或挂牌督办，确保节能环保法律、法规、规章和强制性标准有效落实。强化执法问责，对行政不作为、执法不严等行为，严肃追究有关主管部门和执法机构负责人的责任。（牵头单位：国家发展改革委、工业和信息化部、环境保护部，参加单位：住房城乡建设部、质检总局、国家海洋局等）

（四十四）提高节能减排管理服务水平。建立健全节能管理、监察、服务“三位一体”的节能管理体系。建立节能服务和监管平台，加强政府管理和服务能力建设。继续推进能源统计能力建设，加强工作力量。加强节能监察能力建设，进一步完善省、市、县三级节能监察体系。健全环保监管体制，开展省以下环保机构监测监察执法垂直管理制度试点，推进环境监察机构标准化建设，全面加强挥发性有机物环境空气质量和污染排放自动在线监测工作。开展污染源排放清单编制工作，出台主要污染物减排核查核算办法（细则）。进一步健全能源计量体系，深入推进城市能源计量建设示范，开展计量检测、能效计量比对等节能服务活动，加强能源计量技术服务和能源计量审查。建立能源消耗数据核查机制，建立健全统一的用能量和节能量审核方法、标准、操作规范和流程，加强核查机构管理，依法严厉打击核查工作中的弄虚作假行为。推动大数据在节能减排领域的应用。创新节能管理和服务模式，开展能效服务网络体系建设试点，促进用能单位经验分享。制定节能减排培训纲要，实施培训计划，依托专业技术人才知识更新工程等国家重大人才工程项目，加强对各级领导干部和政府节能管理部门、节能监察机构、用能单位相关人员的培训。（牵头单位：国家发展改革委、工业和信息化部、财政部、环境保护部，参加单位：人力资源社会保障部、住房城乡建设部、质检总局、国家统计局、国管局、国家海洋局、中直管理局等）

十二、动员全社会参与节能减排

（四十五）推行绿色消费。倡导绿色生活，推动全民在衣、食、住、行等方面更加勤俭节约、绿色低碳、文明健康，坚决抵制和反对各种形式的奢侈浪费。开展旧衣“零抛弃”活动，方便闲置旧物交换。积极引导绿色金融支持绿色消费，积极引导消费者购买节能与新能源汽车、高效家电、节水型器具等节能环保低碳产品，减少一次性用品的使用，限制过度包装，尽可能选用低挥发性水性涂料和环境友好型材料。加快畅通绿色产品流通渠道，鼓励建立绿色批发市场、节能超市等绿色流通主体。大力推广绿色低碳出行，倡导绿色生活和休闲模式。到 2020 年，能效标识 2 级以上的空调、冰箱、热水器等节能家电市场占有率达到 50%以上。（牵头单位：国家发展改革委、环境保护部，参加单位：工业和信息化部、财政部、住房城乡建设部、交通运输部、商务部、中央军委后勤保障部、全国总工会、共青团中央、全国妇联等）

（四十六）倡导全民参与。推动全社会树立节能是第一能源、节约就是增加资源的理念，深入开展全民节约行动和节能“进机关、进单位、进企业、进军营、进商超、进宾馆、进学校、进家庭、进社区、进农村”等“十进”活动。制播节能减排公益广告，鼓励建设节能减排博物馆、展示馆，创建一批节能减排宣传教育示范基地，形成人人、事事、时时参与节能减排的社会氛围。发展节能减排公益事业，鼓励公众参与节能减排公益活动。加强节能减排、应对气候变化等领域国际合作，推动落实《二十国集团能效引领计划》。（牵头单位：中央宣传部、国家发展改革委、环境保护部，参加单位：外交部、教育部、工业和信息化部、财政部、住房城乡建设部、国务院国资委、质检总局、新闻出版广电总局、国管局、中直管理局、中央军委后勤保障部、全国总工会、共青团中央、全国妇联等）

（四十七）强化社会监督。充分发挥各种媒体作用，报道先进典型、经验和做法，曝光违规用能和各种浪费行为。完善公众参与制度，及时准确披露各类环境信息，扩大公开范围，保障公众知情权，维护公众环境权益。依法实施环境公益诉讼制度，对污染环境、破坏生态的行为可依法提起公益诉讼。（牵头单位：中央宣传部、国家发展改革委、环境保护部，参加单位：全国总工会、共青团中央、全国妇联等）

附件：1.“十三五”各地区能耗总量和强度“双控”目标

2.“十三五”主要行业和部门节能指标

3.“十三五”各地区化学需氧量排放总量控制计划

4.“十三五”各地区氨氮排放总量控制计划

5.“十三五”各地区二氧化硫排放总量控制计划

6.“十三五”各地区氮氧化物排放总量控制计划

7.“十三五”重点地区挥发性有机物排放总量控制计划

附件 1

“十三五”各地区能耗总量和强度“双控”目标

地　　区	“十三五”能耗强度降低目标（%）	2015 年能源消费总量（万吨标准煤）	“十三五”能耗增量控制目标（万吨标准煤）
北　京	17	6853	800
天　津	17	8260	1040
河　北	17	29395	3390
山　西	15	19384	3010
内蒙古	14	18927	3570
辽　宁	15	21667	3550
吉　林	15	8142	1360
黑龙江	15	12126	1880
上　海	17	11387	970
江　苏	17	30235	3480
浙　江	17	19610	2380
安　徽	16	12332	1870
福　建	16	12180	2320
江　西	16	8440	1510
山　东	17	37945	4070
河　南	16	23161	3540
湖　北	16	16404	2500
湖　南	16	15469	2380
广　东	17	30145	3650
广　西	14	9761	1840
海　南	10	1938	660
重　庆	16	8934	1660

地　区	“十三五”能耗强度降低目标（%）	2015年能源消费总量（万吨标准煤）	“十三五”能耗增量控制目标（万吨标准煤）
四　川	16	19888	3020
贵　州	14	9948	1850
云　南	14	10357	1940
西　藏	10	—	—
陕　西	15	11716	2170
甘　肃	14	7523	1430
青　海	10	4134	1120
宁　夏	14	5405	1500
新　疆	10	15651	3540

注：西藏自治区相关数据暂缺。

附件2

“十三五”主要行业和部门节能指标

指　标	单　位	2015年实际值	2020年	
			目标值	变化幅度/变化率
工业：				
单位工业增加值（规模以上）能耗				[-18%]
火电供电煤耗	克标准煤/千瓦时	315	306	-9
吨钢综合能耗	千克标准煤	572	560	-12
水泥熟料综合能耗	千克标准煤/吨	112	105	-7
电解铝液交流电耗	千瓦时/吨	13350	13200	-150
炼油综合能耗	千克标准油/吨	65	63	-2
乙烯综合能耗	千克标准煤/吨	816	790	-26
合成氨综合能耗	千克标准煤/吨	1331	1300	-31
纸及纸板综合能耗	千克标准煤/吨	530	480	-50
建筑：				
城镇既有居住建筑节能改造累计面积	亿平方米	12.5	17.5	+5
城镇公共建筑节能改造累计面积	亿平方米	1	2	+1
城镇新建绿色建筑标准执行率	%	20	50	+30
交通运输：				

指 标		单 位	2015 年实际值	2020 年	
				目标值	变化幅度/变化率
铁路单位运输工作量综合能耗		吨标准煤/百万换算吨公里	4.71	4.47	[-5%]
营运车辆单位运输周转量能耗下降率					[-6.5%]
营运船舶单位运输周转量能耗下降率					[-6%]
民航业单位运输周转量能耗		千克标准煤/吨公里	0.433	＜0.415	＞[-4%]
新生产乘用车平均油耗		升/百公里	6.9	5	-1.9
公共机构：					
公共机构单位建筑面积能耗		千克标准煤/平方米	20.6	18.5	[-10%]
公共机构人均能耗		千克标准煤/人	370.7	330.0	[-11%]
终端用能设备：					
燃煤工业锅炉（运行）效率		%	70	75	+5
电动机系统效率		%	70	75	+5
一级能效容积式空气压缩机市场占有率	小于 55kW	%	15	30	+15
	55kW 至 220kW	%	8	13	+5
	大于 220kW	%	5	8	+3
一级能效电力变压器市场占有率		%	0.1	10	+9.9
二级以上能效房间空调器市场占有率		%	22.6	50	+27.4
二级以上能效电冰箱市场占有率		%	98.3	99	+0.7
二级以上能效家用燃气热水器市场占有率		%	93.7	98	+4.3

注：[ ] 内为变化率。

附件 3

“十三五”各地区化学需氧量排放总量控制计划

地区	2015 年排放量（万吨）	2020 年减排比例（%）	2020 年重点工程减排量（万吨）
北京	16.2	14.4	2.33
天津	20.9	14.4	2.47

地区	2015 年排放量（万吨）	2020 年减排比例（%）	2020 年重点工程减排量（万吨）
河北	120.8	19.0	16.14
山西	40.5	17.6	4.75
内蒙古	83.6	7.1	5.19
辽宁	116.7	13.4	8.41
吉林	72.4	4.8	2.32
黑龙江	139.3	6.0	7.33
上海	19.9	14.5	2.72
江苏	105.5	13.5	10.39
浙江	68.3	19.2	7.64
安徽	87.1	9.9	7.70
福建	60.9	4.1	2.14
江西	71.6	4.3	2.73
山东	175.8	11.7	13.30
河南	128.7	18.4	16.98
湖北	98.6	9.9	8.25
湖南	120.8	10.1	10.49
广东	160.7	10.4	11.06
广西	71.1	1.0	0.35
海南	18.8	1.2	0.16
重庆	38.0	7.4	2.36
四川	118.6	12.8	14.09
贵州	31.8	8.5	2.77
云南	51.0	14.1	5.85
西藏	2.9	—	—
陕西	48.9	10.0	2.63
甘肃	36.6	8.2	2.40
青海	10.4	1.1	0.07
宁夏	21.1	1.2	0.10
新疆	56.0	1.6	0.71
新疆生产建设兵团	10.0	1.6	0.04

注：2020 年减排比例根据各地区地表水质量改善任务确定，重点工程减排量根据“十三五”规划纲要、《水污染防治行动计划》及相关规划提出的环境治理保护重点工程确定。

附件 4

"十三五"各地区氨氮排放总量控制计划

地　区	2015 年排放量（万吨）	2020 年减排比例（%）	2020 年重点工程减排量（万吨）
北　京	1.6	16.1	0.24
天　津	2.4	16.1	0.38
河　北	9.7	20.0	1.59
山　西	5.0	18.0	0.61
内蒙古	4.7	7.0	0.28
辽　宁	9.6	8.8	0.85
吉　林	5.1	6.4	0.20
黑龙江	8.1	7.0	0.48
上　海	4.3	13.4	0.53
江　苏	13.8	13.4	1.25
浙　江	9.8	17.6	0.85
安　徽	9.7	14.3	1.07
福　建	8.5	3.5	0.30
江　西	8.5	3.8	0.32
山　东	15.3	13.4	1.49
河　南	13.4	16.6	1.93
湖　北	11.4	10.2	1.02
湖　南	15.1	10.1	1.41
广　东	20.0	11.3	1.54
广　西	7.7	1.0	0.08
海　南	2.1	1.9	0.04
重　庆	5.0	6.3	0.32
四　川	13.1	13.9	1.74
贵　州	3.6	11.2	0.41
云　南	5.5	12.9	0.67
西　藏	0.3	—	—
陕　西	5.6	10.0	0.38
甘　肃	3.7	8.0	0.28
青　海	1.0	1.4	0.01
宁　夏	1.6	0.7	0.01
新　疆	4.0	2.8	0.09
新疆生产建设兵团	0.5	2.8	—

注：2020 年减排比例根据各地区地表水质量改善任务确定，重点工程减排量根据"十三五"规划纲要、《水污染防治行动计划》及相关规划提出的环境治理保护重点工程确定。

附件 5

“十三五”各地区二氧化硫排放总量控制计划

地　区	2015 年排放量（万吨）	2020 年减排比例（%）	2020 年重点工程减排量（万吨）
北　京	7.1	35	1.8
天　津	18.6	25	2.8
河　北	110.8	28	18.4
山　西	112.1	20	22.4
内蒙古	123.1	11	13.5
辽　宁	96.9	20	14.4
吉　林	36.3	18	5.2
黑龙江	45.6	11	4.3
上　海	17.1	20	3.4
江　苏	83.5	20	13.3
浙　江	53.8	17	9.1
安　徽	48.0	16	5.2
福　建	33.8	—	3.5
江　西	52.8	12	6.3
山　东	152.6	27	35.0
河　南	114.4	28	20.5
湖　北	55.1	20	10.9
湖　南	59.6	21	8.5
广　东	67.8	3	2.0
广　西	42.1	13	4.5
海　南	3.2	—	0.4
重　庆	49.6	18	8.1
四　川	71.8	16	11.2
贵　州	85.3	7	6.0
云　南	58.4	1	0.6
西　藏	0.5	—	—
陕　西	73.5	15	11.0
甘　肃	57.1	8	4.6
青　海	15.1	6	0.9
宁　夏	35.8	12	4.3
新　疆	66.8	3	2.0
新疆生产建设兵团	11.0	13	0.9

注：2020 年减排比例根据各地区空气质量改善任务确定，重点工程减排量根据“十三五”规划纲要、《大气污染防治行动计划》及相关规划提出的环境治理保护重点工程确定。

附件 6

“十三五”各地区氮氧化物排放总量控制计划

地　区	2015 年排放量（万吨）	2020 年减排比例（%）	2020 年重点工程减排量（万吨）
北　京	13.8	25	0.7
天　津	24.7	25	3.5
河　北	135.1	28	19.9
山　西	93.1	20	16.3
内蒙古	113.9	11	12.5
辽　宁	82.8	20	14.9
吉　林	50.2	18	9.0
黑龙江	64.5	11	7.1
上　海	30.1	20	5.2
江　苏	106.8	20	18.7
浙　江	60.7	17	10.3
安　徽	72.1	16	9.0
福　建	37.9	—	4.6
江　西	49.3	12	5.9
山　东	142.4	27	31.0
河　南	126.2	28	15.8
湖　北	51.5	20	5.9
湖　南	49.7	15	6.3
广　东	99.7	3	3.0
广　西	37.3	13	3.3
海　南	9.0	—	1.2
重　庆	32.1	18	2.8
四　川	53.4	16	3.7
贵　州	41.9	7	2.9
云　南	44.9	1	0.4
西　藏	5.3	—	—
陕　西	62.7	15	9.4
甘　肃	38.7	8	3.1
青　海	11.8	6	0.7
宁　夏	36.8	12	4.4
新　疆	63.7	3	1.9
新疆生产建设兵团	9.9	13	1.3

注：2020 年减排比例根据各地区空气质量改善任务确定，重点工程减排量根据“十三五”规划纲要、《大气污染防治行动计划》及相关规划提出的环境治理保护重点工程确定。

附件 7

“十三五”重点地区挥发性有机物排放总量控制计划

地区	2015 年排放量（万吨）	2020 年减排比例（%）	2020 年重点工程减排量（万吨）
北　京	23.4	25	3.5
天　津	33.9	20	4.6
河　北	154.6	20	19.5
辽　宁	105.4	10	10.5
上　海	42.1	20	8.4
江　苏	187.0	20	31.2
浙　江	139.2	20	25.5
安　徽	95.9	10	9.2
山　东	192.1	20	38.4
河　南	167.5	10	16.6
湖　北	98.7	10	9.9
湖　南	98.3	10	7.9
广　东	137.8	18	20.7
重　庆	40.2	10	4.0
四　川	111.3	5	5.6
陕　西	67.5	5	3.4

注：“十三五”期间主要推进石化、化工、包装印刷和工业涂装等重点行业挥发性有机物减排，相关指标根据重点行业减排潜力、环境质量改善需求等因素分解落实到各有关省份。

国务院办公厅关于印发控制污染物排放许可制实施方案的通知

（国办发〔2016〕81号）

各省、自治区、直辖市人民政府，国务院各部委、各直属机构：

《控制污染物排放许可制实施方案》已经国务院同意，现印发给你们，请认真贯彻执行。

国务院办公厅

2016年11月10日

控制污染物排放许可制实施方案

控制污染物排放许可制（以下称排污许可制）是依法规范企事业单位排污行为的基础性环境管理制度，环境保护部门通过对企事业单位发放排污许可证并依证监管实施排污许可制。近年来，各地积极探索排污许可制，取得初步成效。但总体看，排污许可制定位不明确，企事业单位治污责任不落实，环境保护部门依证监管不到位，使得管理制度效能难以充分发挥。为进一步推动环境治理基础制度改革，改善环境质量，根据《中华人民共和国环境保护法》和《生态文明体制改革总体方案》等，制定本方案。

一、总体要求

（一）指导思想。全面贯彻落实党的十八大和十八届三中、四中、五中、六中全会精神，深入学习贯彻习近平总书记系列重要讲话精神，紧紧围绕统筹推进“五位一体”总体布局和协调推进“四个全面”战略布局，牢固树立创新、协调、绿色、开放、共享的发展理念，认真落实党中央、国务院决策部署，加大生态文明建设和环境保护力度，将排污许可制建设成为固定污染源环境管理的核心制度，作为企业守法、部门执法、社会监督的依据，为提高环境管理效能和改善环境质量奠定坚实基础。

（二）基本原则。

精简高效，衔接顺畅。排污许可制衔接环境影响评价管理制度，融合总量控制制度，为排污收费、环境统计、排污权交易等工作提供统一的污染物排放数据，减少重复申报，减轻企事业单位负担，提高管理效能。

公平公正，一企一证。企事业单位持证排污，按照所在地改善环境质量和保障环境安全的要求承担相应的污染治理责任，多排放多担责、少排放可获益。向企事业单位核发排污许可证，作为生产运营期排污行为的唯一行政许可，并明确其排污行为依法应当遵守的环境管理要求和承担的法律责任义务。

权责清晰，强化监管。排污许可证是企事业单位在生产运营期接受环境监管和环境保护部门实施监管的主要法律文书。企事业单位依法申领排污许可证，按证排污，自证守法。环境保护部门基于企事业单位守法承诺，依法发放排污许可证，依证强化事中事后监管，对违法排污行为实施严厉打击。

公开透明，社会共治。排污许可证申领、核发、监管流程全过程公开，企事业单位污染物排放和环境保护部门监管执法信息及时公开，为推动企业守法、部门联动、社会监督创造条件。

（三）目标任务。到 2020 年，完成覆盖所有固定污染源的排污许可证核发工作，全国排污许可证管理信息平台有效运转，各项环境管理制度精简合理、有机衔接，企事业单位环保主体责任得到落实，基本建立法规体系完备、技术体系科学、管理体系高效的排污许可制，对固定污染源实施全过程管理和多污染物协同控制，实现系统化、科学化、法治化、精细化、信息化的“一证式”管理。

二、衔接整合相关环境管理制度

（四）建立健全企事业单位污染物排放总量控制制度。改变单纯以行政区域为单元分解污染物排放总量指标的方式和总量减排核算考核办法，通过实施排污许可制，落实企事业单位污染物排放总量控制要求，逐步实现由行政区域污染物排放总量控制向企事业单位污染物排放总量控制转变，控制的范围逐渐统一到固定污染源。环境质量不达标地区，要通过提高排放标准或加严许可排放量等措施，对企事业单位实施更为严格的污染物排放总量控制，推动改善环境质量。

（五）有机衔接环境影响评价制度。环境影响评价制度是建设项目的环境准入门槛，排污许可制是企事业单位生产运营期排污的法律依据，必须做好充分衔接，实现从污染预防到污染治理和排放控制的全过程监管。新建项目必须在发生实际排污行为之前申领排污许可证，环境影响评价文件及批复中与污染物排放相关的主要内容应当纳入排污许可证，其排污许可证执行情况应作为环境影响后评价的重要依据。

三、规范有序发放排污许可证

（六）制定排污许可管理名录。环境保护部依法制订并公布排污许可分类管理名录，考虑企事业单位及其他生产经营者，确定实行排污许可管理的行业类别。对不同行业或同一行业内的不同类型企事业单位，按照污染物产生量、排放量以及环境危害程度等因素进行分类管理，对环境影响较小、环境危害程度较低的行业或企事业单位，简化排污许可内容和相应的自行监测、台账管理等要求。

（七）规范排污许可证核发。由县级以上地方政府环境保护部门负责排污许可证核发，地方性法规另有规定的从其规定。企事业单位应按相关法规标准和技术规定提交申请材料，申报污染物排放种类、排放浓度等，测算并申报污染物排放量。环境保护部门对符合要求的企事业单位应及时核发排污许可证，对存在疑问的开展现场核查。首次发放的排污许可证有效期三年，延续换发的排污许可证有效期五年。上级环境保护部门要加强监督抽查，有权依法撤销下级环境保护部门作出的核发排污许可证的决定。环境保护部统一制定排污许可证申领核发程序、排污许可证样式、信息编码和平台接口标准、相关数据格式要求等。各地区现有排污许可证及其管理要按国家统一要求及时进行规范。

（八）合理确定许可内容。排污许可证中明确许可排放的污染物种类、浓度、排放量、排放去向等事项，载明污染治理设施、环境管理要求等相关内容。根据污染物排放标准、总量控制指标、环境影响评价文件及批复要求等，依法合理确定许可排放的污染物种类、浓度及排放量。按照《国务院办公厅关于加强环境监管执法的通知》（国办发〔2014〕56 号）要求，经地方政府依法处理、整顿规范并符合要求的项目，纳入排污许可管理范围。地方政府制定的环境质量限期达标规划、重污染天气应对措施中对企事业单位有更加严格的排放控制要求的，应当在排污许可证中予以明确。

（九）分步实现排污许可全覆盖。排污许可证管理内容主要包括大气污染物、水污染物，并依法逐步纳入其他污染物。按行业分步实现对固定污染源的全覆盖，率先对火电、造纸行业企业核发排污许可证，2017 年完成《大气污染防治行动计划》和《水污染防治行动计划》重点行业及产能过剩行业企业排污许可证核发，2020 年全国基本完成排污许可证核发。

四、严格落实企事业单位环境保护责任

（十）落实按证排污责任。纳入排污许可管理的所有企事业单位必须按期持证排污、按证排污，不得无证排污。企事业单位应及时申领排污许可证，对申请材料的真实性、准确性和完整性承担法律责任，承诺按照排污许可证的规定排污并严格执行；落实污染物排放控制措施和其他各项环境管理要求，确保污染物排放种类、浓度和排放量等达到许可要求；明确单位负责人和相关人员环境保护责任，不断提高污染治理和环境管理水平，自觉接受监督检查。

（十一）实行自行监测和定期报告。企事业单位应依法开展自行监测，安装或使用监测设备应符合国家有关环境监测、计量认证规定和技术规范，保障数据合法有效，保证设备正常运行，妥善保存原始记录，建立准确完整的环境管理台账，安装在线监测设备的应与环境保护部门联网。企事业单位应如实向环境保护部门报告排污许可证执行情况，依法向社会公开污染物排放数据并对数据真实性负责。排放情况与排污许可证要求不符的，应及时向环境保护部门报告。

五、加强监督管理

（十二）依证严格开展监管执法。依证监管是排污许可制实施的关键，重点检

查许可事项和管理要求的落实情况，通过执法监测、核查台账等手段，核实排放数据和报告的真实性，判定是否达标排放，核定排放量。企事业单位在线监测数据可以作为环境保护部门监管执法的依据。按照“谁核发、谁监管”的原则定期开展监管执法，首次核发排污许可证后，应及时开展检查；对有违规记录的，应提高检查频次；对污染严重的产能过剩行业企业加大执法频次与处罚力度，推动去产能工作。现场检查的时间、内容、结果以及处罚决定应记入排污许可证管理信息平台。

（十三）严厉查处违法排污行为。根据违法情节轻重，依法采取按日连续处罚、限制生产、停产整治、停业、关闭等措施，严厉处罚无证和不按证排污行为，对构成犯罪的，依法追究刑事责任。环境保护部门检查发现实际情况与环境管理台账、排污许可证执行报告等不一致的，可以责令作出说明，对未能说明且无法提供自行监测原始记录的，依法予以处罚。

（十四）综合运用市场机制政策。对自愿实施严于许可排放浓度和排放量且在排污许可证中载明的企事业单位，加大电价等价格激励措施力度，符合条件的可以享受相关环保、资源综合利用等方面的优惠政策。与拟开征的环境保护税有机衔接，交换共享企事业单位实际排放数据与纳税申报数据，引导企事业单位按证排污并诚信纳税。排污许可证是排污权的确认凭证、排污交易的管理载体，企事业单位在履行法定义务的基础上，通过淘汰落后和过剩产能、清洁生产、污染治理、技术改造升级等产生的污染物排放削减量，可按规定在市场交易。

六、强化信息公开和社会监督

（十五）提高管理信息化水平。2017 年建成全国排污许可证管理信息平台，将排污许可证申领、核发、监管执法等工作流程及信息纳入平台，各地现有的排污许可证管理信息平台逐步接入。在统一社会信用代码基础上适当扩充，制定全国统一的排污许可证编码。通过排污许可证管理信息平台统一收集、存储、管理排污许可证信息，实现各级联网、数据集成、信息共享。形成的实际排放数据作为环境保护部门排污收费、环境统计、污染源排放清单等各项固定污染源环境管理的数据来源。

（十六）加大信息公开力度。在全国排污许可证管理信息平台上及时公开企事业单位自行监测数据和环境保护部门监管执法信息，公布不按证排污的企事业单位名单，纳入企业环境行为信用评价，并通过企业信用信息公示系统进行公示。与环保举报平台共享污染源信息，鼓励公众举报无证和不按证排污行为。依法推进环境公益诉讼，加强社会监督。

七、做好排污许可制实施保障

（十七）加强组织领导。各地区要高度重视排污许可制实施工作，统一思想，提高认识，明确目标任务，制定实施计划，确保按时限完成排污许可证核发工作。要做好排污许可制推进期间各项环境管理制度的衔接，避免出现管理真空。环境保护部要加强对全国排污许可制实施工作的指导，制定相关管理办法，总结推广经验，跟踪评估实施情况。将排污许可制落实情况纳入环境保护督察工作，对落实不力的进行问责。

（十八）完善法律法规。加快修订建设项目环境保护管理条例，制定排污许可管理条例。配合修订水污染防治法，研究建立企事业单位守法排污的自我举证、加严对无证或不按证排污连续违法行为的处罚规定。推动修订固体废物污染环境防治法、环境噪声污染防治法，探索将有关污染物纳入排污许可证管理。

（十九）健全技术支撑体系。梳理和评估现有污染物排放标准，并适时修订。建立健全基于排放标准的可行技术体系，推动企事业单位污染防治措施升级改造和技术进步。完善排污许可证执行和监管执法技术体系，指导企事业单位自行监测、台账记录、执行报告、信息公开等工作，规范环境保护部门台账核查、现场执法等行为。培育和规范咨询与监测服务市场，促进人才队伍建设。

（二十）开展宣传培训。加大对排污许可制的宣传力度，做好制度解读，及时回应社会关切。组织各级环境保护部门、企事业单位、咨询与监测机构开展专业培训。强化地方政府环境保护主体责任，树立企事业单位持证排污意识，有序引导社会公众更好参与监督企事业单位排污行为，形成政府综合管控、企业依证守法、社会共同监督的良好氛围。

管理制度 

（一）监测管理制度相关规定

环境监测管理办法

（环保总局令　第39号）

第一条　为加强环境监测管理，根据《环境保护法》等有关法律法规，制定本办法。

第二条　本办法适用于县级以上环境保护部门下列环境监测活动的管理：

（一）环境质量监测；

（二）污染源监督性监测；

（三）突发环境污染事件应急监测；

（四）为环境状况调查和评价等环境管理活动提供监测数据的其他环境监测活动。

第三条　环境监测工作是县级以上环境保护部门的法定职责。

县级以上环境保护部门应当按照数据准确、代表性强、方法科学、传输及时的要求，建设先进的环境监测体系，为全面反映环境质量状况和变化趋势，及时跟踪污染源变化情况，准确预警各类环境突发事件等环境管理工作提供决策依据。

第四条　县级以上环境保护部门对本行政区域环境监测工作实施统一监督管理，履行下列主要职责：

（一）制定并组织实施环境监测发展规划和年度工作计划；

（二）组建直属环境监测机构，并按照国家环境监测机构建设标准组织实施环境监测能力建设；

（三）建立环境监测工作质量审核和检查制度；

（四）组织编制环境监测报告，发布环境监测信息；

（五）依法组建环境监测网络，建立网络管理制度，组织网络运行管理；

（六）组织开展环境监测科学技术研究、国际合作与技术交流。

国家环境保护总局适时组建直属跨界环境监测机构。

第五条 县级以上环境保护部门所属环境监测机构具体承担下列主要环境监测技术支持工作：

（一）开展环境质量监测、污染源监督性监测和突发环境污染事件应急监测；

（二）承担环境监测网建设和运行，收集、管理环境监测数据，开展环境状况调查和评价，编制环境监测报告；

（三）负责环境监测人员的技术培训；

（四）开展环境监测领域科学研究，承担环境监测技术规范、方法研究以及国际合作和交流；

（五）承担环境保护部门委托的其他环境监测技术支持工作。

第六条 国家环境保护总局负责依法制定统一的国家环境监测技术规范。

省级环境保护部门对国家环境监测技术规范未作规定的项目，可以制定地方环境监测技术规范，并报国家环境保护总局备案。

第七条 县级以上环境保护部门负责统一发布本行政区域的环境污染事故、环境质量状况等环境监测信息。

有关部门间环境监测结果不一致的，由县级以上环境保护部门报经同级人民政府协调后统一发布。

环境监测信息未经依法发布，任何单位和个人不得对外公布或者透露。

属于保密范围的环境监测数据、资料、成果，应当按照国家有关保密的规定进行管理。

第八条 县级以上环境保护部门所属环境监测机构依据本办法取得的环境监测数据，应当作为环境统计、排污申报核定、排污费征收、环境执法、目标责任考核等环境管理的依据。

第九条 县级以上环境保护部门按照环境监测的代表性分别负责组织建设国家级、省级、市级、县级环境监测网，并分别委托所属环境监测机构负责运行。

第十条 环境监测网由各环境监测要素的点位（断面）组成。

环境监测点位（断面）的设置、变更、运行，应当按照国家环境保护总局有关规定执行。

各大水系或者区域的点位（断面），属于国家级环境监测网。

第十一条 环境保护部门所属环境监测机构按照其所属的环境保护部门级

别，分为国家级、省级、市级、县级四级。

上级环境监测机构应当加强对下级环境监测机构的业务指导和技术培训。

第十二条 环境保护部门所属环境监测机构应当具备与所从事的环境监测业务相适应的能力和条件，并按照经批准的环境保护规划规定的要求和时限，逐步达到国家环境监测能力建设标准。

环境保护部门所属环境监测机构从事环境监测的专业技术人员，应当进行专业技术培训，并经国家环境保护总局统一组织的环境监测岗位考试考核合格，方可上岗。

第十三条 县级以上环境保护部门应当对本行政区域内的环境监测质量进行审核和检查。

各级环境监测机构应当按照国家环境监测技术规范进行环境监测，并建立环境监测质量管理体系，对环境监测实施全过程质量管理，并对监测信息的准确性和真实性负责。

第十四条 县级以上环境保护部门应当建立环境监测数据库，对环境监测数据实行信息化管理，加强环境监测数据收集、整理、分析、储存，并按照国家环境保护总局的要求定期将监测数据逐级报上一级环境保护部门。

各级环境保护部门应当逐步建立环境监测数据信息共享制度。

第十五条 环境监测工作，应当使用统一标志。

环境监测人员佩戴环境监测标志，环境监测站点设立环境监测标志，环境监测车辆印制环境监测标志，环境监测报告附具环境监测标志。

环境监测统一标志由国家环境保护总局制定。

第十六条 任何单位和个人不得损毁、盗窃环境监测设施。

第十七条 县级以上环境保护部门应当协调有关部门，将环境监测网建设投资、运行经费等环境监测工作所需经费全额纳入同级财政年度经费预算。

第十八条 县级以上环境保护部门及其工作人员、环境监测机构及环境监测人员有下列行为之一的，由任免机关或者监察机关按照管理权限依法给予行政处分；涉嫌犯罪的，移送司法机关依法处理：

（一）未按照国家环境监测技术规范从事环境监测活动的；

（二）拒报或者两次以上不按照规定的时限报送环境监测数据的；

（三）伪造、篡改环境监测数据的；

（四）擅自对外公布环境监测信息的。

第十九条 排污者拒绝、阻挠环境监测工作人员进行环境监测活动或者弄虚作假的，由县级以上环境保护部门依法给予行政处罚；构成违反治安管理行为的，由公安机关依法给予治安处罚；构成犯罪的，依法追究刑事责任。

第二十条 损毁、盗窃环境监测设施的，县级以上环境保护部门移送公安机关，由公安机关依照《治安管理处罚法》的规定处 10 日以上 15 日以下拘留；构成犯罪的，依法追究刑事责任。

第二十一条 排污者必须按照县级以上环境保护部门的要求和国家环境监测技术规范，开展排污状况自我监测。

排污者按照国家环境监测技术规范，并经县级以上环境保护部门所属环境监测机构检查符合国家规定的能力要求和技术条件的，其监测数据作为核定污染物排放种类、数量的依据。

不具备环境监测能力的排污者，应当委托环境保护部门所属环境监测机构或者经省级环境保护部门认定的环境监测机构进行监测；接受委托的环境监测机构所从事的监测活动，所需经费由委托方承担，收费标准按照国家有关规定执行。

经省级环境保护部门认定的环境监测机构，是指非环境保护部门所属的、从事环境监测业务的机构，可以自愿向所在地省级环境保护部门申请证明其具备相适应的环境监测业务能力认定，经认定合格者，即为经省级环境保护部门认定的环境监测机构。

经省级环境保护部门认定的环境监测机构应当接受所在地环境保护部门所属环境监测机构的监督检查。

第二十二条 辐射环境监测的管理，参照本办法执行。

第二十三条 本办法自 2007 年 9 月 1 日起施行。

突发环境事件应急管理办法

（环境保护部令　第34号）

第一章　总　则

第一条　为预防和减少突发环境事件的发生，控制、减轻和消除突发环境事件引起的危害，规范突发环境事件应急管理工作，保障公众生命安全、环境安全和财产安全，根据《中华人民共和国环境保护法》《中华人民共和国突发事件应对法》《国家突发环境事件应急预案》及相关法律法规，制定本办法。

第二条　各级环境保护主管部门和企业事业单位组织开展的突发环境事件风险控制、应急准备、应急处置、事后恢复等工作，适用本办法。

本办法所称突发环境事件，是指由于污染物排放或者自然灾害、生产安全事故等因素，导致污染物或者放射性物质等有毒有害物质进入大气、水体、土壤等环境介质，突然造成或者可能造成环境质量下降，危及公众身体健康和财产安全，或者造成生态环境破坏，或者造成重大社会影响，需要采取紧急措施予以应对的事件。

突发环境事件按照事件严重程度，分为特别重大、重大、较大和一般四级。

核设施及有关核活动发生的核与辐射事故造成的辐射污染事件按照核与辐射相关规定执行。重污染天气应对工作按照《大气污染防治行动计划》等有关规定执行。

造成国际环境影响的突发环境事件的涉外应急通报和处置工作，按照国家有关国际合作的相关规定执行。

第三条　突发环境事件应急管理工作坚持预防为主、预防与应急相结合的原则。

第四条　突发环境事件应对，应当在县级以上地方人民政府的统一领导下，建立分类管理、分级负责、属地管理为主的应急管理体制。

县级以上环境保护主管部门应当在本级人民政府的统一领导下，对突发环境事件应急管理日常工作实施监督管理，指导、协助、督促下级人民政府及其有关部门做好突发环境事件应对工作。

第五条 县级以上地方环境保护主管部门应当按照本级人民政府的要求，会同有关部门建立健全突发环境事件应急联动机制，加强突发环境事件应急管理。

相邻区域地方环境保护主管部门应当开展跨行政区域的突发环境事件应急合作，共同防范、互通信息，协力应对突发环境事件。

第六条 企业事业单位应当按照相关法律法规和标准规范的要求，履行下列义务：

（一）开展突发环境事件风险评估；

（二）完善突发环境事件风险防控措施；

（三）排查治理环境安全隐患；

（四）制定突发环境事件应急预案并备案、演练；

（五）加强环境应急能力保障建设。

发生或者可能发生突发环境事件时，企业事业单位应当依法进行处理，并对所造成的损害承担责任。

第七条 环境保护主管部门和企业事业单位应当加强突发环境事件应急管理的宣传和教育，鼓励公众参与，增强防范和应对突发环境事件的知识和意识。

第二章　风险控制

第八条 企业事业单位应当按照国务院环境保护主管部门的有关规定开展突发环境事件风险评估，确定环境风险防范和环境安全隐患排查治理措施。

第九条 企业事业单位应当按照环境保护主管部门的有关要求和技术规范，完善突发环境事件风险防控措施。

前款所指的突发环境事件风险防控措施，应当包括有效防止泄漏物质、消防水、污染雨水等扩散至外环境的收集、导流、拦截、降污等措施。

第十条 企业事业单位应当按照有关规定建立健全环境安全隐患排查治理制度，建立隐患排查治理档案，及时发现并消除环境安全隐患。

对于发现后能够立即治理的环境安全隐患，企业事业单位应当立即采取措施，消除环境安全隐患。对于情况复杂、短期内难以完成治理，可能产生较大环境危害的环境安全隐患，应当制定隐患治理方案，落实整改措施、责任、资金、时限和现场应急预案，及时消除隐患。

第十一条 县级以上地方环境保护主管部门应当按照本级人民政府的统一要求，开展本行政区域突发环境事件风险评估工作，分析可能发生的突发环境事件，提高区域环境风险防范能力。

第十二条 县级以上地方环境保护主管部门应当对企业事业单位环境风险防范和环境安全隐患排查治理工作进行抽查或者突击检查，将存在重大环境安全隐患且整治不力的企业信息纳入社会诚信档案，并可以通报行业主管部门、投资主管部门、证券监督管理机构以及有关金融机构。

第三章 应急准备

第十三条 企业事业单位应当按照国务院环境保护主管部门的规定，在开展突发环境事件风险评估和应急资源调查的基础上制定突发环境事件应急预案，并按照分类分级管理的原则，报县级以上环境保护主管部门备案。

第十四条 县级以上地方环境保护主管部门应当根据本级人民政府突发环境事件专项应急预案，制定本部门的应急预案，报本级人民政府和上级环境保护主管部门备案。

第十五条 突发环境事件应急预案制定单位应当定期开展应急演练，撰写演练评估报告，分析存在问题，并根据演练情况及时修改完善应急预案。

第十六条 环境污染可能影响公众健康和环境安全时，县级以上地方环境保护主管部门可以建议本级人民政府依法及时公布环境污染公共监测预警信息，启动应急措施。

第十七条 县级以上地方环境保护主管部门应当建立本行政区域突发环境事件信息收集系统，通过“12369”环保举报热线、新闻媒体等多种途径收集突发环境事件信息，并加强跨区域、跨部门突发环境事件信息交流与合作。

第十八条 县级以上地方环境保护主管部门应当建立健全环境应急值守制度，确定应急值守负责人和应急联络员并报上级环境保护主管部门。

第十九条 企业事业单位应当将突发环境事件应急培训纳入单位工作计划，对从业人员定期进行突发环境事件应急知识和技能培训，并建立培训档案，如实记录培训的时间、内容、参加人员等信息。

第二十条 县级以上环境保护主管部门应当定期对从事突发环境事件应急管理工作的人员进行培训。

省级环境保护主管部门以及具备条件的市、县级环境保护主管部门应当设立环境应急专家库。

县级以上地方环境保护主管部门和企业事业单位应当加强环境应急处置救援能力建设。

第二十一条 县级以上地方环境保护主管部门应当加强环境应急能力标准化建设，配备应急监测仪器设备和装备，提高重点流域区域水、大气突发环境事件预警能力。

第二十二条 县级以上地方环境保护主管部门可以根据本行政区域的实际情况，建立环境应急物资储备信息库，有条件的地区可以设立环境应急物资储备库。

企业事业单位应当储备必要的环境应急装备和物资，并建立完善相关管理制度。

第四章 应急处置

第二十三条 企业事业单位造成或者可能造成突发环境事件时，应当立即启动突发环境事件应急预案，采取切断或者控制污染源以及其他防止危害扩大的必要措施，及时通报可能受到危害的单位和居民，并向事发地县级以上环境保护主管部门报告，接受调查处理。

应急处置期间，企业事业单位应当服从统一指挥，全面、准确地提供本单位与应急处置相关的技术资料，协助维护应急现场秩序，保护与突发环境事件相关的各项证据。

第二十四条 获知突发环境事件信息后，事件发生地县级以上地方环境保护主管部门应当按照《突发环境事件信息报告办法》规定的时限、程序和要求，向同级人民政府和上级环境保护主管部门报告。

第二十五条 突发环境事件已经或者可能涉及相邻行政区域的，事件发生地环境保护主管部门应当及时通报相邻区域同级环境保护主管部门，并向本级人民政府提出向相邻区域人民政府通报的建议。

第二十六条 获知突发环境事件信息后，县级以上地方环境保护主管部门应当立即组织排查污染源，初步查明事件发生的时间、地点、原因、污染物质及数量、周边环境敏感区等情况。

第二十七条 获知突发环境事件信息后，县级以上地方环境保护主管部门应当按照《突发环境事件应急监测技术规范》开展应急监测，及时向本级人民政府和上级环境保护主管部门报告监测结果。

第二十八条 应急处置期间，事发地县级以上地方环境保护主管部门应当组织开展事件信息的分析、评估，提出应急处置方案和建议报本级人民政府。

第二十九条 突发环境事件的威胁和危害得到控制或者消除后，事发地县级以上地方环境保护主管部门应当根据本级人民政府的统一部署，停止应急处置措施。

第五章 事后恢复

第三十条 应急处置工作结束后，县级以上地方环境保护主管部门应当及时总结、评估应急处置工作情况，提出改进措施，并向上级环境保护主管部门报告。

第三十一条 县级以上地方环境保护主管部门应当在本级人民政府的统一部署下，组织开展突发环境事件环境影响和损失等评估工作，并依法向有关人民政府报告。

第三十二条 县级以上环境保护主管部门应当按照有关规定开展事件调查，查清突发环境事件原因，确认事件性质，认定事件责任，提出整改措施和处理意见。

第三十三条 县级以上地方环境保护主管部门应当在本级人民政府的统一领导下，参与制定环境恢复工作方案，推动环境恢复工作。

第六章 信息公开

第三十四条 企业事业单位应当按照有关规定，采取便于公众知晓和查询的方式公开本单位环境风险防范工作开展情况、突发环境事件应急预案及演练情况、突发环境事件发生及处置情况，以及落实整改要求情况等环境信息。

第三十五条 突发环境事件发生后，县级以上地方环境保护主管部门应当认真研判事件影响和等级，及时向本级人民政府提出信息发布建议。履行统一领导职责或者组织处置突发事件的人民政府，应当按照有关规定统一、准确、及时发布有关突发事件事态发展和应急处置工作的信息。

第三十六条 县级以上环境保护主管部门应当在职责范围内向社会公开有关突发环境事件应急管理的规定和要求，以及突发环境事件应急预案及演练情况等环境信息。

县级以上地方环境保护主管部门应当对本行政区域内突发环境事件进行汇总分析，定期向社会公开突发环境事件的数量、级别，以及事件发生的时间、地点、应急处置概况等信息。

第七章 罚 则

第三十七条 企业事业单位违反本办法规定，导致发生突发环境事件，《中华人民共和国突发事件应对法》《中华人民共和国水污染防治法》《中华人民共和国大气污染防治法》《中华人民共和国固体废物污染环境防治法》等法律法规已有相关处罚规定的，依照有关法律法规执行。

较大、重大和特别重大突发环境事件发生后，企业事业单位未按要求执行停产、停排措施，继续违反法律法规规定排放污染物的，环境保护主管部门应当依法对造成污染物排放的设施、设备实施查封、扣押。

第三十八条 企业事业单位有下列情形之一的，由县级以上环境保护主管部门责令改正，可以处一万元以上三万元以下罚款：

（一）未按规定开展突发环境事件风险评估工作，确定风险等级的；

（二）未按规定开展环境安全隐患排查治理工作，建立隐患排查治理档案的；

（三）未按规定将突发环境事件应急预案备案的；

（四）未按规定开展突发环境事件应急培训，如实记录培训情况的；

（五）未按规定储备必要的环境应急装备和物资；

（六）未按规定公开突发环境事件相关信息的。

第八章 附 则

第三十九条 本办法由国务院环境保护主管部门负责解释。

第四十条 本办法自 2015 年 6 月 5 日起施行。

固定污染源排污许可分类管理名录（2017 年版）

（环境保护部令　第 45 号）

第一条　为实施排污许可证分类管理、有序发放，根据《中华人民共和国水污染防治法》《中华人民共和国大气污染防治法》《国务院办公厅关于印发控制污染物排放许可制实施方案的通知》（国办发〔2016〕81 号）的相关规定，特制定本名录。

第二条　国家根据排放污染物的企业事业单位和其他生产经营者污染物产生量、排放量和环境危害程度，实行排污许可重点管理和简化管理。

第三条　现有企业事业单位和其他生产经营者应当按照本名录的规定，在实施时限内申请排污许可证。

第四条　企业事业单位和其他生产经营者在同一场所从事本名录中两个以上行业生产经营的，申请一个排污许可证。

第五条　本名录第一至三十二类行业以外的企业事业单位和其他生产经营者，有本名录第三十三类行业中的锅炉、工业炉窑、电镀、生活污水和工业废水集中处理等通用工序的，应当对通用工序申请排污许可证。

第六条　本名录以外的企业事业单位和其他生产经营者，有以下情形之一的，视同本名录规定的重点管理行业，应当申请排污许可证：

（一）被列入重点排污单位名录的；

（二）二氧化硫、氮氧化物单项年排放量大于 250 吨的；

（三）烟粉尘年排放量大于 1000 吨的；

（四）化学需氧量年排放量大于 30 吨的；

（五）氨氮、石油类和挥发酚合计年排放量大于 30 吨的；

（六）其他单项有毒有害大气、水污染物污染当量数大于 3000 的（污染当量数按《中华人民共和国环境保护税法》规定计算）。

第七条　本名录由国务院环境保护主管部门负责解释，并适时修订。

第八条　本名录自发布之日起施行。

序号	行业类别	实施重点管理的行业	实施简化管理的行业	实施时限	适用排污许可行业技术规范
一、畜牧业 03					
1	牲畜饲养 031，家禽饲养 032	设有污水排放口的规模化畜禽养殖场、养殖小区（具体规模化标准按《畜禽规模养殖污染防治条例》执行）	/	2019 年	畜禽养殖行业
二、农副食品加工业 13					
2	谷物磨制 131，饲料加工 132	有发酵工艺的	/	2020 年	农副食品加工工业
3	植物油加工 133	/	不含单纯分装、调和植物油的	2020 年	
4	制糖业 134	日加工糖料能力 1000 吨及以上的原糖、成品糖或者精制糖生产	其他	2017 年	
5	屠宰及肉类加工 135	年屠宰生猪 10 万头及以上、肉牛 1 万头及以上、肉羊 15 万头及以上、禽类 1000 万只及以上的	其他	2018 年	
6	水产品加工 136	年加工能力 5 万吨及以上的（不含鱼油提取及制品制造）	年加工能力 1 万吨及以上 5 万吨以下的	2020 年	
7	其他农副食品加工 139	年加工能力 15 万吨玉米或者 1.5 万吨薯类及以上的淀粉生产或者年产能 1 万吨及以上的淀粉制品生产（含发酵工艺的淀粉制品除外）	除实施重点管理的以外，其他纳入 2015 年环境统计的淀粉和淀粉制品生产	2018 年	
三、食品制造业 14					
8	乳制品制造 144	年加工 20 万吨及以上的以生鲜牛（羊）乳及其制品为主要原料的液体乳及固体乳（乳粉、炼乳、乳脂肪、干酪等）制品制造（不包括含乳饮料和植物蛋白饮料的生产）	其他	2019 年	食品制造工业

序号	行业类别	实施重点管理的行业	实施简化管理的行业	实施时限	适用排污许可行业技术规范
9	调味品、发酵制品制造 146	纳入2015年环境统计的含发酵工艺的味精、柠檬酸、赖氨酸、酱油、醋等制造	其他（不含单纯分装的）	2019 年	
10	方便食品制造 143，其他食品制造 149	纳入 2015 年环境统计的有提炼工艺的方便食品制造、纳入 2015 年环境统计的食品及饲料添加剂制造（以上均不含单纯混合和分装的）	/	2019 年	
四、酒、饮料和精制茶制造业 15					
11	酒的制造 151	啤酒制造、有发酵工艺的酒精制造、白酒制造、黄酒制造、葡萄酒制造	/	2019 年	酒精、饮料制造工业
12	饮料制造 152	含发酵工艺或者原汁生产的饮料制造	/	总氮、总磷控制区域 2019 年，其他 2020 年	
五、纺织业 17					
13	棉纺织及印染精加工 171，毛纺织及染整精加工 172，麻纺织及染整精加工 173，丝绢纺织及印染精加工 174，化纤织造及印染精加工 175	含前处理、染色、印花、整理工序的，以及含洗毛、麻脱胶、缫丝、喷水织造等工序的	/	含前处理、染色、印花工序的 2017 年，其他 2020 年	纺织印染工业
六、纺织服装、服饰业 18					
14	机织服装制造 181，服饰制造 183	含水洗工艺工序的，有湿法印花、染色工艺的	/	2020 年	纺织印染工业
七、皮革、毛皮、羽毛及其制品和制鞋业 19					
15	皮革鞣制加工 191，毛皮鞣制及制品加工 193	含鞣制工序的	其他	含鞣制工序的制革加工 2017 年，其他 2020 年	制革及毛皮加工 工 工业
16	羽毛（绒）加工及制品制造 194	羽毛（绒）加工	/	2020 年	羽毛（绒）加 工 工业

序号	行业类别	实施重点管理的行业	实施简化管理的行业	实施时限	适用排污许可行业技术规范
17	制鞋业 195	使用溶剂型胶黏剂或者溶剂型处理剂的	/	2019 年	制鞋工业
八、木材加工和木、竹、藤、棕、草制品业 20					
18	人造板制造 202	年产 20 万立方米及以上	其他	2019 年	人造板工业
九、家具制造业 21					
19	木质家具制造 211，竹、藤家具制造 212	有电镀工艺或者有喷漆工艺且年用油性漆（含稀释剂）量 10 吨及以上的、使用粘结剂的锯材、木片加工、家具制造、竹、藤、棕、草制品制造	有化学处理工艺的或者有喷漆工艺且年用油性漆（含稀释剂）量 10 吨以下的	2019 年	家具制造工业
十、造纸和纸制品业 22					
20	纸浆制造 221	以植物或者废纸为原料的纸浆生产	/	2017 年 6 月	制浆造纸工业
21	造纸 222	用纸浆或者矿渣棉、云母、石棉等其他原料悬浮在流体中的纤维，经过造纸机或者其他设备成型，或者手工操作而成的纸及纸板的制造（包括机制纸及纸板制造、手工纸制造、加工纸制造）	/	2017 年 6 月	
22	纸制品制造 223	/	有工业废水、废气排放的纸制品制造企业	纳入 2015 年环境统计范围内的 2017 年 6 月实施，未纳入 2015 年环境统计范围但有工业废水直接或者间接排放的 2020 年实施	
十一、印刷和记录媒介复制业 23					
23	印刷 231	使用溶剂型油墨或者使用涂料年用量 80 吨及以上，或者使用溶剂型稀释剂 10 吨及以上的包装装潢印刷	/	2020 年	印刷工业

序号	行业类别	实施重点管理的行业	实施简化管理的行业	实施时限	适用排污许可行业技术规范
十二、石油、煤炭及其他燃料加工业 25					
24	精炼石油产品制造 251	原油加工及石油制品制造、人造原油制造	/	京津冀鲁、长三角、珠三角区域 2017 年，其他 2018 年	石化工业
25	基础化学原料制造 261	以石油馏分、天然气等为原料，生产有机化学品、合成树脂、合成纤维、合成橡胶等的工业	/	乙烯、芳烃生产 2017 年，其他 2020 年	
26	炼焦 2521	生产焦炭、半焦产品为主的煤炭加工行业	/	焦炭 2017 年，其他 2020 年	炼焦化学工业
27	煤炭加工 252	煤制天然气、合成气、煤炭提质、煤制油、煤制甲醇、煤制烯烃等其他煤炭加工	/	2020 年	现代煤化工工业
十三、化学原料和化学制品制造业 26					
28	基础化学原料制造 261	无机酸制造、无机碱制造、无机盐制造，以上均不含单纯混合或者分装的	烧碱制造、单纯混合或者分装的无机碱制造、无机盐制造、无机酸制造	总磷控制区域的无机磷化工 2019 年，其他 2020 年	无机化学工业
29	聚氯乙烯	聚氯乙烯	/	2019 年	聚氯乙烯工业
30	肥料制造 262	化学肥料制造（不含单纯混合或者分装的）	生产有机肥料、微生物肥料、钾肥的企业（不含其他生产经营者），单纯混合或者分装的化学肥料	氮肥（合成氨）2017 年，磷肥 2019 年，其他肥料制造 2020 年	化肥工业
31	农药制造 263	化学农药制造（包含农药中间体）、生物化学农药及微生物农药制造，以上均不含单纯混合或者分装的	单纯混合或者分装的	生物化学农药及微生物农药制造 2020 年，其他 2017 年	农药制造工业

序号	行业类别	实施重点管理的行业	实施简化管理的行业	实施时限	适用排污许可行业技术规范
32	涂料、油墨、颜料及类似产品制造264	涂料、染料、油墨、颜料、胶粘剂及类似产品制造，以上均不含单纯混合或者分装的	/	2020年	涂料油墨工业
33	合成材料制造265	初级塑料或者原状塑料的生产、合成橡胶制造、合成纤维单（聚合）体制造、陶瓷纤维等特种纤维及其增强的复合材料的制造等	/	长三角2018年，其他2020年	石化工业
34	专用化学产品制造266	化学试剂和助剂制造，水处理化学品、造纸化学品、皮革化学品、油脂化学品、油田化学品、生物工程化学品、日化产品专用化学品等专项化学用品制造，林产化学产品制造，信息化学品制造，环境污染处理专用药剂材料制造，动物胶制造等，以上均不含单纯混合或者分装的	/	2020年	专用化学产品制造
35	日用化学产品制造268	肥皂及洗涤剂制造、化妆品制造、口腔清洁用品制造、香料香精制造等，以上均不含单纯混合或者分装的	/	2020年	日用化学产品制造工业
十四、医药制造业27					
36	化学药品原料药制造271	进一步加工化学药品制剂所需的原料药的生产，主要用于药物生产的医药中间体的生产	/	主要用于药物生产的医药中间体2020年，其他2017年	制药工业
37	化学药品制剂制造272	化学药品制剂制造、化学药品研发外包	/	2020年	
38	中成药生产274	/	有提炼工艺的中成药生产	2020年	

序号	行业类别	实施重点管理的行业	实施简化管理的行业	实施时限	适用排污许可行业技术规范
39	兽用药品制造 275	兽用药品制造、兽用药品研发外包	/	2020 年	制药工业
40	生物药品制品制造 276	利用生物技术生产生物化学药品、基因工程药物的制造，生物药品研发外包	/	2020 年	
41	卫生材料及医药用品制造 277	/	卫生材料、外科敷料、药品包装材料、辅料以及其他内、外科用医药制品的制造	2020 年	卫生材料及医药用品制造工业
十五、化学纤维制造业 28					
42	纤维素纤维原料及纤维制造 281，合成纤维制造 282，非织造布制造 1781	纤维素纤维原料及纤维制造、合成纤维制造、非织造布制造	/	2020 年	化学纤维制造工业
43	溶解木浆	用于生产粘胶纤维、硝化纤维、醋酸纤维、玻璃纸、羧甲基纤维素等	/	2020 年	制浆造纸工业
十六、橡胶和塑料制品业 29					
44	橡胶制品业 291	橡胶制品制造	/	2020 年	橡胶制品工业
45	塑料制品业 292	人造革、发泡胶等涉及有毒原材料的，以再生塑料为原料的，有电镀工艺的塑料制品制造	其他	2020 年	塑料制品工业
十七、非金属矿物制品业 30					
46	水泥、石灰和石膏制造 301	水泥（熟料）制造	石灰制造、水泥粉磨站	石灰制造 2020 年，其他 2017 年	水泥工业
47	玻璃制造 304	平板玻璃	其他	平板玻璃制造 2017 年，其他 2020 年	玻璃工业
48	玻璃制品制造 305	/	以煤、油和天然气为燃料加热的玻璃制品制造	2020 年	

序号	行业类别	实施重点管理的行业	实施简化管理的行业	实施时限	适用排污许可行业技术规范
49	玻璃纤维和玻璃纤维增强塑料制品制造 306	/	玻璃纤维制造、玻璃纤维增强塑料制品制造	2020 年	玻璃工业
50	砖瓦、石材等建筑材料制造 303	以煤为基础燃料的建筑陶瓷企业	其他	2020 年	陶瓷砖瓦工业
51	陶瓷制品制造 307	年产卫生陶瓷 150 万件及以上、年产日用陶瓷 250 万件及以上	/	2018 年	
52	耐火材料制品制造 308	石棉制品制造	其他	2020 年	
53	石墨及其他非金属矿物制品制造 309	含焙烧石墨、碳素制品，多晶硅	其他	2020 年	石墨及碳素制品制造业
十八、黑色金属冶炼和压延加工业 31					
54	炼铁 311	含炼铁、烧结、球团等工序的生产	/	京津冀及周边“2+26”城市、长三角、珠三角区域 2017 年，其他 2018 年	钢铁工业
55	炼钢 312	含炼钢等工序的生产	/	京津冀及周边“2+26”城市、长三角、珠三角区域 2017 年，其他 2018 年	
56	钢压延加工 313	年产 50 万吨及以上的冷轧	其他	京津冀及周边“2+26”城市、长三角、珠三角区域 2017 年，其他 2018 年	
57	铁合金冶炼 314	铁合金冶炼、金属铬和金属锰的冶炼	/	2020 年	

序号	行业类别	实施重点管理的行业	实施简化管理的行业	实施时限	适用排污许可行业技术规范
十九、有色金属冶炼和压延加工业 32					
58	常用有色金属冶炼 321	铜、铅锌、镍钴、锡、锑、铝、镁、汞、钛等常用有色金属冶炼（含再生铜、再生铝和再生铅冶炼）	/	铜、铅锌冶炼以及京津冀、长三角、珠三角区域的电解铝 2017 年，其他 2018 年	有色金属工业
59	贵金属冶炼 322	金、银及铂族金属冶炼（包括以矿石为原料）	/	2020 年	有色金属工业
60	有色金属合金制造 324	以有色金属为基体，加入一种或者几种其他元素所构成的合金生产	/	2020 年	有色金属工业
61	有色金属铸造 3392	以有色金属及其合金铸造各种成品、半成品，且年产 10 万吨及以上	年产 10 万吨以下	2020 年	有色金属工业
62	有色金属压延加工 325	/	有色金属压延加工	2020 年	有色金属工业
63	稀有稀土金属冶炼 323	稀有稀土金属冶炼，不包括钍和铀等放射性金属的冶炼加工	/	2020 年	稀土行业
二十、金属制品业 33					
64	金属表面处理及热处理加工 336	有电镀、电铸、电解加工、刷镀、化学镀、热浸镀（溶剂法）以及金属酸洗、抛光（电解抛光和化学抛光）、氧化、磷化、钝化等任一工序的，专门处理电镀废水的集中处理设施，使用有机涂层的（不含喷粉和喷塑）	其他	专业电镀企业（含电镀园区中电镀企业），专门处理电镀废水的集中处理设施 2017 年，其他 2020 年	电镀工业
65	黑色金属铸造 3391	年产 10 万吨及以上的铸铁件、铸钢件等各种成品、半成品的制造	年产 10 万吨以下的	2020 年	黑色金属铸造工业

序号	行业类别	实施重点管理的行业	实施简化管理的行业	实施时限	适用排污许可行业技术规范
二十一、汽车制造业 36					
66	汽车制造 361 -367	汽车整车制造，发动机生产，有电镀工艺或者有喷漆工艺且年用油性漆（含稀释剂）量 10 吨及以上的零部件和配件生产	改装汽车制造、低速载货汽车制造，电车制造，汽车车身、挂车制造及有喷漆工艺且年用油性漆（含稀释剂）量 10 吨以下的零部件和配件生产	2019 年	汽车制造行业
二十二、铁路、船舶、航空航天和其他运输设备制造 37					
67	铁路、船舶、航空航天和其他运输设备制造 371 -379	有电镀工艺或者有喷漆工艺且年用油性漆（含稀释剂）量 10 吨及以上的铁路、船舶、航空航天和其他运输设备制造，拆船、修船厂	其他	2020 年	铁路、船舶、航空航天制造行业
二十三、电气机械和器材制造业 38					
68	电池制造 384	铅酸蓄电池制造	其他	2019 年	电池工业
二十四、计算机、通信和其他电子设备制造业 39					
69	计算机制造 391，电子器件制造 397，电子元件及电子专用材料制造 398，其他电子设备制造 399	有电镀工艺或者有喷漆工艺且年用油性漆（含稀释剂）量 10 吨及以上的	其他电子玻璃、电子专用材料、电子元件、印制电路板、半导体器件、显示器件及光电子器件、电子终端产品制造等	京津冀、长三角、珠三角区域 2019 年，其他 2020 年	电子工业
二十五、废弃资源综合利用业 42					
70	金属废料和碎屑加工处理 421，非金属废料和碎屑加工处理 422	废电子电器产品、废电池、废汽车、废电机、废五金、废塑料（除分拣清洗工艺的）、废油、废船、废轮胎等加工、再生利用	其他	2019 年	废弃资源加工工业

序号	行业类别	实施重点管理的行业	实施简化管理的行业	实施时限	适用排污许可行业技术规范
二十六、电力、热力生产和供应业 44					
71	电力生产 441	除以生活垃圾、危险废物、污泥为燃料发电以外的火力发电（含自备电厂所在企业）	/	自备电厂 2017 年，其他 2017 年 6 月	火电工业
		以生活垃圾、危险废物、污泥为燃料的火力发电	/	2019 年	
二十七、水的生产和供应业 46					
72	污水处理及其再生利用 462	工业废水集中处理厂，日处理 10 万吨及以上的城镇生活污水处理厂	日处理 10 万吨以下的城镇生活污水处理厂	2019 年	水处理
二十八、生态保护和环境治理业 77					
73	环境治理业 772	一般工业固体废物填埋，危险废物处理处置	/	2019 年	/
二十九、公共设施管理业 78					
74	环境卫生管理 782	城乡生活垃圾集中处置	/	2020 年	/
三十、机动车、电子产品和日用品修理业 81					
75	汽车、摩托车等修理与维护 811	/	营业面积 5000 平方米及以上的	2020 年	汽车、摩托车修理业
三十一、卫生 84					
76	医院 841	床位 100 张及以上的综合医院、中医医院、中西医结合医院、民族医院、专科医院（以上均不包括社区医疗、街道和乡镇卫生院、门诊部以及仅开展保健活动的妇幼保健院），疾病预防控制中心	床位 20 张至 100 张的综合医院、中医医院、中西医结合医院、民族医院、专科医院（以上均不包括社区医疗、街道和乡镇卫生院、门诊部以及仅开展保健活动的妇幼保健院）	2020 年	医疗机构

序号	行业类别	实施重点管理的行业	实施简化管理的行业	实施时限	适用排污许可行业技术规范
三十二、其他行业					
77	油库、加油站	总容量20万立方米及以上的	/	2020年	/
78	干散货（含煤炭、矿石）、件杂、多用途、通用码头	单个泊位1000吨级及以上的内河港口、单个泊位1万吨级及以上的沿海港口	/	2020年	/
三十三、通用工序					
79	热力生产和供应443	单台出力10吨/小时及以上或者合计出力20吨/小时及以上的蒸汽和热水锅炉的热力生产	单台出力10吨/小时以下或者合计出力20吨/小时以下的蒸汽和热水锅炉	2019年	锅炉工业
80	工业炉窑	工业炉窑	/	2020年	工业炉窑
81	电镀设施	有电镀、电铸、电解加工、刷镀、化学镀、热浸镀（溶剂法）以及金属酸洗、抛光（电解抛光和化学抛光）、氧化、磷化、钝化等任一工序的	/	2019年	电镀工业
82	生活污水集中处理、工业废水集中处理	接纳工业废水的日处理2万吨及以上的生活污水集中处理、工业废水集中处理	/	2019年	水处理

排污许可管理办法（试行）

（环境保护部令　第48号）

第一章　总　则

第一条　为规范排污许可管理，根据《中华人民共和国环境保护法》《中华人民共和国水污染防治法》《中华人民共和国大气污染防治法》以及国务院办公厅印发的《控制污染物排放许可制实施方案》，制定本办法。

第二条　排污许可证的申请、核发、执行以及与排污许可相关的监管和处罚等行为，适用本办法。

第三条　环境保护部依法制定并公布固定污染源排污许可分类管理名录，明确纳入排污许可管理的范围和申领时限。

纳入固定污染源排污许可分类管理名录的企业事业单位和其他生产经营者（以下简称排污单位）应当按照规定的时限申请并取得排污许可证；未纳入固定污染源排污许可分类管理名录的排污单位，暂不需申请排污许可证。

第四条　排污单位应当依法持有排污许可证，并按照排污许可证的规定排放污染物。

应当取得排污许可证而未取得的，不得排放污染物。

第五条　对污染物产生量大、排放量大或者环境危害程度高的排污单位实行排污许可重点管理，对其他排污单位实行排污许可简化管理。

实行排污许可重点管理或者简化管理的排污单位的具体范围，依照固定污染源排污许可分类管理名录规定执行。实行重点管理和简化管理的内容及要求，依照本办法第十一条规定的排污许可相关技术规范、指南等执行。

设区的市级以上地方环境保护主管部门，应当将实行排污许可重点管理的排污单位确定为重点排污单位。

第六条　环境保护部负责指导全国排污许可制度实施和监督。各省级环境保护主管部门负责本行政区域排污许可制度的组织实施和监督。

排污单位生产经营场所所在地设区的市级环境保护主管部门负责排污许可证核发。地方性法规对核发权限另有规定的，从其规定。

第七条 同一法人单位或者其他组织所属、位于不同生产经营场所的排污单位，应当以其所属的法人单位或者其他组织的名义，分别向生产经营场所所在地有核发权的环境保护主管部门（以下简称核发环保部门）申请排污许可证。

生产经营场所和排放口分别位于不同行政区域时，生产经营场所所在地核发环保部门负责核发排污许可证，并应当在核发前，征求其排放口所在地同级环境保护主管部门意见。

第八条 依据相关法律规定，环境保护主管部门对排污单位排放水污染物、大气污染物等各类污染物的排放行为实行综合许可管理。

2015 年 1 月 1 日及以后取得建设项目环境影响评价审批意见的排污单位，环境影响评价文件及审批意见中与污染物排放相关的主要内容应当纳入排污许可证。

第九条 环境保护部对实施排污许可管理的排污单位及其生产设施、污染防治设施和排放口实行统一编码管理。

第十条 环境保护部负责建设、运行、维护、管理全国排污许可证管理信息平台。

排污许可证的申请、受理、审核、发放、变更、延续、注销、撤销、遗失补办应当在全国排污许可证管理信息平台上进行。排污单位自行监测、执行报告及环境保护主管部门监管执法信息应当在全国排污许可证管理信息平台上记载，并按照本办法规定在全国排污许可证管理信息平台上公开。

全国排污许可证管理信息平台中记录的排污许可证相关电子信息与排污许可证正本、副本依法具有同等效力。

第十一条 环境保护部制定排污许可证申请与核发技术规范、环境管理台账及排污许可证执行报告技术规范、排污单位自行监测技术指南、污染防治可行技术指南以及其他排污许可政策、标准和规范。

第二章 排污许可证内容

第十二条 排污许可证由正本和副本构成，正本载明基本信息，副本包括基本信息、登记事项、许可事项、承诺书等内容。

设区的市级以上地方环境保护主管部门可以根据环境保护地方性法规，增加需要在排污许可证中载明的内容。

第十三条 以下基本信息应当同时在排污许可证正本和副本中载明：

（一）排污单位名称、注册地址、法定代表人或者主要负责人、技术负责人、生产经营场所地址、行业类别、统一社会信用代码等排污单位基本信息；

（二）排污许可证有效期限、发证机关、发证日期、证书编号和二维码等基本信息。

第十四条 以下登记事项由排污单位申报，并在排污许可证副本中记录：

（一）主要生产设施、主要产品及产能、主要原辅材料等；

（二）产排污环节、污染防治设施等；

（三）环境影响评价审批意见、依法分解落实到本单位的重点污染物排放总量控制指标、排污权有偿使用和交易记录等。

第十五条 下列许可事项由排污单位申请，经核发环保部门审核后，在排污许可证副本中进行规定：

（一）排放口位置和数量、污染物排放方式和排放去向等，大气污染物无组织排放源的位置和数量；

（二）排放口和无组织排放源排放污染物的种类、许可排放浓度、许可排放量；

（三）取得排污许可证后应当遵守的环境管理要求；

（四）法律法规规定的其他许可事项。

第十六条 核发环保部门应当根据国家和地方污染物排放标准，确定排污单位排放口或者无组织排放源相应污染物的许可排放浓度。

排污单位承诺执行更加严格的排放浓度的，应当在排污许可证副本中规定。

第十七条 核发环保部门按照排污许可证申请与核发技术规范规定的行业重点污染物允许排放量核算方法，以及环境质量改善的要求，确定排污单位的许可排放量。

对于本办法实施前已有依法分解落实到本单位的重点污染物排放总量控制指标的排污单位，核发环保部门应当按照行业重点污染物允许排放量核算方法、环境质量改善要求和重点污染物排放总量控制指标，从严确定许可排放量。

2015 年 1 月 1 日及以后取得环境影响评价审批意见的排污单位，环境影响评价文件和审批意见确定的排放量严于按照本条第一款、第二款确定的许可排放量的，核发环保部门应当根据环境影响评价文件和审批意见要求确定排污单位的许可排放量。

地方人民政府依法制定的环境质量限期达标规划、重污染天气应对措施要求排污单位执行更加严格的重点污染物排放总量控制指标的，应当在排污许可证副本中规定。

本办法实施后，环境保护主管部门应当按照排污许可证规定的许可排放量，确定排污单位的重点污染物排放总量控制指标。

第十八条 下列环境管理要求由核发环保部门根据排污单位的申请材料、相关技术规范和监管需要，在排污许可证副本中进行规定：

（一）污染防治设施运行和维护、无组织排放控制等要求；

（二）自行监测要求、台账记录要求、执行报告内容和频次等要求；

（三）排污单位信息公开要求；

（四）法律法规规定的其他事项。

第十九条 排污单位在申请排污许可证时，应当按照自行监测技术指南，编制自行监测方案。

自行监测方案应当包括以下内容：

（一）监测点位及示意图、监测指标、监测频次；

（二）使用的监测分析方法、采样方法；

（三）监测质量保证与质量控制要求；

（四）监测数据记录、整理、存档要求等。

第二十条 排污单位在填报排污许可证申请时，应当承诺排污许可证申请材料是完整、真实和合法的；承诺按照排污许可证的规定排放污染物，落实排污许可证规定的环境管理要求，并由法定代表人或者主要负责人签字或者盖章。

第二十一条 排污许可证自作出许可决定之日起生效。首次发放的排污许可证有效期为三年，延续换发的排污许可证有效期为五年。

对列入国务院经济综合宏观调控部门会同国务院有关部门发布的产业政策目录中计划淘汰的落后工艺装备或者落后产品，排污许可证有效期不得超过计划淘汰期限。

第二十二条 环境保护主管部门核发排污许可证，以及监督检查排污许可证实施情况时，不得收取任何费用。

第三章 申请与核发

第二十三条 省级环境保护主管部门应当根据本办法第六条和固定污染源排污许可分类管理名录，确定本行政区域内负责受理排污许可证申请的核发环保部门、申请程序等相关事项，并向社会公告。

依据环境质量改善要求，部分地区决定提前对部分行业实施排污许可管理的，该地区省级环境保护主管部门应当报环境保护部备案后实施，并向社会公告。

第二十四条 在固定污染源排污许可分类管理名录规定的时限前已经建成并实际排污的排污单位，应当在名录规定时限申请排污许可证；在名录规定的时限后建成的排污单位，应当在启动生产设施或者在实际排污之前申请排污许可证。

第二十五条 实行重点管理的排污单位在提交排污许可申请材料前，应当将承诺书、基本信息以及拟申请的许可事项向社会公开。公开途径应当选择包括全国排污许可证管理信息平台等便于公众知晓的方式，公开时间不得少于五个工作日。

第二十六条 排污单位应当在全国排污许可证管理信息平台上填报并提交排污许可证申请，同时向核发环保部门提交通过全国排污许可证管理信息平台印制的书面申请材料。

申请材料应当包括：

（一）排污许可证申请表，主要内容包括：排污单位基本信息，主要生产设施、主要产品及产能、主要原辅材料，废气、废水等产排污环节和污染防治设施，申请的排放口位置和数量、排放方式、排放去向，按照排放口和生产设施或者车间申请的排放污染物种类、排放浓度和排放量，执行的排放标准；

（二）自行监测方案；

（三）由排污单位法定代表人或者主要负责人签字或者盖章的承诺书；

（四）排污单位有关排污口规范化的情况说明；

（五）建设项目环境影响评价文件审批文号，或者按照有关国家规定经地方人民政府依法处理、整顿规范并符合要求的相关证明材料；

（六）排污许可证申请前信息公开情况说明表；

（七）污水集中处理设施的经营管理单位还应当提供纳污范围、纳污排污单位名单、管网布置、最终排放去向等材料；

（八）本办法实施后的新建、改建、扩建项目排污单位存在通过污染物排放等量或者减量替代削减获得重点污染物排放总量控制指标情况的，且出让重点污染物排放总量控制指标的排污单位已经取得排污许可证的，应当提供出让重点污染物排放总量控制指标的排污单位的排污许可证完成变更的相关材料；

（九）法律法规规章规定的其他材料。

主要生产设施、主要产品产能等登记事项中涉及商业秘密的，排污单位应当进行标注。

第二十七条 核发环保部门收到排污单位提交的申请材料后，对材料的完整性、规范性进行审查，按照下列情形分别作出处理：

（一）依照本办法不需要取得排污许可证的，应当当场或者在五个工作日内告知排污单位不需要办理；

（二）不属于本行政机关职权范围的，应当当场或者在五个工作日内作出不予受理的决定，并告知排污单位向有核发权限的部门申请；

（三）申请材料不齐全或者不符合规定的，应当当场或者在五个工作日内出具告知单，告知排污单位需要补正的全部材料，可以当场更正的，应当允许排污单位当场更正；

（四）属于本行政机关职权范围，申请材料齐全、符合规定，或者排污单位按照要求提交全部补正申请材料的，应当受理。

核发环保部门应当在全国排污许可证管理信息平台上作出受理或者不予受理排污许可证申请的决定，同时向排污单位出具加盖本行政机关专用印章和注明日期的受理单或者不予受理告知单。

核发环保部门应当告知排污单位需要补正的材料，但逾期不告知的，自收到书面申请材料之日起即视为受理。

第二十八条 对存在下列情形之一的，核发环保部门不予核发排污许可证：

（一）位于法律法规规定禁止建设区域内的；

（二）属于国务院经济综合宏观调控部门会同国务院有关部门发布的产业政策目录中明令淘汰或者立即淘汰的落后生产工艺装备、落后产品的；

（三）法律法规规定不予许可的其他情形。

第二十九条 核发环保部门应当对排污单位的申请材料进行审核，对满足下列条件的排污单位核发排污许可证：

（一）依法取得建设项目环境影响评价文件审批意见，或者按照有关规定经地方人民政府依法处理、整顿规范并符合要求的相关证明材料；

（二）采用的污染防治设施或者措施有能力达到许可排放浓度要求；

（三）排放浓度符合本办法第十六条规定，排放量符合本办法第十七条规定；

（四）自行监测方案符合相关技术规范；

（五）本办法实施后的新建、改建、扩建项目排污单位存在通过污染物排放等量或者减量替代削减获得重点污染物排放总量控制指标情况的，出让重点污染物排放总量控制指标的排污单位已完成排污许可证变更。

第三十条 对采用相应污染防治可行技术的，或者新建、改建、扩建建设项目排污单位采用环境影响评价审批意见要求的污染治理技术的，核发环保部门可以认为排污单位采用的污染防治设施或者措施有能力达到许可排放浓度要求。

不符合前款情形的，排污单位可以通过提供监测数据予以证明。监测数据应当通过使用符合国家有关环境监测、计量认证规定和技术规范的监测设备取得；对于国内首次采用的污染治理技术，应当提供工程试验数据予以证明。

环境保护部依据全国排污许可证执行情况，适时修订污染防治可行技术指南。

第三十一条 核发环保部门应当自受理申请之日起二十个工作日内作出是否准予许可的决定。自作出准予许可决定之日起十个工作日内，核发环保部门向排污单位发放加盖本行政机关印章的排污许可证。

核发环保部门在二十个工作日内不能作出决定的，经本部门负责人批准，可以延长十个工作日，并将延长期限的理由告知排污单位。

依法需要听证、检验、检测和专家评审的，所需时间不计算在本条所规定的期限内。核发环保部门应当将所需时间书面告知排污单位。

第三十二条 核发环保部门作出准予许可决定的，须向全国排污许可证管理信息平台提交审核结果，获取全国统一的排污许可证编码。

核发环保部门作出准予许可决定的，应当将排污许可证正本以及副本中基本信息、许可事项及承诺书在全国排污许可证管理信息平台上公告。

核发环保部门作出不予许可决定的，应当制作不予许可决定书，书面告知排污单位不予许可的理由，以及依法申请行政复议或者提起行政诉讼的权利，并在全国排污许可证管理信息平台上公告。

第四章 实施与监管

第三十三条 禁止涂改排污许可证。禁止以出租、出借、买卖或者其他方式非法转让排污许可证。排污单位应当在生产经营场所内方便公众监督的位置悬挂排污许可证正本。

第三十四条 排污单位应当按照排污许可证规定，安装或者使用符合国家有关环境监测、计量认证规定的监测设备，按照规定维护监测设施，开展自行监测，保存原始监测记录。

实施排污许可重点管理的排污单位，应当按照排污许可证规定安装自动监测设备，并与环境保护主管部门的监控设备联网。

对未采用污染防治可行技术的，应当加强自行监测，评估污染防治技术达标可行性。

第三十五条 排污单位应当按照排污许可证中关于台账记录的要求，根据生产特点和污染物排放特点，按照排污口或者无组织排放源进行记录。记录主要包括以下内容：

（一）与污染物排放相关的主要生产设施运行情况；发生异常情况的，应当记录原因和采取的措施；

（二）污染防治设施运行情况及管理信息；发生异常情况的，应当记录原因和采取的措施；

（三）污染物实际排放浓度和排放量；发生超标排放情况的，应当记录超标原因和采取的措施；

（四）其他按照相关技术规范应当记录的信息。

台账记录保存期限不少于三年。

第三十六条 污染物实际排放量按照排污许可证规定的废气、污水的排污口、生产设施或者车间分别计算，依照下列方法和顺序计算：

（一）依法安装使用了符合国家规定和监测规范的污染物自动监测设备的，按照污染物自动监测数据计算；

（二）依法不需安装污染物自动监测设备的，按照符合国家规定和监测规范的污染物手工监测数据计算；

（三）不能按照本条第一项、第二项规定的方法计算的，包括依法应当安装而未安装污染物自动监测设备或者自动监测设备不符合规定的，按照环境保护部规定的产排污系数、物料衡算方法计算。

第三十七条 排污单位应当按照排污许可证规定的关于执行报告内容和频次的要求，编制排污许可证执行报告。

排污许可证执行报告包括年度执行报告、季度执行报告和月执行报告。

排污单位应当每年在全国排污许可证管理信息平台上填报、提交排污许可证年度执行报告并公开，同时向核发环保部门提交通过全国排污许可证管理信息平台印制的书面执行报告。书面执行报告应当由法定代表人或者主要负责人签字或者盖章。

季度执行报告和月执行报告至少应当包括以下内容：

（一）根据自行监测结果说明污染物实际排放浓度和排放量及达标判定分析；

（二）排污单位超标排放或者污染防治设施异常情况的说明。

年度执行报告可以替代当季度或者当月的执行报告，并增加以下内容：

（一）排污单位基本生产信息；

（二）污染防治设施运行情况；

（三）自行监测执行情况；

（四）环境管理台账记录执行情况；

（五）信息公开情况；

（六）排污单位内部环境管理体系建设与运行情况；

（七）其他排污许可证规定的内容执行情况等。

建设项目竣工环境保护验收报告中与污染物排放相关的主要内容，应当由排污单位记载在该项目验收完成当年排污许可证年度执行报告中。

排污单位发生污染事故排放时，应当依照相关法律法规规章的规定及时报告。

第三十八条 排污单位应当对提交的台账记录、监测数据和执行报告的真实性、完整性负责，依法接受环境保护主管部门的监督检查。

第三十九条 环境保护主管部门应当制定执法计划，结合排污单位环境信用记录，确定执法监管重点和检查频次。

环境保护主管部门对排污单位进行监督检查时，应当重点检查排污许可证规定的许可事项的实施情况。通过执法监测、核查台账记录和自动监测数据以及其他监控手段，核实排污数据和执行报告的真实性，判定是否符合许可排放浓度和许可排放量，检查环境管理要求落实情况。

环境保护主管部门应当将现场检查的时间、内容、结果以及处罚决定记入全国排污许可证管理信息平台，依法在全国排污许可证管理信息平台上公布监管执法信息、无排污许可证和违反排污许可证规定排污的排污单位名单。

第四十条 环境保护主管部门可以通过政府购买服务的方式，组织或者委托技术机构提供排污许可管理的技术支持。

技术机构应当对其提交的技术报告负责，不得收取排污单位任何费用。

第四十一条 上级环境保护主管部门可以对具有核发权限的下级环境保护主管部门的排污许可证核发情况进行监督检查和指导，发现属于本办法第四十九条规定违法情形的，上级环境保护主管部门可以依法撤销。

第四十二条 鼓励社会公众、新闻媒体等对排污单位的排污行为进行监督。排污单位应当及时公开有关排污信息，自觉接受公众监督。

公民、法人和其他组织发现排污单位有违反本办法行为的，有权向环境保护主管部门举报。

接受举报的环境保护主管部门应当依法处理，并按照有关规定对调查结果予以反馈，同时为举报人保密。

第五章 变更、延续、撤销

第四十三条 在排污许可证有效期内，下列与排污单位有关的事项发生变化的，排污单位应当在规定时间内向核发环保部门提出变更排污许可证的申请：

（一）排污单位名称、地址、法定代表人或者主要负责人等正本中载明的基本信息发生变更之日起三十个工作日内；

（二）因排污单位原因许可事项发生变更之日前三十个工作日内；

（三）排污单位在原场址内实施新建、改建、扩建项目应当开展环境影响评价的，在取得环境影响评价审批意见后，排污行为发生变更之日前三十个工作日内；

（四）新制修订的国家和地方污染物排放标准实施前三十个工作日内；

（五）依法分解落实的重点污染物排放总量控制指标发生变化后三十个工作日内；

（六）地方人民政府依法制定的限期达标规划实施前三十个工作日内；

（七）地方人民政府依法制定的重污染天气应急预案实施后三十个工作日内；

（八）法律法规规定需要进行变更的其他情形。

发生本条第一款第三项规定情形，且通过污染物排放等量或者减量替代削减获得重点污染物排放总量控制指标的，在排污单位提交变更排污许可申请前，出让重点污染物排放总量控制指标的排污单位应当完成排污许可证变更。

第四十四条 申请变更排污许可证的，应当提交下列申请材料：

（一）变更排污许可证申请；

（二）由排污单位法定代表人或者主要负责人签字或者盖章的承诺书；

（三）排污许可证正本复印件；

（四）与变更排污许可事项有关的其他材料。

第四十五条 核发环保部门应当对变更申请材料进行审查，作出变更决定的，在排污许可证副本中载明变更内容并加盖本行政机关印章，同时在全国排污许可证管理信息平台上公告；属于本办法第四十三条第一款第一项情形的，还应当换发排污许可证正本。

属于本办法第四十三条第一款规定情形的，排污许可证期限仍自原证书核发之日起计算；属于本办法第四十三条第二款情形的，变更后排污许可证期限自变更之日起计算。

属于本办法第四十三条第一款第一项情形的，核发环保部门应当自受理变更申请之日起十个工作日内作出变更决定；属于本办法第四十三条第一款规定的其他情形的，应当自受理变更申请之日起二十个工作日内作出变更许可决定。

第四十六条 排污单位需要延续依法取得的排污许可证的有效期的，应当在排污许可证届满三十个工作日前向原核发环保部门提出申请。

第四十七条 申请延续排污许可证的，应当提交下列材料：

（一）延续排污许可证申请；

（二）由排污单位法定代表人或者主要负责人签字或者盖章的承诺书；

（三）排污许可证正本复印件；

（四）与延续排污许可事项有关的其他材料。

第四十八条 核发环保部门应当按照本办法第二十九条规定对延续申请材料进行审查，并自受理延续申请之日起二十个工作日内作出延续或者不予延续许可决定。

作出延续许可决定的，向排污单位发放加盖本行政机关印章的排污许可证，收回原排污许可证正本，同时在全国排污许可证管理信息平台上公告。

第四十九条 有下列情形之一的，核发环保部门或者其上级行政机关，可以撤销排污许可证并在全国排污许可证管理信息平台上公告：

（一）超越法定职权核发排污许可证的；

（二）违反法定程序核发排污许可证的；

（三）核发环保部门工作人员滥用职权、玩忽职守核发排污许可证的；

（四）对不具备申请资格或者不符合法定条件的申请人准予行政许可的；

（五）依法可以撤销排污许可证的其他情形。

第五十条 有下列情形之一的，核发环保部门应当依法办理排污许可证的注销手续，并在全国排污许可证管理信息平台上公告：

（一）排污许可证有效期届满，未延续的；

（二）排污单位被依法终止的；

（三）应当注销的其他情形。

第五十一条 排污许可证发生遗失、损毁的，排污单位应当在三十个工作日内向核发环保部门申请补领排污许可证；遗失排污许可证的，在申请补领前应当在全国排污许可证管理信息平台上发布遗失声明；损毁排污许可证的，应当同时交回被损毁的排污许可证。

核发环保部门应当在收到补领申请后十个工作日内补发排污许可证，并在全国排污许可证管理信息平台上公告。

第六章 法律责任

第五十二条 环境保护主管部门在排污许可证受理、核发及监管执法中有下列行为之一的，由其上级行政机关或者监察机关责令改正，对直接负责的主管人员或者其他直接责任人员依法给予行政处分；构成犯罪的，依法追究刑事责任：

（一）符合受理条件但未依法受理申请的；

（二）对符合许可条件的不依法准予核发排污许可证或者未在法定时限内作出准予核发排污许可证决定的；

（三）对不符合许可条件的准予核发排污许可证或者超越法定职权核发排污许可证的；

（四）实施排污许可证管理时擅自收取费用的；

（五）未依法公开排污许可相关信息的；

（六）不依法履行监督职责或者监督不力，造成严重后果的；

（七）其他应当依法追究责任的情形。

第五十三条 排污单位隐瞒有关情况或者提供虚假材料申请行政许可的，核发环保部门不予受理或者不予行政许可，并给予警告。

第五十四条 违反本办法第四十三条规定，未及时申请变更排污许可证的；或者违反本办法第五十一条规定，未及时补办排污许可证的，由核发环保部门责令改正。

第五十五条 重点排污单位未依法公开或者不如实公开有关环境信息的，由县级以上环境保护主管部门责令公开，依法处以罚款，并予以公告。

第五十六条 违反本办法第三十四条，有下列行为之一的，由县级以上环境保护主管部门依据《中华人民共和国大气污染防治法》《中华人民共和国水污染防治法》的规定，责令改正，处二万元以上二十万元以下的罚款；拒不改正的，依法责令停产整治：

（一）未按照规定对所排放的工业废气和有毒有害大气污染物、水污染物进行监测，或者未保存原始监测记录的；

（二）未按照规定安装大气污染物、水污染物自动监测设备，或者未按照规定与环境保护主管部门的监控设备联网，或者未保证监测设备正常运行的。

第五十七条 排污单位存在以下无排污许可证排放污染物情形的，由县级以上环境保护主管部门依据《中华人民共和国大气污染防治法》《中华人民共和国水污染防治法》的规定，责令改正或者责令限制生产、停产整治，并处十万元以上一百万元以下的罚款；情节严重的，报经有批准权的人民政府批准，责令停业、关闭：

（一）依法应当申请排污许可证但未申请，或者申请后未取得排污许可证排放污染物的；

（二）排污许可证有效期限届满后未申请延续排污许可证，或者延续申请未经核发环保部门许可仍排放污染物的；

（三）被依法撤销排污许可证后仍排放污染物的；

（四）法律法规规定的其他情形。

第五十八条 排污单位存在以下违反排污许可证行为的，由县级以上环境保护主管部门依据《中华人民共和国环境保护法》《中华人民共和国大气污染防治法》《中华人民共和国水污染防治法》的规定，责令改正或者责令限制生产、停产整治，并处十万元以上一百万元以下的罚款；情节严重的，报经有批准权的人民政府批准，责令停业、关闭：

（一）超过排放标准或者超过重点大气污染物、重点水污染物排放总量控制指标排放水污染物、大气污染物的；

（二）通过偷排、篡改或者伪造监测数据、以逃避现场检查为目的的临时停产、非紧急情况下开启应急排放通道、不正常运行大气污染防治设施等逃避监管的方式排放大气污染物的；

（三）利用渗井、渗坑、裂隙、溶洞，私设暗管，篡改、伪造监测数据，或者不正常运行水污染防治设施等逃避监管的方式排放水污染物的；

（四）其他违反排污许可证规定排放污染物的。

第五十九条 排污单位违法排放大气污染物、水污染物，受到罚款处罚，被责令改正的，依法作出处罚决定的行政机关组织复查，发现其继续违法排放大气污染物、水污染物或者拒绝、阻挠复查的，作出处罚决定的行政机关可以自责令改正之日的次日起，依法按照原处罚数额按日连续处罚。

第六十条 排污单位发生本办法第三十五条第一款第二、三项或者第三十七条第四款第二项规定的异常情况，及时报告核发环保部门，且主动采取措施消除或者减轻违法行为危害后果的，县级以上环境保护主管部门应当依据《中华人民共和国行政处罚法》相关规定从轻处罚。

排污单位应当在相应季度执行报告或者月执行报告中记载本条第一款情况。

第七章 附 则

第六十一条 依照本办法首次发放排污许可证时，对于在本办法实施前已经投产、运营的排污单位，存在以下情形之一，排污单位承诺改正并提出改正方案的，环境保护主管部门可以向其核发排污许可证，并在排污许可证中记载其存在的问题，规定其承诺改正内容和承诺改正期限：

（一）在本办法实施前的新建、改建、扩建建设项目不符合本办法第二十九条第一项条件；

（二）不符合本办法第二十九条第二项条件。

对于不符合本办法第二十九条第一项条件的排污单位，由核发环保部门依据《建设项目环境保护管理条例》第二十三条，责令限期改正，并处罚款。

对于不符合本办法第二十九条第二项条件的排污单位，由核发环保部门依据《中华人民共和国大气污染防治法》第九十九条或者《中华人民共和国水污染防治法》第八十三条，责令改正或者责令限制生产、停产整治，并处罚款。

本条第二款、第三款规定的核发环保部门责令改正内容或者限制生产、停产整治内容，应当与本条第一款规定的排污许可证规定的改正内容一致；本条第二款、第三款规定的核发环保部门责令改正期限或者限制生产、停产整治期限，应当与本条第一款规定的排污许可证规定的改正期限的起止时间一致。

本条第一款规定的排污许可证规定的改正期限为三至六个月、最长不超过一年。

在改正期间或者限制生产、停产整治期间，排污单位应当按证排污，执行自行监测、台账记录和执行报告制度，核发环保部门应当按照排污许可证的规定加强监督检查。

第六十二条 本办法第六十一条第一款规定的排污许可证规定的改正期限到期，排污单位完成改正任务或者提前完成改正任务的，可以向核发环保部门申请变更排污许可证，核发环保部门应当按照本办法第五章规定对排污许可证进行变更。

本办法第六十一条第一款规定的排污许可证规定的改正期限到期，排污单位仍不符合许可条件的，由核发环保部门依据《中华人民共和国大气污染防治法》第九十九条或者《中华人民共和国水污染防治法》第八十三条或者《建设项目环境保护管理条例》第二十三条的规定，提出建议报有批准权的人民政府批准责令停业、关闭，并按照本办法第五十条规定注销排污许可证。

第六十三条 对于本办法实施前依据地方性法规核发的排污许可证，尚在有效期内的，原核发环保部门应当在全国排污许可证管理信息平台填报数据，获取排污许可证编码；已经到期的，排污单位应当按照本办法申请排污许可证。

第六十四条 本办法第十二条规定的排污许可证格式、第二十条规定的承诺书样本和本办法第二十六条规定的排污许可证申请表格式，由环境保护部制定。

第六十五条 本办法所称排污许可，是指环境保护主管部门根据排污单位的申请和承诺，通过发放排污许可证法律文书形式，依法依规规范和限制排污行为，明确环境管理要求，依据排污许可证对排污单位实施监管执法的环境管理制度。

第六十六条 本办法所称主要负责人是指依照法律、行政法规规定代表非法人单位行使职权的负责人。

第六十七条 涉及国家秘密的排污单位，其排污许可证的申请、受理、审核、发放、变更、延续、注销、撤销、遗失补办应当按照保密规定执行。

第六十八条 本办法自发布之日起施行。

关于加强污染源监督性监测数据在环境执法中应用的通知

（环办〔2011〕123号）

各省、自治区、直辖市环境保护厅（局），新疆生产建设兵团环境保护局：

为加强对污染源的监督管理，发挥污染源监督性监测数据的作用，提高环境执法效率，现就加强污染源监督性监测数据在环境执法中应用工作通知如下：

一、污染源监督性监测数据是各级环保部门依据环境保护法律法规，按照国家环境监测技术规范，对排污单位排放污染物进行监测获得的监测数据，是开展环境执法的重要依据。各级环保部门要加强污染源监督性监测数据的应用，通过其评价排污单位的排污行为，对于超过应执行排放标准的，要以污染源监督性监测数据作为重要证据，依法实施行政处罚。

二、各级环保部门要建立环境监测机构和环境执法机构的协作配合机制。污染源监督性监测的现场监测工作由环境监测机构和环境执法机构共同开展。环境执法机构人员负责对排污单位污染防治设施进行检查，将采样过程记入现场检查（勘察）笔录，并要求排污单位当事人确认。环境监测机构人员负责采集样品，填写采样记录，开展现场测试工作。

三、环境监测机构应及时完成分析测定工作，在完成样品测试工作后5日内制作完成监测报告并报出。监测报告应符合《环境行政处罚办法》第三十五条的相关规定。专门用于案件调查取证的监测数据和污染源排放异常数据，环境监测机构应及时向环境执法机构提供。环境监测机构对污染源监督性监测数据的真实性、准确性负责。

四、环境执法机构应在收到污染源排放异常数据5日内开展初步审查，监测报告及现场检查情况足以认定违法事实的，应补充立案，依法实施行政处罚。只有监测报告数据超标，缺乏其他证据材料的，应予以立案，组织调查取证。

五、各级环境保护部门应建立监督性监测异常数据的后续应用情况反馈制度。

对纳入环境保护部门监督性监测范围的，每季度汇总一次超标排污单位的立案调查、行政处罚情况，并按照相关规定公布超标排污单位名单。

六、各级环保部门要切实提高环境监测和环境执法人员的工作能力，严格遵守国家法律法规和相关技术规范，对伪造、篡改监测数据，故意延报监测结果（报告），在行政执法工作中弄虚作假、失职渎职的，要依纪给予行政处分，构成犯罪的要依法追究刑事责任。

请各省、自治区、直辖市环保部门于2011年12月30日前，将本级及市级环保部门监测机构与执法机构协作配合机制建立情况、2011年前三季度国控重点污染源超标数据应用于行政执法的情况以及超标排污单位公开情况报我部。

联系人：环境保护部环境监察局　杨蕾

环境保护部环境监测司　于莉

联系电话：（010）66556451，（010）66556827

电子邮件：jcjc@12369.gov.cn，wuranyuan@mep.gov.cn

二〇一一年十月八日

“十二五”主要污染物总量减排监测办法

（环发〔2013〕14号）

第一条 为了准确核定主要污染物排放量，按照《中华人民共和国环境保护法》、《排污费征收使用管理条例》（国令第369号）、《国务院关于印发“十二五”节能减排综合性工作方案的通知》（国发〔2011〕26号）和《国务院关于加强环境保护重点工作的意见》（国发〔2011〕35号）的有关规定，制定本办法。

第二条 本办法所称的主要污染物总量减排监测（以下简称“减排监测”），是指对国家实施排放总量控制的化学需氧量、氨氮、二氧化硫和氮氧化物的排放状况和浓度水平开展监测，并进行计算、分析和评价的活动，包括为核定主要污染物排放量开展的污染源监测和为验证主要污染物总量减排工作成效开展的环境质量监测。减排监测采用自动监测与手工监测相结合的方式。

本办法适用于对排放主要污染物的工业企业、城镇污水处理厂等排污单位和规模化畜禽养殖场（小区）、机动车的监测（检测）管理。

第三条 排污单位应当按照国家或地方污染物排放（控制）标准，结合行业特点以及污染物总量减排工作的需要，制定自行监测方案，对污染物排放状况和污染防治设施运行情况开展自行监测和监控，保存原始监测和监控记录，建立废气、废水、固体废弃物产生量、处理处置量、排放量等台账。自行监测采用手工监测的，每日至少开展一次；采用自动监测的，按照相关规定执行。排污单位不具备开展自行监测能力的，应当委托有相应资质的监测（检测）机构进行监测。排污单位对自行监测数据的准确性和真实性负责。

排污单位应当按照规定设置符合规范和安全要求的废气、废水污染物排放口，保证监测人员操作安全。市（地）级政府环境保护主管部门负责对排污单位污染物排放口规范化建设情况进行检查、验收。

第四条 纳入国家重点监控企业名单的排污单位，应当安装或完善主要污染物自动监测设备，尤其要尽快安装氨氮和氮氧化物自动监测设备，并与环境保护主管部门联网。自动监测设备的监测数据应当逐级传输上报国务院环境保护主管部门。

尚未安装自动监测设备的，或已安装自动监测设备但未配置氨氮、氮氧化物自动监测仪器的，应当在2013年底前完成自动监测设备的安装和验收。对于生产状况不稳定，生产负荷低于50%的，可以提出申请适当延期。

已经安装自动监测设备的，应当建立和完善自动监测设备运行、维护管理制度，确保设备运行正常。因设备质量原因导致数据未通过有效性审核的，应当更换自动监测设备，并重新向环境保护主管部门申请验收。

其他排污单位自动监测设备的安装要求，按照所在地省级政府环境保护主管部门规定执行。

第五条 地方政府环境保护主管部门为监督排污单位的自行监测工作、污染物排放状况、自动监测设备和污染治理设施运行情况，应当开展监督性监测。监督性监测由县级政府环境保护主管部门负责，县级政府环境保护主管部门监测能力不足时，由市（地）级政府环境保护主管部门承担或由省级政府环境保护主管部门确定。排污单位应当根据监督性监测工作的需要提供相关工作资料和必要工作条件，不得拒绝、阻挠、拖延监督性监测工作的开展。市（地）级政府环境保护主管部门负责国家重点监控企业的监督性监测，省级政府环境保护主管部门负责装机总容量30万千瓦以上火电厂的监督性监测，负责对脱硫脱硝设施进出口自动监测设备的数据开展有效性审核。国家重点监控企业的监督性监测每季度至少开展一次，监测数据共享使用，不得重复监测。

第六条 机动车环保检验机构应按照国务院环境保护主管部门的要求开展机动车环保检测业务，建立数据服务器，并与环境保护主管部门联网，实时上传机动车环保定期检验和环保检验合格标志数据。

市（地）级政府环境保护主管部门负责机动车环保检验机构的日常监督检查，每季度至少开展一次；省级政府环境保护主管部门负责对机动车环保检验机构检测线进行监督性监测，每年抽测比例不少于50%。检验机构加快安装自动检测设备，地级以上城市全面使用简易工况法进行检测，到2015年底前，机动车环保检验率（含免检车辆）达到80%。

第七条 地方政府环境保护主管部门负责机动车环保日常监测，主要包括停放地抽测和道路抽测。日常监测应采用国家或地方在用机动车污染物排放标准规定的方法进行，原则上应与当地环保定期检验方法一致。地方政府环境保护主管部门可以采用遥感、目测等方法筛选高排放车辆，进行道路抽测。

第八条 纳入各地年度减排计划且向水体集中直接排放污水的规模化畜禽养殖场（小区），应按本办法第三条要求，每月至少开展一次自行监测。纳入国家重点监控规模化畜禽养殖场名单的，应当安装化学需氧量和氨氮自动监测设备，并与环境保护主管部门联网。

第九条 县级以上政府环境保护主管部门应当对纳入年度减排计划的规模化畜禽养殖场（小区）开展监督检查，监督其污染物排放状况、排放去向、污染治理设施运行情况、废弃物综合利用情况等，监督检查每半年至少开展一次；对纳入年度减排计划且向水体集中直接排放污水的规模化畜禽养殖场（小区）开展监督性监测工作，监督其污染物排放状况、污染治理设施运行情况等，监督性监测每半年至少开展一次。

第十条 排污单位应当按照国务院环境保护主管部门的规定计算污染物排放量，在每月初的 7 个工作日内向环境保护主管部门报告上月主要污染物排放量，并提供有关资料。环境保护主管部门应当对排污单位每月报告的主要污染物排放量进行核定，并将核定结果告知排污单位。

对于安装自动监测设备且通过环境保护主管部门数据有效性审核的，以自动监测数据为依据计算、核定污染物排放量；

对于安装自动监测设备但未通过数据有效性审核的或未安装自动监测设备的，排污单位以手工监测数据计算污染物排放量，环境保护主管部门依据监督性监测数据进行核定。

对于不具备监测条件的，按照国务院环境保护主管部门规定的物料衡算、排污系数等方法计算、核定污染物排放量。

第十一条 地方政府环境保护主管部门应当加强环境空气、地表水、土壤等环境质量监测工作，满足总量减排工作需求，定期分析环境质量变化趋势，评估总量减排工作成效，每半年至少编写一期减排监测专项报告。总量减排环境质量监测工作与日常环境质量监测工作一并进行，不重复监测。

第十二条 减排监测应当遵守国务院环境保护主管部门发布的国家环境监测技术规范、方法和环境监测质量管理规定。市（地）级政府环境保护主管部门负责对排污单位自行监测数据和县级政府环境保护主管部门监督性监测数据的质量监督管理工作，对手工监测开展质量考核和比对抽测，对污染源自动监测开展自动监测数据有效性审核。自动监测数据有效性审核按照国务院环境保护主管部门有关规定执行。

省级政府环境保护主管部门负责本行政区域内市（地）级政府环境保护主管部门监督性监测数据的质量监督管理工作。

国务院环境保护主管部门负责地方各级政府环境保护主管部门监督性监测数据的质量监督管理工作。

第十三条 各级政府环境保护主管部门应当建立完整的污染源基础信息档案和监测数据库，按季度逐级报送污染源监督性监测数据。一个季度内开展多次监督性监测的，应上报全部监测数据。自动监测设备必须连续稳定运行，确保数据准确有效。

第十四条 排污单位和规模化畜禽养殖场（小区）应当通过报刊、广播、电视、环境保护主管部门网站、排污单位网站、新闻发布会等便于公众知晓的方式，公布自行监测结果。其中，采取手工监测的，应当在每次监测完成后的次日公布监测结果；采取自动监测的，应当实时公布监测结果。

各级政府环境保护主管部门应当于每个季度结束后的15个工作日内，通过网站向社会公布监督性监测结果。

第十五条 各级人民政府应当加强减排监测体系能力建设，尤其要提高直接为总量减排提供支撑的污染源监督性监测能力和为验证减排成效而开展的环境质量监测能力及减排监测管理能力，推进环境监测机构和机动车污染监管机构标准化建设，开展标准化建设的达标验收工作，健全国家、省、市、县四级环境监测体系。

各级人民政府应将直接为减排监测、统计和考核服务的污染源监督性监测费用纳入同级政府财政预算并足额保障，中央财政对国家重点监控企业的监督性监测费用予以补助，确保各级政府环境保护主管部门做好减排监测，特别是氨氮、氮氧化物两项新增指标和畜禽养殖、机动车等新增领域的监测工作。地方财政可对规模化畜禽养殖场（小区）的自行监测予以补助。污染源监督性监测费用不得向企业收取。

第十六条 本办法自发布之日起施行。

关于加强化工企业等重点排污单位特征污染物监测工作的通知

（环办监测函〔2016〕1686号）

各省、自治区、直辖市环境保护厅（局），新疆生产建设兵团环境保护局：

近年来，一些地方环保部门在处理突发环境事件及日常监管工作中，往往只注重常规污染物的监测，忽略对表征环境受污染程度有较大影响的特征污染物的监测及监管，造成发布的监测结果等信息与人民群众的感受差异较大。为了进一步强化监管，加强对化工企业等排污单位特征污染物的监测工作，有效应对突发环境事件，促进环境风险防范及环境监管执法水平提升，现将有关事项通知如下：

一、建立特征污染物监控体系

地方各级环保部门应建立特征污染物监控体系，根据本行政区域内环境风险源及各类排放源的分布、产排污特点，筛查确定特征污染物，并建立特征污染物名录库。作为日常监管和监测的重要依据，特征污染物名录库应根据本行政区域内风险源及排放源的变化情况，及时进行动态更新。

针对化工企业等排污单位，特征污染物的筛选一般应依据环境影响评价文件及其批复、排污许可证、污染物排放标准、潜在的环境风险和排放特征等进行确定。

特征污染物的筛选可遵循以下原则：一是毒性强、易对人体造成较大危害的污染物；二是毒性明显、公众关注度高的污染物；三是对周边环境有明显影响的污染物；四是无明显毒性，但对公众舒适度有明显影响的污染物。

二、强化对企业自行监测的监管

按照《环境保护法》和《国家重点监控企业自行监测及信息公开办法（试行）》

（环发〔2013〕81号）等规定，化工企业等排污单位，应认真落实环境影响评价文件及其批复的要求，按照相关标准及技术规范，制定自行监测方案，对污染物排放及周边环境的影响情况开展监测，公开监测信息。监测内容应包括排污单位执行的排放标准规定项目和涉及的列入特征污染物名录库的全部项目。监测频次上，采用自动监测的，全天连续监测；采用手工监测的，废水特征污染物每月至少开展一次监测，废气特征污染物每季度至少开展一次监测。排污单位周边环境质量监测频次按照环境影响评价报告书（表）及其批复要求执行。周边存在敏感点及重点保护区域的，应增加特征污染物的监测频次。出现超标排放等异常情况时，排污单位应立即向当地环保部门报告，同时要采取措施，加密监测，直至污染物排放达到排放标准要求后，方可恢复正常监测频次。根据排污许可管理工作实施进展，对企业自行监测频次有更严格要求的，从严执行。

地方各级环保部门应强化对化工等重点排污单位企业自行监测情况的监管。根据《环境保护法》，对未按照相关要求开展特征污染物监测并公开监测信息的，应责令公开，处以罚款，并予以公告。篡改、伪造监测数据的，应移送公安机关处理，构成犯罪的依法追究其刑事责任。

三、加强对特征污染物的监督执法监测

地方各级环保部门应建立环境监测与执法会商机制，共同制定执法监测计划，并按照“双随机”的原则对排污单位的污染物排放情况开展日常抽查。计划的制定应统筹考虑本行政区域面积、排污单位的分布、数量、规模、污染物排放去向、影响人群及影响范围等因素，以及排污单位环境守法状态和群众投诉等情况。监测项目和频次的确定，应当以污染物排放标准和本行政区域内特征污染物名录库为基础，以问题为导向，重点关注容易超标、环境影响大、人民群众反映强烈的特征污染物。对投诉举报多、有严重违法违规记录，以及涉及有毒有害物质、周边敏感点较多、环境风险等级高的排污单位，要加大随机抽查力度，提高抽查比例，增加监测频次。同时，要对重点排污单位周边的环境质量变化趋势进行分析，有明显恶化趋势的，应提升风险防控级别，提前采取应对措施。

在监督监测执法过程中，经核实发现排污单位属超过污染物排放标准排放污染物的，可责令其采取限制生产、停产整治等措施；情节严重的，报经有批准权

的人民政府批准，责令其停业、关闭。符合按日计罚条件的，可实施按日连续处罚。

四、有效应对突发环境事件

在突发环境事件及信访案件处置中，地方各级环保部门应按照《国家突发环境事件应急预案》及各级突发环境事件应急预案的要求，及时组织制定应急监测方案，确定特征污染物及监测频次，并开展监测。对因爆炸、溃坝、装置失灵等原因造成的严重环境污染事件，在确定特征污染物时，应重点考虑与公众切身关系密切的污染物质，以及客观感受强烈的气味、颜色等。

特征污染物的确定应依据《突发环境事件应急监测技术规范》（HJ 589—2010）、《企业突发环境事件风险评估指南（试行）》（环办〔2014〕34 号）、《尾矿库环境风险评估技术导则（试行）》（HJ 740）等技术规范，参考企业突发环境事件应急预案，通过现场调查、污染物特性辨别等方式进行。其中，现场调查包括对设施装置、原辅材料、中间体、产品的调查以及相关人员的询问等；污染物特性辨别包括现场环境特征判别、可疑污染源排查、影响及危害判定等。同时，可结合现有监测数据，参考《企业突发环境事件风险评估指南（试行）》之附录 B、《突发环境事件风险物质及临界量清单》，辅助确定特征污染物。发现有异味时，要按照《恶臭污染物排放标准》（GB 14554—93）规定，增加恶臭污染物项目监测。无法确定特征污染物的，应开展生物毒性、臭气浓度等综合性指标监测，以判别对环境产生的影响。

地方各级环保部门要严格按照本通知要求，认真梳理本行政区域内化工企业等排污单位的特征污染物管理情况，提高突发环境事件的监测应对能力，切实提升环境风险防范和监管执法水平。

环境保护部办公厅

2016 年 9 月 20 日

重点排污单位名录管理规定（试行）

（环办监测〔2017〕86号）

第一章 总 则

第一条 为加强重点排污单位环境保护监督管理，根据《中华人民共和国环境保护法》《中华人民共和国大气污染防治法》《中华人民共和国水污染防治法》《中华人民共和国固体废物污染环境防治法》《土壤污染防治行动计划》和《企业事业单位环境信息公开办法》等法律规章，制定本规定。

第二条 重点排污单位名录实行分类管理。按照受污染的环境要素分为水环境重点排污单位名录、大气环境重点排污单位名录、土壤环境污染重点监管单位名录、声环境重点排污单位名录，以及其他重点排污单位名录五类，同一家企业事业单位因排污种类不同可以同时属于不同类别重点排污单位。纳入重点排污单位名录的企业事业单位应明确所属类别和主要污染物指标。

第三条 设区的市级地方人民政府环境保护主管部门应当依据本行政区域的环境承载力、环境质量改善要求和本规定的筛选条件，每年商有关部门筛选污染物排放量较大、排放有毒有害污染物等具有较大环境风险的企业事业单位，确定下一年度本行政区域重点排污单位名录。省级地方人民政府环境保护主管部门负责统一汇总本行政区域重点排污单位名录。

地方人民政府环境保护主管部门应按照《企业事业单位环境信息公开办法》的规定按时公开本行政区域重点排污单位名录。

第四条 环境保护部负责建立和运行全国重点排污单位名录信息管理系统，设区的市级以上地方人民政府环境保护主管部门负责本行政区域重点排污单位名录信息维护管理。重点单位名录信息包括企业事业单位名称、统一社会信用代码、排污许可证编码、所属行政区域、经纬度、名录类别、主要污染物指标等基础信息。名录更新、单位名称和地址变更等信息变更应及时反映到信息库中。永久性停产和关闭的排污单位不再纳入重点排污单位名录。

第二章 筛选条件

第五条 具备下列条件之一的企业事业单位，纳入水环境重点排污单位名录。

（一）一种或几种废水主要污染物年排放量大于设区的市级环境保护主管部门设定的筛选排放量限值。

废水主要污染物指标是指化学需氧量、氨氮、总磷、总氮以及汞、镉、砷、铬、铅等重金属。筛选排放量限值根据环境质量状况确定，排污总量占比不得低于行政区域工业排污总量的65%。

（二）有事实排污且属于废水污染重点监管行业的所有大中型企业。

废水污染重点监管行业包括：制浆造纸，焦化，氮肥制造，磷肥制造，有色金属冶炼，石油化工，化学原料和化学制品制造，化学纤维制造，有漂白、染色、印花、洗水、后整理等工艺的纺织印染，农副食品加工，原料药制造，皮革鞣制加工，毛皮鞣制加工，羽毛（绒）加工，农药，电镀，磷矿采选，有色金属矿采选，乳制品制造，调味品和发酵制品制造，酒和饮料制造，有表面涂装工序的汽车制造，有表面涂装工序的半导体液晶面板制造等。

各地可根据本地实际情况增加相关废水污染重点监管行业。

（三）实行排污许可重点管理的已发放排污许可证的产生废水污染物的单位。

（四）设有污水排放口的规模化畜禽养殖场、养殖小区。

（五）所有规模的工业废水集中处理厂、日处理10万t及以上或接纳工业废水日处理2万t以上的城镇生活污水处理厂。各地可根据本地实际情况降低城镇污水集中处理设施的规模限值。

（六）产生含有汞、镉、砷、铬、铅、氰化物、黄磷等可溶性剧毒废渣的企业。

（七）设区的市级以上地方人民政府水污染防治目标责任书中承担污染治理任务的企业事业单位。

（八）三年内发生较大及以上突发水环境污染事件或者因水环境污染问题造成重大社会影响的企业事业单位。

（九）三年内超过水污染物排放标准和重点水污染物排放总量控制指标被环境保护主管部门予以“黄牌“警示的企业，以及整治后仍不能达到要求且情节严重被环境保护主管部门予以“红牌“处罚的企业。

第六条 具备下列条件之一的企业事业单位，纳入大气环境重点排污单位名录。

（一）一种或几种废气主要污染物年排放量大于设区的市级环境保护主管部门设定的筛选排放量限值。

废气主要污染物指标是指二氧化硫、氮氧化物、烟粉尘和挥发性有机物。筛选排放量限值根据环境质量状况确定，排污总量占比不得低于行政区域工业排放总量的65%。

（二）有事实排污且属于废气污染重点监管行业的所有大中型企业。

废气污染重点监管行业包括：火力发电、热力生产和热电联产，有水泥熟料生产的水泥制造业，有烧结、球团、炼铁工艺的钢铁冶炼业，有色金属冶炼，石油炼制加工，炼焦，陶瓷，平板玻璃制造，化工，制药，煤化工，表面涂装，包装印刷业等。

各地可根据本地实际情况增加相关废气污染重点监管行业。

（三）实行排污许可重点管理的已发放排污许可证的排放废气污染物的单位。

（四）排放有毒有害大气污染物（具体参见环境保护部发布的有毒有害大气污染物名录）的企业事业单位；固体废物集中焚烧设施的运营单位。

（五）设区的市级以上地方人民政府大气污染防治目标责任书中承担污染治理任务的企业事业单位。

（六）环保警示企业、环保不良企业、三年内发生较大及以上突发大气环境污染事件或因大气环境污染问题造成重大社会影响或被各级环境保护主管部门通报处理尚未完成整改的企业事业单位。

第七条 具备下列条件之一的企业事业单位，纳入土壤环境污染重点监管单位名录。

（一）有事实排污且属于土壤污染重点监管行业的所有大中型企业。

土壤污染重点监管行业包括：有色金属矿采选、有色金属冶炼、石油开采、石油加工、化工、焦化、电镀、制革等。

各地可根据本地实际情况增加相关土壤污染重点监管行业。

（二）年产生危险废物100 t以上的企业事业单位。

（三）持有危险废物经营许可证，从事危险废物贮存、处置、利用的企业事业单位。

（四）运营维护生活垃圾填埋场或焚烧厂的企业事业单位，包含已封场的垃圾填埋场。

（五）三年内发生较大及以上突发固体废物、危险废物和地下水环境污染事件，或者因土壤环境污染问题造成重大社会影响的企业事业单位。

第八条 具备下列条件之一的企业事业单位，纳入声环境重点排污单位名录。

（一）噪声敏感建筑物集中区域噪声排放超标工业企业。

（二）因噪声污染问题纳入挂牌督办的企业事业单位。

第九条 具备下列条件之一的企业事业单位，纳入其他重点排污单位名录。

（一）具有试验、分析、检测等功能的化学、医药、生物类省级重点以上实验室、二级以上医院等污染物排放行为引起社会广泛关注的或者可能对环境敏感区造成较大影响的企业事业单位。

（二）因其他环境污染问题造成重大社会影响、或经突发环境事件风险评估划定为较大及以上环境风险等级的企业事业单位。

（三）其他有必要列入的情形。

第三章 附 则

第十条 本规定由环境保护部负责解释。

第十一条 本规定自发布之日起执行。

（二）环境执法制度相关规定

污染源自动监控设施现场监督检查办法

（环境保护部令　第19号）

第一章　总　则

第一条　为加强对污染源自动监控设施的现场监督检查，保障其正常运行，保证自动监控数据的真实、可靠和有效，根据《中华人民共和国水污染防治法》、《中华人民共和国大气污染防治法》等有关法律法规，制定本办法。

第二条　本办法所称污染源自动监控设施，是指在污染源现场安装的用于监控、监测污染物排放的在线自动监测仪、流量（速）计、污染治理设施运行记录仪和数据采集传输仪器、仪表、传感器等设施，是污染防治设施的组成部分。

第三条　本办法适用于各级环境保护主管部门对污染源自动监控设施的现场监督检查。

第四条　污染源自动监控设施的现场监督检查，由各级环境保护主管部门或者其委托的行使现场监督检查职责的机构（以下统称监督检查机构）具体负责。

省级以下环境保护主管部门对污染源自动监控设施进行监督管理和现场监督检查的权限划分，由省级环境保护主管部门确定。

第五条　实施污染源自动监控设施现场监督检查，应当与其他污染防治设施的现场检查相结合，并遵守国家有关法律法规、标准、技术规范以及环境保护主管部门的规定。

第六条　污染源自动监控设施的生产者和销售者，应当保证其生产和销售的污染源自动监控设施符合国家规定的标准。

排污单位自行运行污染源自动监控设施的，应当保证其正常运行。由取得环境污染治理设施运营资质的单位（以下简称运营单位）运行污染源自动监控设施的，排污单位应当配合、监督运营单位正常运行；运营单位应当保证污染源自动监控设施正常运行。

污染源自动监控设施的生产者、销售者以及排污单位和运营单位应当接受和配合监督检查机构的现场监督检查，并按照要求提供相关技术资料。监督检查机构有义务为被检查单位保守在检查中获取的商业秘密。

第二章 监督管理

第七条 污染源自动监控设施建成后，组织建设的单位应当及时组织验收。经验收合格后，污染源自动监控设施方可投入使用。

排污单位或者其他污染源自动监控设施所有权单位，应当在污染源自动监控设施验收后五个工作日内，将污染源自动监控设施有关情况交有管辖权的监督检查机构登记备案。

污染源自动监控设施的主要设备或者核心部件更换、采样位置或者主要设备安装位置等发生重大变化的，应当重新组织验收。排污单位或者其他污染源自动监控设施所有权单位应当在重新验收合格后五个工作日内，向有管辖权的监督检查机构变更登记备案。

有管辖权的监督检查机构应当对污染源自动监控设施登记事项及时予以登记，作为现场监督检查的依据。

第八条 污染源自动监控设施确需拆除或者停运的，排污单位或者运营单位应当事先向有管辖权的监督检查机构报告，经有管辖权的监督检查机构同意后方可实施。有管辖权的监督检查机构接到报告后，可以组织现场核实，并在接到报告后五个工作日内作出决定；逾期不作出决定的，视为同意。

污染源自动监控设施发生故障不能正常使用的，排污单位或者运营单位应当在发生故障后十二小时内向有管辖权的监督检查机构报告，并及时检修，保证在五个工作日内恢复正常运行。停运期间，排污单位或者运营单位应当按照有关规定和技术规范，采用手工监测等方式，对污染物排放状况进行监测，并报送监测数据。

第九条 下级环境保护主管部门应当每季度向上一级环境保护主管部门报告污染源自动监控设施现场监督检查工作情况。省级环境保护主管部门应当于每年的1月30日前向环境保护部报送上一年度本行政区域污染源自动监控设施现场监督检查工作报告。

第十条 污染源自动监控设施现场监督检查工作报告应当包括以下内容:

(一)辖区内污染源自动监控设施总体运行情况、存在的问题和建议;

(二)辖区内有关污染源自动监控设施违法行为及其查处情况和典型案例;

(三)污染源自动监控设施生产者、销售者和运营单位在辖区内服务质量评估。

第十一条 上级环境保护主管部门应当定期组织对本辖区内下级环境保护主管部门污染源自动监控设施现场监督检查的工作情况进行督查,并实行专项考核。

第十二条 污染源自动监控设施现场监督检查的有关情况,应当依法公开。

第三章 现场监督检查

第十三条 对污染源自动监控设施进行现场监督检查,应当重点检查以下内容:

(一)排放口规范化情况;

(二)污染源自动监控设施现场端建设规范化情况;

(三)污染源自动监控设施变更情况;

(四)污染源自动监控设施运行状况;

(五)污染源自动监控设施运行、维护、检修、校准校验记录;

(六)相关资质、证书、标志的有效性;

(七)企业生产工况、污染治理设施运行与自动监控数据的相关性。

第十四条 污染源自动监控设施现场监督检查分为例行检查和重点检查。

监督检查机构应当对污染源自动监控设施定期进行例行检查。对国家重点监控企业污染源自动监控设施的例行检查每月至少一次;对其他企业污染源自动监控设施的例行检查每季度至少一次。

对涉嫌不正常运行、使用污染源自动监控设施或者有弄虚作假等违法情况的企业,监督检查机构应当进行重点检查。重点检查可以邀请有关部门和专家参加。

实施污染源自动监控设施例行检查或者重点检查的,可以根据情况,事先通知被检查单位,也可以不事先通知。

第十五条 污染源自动监控设施的现场监督检查,按照下列程序进行:

(一)检查前准备工作,包括污染源自动监控设施登记备案情况、污染物排放及污染防治的有关情况,现场检查装备配备等;

（二）进行现场监督检查；

（三）认定运行正常的，结束现场监督检查；

（四）对涉嫌不正常运行、使用或者有弄虚作假等违法行为的，进行重点检查；

（五）经重点检查，认定有违法行为的，依法予以处罚。

污染源自动监控设施现场监督检查结果，应当及时反馈被检查单位。

第十六条 现场监督检查人员应当按照有关技术规范要求填写现场监督检查表，制作现场监督检查笔录。

现场监督检查人员进行污染源自动监控设施现场监督检查时，可以采取以下措施：

（一）以拍照、录音、录像、仪器标定或者拷贝文件、数据等方式保存现场检查资料；

（二）使用快速监测仪器采样监测。必要时，由环境监测机构进行监督性监测或者比对监测并出具监测结果；

（三）要求排污单位或者运营单位对污染源自动监控设施的硬件、软件进行技术测试；

（四）封存有关样品、试剂等物质，并送交有关部门或者机构检测。

第四章 法律责任

第十七条 排污单位或者其他污染源自动监控设施所有权单位，未按照本办法第七条的规定向有管辖权的监督检查机构登记其污染源自动监控设施有关情况，或者登记情况不属实的，依照《中华人民共和国水污染防治法》第七十二条第（一）项或者《中华人民共和国大气污染防治法》第四十六条第（一）项的规定处罚。

第十八条 排污单位或者运营单位有下列行为之一的，依照《中华人民共和国水污染防治法》第七十条或者《中华人民共和国大气污染防治法》第四十六条第（二）项的规定处罚：

（一）采取禁止进入、拖延时间等方式阻挠现场监督检查人员进入现场检查污染源自动监控设施的；

（二）不配合进行仪器标定等现场测试的；

（三）不按照要求提供相关技术资料和运行记录的；

（四）不如实回答现场监督检查人员询问的。

第十九条 排污单位或者运营单位擅自拆除、闲置污染源自动监控设施，或者有下列行为之一的，依照《中华人民共和国水污染防治法》第七十三条或者《中华人民共和国大气污染防治法》第四十六条第（三）项的规定处罚：

（一）未经环境保护主管部门同意，部分或者全部停运污染源自动监控设施的；

（二）污染源自动监控设施发生故障不能正常运行，不按照规定报告又不及时检修恢复正常运行的；

（三）不按照技术规范操作，导致污染源自动监控数据明显失真的；

（四）不按照技术规范操作，导致传输的污染源自动监控数据明显不一致的；

（五）不按照技术规范操作，导致排污单位生产工况、污染治理设施运行与自动监控数据相关性异常的；

（六）擅自改动污染源自动监控系统相关参数和数据的；

（七）污染源自动监控数据未通过有效性审核或者有效性审核失效的；

（八）其他人为原因造成的污染源自动监控设施不正常运行的情况。

第二十条 排污单位或者运营单位有下列行为之一的，依照《中华人民共和国水污染防治法》第七十条或者《中华人民共和国大气污染防治法》第四十六条第（二）项的规定处罚：

（一）将部分或者全部污染物不经规范的排放口排放，规避污染源自动监控设施监控的；

（二）违反技术规范，通过稀释、吸附、吸收、过滤等方式处理监控样品的；

（三）不按照技术规范的要求，对仪器、试剂进行变动操作的；

（四）违反技术规范的要求，对污染源自动监控系统功能进行删除、修改、增加、干扰，造成污染源自动监控系统不能正常运行，或者对污染源自动监控系统中存储、处理或者传输的数据和应用程序进行删除、修改、增加的操作的；

（五）其他欺骗现场监督检查人员，掩盖真实排污状况行为。

第二十一条 排污单位排放污染物超过国家或者地方规定的污染物排放标准，或者超过重点污染物排放总量控制指标的，依照《中华人民共和国水污染防治法》第七十四条或者《中华人民共和国大气污染防治法》第四十八条的规定处罚。

第二十二条 污染源自动监控设施生产者、销售者参与排污单位污染源自动监控设施运行弄虚作假的，由环境保护主管部门予以通报，公开该生产者、销售者名称及其产品型号；情节严重的，收回其环境保护适用性检测报告和环境保护产品认证证书。对已经安装使用该生产者、销售者生产、销售的同类产品的企业，环境保护主管部门应当加强重点检查。

第二十三条 运营单位参与排污单位污染源自动监控设施运行弄虚作假的，依照《环境污染治理设施运营资质许可管理办法》的有关规定处罚。

第二十四条 环境保护主管部门的工作人员有下列行为之一的，依法给予处分；构成犯罪的，依法追究刑事责任：

（一）不履行或者不按照规定履行对污染源自动监控设施现场监督检查职责的；

（二）对接到举报或者所发现的违法行为不依法予以查处的；

（三）包庇、纵容、参与排污单位或者运营单位弄虚作假的；

（四）其他玩忽职守、滥用职权或者徇私舞弊行为。

第二十五条 排污单位通过污染源自动监控设施数据弄虚作假获取主要污染物年度削减量、有关环境保护荣誉称号或者评级的，由原核定削减量或者授予荣誉称号的环境保护主管部门予以撤销。

排污单位通过污染源自动监控设施数据弄虚作假，骗取国家优惠脱硫脱硝电价的，环境保护主管部门应当及时通报优惠电价核定部门，取消电价优惠。

第二十六条 违反技术规范的要求，对污染源自动监控系统功能进行删除、修改、增加、干扰，造成污染源自动监控系统不能正常运行，或者对污染源自动监控系统中存储、处理或者传输的数据和应用程序进行删除、修改、增加的操作，构成违反治安管理行为的，由环境保护主管部门移送公安部门依据《中华人民共和国治安管理处罚法》第二十九条规定处理；涉嫌构成犯罪的，移送司法机关依照《中华人民共和国刑法》第二百八十六条追究刑事责任。

第五章 附 则

第二十七条 本办法由环境保护部负责解释。

第二十八条 污染源自动监控设施现场监督检查的技术规范和相关指南由环境保护部另行发布。

第二十九条 本办法自2012年4月1日起施行。

附：

《治安管理处罚法》第二十九条　有下列行为之一的，处五日以下拘留；情节较重的，处五日以上十日以下拘留：

（一）违反国家规定，侵入计算机信息系统，造成危害的；

（二）违反国家规定，对计算机信息系统功能进行删除、修改、增加、干扰，造成计算机信息系统不能正常运行的；

（三）违反国家规定，对计算机信息系统中存储、处理、传输的数据和应用程序进行删除、修改、增加的；

（四）故意制作、传播计算机病毒等破坏性程序，影响计算机信息系统正常运行的。

《刑法》第二百八十六条　违反国家规定，对计算机信息系统功能进行删除、修改、增加、干扰，造成计算机信息系统不能正常运行，后果严重的，处五年以下有期徒刑或者拘役；后果特别严重的，处五年以上有期徒刑。

违反国家规定，对计算机信息系统中存储、处理或者传输的数据和应用程序进行删除、修改、增加的操作，后果严重的，依照前款的规定处罚。

故意制作、传播计算机病毒等破坏性程序，影响计算机系统正常运行，后果严重的，依照第一款的规定处罚。

环境保护主管部门实施按日连续处罚办法

（环境保护部令　第28号）

第一章　总　则

第一条　为规范实施按日连续处罚，依据《中华人民共和国环境保护法》、《中华人民共和国行政处罚法》等法律，制定本办法。

第二条　县级以上环境保护主管部门对企业事业单位和其他生产经营者（以下称排污者）实施按日连续处罚的，适用本办法。

第三条　实施按日连续处罚，应当坚持教育与处罚相结合的原则，引导和督促排污者及时改正环境违法行为。

第四条　环境保护主管部门实施按日连续处罚，应当依法向社会公开行政处罚决定和责令改正违法行为决定等相关信息。

第二章　适用范围

第五条　排污者有下列行为之一，受到罚款处罚，被责令改正，拒不改正的，依法作出罚款处罚决定的环境保护主管部门可以实施按日连续处罚：

（一）超过国家或者地方规定的污染物排放标准，或者超过重点污染物排放总量控制指标排放污染物的；

（二）通过暗管、渗井、渗坑、灌注或者篡改、伪造监测数据，或者不正常运行防治污染设施等逃避监管的方式排放污染物的；

（三）排放法律、法规规定禁止排放的污染物的；

（四）违法倾倒危险废物的；

（五）其他违法排放污染物行为。

第六条　地方性法规可以根据环境保护的实际需要，增加按日连续处罚的违法行为的种类。

第三章　实施程序

第七条　环境保护主管部门检查发现排污者违法排放污染物的，应当进行调查取证，并依法作出行政处罚决定。

按日连续处罚决定应当在前款规定的行政处罚决定之后作出。

第八条　环境保护主管部门可以当场认定违法排放污染物的，应当在现场调查时向排污者送达责令改正违法行为决定书，责令立即停止违法排放污染物行为。

需要通过环境监测认定违法排放污染物的，环境监测机构应当按照监测技术规范要求进行监测。环境保护主管部门应当在取得环境监测报告后三个工作日内向排污者送达责令改正违法行为决定书，责令立即停止违法排放污染物行为。

第九条　责令改正违法行为决定书应当载明下列事项：

（一）排污者的基本情况，包括名称或者姓名、营业执照号码或者居民身份证号码、组织机构代码、地址以及法定代表人或者主要负责人姓名等；

（二）环境违法事实和证据；

（三）违反法律、法规或者规章的具体条款和处理依据；

（四）责令立即改正的具体内容；

（五）拒不改正可能承担按日连续处罚的法律后果；

（六）申请行政复议或者提起行政诉讼的途径和期限；

（七）环境保护主管部门的名称、印章和决定日期。

第十条　环境保护主管部门应当在送达责令改正违法行为决定书之日起三十日内，以暗查方式组织对排污者违法排放污染物行为的改正情况实施复查。

第十一条　排污者在环境保护主管部门实施复查前，可以向作出责令改正违法行为决定书的环境保护主管部门报告改正情况，并附具相关证明材料。

第十二条　环境保护主管部门复查时发现排污者拒不改正违法排放污染物行为的，可以对其实施按日连续处罚。

环境保护主管部门复查时发现排污者已经改正违法排放污染物行为或者已经停产、停业、关闭的，不启动按日连续处罚。

第十三条　排污者具有下列情形之一的，认定为拒不改正：

（一）责令改正违法行为决定书送达后，环境保护主管部门复查发现仍在继续违法排放污染物的；

（二）拒绝、阻挠环境保护主管部门实施复查的。

第十四条 复查时排污者被认定为拒不改正违法排放污染物行为的，环境保护主管部门应当按照本办法第八条的规定再次作出责令改正违法行为决定书并送达排污者，责令立即停止违法排放污染物行为，并应当依照本办法第十条、第十二条的规定对排污者再次进行复查。

第十五条 环境保护主管部门实施按日连续处罚应当符合法律规定的行政处罚程序。

第十六条 环境保护主管部门决定实施按日连续处罚的，应当依法作出处罚决定书。

处罚决定书应当载明下列事项：

（一）排污者的基本情况，包括名称或者姓名、营业执照号码或者居民身份证号码、组织机构代码、地址以及法定代表人或者主要负责人姓名等；

（二）初次检查发现的环境违法行为及该行为的原处罚决定、拒不改正的违法事实和证据；

（三）按日连续处罚的起止时间和依据；

（四）按照按日连续处罚规则决定的罚款数额；

（五）按日连续处罚的履行方式和期限；

（六）申请行政复议或者提起行政诉讼的途径和期限；

（七）环境保护主管部门名称、印章和决定日期。

第四章 计罚方式

第十七条 按日连续处罚的计罚日数为责令改正违法行为决定书送达排污者之日的次日起，至环境保护主管部门复查发现违法排放污染物行为之日止。再次复查仍拒不改正的，计罚日数累计执行。

第十八条 再次复查时违法排放污染物行为已经改正，环境保护主管部门在之后的检查中又发现排污者有本办法第五条规定的情形的，应当重新作出处罚决定，按日连续处罚的计罚周期重新起算。按日连续处罚次数不受限制。

第十九条 按日连续处罚每日的罚款数额，为原处罚决定书确定的罚款数额。

按照按日连续处罚规则决定的罚款数额，为原处罚决定书确定的罚款数额乘以计罚日数。

第五章 附 则

第二十条 环境保护主管部门针对违法排放污染物行为实施按日连续处罚的，可以同时适用责令排污者限制生产、停产整治或者查封、扣押等措施；因采取上述措施使排污者停止违法排污行为的，不再实施按日连续处罚。

第二十一条 本办法由国务院环境保护主管部门负责解释。

第二十二条 本办法自2015年1月1日起施行。

环境保护主管部门实施查封、扣押办法

（环境保护部令　第29号）

第一章　总　则

第一条　为规范实施查封、扣押，依据《中华人民共和国环境保护法》、《中华人民共和国行政强制法》等法律，制定本办法。

第二条　对企业事业单位和其他生产经营者（以下称排污者）违反法律法规规定排放污染物，造成或者可能造成严重污染，县级以上环境保护主管部门对造成污染物排放的设施、设备实施查封、扣押的，适用本办法。

第三条　环境保护主管部门实施查封、扣押所需经费，应当列入本机关的行政经费预算，由同级财政予以保障。

第二章　适用范围

第四条　排污者有下列情形之一的，环境保护主管部门依法实施查封、扣押：

（一）违法排放、倾倒或者处置含传染病病原体的废物、危险废物、含重金属污染物或者持久性有机污染物等有毒物质或者其他有害物质的；

（二）在饮用水水源一级保护区、自然保护区核心区违反法律法规规定排放、倾倒、处置污染物的；

（三）违反法律法规规定排放、倾倒化工、制药、石化、印染、电镀、造纸、制革等工业污泥的；

（四）通过暗管、渗井、渗坑、灌注或者篡改、伪造监测数据，或者不正常运行防治污染设施等逃避监管的方式违反法律法规规定排放污染物的；

（五）较大、重大和特别重大突发环境事件发生后，未按照要求执行停产、停排措施，继续违反法律法规规定排放污染物的；

（六）法律、法规规定的其他造成或者可能造成严重污染的违法排污行为。

有前款第一项、第二项、第三项、第六项情形之一的，环境保护主管部门可以实施查封、扣押；已造成严重污染或者有前款第四项、第五项情形之一的，环境保护主管部门应当实施查封、扣押。

第五条 环境保护主管部门查封、扣押排污者造成污染物排放的设施、设备，应当符合有关法律的规定。不得重复查封、扣押排污者已被依法查封的设施、设备。

对不易移动的或者有特殊存放要求的设施、设备，应当就地查封。查封时，可以在该设施、设备的控制装置等关键部件或者造成污染物排放所需供水、供电、供气等开关阀门张贴封条。

第六条 具备下列情形之一的排污者，造成或者可能造成严重污染的，环境保护主管部门应当按照有关环境保护法律法规予以处罚，可以不予实施查封、扣押：

（一）城镇污水处理、垃圾处理、危险废物处置等公共设施的运营单位；

（二）生产经营业务涉及基本民生、公共利益的；

（三）实施查封、扣押可能影响生产安全的。

第七条 环境保护主管部门实施查封、扣押的，应当依法向社会公开查封、扣押决定，查封、扣押延期情况和解除查封、扣押决定等相关信息。

第三章 实施程序

第八条 实施查封、扣押的程序包括调查取证、审批、决定、执行、送达、解除。

第九条 环境保护主管部门实施查封、扣押前，应当做好调查取证工作。

查封、扣押的证据包括现场检查笔录、调查询问笔录、环境监测报告、视听资料、证人证言和其他证明材料。

第十条 需要实施查封、扣押的，应当书面报经环境保护主管部门负责人批准；案情重大或者社会影响较大的，应当经环境保护主管部门案件审查委员会集体审议决定。

第十一条 环境保护主管部门决定实施查封、扣押的，应当制作查封、扣押决定书和清单。

查封、扣押决定书应当载明下列事项：

（一）排污者的基本情况，包括名称或者姓名、营业执照号码或者居民身份证号码、组织机构代码、地址以及法定代表人或者主要负责人姓名等；

（二）查封、扣押的依据和期限；

（三）查封、扣押设施、设备的名称、数量和存放地点等；

（四）排污者应当履行的相关义务及申请行政复议或者提起行政诉讼的途径和期限；

（五）环境保护主管部门的名称、印章和决定日期。

第十二条 实施查封、扣押应当符合下列要求：

（一）由两名以上具有行政执法资格的环境行政执法人员实施，并出示执法身份证件；

（二）通知排污者的负责人或者受委托人到场，当场告知实施查封、扣押的依据以及依法享有的权利、救济途径，并听取其陈述和申辩；

（三）制作现场笔录，必要时可以进行现场拍摄。现场笔录的内容应当包括查封、扣押实施的起止时间和地点等；

（四）当场清点并制作查封、扣押设施、设备清单，由排污者和环境保护主管部门分别收执。委托第三人保管的，应同时交第三人收执。执法人员可以对上述过程进行现场拍摄；

（五）现场笔录和查封、扣押设施、设备清单由排污者和执法人员签名或者盖章；

（六）张贴封条或者采取其他方式，明示环境保护主管部门已实施查封、扣押。

第十三条 情况紧急，需要当场实施查封、扣押的，应当在实施后二十四小时内补办批准手续。环境保护主管部门负责人认为不需要实施查封、扣押的，应当立即解除。

第十四条 查封、扣押决定书应当当场交付排污者负责人或者受委托人签收。排污者负责人或者受委托人应当签名或者盖章，注明日期。

实施查封、扣押过程中，排污者负责人或者受委托人拒不到场或者拒绝签名、盖章的，环境行政执法人员应当予以注明，并可以邀请见证人到场，由见证人和环境行政执法人员签名或者盖章。

第十五条 查封、扣押的期限不得超过三十日；情况复杂的，经本级环境保护主管部门负责人批准可以延长，但延长期限不得超过三十日。法律、法规另有规定的除外。

延长查封、扣押的决定应当及时书面告知排污者，并说明理由。

第十六条 对就地查封的设施、设备，排污者应当妥善保管，不得擅自损毁封条、变更查封状态或者启用已查封的设施、设备。

对扣押的设施、设备，环境保护主管部门应当妥善保管，也可以委托第三人保管。扣押期间设施、设备的保管费用由环境保护主管部门承担。

第十七条 查封的设施、设备造成损失的，由排污者承担。扣押的设施、设备造成损失的，由环境保护主管部门承担；因受委托第三人原因造成损失的，委托的环境保护主管部门先行赔付后，可以向受委托第三人追偿。

第十八条 排污者在查封、扣押期限届满前，可以向决定实施查封、扣押的环境保护主管部门提出解除申请，并附具相关证明材料。

第十九条 环境保护主管部门应当自收到解除查封、扣押申请之日起五个工作日内，组织核查，并根据核查结果分别作出如下决定：

（一）确已改正违反法律法规规定排放污染物行为的，解除查封、扣押；

（二）未改正违反法律法规规定排放污染物行为的，维持查封、扣押。

第二十条 环境保护主管部门实施查封、扣押后，应当及时查清事实，有下列情形之一的，应当立即作出解除查封、扣押决定：

（一）对违反法律法规规定排放污染物行为已经作出行政处罚或者处理决定，不再需要实施查封、扣押的；

（二）查封、扣押期限已经届满的；

（三）其他不再需要实施查封、扣押的情形。

第二十一条 查封、扣押措施被解除的，环境保护主管部门应当立即通知排污者，并自解除查封、扣押决定作出之日起三个工作日内送达解除决定。

扣押措施被解除的，还应当通知排污者领回扣押物；无法通知的，应当进行公告，排污者应当自招领公告发布之日起六十日内领回；逾期未领回的，所造成的损失由排污者自行承担。

扣押物无法返还的，环境保护主管部门可以委托拍卖机构依法拍卖或者变卖，所得款项上缴国库。

第二十二条 排污者涉嫌环境污染犯罪已由公安机关立案侦查的，环境保护主管部门应当依法移送查封、扣押的设施、设备及有关法律文书、清单。

第二十三条 环境保护主管部门对查封后的设施、设备应当定期检视其封存情况。

排污者阻碍执法、擅自损毁封条、变更查封状态或者隐藏、转移、变卖、启用已查封的设施、设备的，环境保护主管部门应当依据《中华人民共和国治安管理处罚法》等法律法规及时提请公安机关依法处理。

第四章 附 则

第二十四条 本办法由国务院环境保护主管部门负责解释。

第二十五条 本办法自 2015 年 1 月 1 日起施行。

环境保护主管部门实施限制生产、停产整治办法

（环境保护部令　第30号）

第一章　总　则

第一条　为规范实施限制生产、停产整治措施，依据《中华人民共和国环境保护法》，制定本办法。

第二条　县级以上环境保护主管部门对超过污染物排放标准或者超过重点污染物排放总量控制指标排放污染物的企业事业单位和其他生产经营者（以下称排污者），责令采取限制生产、停产整治措施的，适用本办法。

第三条　环境保护主管部门作出限制生产、停产整治决定时，应当责令排污者改正或者限期改正违法行为，并依法实施行政处罚。

第四条　环境保护主管部门实施限制生产、停产整治的，应当依法向社会公开限制生产、停产整治决定，限制生产延期情况和解除限制生产、停产整治的日期等相关信息。

第二章　适用范围

第五条　排污者超过污染物排放标准或者超过重点污染物日最高允许排放总量控制指标的，环境保护主管部门可以责令其采取限制生产措施。

第六条　排污者有下列情形之一的，环境保护主管部门可以责令其采取停产整治措施：

（一）通过暗管、渗井、渗坑、灌注或者篡改、伪造监测数据，或者不正常运行防治污染设施等逃避监管的方式排放污染物，超过污染物排放标准的；

（二）非法排放含重金属、持久性有机污染物等严重危害环境、损害人体健康的污染物超过污染物排放标准三倍以上的；

（三）超过重点污染物排放总量年度控制指标排放污染物的；

（四） 被责令限制生产后仍然超过污染物排放标准排放污染物的；

（五）因突发事件造成污染物排放超过排放标准或者重点污染物排放总量控制指标的；

（六）法律、法规规定的其他情形。

第七条 具备下列情形之一的排污者，超过污染物排放标准或者超过重点污染物排放总量控制指标排放污染物的，环境保护主管部门应当按照有关环境保护法律法规予以处罚，可以不予实施停产整治：

（一）城镇污水处理、垃圾处理、危险废物处置等公共设施的运营单位；

（二）生产经营业务涉及基本民生、公共利益的；

（三）实施停产整治可能影响生产安全的。

第八条 排污者有下列情形之一的，由环境保护主管部门报经有批准权的人民政府责令停业、关闭：

（一）两年内因排放含重金属、持久性有机污染物等有毒物质超过污染物排放标准受过两次以上行政处罚，又实施前列行为的；

（二）被责令停产整治后拒不停产或者擅自恢复生产的；

（三）停产整治决定解除后，跟踪检查发现又实施同一违法行为的；

（四）法律法规规定的其他严重环境违法情节的。

第三章　实施程序

第九条 环境保护主管部门在作出限制生产、停产整治决定前，应当做好调查取证工作。

责令限制生产、停产整治的证据包括现场检查笔录、调查询问笔录、环境监测报告、视听资料、证人证言和其他证明材料。

第十条 作出限制生产、停产整治决定前，应当书面报经环境保护主管部门负责人批准；案情重大或者社会影响较大的，应当经环境保护主管部门案件审查委员会集体审议决定。

第十一条 环境保护主管部门作出限制生产、停产整治决定前，应当告知排污者有关事实、依据及其依法享有的陈述、申辩或者要求举行听证的权利；就同一违法行为进行行政处罚的，可以在行政处罚事先告知书或者行政处罚听证告知书中一并告知。

第十二条 环境保护主管部门作出限制生产、停产整治决定的，应当制作责令限制生产决定书或者责令停产整治决定书，也可以在行政处罚决定书中载明。

第十三条 责令限制生产决定书和责令停产整治决定书应当载明下列事项：

（一）排污者的基本情况，包括名称或者姓名、营业执照号码或者居民身份证号码、组织机构代码、地址以及法定代表人或者主要负责人姓名等；

（二）违法事实、证据，以及作出限制生产、停产整治决定的依据；

（三）责令限制生产、停产整治的改正方式、期限；

（四）排污者应当履行的相关义务及申请行政复议或者提起行政诉讼的途径和期限；

（五）环境保护主管部门的名称、印章和决定日期。

第十四条 环境保护主管部门应当自作出限制生产、停产整治决定之日起七个工作日内将决定书送达排污者。

第十五条 限制生产一般不超过三个月；情况复杂的，经本级环境保护主管部门负责人批准，可以延长，但延长期限不得超过三个月。

停产整治的期限，自责令停产整治决定书送达排污者之日起，至停产整治决定解除之日止。

第十六条 排污者应当在收到责令限制生产决定书或者责令停产整治决定书后立即整改，并在十五个工作日内将整改方案报作出决定的环境保护主管部门备案并向社会公开。整改方案应当确定改正措施、工程进度、资金保障和责任人员等事项。

被限制生产的排污者在整改期间，不得超过污染物排放标准或者重点污染物日最高允许排放总量控制指标排放污染物，并按照环境监测技术规范进行监测或者委托有条件的环境监测机构开展监测，保存监测记录。

第十七条 排污者完成整改任务的，应当在十五个工作日内将整改任务完成情况和整改信息社会公开情况，报作出限制生产、停产整治决定的环境保护主管部门备案，并提交监测报告以及整改期间生产用电量、用水量、主要产品产量与整改前的对比情况等材料。限制生产、停产整治决定自排污者报环境保护主管部门备案之日起解除。

第十八条 排污者有下列情形之一的，限制生产、停产整治决定自行终止：

（一）依法被撤销、解散、宣告破产或者因其他原因终止营业的；

（二）被有批准权的人民政府依法责令停业、关闭的。

第十九条 排污者被责令限制生产、停产整治后，环境保护主管部门应当按照相关规定对排污者履行限制生产、停产整治措施的情况实施后督察，并依法进行处理或者处罚。

第二十条 排污者解除限制生产、停产整治后，环境保护主管部门应当在解除之日起三十日内对排污者进行跟踪检查。

第四章 附 则

第二十一条 本办法由国务院环境保护主管部门负责解释。

第二十二条 本办法自 2015 年 1 月 1 日起施行。

排污口规范化整治技术要求（试行）

（环监〔1996〕470 号）

第一章　总则

1.1 根据国家环境保护法律、法规和国家《环境保护图形标志》标准、国家环境保护局《关于开展排污口规范化整治试点工作的通知》精神，制定本《要求》。

1.2 排污口规范化整治是实施污染物总量控制计划的基础性工作之一，目的是为了促进排污单位加强经营管理和污染治理，加大环境监理执法力度，更好地履行“三查、二调、一收费”的职责，逐步实现污染物排放的科学化、定量化管理。

1.3 排污口规范化整治应遵循便于采集样品，便于计量监测，便于日常现场监督检查的原则。

1.4 本《要求》适用于一切排污单位排污口的规范化整治。

第二章　排污口规范化整治范围

2.1 一切向环境排放污染物（废水、废气、固体废物、噪声）的排污单位的排放口（点、源），均需进行规范化整治。

2.2 排污口规范化整治可分步进行。试点期间的整治范围应不少于辖区内已开征排污费单位的 50%，并应遵循以下四项原则（2.3－2.6）。

2.3 以整治污水排污口为主，兼顾整治废气、固体废物、噪声排放口（点、源）。

2.4 以整治重点污染源为主。对列入国家和省、市级重点排污单位的排污口首先进行整治。

2.5 以整治列入总量控制指标的 12 种污染物（烟尘、工业粉尘、二氧化硫、化学耗氧量、石油类、氰化物、砷、汞、铅、六价铬和工业固体废物）的排污口为主。

2.6 为体现试点的原则，要分别选择不同类型、不同行业、不同规范、不同隶

属关系的排污单位的排污口进行整治

第三章　排污口规范化整治技术要求

3.1 污水排放口的整治

3.1.1 合理确定污水排放口位置。

3.1.2 按照《污染源监测技术规范》设置采样点。如：工厂总排放口、排放一类污染物的车间排放口，污水处理设施的进水和出水口等。

3.1.3 应设置规范的、便于测量流量、流速的测流段。

3.1.4 列入重点整治的污水排放口应安装流量计。

3.1.5 一般污水排污口可安装三角堰、矩形堰、测流槽等测流装置或其他计量装置。

3.2 废气排放口的整治

3.2.1 有组织排放的废气。对其排气筒数量、高度和泄漏情况进行整治。

3.2.2 排气筒应设置便于采样、监测的采样口。采样口的设置应符合《污染源监测技术规范》要求。

3.2.3 采样口位置无法满足“规范”要求的，其监测也位置由当地环境监测部门确认。

3.2.4 无组织排放有毒有害气体的，应加装引风装置，进行收集、处理，并设置采样点。

3.3 固体废物贮存、堆放场的整治

3.3.1 一般固体废物应设置专用贮存、堆放场地。易造成二次扬尘的贮存、堆放场地，应采取不定时喷洒等防治措施。

3.3.2 有毒有害固体废物等危险废物，应设置专用堆放场地，并必须有防扬散，防流失，防渗漏等防治措施。

3.3.3 临时性固体废物贮存、堆放场也应根据情况，进行相应整治。

3.4 固定噪声排放源的整治

3.4.1 凡厂界噪声超出功能区环境噪声标准要求的，其噪声源均应进行整治。

3.4.2 根据不同噪声源情况，可采取减振降噪、吸声处理降噪、隔声处理降噪等措施，使其达到功能区标准要求。

3.4.3 在固定噪声源厂界噪声敏感，且对外界影响最大处设置该噪声源的监测点。

第四章　排污口立标、建档要求

4.1 排污口立标要求

4.1.1 一切排污单位的污染物排放口（源）和固体废物贮存、处置场，必须实行规范化整治，按照国家标准《环境保护图形标志》（GB15562.1—1995）（GB15562.2—1995）的规定，设置与之相适应的环境保护图形标志牌。

4.1.2 开展排放口（源）和固体废物贮存、处置场规范化整治的单位，必须使用由国家环境保护局统一定点制作和监制的环境保护图形标志牌。

4.1.3 环境保护图形标志牌设置位置应距污染物排放口（源）及固体废物贮存（处置）场或采样点较近且醒目处，并能长久保留，其中：噪声排放源标志牌应设置在距选定监测点较近且醒目处。设置高度一般为：环境保护图形标志牌上缘距离地面2米。

4.1.4 重点排污单位的污染物排放口（源）或固体废物贮存、处置场，以设置立式标志牌为主；一般排污单位的污染物排放口（源）或固体废物贮存、处置场，可根据情况分别选择设置立式或平面固定式标志牌。

4.1.5 一般性污染物排放口（源）或固体废物贮存、处置场，设置提示性环境保护图形标志牌。

排放剧毒、致癌物及对人体有严重危害物质的排放口（源）或危险废物贮存、处置场，设置警告性环境保护图形标志牌。

4.1.6 环境保护图形标志牌的辅助标志上，需要填写的栏目，应由环境保护部门统一组织填写，要求字迹工整，字的颜色，与标志牌颜色要总体协调。

4.2 排污口建档要求

4.2.1 各级环保部门和排污单位均需使用由国家环境保护局统一印制的《中华人民共和国规范化排污口标志登记证》，并按要求认真填写有关内容。

4.2.2 登记证与标志牌配套使用，由各地环境保护部门签发给有关排污单位。登记证的一览表中的标志牌编号及登记卡上标志牌的编号应与标志牌辅助标志上的编号相一致。编号形式统一规定如下：

污水 WS－××××　　噪声 ZS－×××××

废气 FQ－××××　　固体废物 GF－×××××

编号的前两个字母为类别代号，后五位为排污口顺序编号。排污口的顺序编号数字由各地环境保护部门自行规定。

4.2.3 各地环境保护部门根据登记证的内容建立排污口管理档案，如：排污单位名称，排污口性质及编号，排污口地理位置、排放主要污染物种类、数量、浓度，排放去向，立标情况，设施运行情况及整改意见等。

4.3 排污口环境保护设施管理要求

4.3.1 规范化整治排污口的有关设施（如：计量装置、标志牌等）属环境保护设施，各地环境保护部门应按照有关环境保护设施监督管理规定，加强日常监督管理，排污单位应将环境保护设施纳入本单位设备管理，制定相应的管理办法和规章制度。

4.3.2 排污单位应选派责任心强，有专业知识和技能的兼、专职人员对排污口进行管理，做到责任明确、奖罚分明。

第五章　附则

5.1 各试点省、市可根据本《要求》，制定当地排污口规范化整治的具体技术规范。

关于实施工业污染源全面达标排放计划的通知

（环环监〔2016〕172 号）

各省、自治区、直辖市环境保护厅（局），新疆生产建设兵团环境保护局：

为贯彻落实党的十八届五中、六中全会精神，以及《国民经济和社会发展第十三个五年规划纲要》《国务院办公厅关于印发控制污染物排放许可制实施方案的通知》（国办发〔2016〕81 号）要求，加大环境保护和生态文明建设力度，积极推进供给侧结构性改革，现就实施工业污染源全面达标排放计划（以下简称达标计划）有关事项通知如下：

一、充分认识实施达标计划的重要意义

达标排放是企业履行环境责任的基本义务和底线要求，是环境保护法律制度的重要内容，是切实改善环境质量的工作基础，是建立健全环境治理体系、推进生态文明体制改革的基本要求。

近年来，各地区、各部门不断加大工作力度，推动工业绿色发展，取得积极成效。但一些企业污染物超标排放、偷排偷放等问题依然十分突出，违法排污损害生态环境事件时有发生，人民群众反映强烈。

为此，党中央、国务院做出重要部署，在《国民经济和社会发展第十三个五年规划纲要》中明确要求实施达标计划。地方各级环保部门要从协调推进“四个全面”战略布局、全面深化生态文明体制改革的高度，切实提高认识，把实施好达标计划作为“十三五”环境保护重点工作，加强组织协调，狠抓工作落实，完善措施保障，确保取得实效。

二、总体要求、基本原则和工作目标

（一）总体要求。深入贯彻落实党中央、国务院决策部署，以改善环境质量为核心，充分发挥环境标准引领企业升级改造和倒逼产业结构调整的作用，通过依法治理、科技支撑、监督执法、完善政策等措施，促进工业污染源实现全面达标排放，为不断改善环境质量提供有力支撑。

（二）基本原则。坚持问题导向，分类推进工业污染源达标排放；坚持依法依规，充分发挥企业、政府和社会等各方作用；坚持信息公开，不断深化公众参与和社会监督；坚持标本兼治，在持续保持打击违法排污高压态势的同时，建立健全环境治理长效机制。

（三）工作目标。达标计划将选取产排污量大、已制定行业污染物排放标准，或发放排污许可证的行业优先重点实施，通过重点带动一般，推动工业污染源实现全面达标排放。

到2017年底，钢铁、火电、水泥、煤炭、造纸、印染、污水处理厂、垃圾焚烧厂等8个行业达标计划实施取得明显成效，污染物排放标准体系和环境监管机制进一步完善，环境守法良好氛围基本形成。

到2020年底，各类工业污染源持续保持达标排放，环境治理体系更加健全，环境守法成为常态。

三、工作任务

（一）全面排查工业污染源排放情况。地方各级环保部门要在深入总结2015年度环境保护大检查工作基础上，结合日常监管、违法案件查处、污染源在线监控等情况，对本行政区域工业污染源排放情况进行深入分析，全面排查工业污染源超标排放、偷排偷放等问题，切实掌握超标排放企业清单及存在问题。鼓励各地探索引入第三方机构对企业污染物排放情况进行评估。

2017年6月底前，各省级环保部门重点组织开展本行政区域钢铁、火电、水泥、煤炭、造纸、印染、污水处理厂、垃圾焚烧厂等8个行业污染物排放情况评估工作，并将有关结果报送我部。

2017年7月起，各省级环保部门可根据本行政区域实际情况，分步组织实施其余行业污染物排放情况评估工作，并于2018年底前完成全部工作。

（二）加大超标排放整治力度。在全面排查和评估的基础上，地方各级环保部门要会同相关行业主管部门，督促超标企业及时实施整改，彻底解决问题。对查出的所有问题，要建立整改台账，实行闭环管理，全面整改到位，并将超标排放问题及整改情况向社会公开。对超标排放的企业，要督促其严格落实和规范开展自行监测，加密对超标因子的监测频次，并及时向环保部门报告。在对违法行为依法处罚的同时，能立即整改的，要责令企业立即整改解决；一时难以完成整改的，要责令其明确落实整改的措施、责任和时限；问题严重、达标无望的，要依法提请地方人民政府责令关闭。对重大问题要实行挂牌督办，跟踪整改销号。强化对超标企业的监管约束，探索实施超标排放累积记分管理。

2017年底前，各地要完成钢铁、火电、水泥、煤炭、造纸、印染、污水处理厂、垃圾焚烧厂等8个行业超标问题整治任务；2019年底前，基本完成各类工业污染源超标问题整治工作；2020年，进一步巩固提升工业污染源超标问题整治成效。

（三）不断强化环境监管执法。各省级环保部门要指导市、县两级人民政府继续深化网格化监管制度，将工业污染源日常环境监管责任，落实到每个网格责任人，明确监管要求和监管措施。市、县两级环保部门应切实加强日常环境执法工作，全面落实"双随机"制度。对存在违法排污行为的企业，要加大执法检查频次和抽查比例；对长期稳定达标排放的守法企业，鼓励适当减少检查频次，降低抽查率，维护和保障公平竞争的市场环境。

（四）切实遏制偷排偷放等恶意违法行为。各地应持续保持环境执法高压态势，对偷排偷放、数据造假、屡查屡犯的企业，要依法严肃查处；情节严重的，报经有批准权的人民政府批准，责令停业关闭；对涉嫌犯罪的人员，依法移送司法机关。同时，要及时向社会公布违法企业及其法定代表人和主要责任人名单、违法事实和处罚措施等信息，充分发挥负面典型案例的震慑警示作用。

（五）规范和加强在线监控的运行和监管。各地要根据区域污染排放特点与环境质量改善要求，逐步扩展纳入在线监控的企业范围，推动实现对所有工业污染源的全覆盖。企业应依法依规安装和运行污染源在线监控设备，并与省级、地市级污染源在线监控管理系统联网，对污染物排放进行实时监控。地方各级环保部门要通过在线监控系统及时发现超标排放行为，依法严肃查处，督促超标企业达标排放。我部自 2017 年起，将通过环境保护部污染源监控中心平台，向污染源所在地的省级、地市级环保部门发送污染源超标排放电子督办单，对严重超标的企业，要求 24 小时内反馈核实情况。其中，2017 年重点针对钢铁、火电、水泥、煤炭、造纸、印染、污水处理厂、垃圾焚烧厂等 8 个行业开展督办。通过严格电子督办，不断规范和提升在线监控数据的可靠性。对在线监控数据弄虚作假的行为坚持“零容忍”，对涉及到的责任人依法严肃追究刑事责任。各省级、地市级环保部门要在污染源监控系统管理部门和环境监察机构中各设置 2 名督办联系人，并于 2016 年底前将名单报送我部。同时，我部将继续每季度向社会公布严重超标企业名单，并逐步收紧对严重超标企业的界定。

（六）实施超标排污联合惩戒。地方各级环保部门应依据《关于对环境保护领域失信生产经营单位及其有关人员开展联合惩戒的合作备忘录》（发改财金〔2016〕1580 号）的要求，加强与相关部门的协作配合，依法依规对违法排污单位及其法定代表人、主要负责人和负有直接责任的有关人员实施限制市场准入、停止优惠政策、限制考核表彰等联合惩戒措施，并在当地主要媒体和政府网站上向社会公布相关信息。

（七）全面推进信息公开。 各地要按照便民、客观、公正、全面的原则，深入推进环境执法信息公开。除保密信息外，应全面公开执法查处、监督管理，以及相关法规政策标准等信息。同时，各级环保部门应督促、指导企业按照有关法律法规及技术规范的要求严格开展自行监测，并通过网络、电子屏幕等便于公众知晓的方式，向社会公开防治污染设施的建设、运行情况，排放污染物的名称、排放方式、排放浓度和总量、超标排放情况等信息，接受社会监督。对重点排污单位不依据相关要求如实或按时公开环境信息的，要依法严格处罚。

2016 年底前，各省级环保部门应将本行政区域内的各地级市（区）重点排污单位名录和企业环境信息公开情况报送我部。我部将对相关工作开展抽查，并将结果进行通报。

（八）加大政策支持力度。 各地要认真落实简政放权、放管结合、优化服务等改革工作要求，积极推动企业实施技术创新和转型升级，推广应用新技术、新工艺、新材料，减少污染物排放。推动环境服务业发展，鼓励有条件的工业园区、企业聘请第三方专业环保服务公司作为“环保管家”，提供监测、监理、环保设施建设运营、污染治理等一体化环保服务和解决方案。发挥环保优势企业的引领作用，鼓励有条件的企业建立环境保护技术中心、工程中心、产业化基地，研究开发具有竞争力、高附加值和自主知识产权的环保技术、产品和服务，并及时把环境保护先进经验、技术和方法推广延伸。鼓励各地加强对在线监控设备的创新与研发，逐步将更多污染因子纳入在线监控范围，不断拓展在线监控设备应用领域。

（九）进一步完善污染物排放标准体系。鼓励各地综合考虑环境质量、发展状况、治理技术、经济成本、管理能力等因素，加快制修订地方污染物排放标准，建立与本行政区域环境承载能力相适应的标准体系。环境质量严重超标地区，要根据环境质量改善目标和进程，制定并实施分阶段逐步加严的地方污染物排放标准。

四、保障措施

（一）严格落实责任。各省级环保部门要组织制定本行政区域达标计划及年度实施方案，督促市、县两级人民政府切实落实环境保护“党政同责、一岗双责”制度，推动达标计划顺利实施。市、县两级环保部门应按照省级环保部门的统一部署，结合本行政区域实际情况，细化并落实达标计划及年度实施方案，加大执法监管力度，督促企业达标排放。

（二）加强制度衔接。各地应做好与排污许可改革的衔接，统筹考虑排污许可证发放和达标计划推行的工作安排。对已发放排污许可证的行业，地方各级环保部门应严格依据排污许可证所载明事项开展执法检查，督促企业按照许可的方式、浓度和总量排放污染物。首次核发排污许可证后，应及时开展检查。

（三）做好宣传报道。各地要有序做好达标计划的宣传引导工作，利用电视、广播、报纸、互联网等媒体，对偷排偷放、数据造假、不正常运行防治污染设施、严重超标排放等环境违法行为重点曝光，及时公开查处结果，形成有力震慑，营造良好的环境守法氛围。

（四）鼓励社会参与。推广实施环保有奖举报，鼓励公众、环保组织、行业协会、同业企业积极参与环境违法行为举报。完善舆情快速应对机制，对媒体曝光的企业超标排污行为快查严处，主动回应社会关切。

（五）强化监督评估。各地要组织对本行政区域内达标计划实施情况开展评估，全面客观反映工作成效和存在的不足。我部将组织对重点区域、重点行业达标计划实施情况进行抽查和跟踪评估，并定期通报有关情况。对环境质量一段时期得不到有效改善、区域内企业超标排放情况严重的地市，我部将实施公开约谈、区域限批等措施。

附注：

1．关于工业污染源

达标计划中的工业污染源是指纳入排污许可管理的固定污染源。

2．关于全面达标排放

全面达标排放是指工业污染源排放污染物应达到国家或地方污染物排放标准；地方污染物排放标准严于国家污染物排放标准的，执行地方污染物排放标准。已核发排污许可证的企业，应达到排污许可证所载明的排放要求。

各级环保部门可将现场即时采样或监测结果作为判定工业污染源是否达标排放的依据。

环境保护部

2016 年 11 月 29 日

环境保护行政执法与刑事司法衔接工作办法

（环环监〔2017〕17 号）

第一章 总则

第一条 为进一步健全环境保护行政执法与刑事司法衔接工作机制，依法惩治环境犯罪行为，切实保障公众健康，推进生态文明建设，依据《刑法》《刑事诉讼法》《环境保护法》《行政执法机关移送涉嫌犯罪案件的规定》（国务院令第 310 号）等法律、法规及有关规定，制定本办法。

第二条 本办法适用于各级环境保护主管部门（以下简称环保部门）、公安机关和人民检察院办理的涉嫌环境犯罪案件。

第三条 各级环保部门、公安机关和人民检察院应当加强协作，统一法律适用，不断完善线索通报、案件移送、资源共享和信息发布等工作机制。

第四条 人民检察院对环保部门移送涉嫌环境犯罪案件活动和公安机关对移送案件的立案活动，依法实施法律监督。

第二章 案件移送与法律监督

第五条 环保部门在查办环境违法案件过程中，发现涉嫌环境犯罪案件，应当核实情况并作出移送涉嫌环境犯罪案件的书面报告。本机关负责人应当自接到报告之日起 3 日内作出批准移送或者不批准移送的决定。向公安机关移送的涉嫌环境犯罪案件，应当符合下列条件：

（一）实施行政执法的主体与程序合法。

（二）有合法证据证明有涉嫌环境犯罪的事实发生。

第六条 环保部门移送涉嫌环境犯罪案件，应当自作出移送决定后 24 小时内向同级公安机关移交案件材料，并将案件移送书抄送同级人民检察院。

环保部门向公安机关移送涉嫌环境犯罪案件时，应当附下列材料：

（一）案件移送书，载明移送机关名称、涉嫌犯罪罪名及主要依据、案件主办人及联系方式等。案件移送书应当附移送材料清单，并加盖移送机关公章。

（二）案件调查报告，载明案件来源、查获情况、犯罪嫌疑人基本情况、涉嫌犯罪的事实、证据和法律依据、处理建议和法律依据等。

（三）现场检查（勘察）笔录、调查询问笔录、现场勘验图、采样记录单等。

（四）涉案物品清单，载明已查封、扣押等采取行政强制措施的涉案物品名称、数量、特征、存放地等事项，并附采取行政强制措施、现场笔录等表明涉案物品来源的相关材料。

（五）现场照片或者录音录像资料及清单，载明需证明的事实对象、拍摄人、拍摄时间、拍摄地点等。

（六）监测、检验报告、突发环境事件调查报告、认定意见。

（七）其他有关涉嫌犯罪的材料。

对环境违法行为已经作出行政处罚决定的，还应当附行政处罚决定书。

第七条 对环保部门移送的涉嫌环境犯罪案件，公安机关应当依法接受，并立即出具接受案件回执或者在涉嫌环境犯罪案件移送书的回执上签字。

第八条 公安机关审查发现移送的涉嫌环境犯罪案件材料不全的，应当在接受案件的 24 小时内书面告知移送的环保部门在 3 日内补正。但不得以材料不全为由，不接受移送案件。

公安机关审查发现移送的涉嫌环境犯罪案件证据不充分的，可以就证明有犯罪事实的相关证据等提出补充调查意见，由移送案件的环保部门补充调查。环保部门应当按照要求补充调查，并及时将调查结果反馈公安机关。因客观条件所限，无法补正的，环保部门应当向公安机关作出书面说明。

第九条 公安机关对环保部门移送的涉嫌环境犯罪案件，应当自接受案件之日起 3 日内作出立案或者不予立案的决定；涉嫌环境犯罪线索需要查证的，应当自接受案件之日起 7 日内作出决定；重大疑难复杂案件，经县级以上公安机关负责人批准，可以自受案之日起 30 日内作出决定。接受案件后对属于公安机关管辖但不属于本公安机关管辖的案件，应当在 24 小时内移送有管辖权的公安机关，并书面通知移送案件的环保部门，抄送同级人民检察院。对不属于公安机关管辖的，应当在 24 小时内退回移送案件的环保部门。

公安机关作出立案、不予立案、撤销案件决定的，应当自作出决定之日起 3

日内书面通知环保部门，并抄送同级人民检察院。公安机关作出不予立案或者撤销案件决定的，应当书面说明理由，并将案卷材料退回环保部门。

第十条 环保部门应当自接到公安机关立案通知书之日起 3 日内将涉案物品以及与案件有关的其他材料移交公安机关，并办理交接手续。

涉及查封、扣押物品的，环保部门和公安机关应当密切配合，加强协作，防止涉案物品转移、隐匿、损毁、灭失等情况发生。对具有危险性或者环境危害性的涉案物品，环保部门应当组织临时处理处置，公安机关应当积极协助；对无明确责任人、责任人不具备履行责任能力或者超出部门处置能力的，应当呈报涉案物品所在地政府组织处置。上述处置费用清单随附处置合同、缴费凭证等作为犯罪获利的证据，及时补充移送公安机关。

第十一条 环保部门认为公安机关不予立案决定不当的，可以自接到不予立案通知书之日起 3 个工作日内向作出决定的公安机关申请复议，公安机关应当自收到复议申请之日起 3 个工作日内作出立案或者不予立案的复议决定，并书面通知环保部门。

第十二条 环保部门对公安机关逾期未作出是否立案决定、以及对不予立案决定、复议决定、立案后撤销案件决定有异议的，应当建议人民检察院进行立案监督。人民检察院应当受理并进行审查。

第十三条 环保部门建议人民检察院进行立案监督的案件，应当提供立案监督建议书、相关案件材料，并附公安机关不予立案、立案后撤销案件决定及说明理由材料，复议维持不予立案决定材料或者公安机关逾期未作出是否立案决定的材料。

第十四条 人民检察院发现环保部门不移送涉嫌环境犯罪案件的，可以派员查询、调阅有关案件材料，认为涉嫌环境犯罪应当移送的，应当提出建议移送的检察意见。环保部门应当自收到检察意见后 3 日内将案件移送公安机关，并将执行情况通知人民检察院。

第十五条 人民检察院发现公安机关可能存在应当立案而不立案或者逾期未作出是否立案决定的，应当启动立案监督程序。

第十六条 环保部门向公安机关移送涉嫌环境犯罪案件，已作出的警告、责令停产停业、暂扣或者吊销许可证的行政处罚决定，不停止执行。未作出行政处罚决定的，原则上应当在公安机关决定不予立案或者撤销案件、人民检察院作出不起诉决定、人民法院作出无罪判决或者免予刑事处罚后，再决定是否给予行政处罚。涉嫌犯罪案件的移送办理期间，不计入行政处罚期限。

对尚未作出生效裁判的案件，环保部门依法应当给予或者提请人民政府给予暂扣或者吊销许可证、责令停产停业等行政处罚，需要配合的，公安机关、人民检察院应当给予配合。

第十七条 公安机关对涉嫌环境犯罪案件，经审查没有犯罪事实，或者立案侦查后认为犯罪事实显著轻微、不需要追究刑事责任，但经审查依法应当予以行政处罚的，应当及时将案件移交环保部门，并抄送同级人民检察院。

第十八条 人民检察院对符合逮捕、起诉条件的环境犯罪嫌疑人，应当及时批准逮捕、提起公诉。人民检察院对决定不起诉的案件，应当自作出决定之日起3日内，书面告知移送案件的环保部门，认为应当给予行政处罚的，可以提出予以行政处罚的检察意见。

第十九条 人民检察院对公安机关提请批准逮捕的犯罪嫌疑人作出不批准逮捕决定，并通知公安机关补充侦查的，或者人民检察院对公安机关移送审查起诉的案件审查后，认为犯罪事实不清、证据不足，将案件退回补充侦查的，应当制作补充侦查提纲，写明补充侦查的方向和要求。

对退回补充侦查的案件，公安机关应当按照补充侦查提纲的要求，在一个月内补充侦查完毕。公安机关补充侦查和人民检察院自行侦查需要环保部门协助的，环保部门应当予以协助。

第三章 证据的收集与使用

第二十条 环保部门在行政执法和查办案件过程中依法收集制作的物证、书证、视听资料、电子数据、监测报告、检验报告、认定意见、鉴定意见、勘验笔录、检查笔录等证据材料，在刑事诉讼中可以作为证据使用。

第二十一条 环保部门、公安机关、人民检察院收集的证据材料，经法庭查证属实，且收集程序符合有关法律、行政法规规定的，可以作为定案的根据。

第二十二条 环保部门或者公安机关依据《国家危险废物名录》或者组织专家研判等得出认定意见的，应当载明涉案单位名称、案由、涉案物品识别认定的理由，按照“经认定，……属于\不属于……危险废物，废物代码……”的格式出具结论，加盖公章。

第四章　协作机制

第二十三条　环保部门、公安机关和人民检察院应当建立健全环境行政执法与刑事司法衔接的长效工作机制。确定牵头部门及联络人，定期召开联席会议，通报衔接工作情况，研究存在的问题，提出加强部门衔接的对策，协调解决环境执法问题，开展部门联合培训。联席会议应明确议定事项。

第二十四条　环保部门、公安机关、人民检察院应当建立双向案件咨询制度。环保部门对重大疑难复杂案件，可以就刑事案件立案追诉标准、证据的固定和保全等问题咨询公安机关、人民检察院；公安机关、人民检察院可以就案件办理中的专业性问题咨询环保部门。受咨询的机关应当认真研究，及时答复；书面咨询的，应当在7日内书面答复。

第二十五条　公安机关、人民检察院办理涉嫌环境污染犯罪案件，需要环保部门提供环境监测或者技术支持的，环保部门应当按照上述部门刑事案件办理的法定时限要求积极协助，及时提供现场勘验、环境监测及认定意见。所需经费，应当列入本机关的行政经费预算，由同级财政予以保障。

第二十六条　环保部门在执法检查时，发现违法行为明显涉嫌犯罪的，应当及时向公安机关通报。公安机关认为有必要的可以依法开展初查，对符合立案条件的，应当及时依法立案侦查。在公安机关立案侦查前，环保部门应当继续对违法行为进行调查。

第二十七条　环保部门、公安机关应当相互依托“12369”环保举报热线和“110”报警服务平台，建立完善接处警的快速响应和联合调查机制，强化对打击涉嫌环境犯罪的联勤联动。在办案过程中，环保部门、公安机关应当依法及时启动相应的调查程序，分工协作，防止证据灭失。

第二十八条　在联合调查中，环保部门应当重点查明排污者严重污染环境的事实，污染物的排放方式，及时收集、提取、监测、固定污染物种类、浓度、数量、排放去向等。公安机关应当注意控制现场，重点查明相关责任人身份、岗位信息，视情节轻重对直接负责的主管人员和其他责任人员依法采取相应强制措施。两部门均应规范制作笔录，并留存现场摄像或照片。

第二十九条　对案情重大或者复杂疑难案件，公安机关可以听取人民检察院的意见。人民检察院应当及时提出意见和建议。

第三十条 涉及移送的案件在庭审中，需要出庭说明情况的，相关执法或者技术人员有义务出庭说明情况，接受庭审质证。

第三十一条 环保部门、公安机关和人民检察院应当加强对重大案件的联合督办工作，适时对重大案件进行联合挂牌督办，督促案件办理。同时，要逐步建立专家库，吸纳污染防治、重点行业以及环境案件侦办等方面的专家和技术骨干，为查处打击环境污染犯罪案件提供专业支持。

第三十二条 环保部门和公安机关在查办环境污染违法犯罪案件过程中发现包庇纵容、徇私舞弊、贪污受贿、失职渎职等涉嫌职务犯罪行为的，应当及时将线索移送人民检察院。

第五章 信息共享

第三十三条 各级环保部门、公安机关、人民检察院应当积极建设、规范使用行政执法与刑事司法衔接信息共享平台，逐步实现涉嫌环境犯罪案件的网上移送、网上受理和网上监督。

第三十四条 已经接入信息共享平台的环保部门、公安机关、人民检察院，应当自作出相关决定之日起7日内分别录入下列信息：

（一）适用一般程序的环境违法事实、案件行政处罚、案件移送、提请复议和建议人民检察院进行立案监督的信息；

（二）移送涉嫌犯罪案件的立案、不予立案、立案后撤销案件、复议、人民检察院监督立案后的处理情况，以及提请批准逮捕、移送审查起诉的信息；

（三）监督移送、监督立案以及批准逮捕、提起公诉、裁判结果的信息。尚未建成信息共享平台的环保部门、公安机关、人民检察院，应当自作出相关决定后及时向其他部门通报前款规定的信息。

第三十五条 各级环保部门、公安机关、人民检察院应当对信息共享平台录入的案件信息及时汇总、分析、综合研判，定期总结通报平台运行情况。

第六章 附则

第三十六条 各省、自治区、直辖市的环保部门、公安机关、人民检察院可以根据本办法制定本行政区域的实施细则。

第三十七条 环境行政执法中部分专有名词的含义。

（一）“现场勘验图”，是指描绘主要生产及排污设备布置等案发现场情况、现场周边环境、各采样点位、污染物排放途径的平面示意图。

（二）“外环境”，是指污染物排入的自然环境。满足下列条件之一的，视同为外环境。

1. 排污单位停产或没有排污，但有依法取得的证据证明其有持续或间歇排污，而且无可处理相应污染因子的措施的，经核实生产工艺后，其产污环节之后的废水收集池（槽、罐、沟）内。

2. 发现暗管，虽无当场排污，但在外环境有确认由该单位排放污染物的痕迹，此暗管连通的废水收集池（槽、罐、沟）内。

3. 排污单位连通外环境的雨水沟（井、渠）中任何一处。

4. 对排放含第一类污染物的废水，其产生车间或车间处理设施的排放口。无法在车间或者车间处理设施排放口对含第一类污染物的废水采样的，废水总排放口或查实由该企业排入其他外环境处。

第三十八条 本办法所涉期间除明确为工作日以外，其余均以自然日计算。期间开始之日不算在期间以内。期间的最后一日为节假日的，以节假日后的第一日为期满日期。

第三十九条 本办法自发布之日起施行。原国家环保总局、公安部和最高人民检察院《关于环境保护主管部门移送涉嫌环境犯罪案件的若干规定》（环发〔2007〕78 号）同时废止。

（三）信息公开制度相关规定

突发环境事件信息报告办法

（环境保护部令　第 17 号）

第一条　为了规范突发环境事件信息报告工作，提高环境保护主管部门应对突发环境事件的能力，依据《中华人民共和国突发事件应对法》、《国家突发公共事件总体应急预案》、《国家突发环境事件应急预案》及相关法律法规的规定，制定本办法。

第二条　本办法适用于环境保护主管部门对突发环境事件的信息报告。

突发环境事件分为特别重大（Ⅰ级）、重大（Ⅱ级）、较大（Ⅲ级）和一般（Ⅳ级）四级。

核与辐射突发环境事件的信息报告按照核安全有关法律法规执行。

第三条　突发环境事件发生地设区的市级或者县级人民政府环境保护主管部门在发现或者得知突发环境事件信息后，应当立即进行核实，对突发环境事件的性质和类别做出初步认定。

对初步认定为一般（Ⅳ级）或者较大（Ⅲ级）突发环境事件的，事件发生地设区的市级或者县级人民政府环境保护主管部门应当在四小时内向本级人民政府和上一级人民政府环境保护主管部门报告。

对初步认定为重大（Ⅱ级）或者特别重大（Ⅰ级）突发环境事件的，事件发生地设区的市级或者县级人民政府环境保护主管部门应当在两小时内向本级人民政府和省级人民政府环境保护主管部门报告，同时上报环境保护部。省级人民政府环境保护主管部门接到报告后，应当进行核实并在一小时内报告环境保护部。

突发环境事件处置过程中事件级别发生变化的，应当按照变化后的级别报告信息。

第四条　发生下列一时无法判明等级的突发环境事件，事件发生地设区的市级或者县级人民政府环境保护主管部门应当按照重大（Ⅱ级）或者特别重大（Ⅰ级）突发环境事件的报告程序上报：

（一）对饮用水水源保护区造成或者可能造成影响的；

（二）涉及居民聚居区、学校、医院等敏感区域和敏感人群的；

（三）涉及重金属或者类金属污染的；

（四）有可能产生跨省或者跨国影响的；

（五）因环境污染引发群体性事件，或者社会影响较大的；

（六）地方人民政府环境保护主管部门认为有必要报告的其他突发环境事件。

第五条 上级人民政府环境保护主管部门先于下级人民政府环境保护主管部门获悉突发环境事件信息的，可以要求下级人民政府环境保护主管部门核实并报告相应信息。下级人民政府环境保护主管部门应当依照本办法的规定报告信息。

第六条 向环境保护部报告突发环境事件有关信息的，应当报告总值班室，同时报告环境保护部环境应急指挥领导小组办公室。环境保护部环境应急指挥领导小组办公室应当根据情况向部内相关司局通报有关信息。

第七条 环境保护部在接到下级人民政府环境保护主管部门重大（Ⅱ级）或者特别重大（Ⅰ级）突发环境事件以及其他有必要报告的突发环境事件信息后，应当及时向国务院总值班室和中共中央办公厅秘书局报告。

第八条 突发环境事件已经或者可能涉及相邻行政区域的，事件发生地环境保护主管部门应当及时通报相邻区域同级人民政府环境保护主管部门，并向本级人民政府提出向相邻区域人民政府通报的建议。接到通报的环境保护主管部门应当及时调查了解情况，并按照本办法第三条、第四条的规定报告突发环境事件信息。

第九条 上级人民政府环境保护主管部门接到下级人民政府环境保护主管部门以电话形式报告的突发环境事件信息后，应当如实、准确做好记录，并要求下级人民政府环境保护主管部门及时报告书面信息。

对于情况不够清楚、要素不全的突发环境事件信息，上级人民政府环境保护主管部门应当要求下级人民政府环境保护主管部门及时核实补充信息。

第十条 县级以上人民政府环境保护主管部门应当建立突发环境事件信息档案，并按照有关规定向上一级人民政府环境保护主管部门报送本行政区域突发环境事件的月度、季度、半年度和年度报告以及统计情况。上一级人民政府环境保护主管部门定期对报告及统计情况进行通报。

第十一条 报告涉及国家秘密的突发环境事件信息，应当遵守国家有关保密的规定。

第十二条 突发环境事件的报告分为初报、续报和处理结果报告。

初报在发现或者得知突发环境事件后首次上报；续报在查清有关基本情况、事件发展情况后随时上报；处理结果报告在突发环境事件处理完毕后上报。

第十三条 初报应当报告突发环境事件的发生时间、地点、信息来源、事件起因和性质、基本过程、主要污染物和数量、监测数据、人员受害情况、饮用水水源地等环境敏感点受影响情况、事件发展趋势、处置情况、拟采取的措施以及下一步工作建议等初步情况，并提供可能受到突发环境事件影响的环境敏感点的分布示意图。

续报应当在初报的基础上，报告有关处置进展情况。

处理结果报告应当在初报和续报的基础上，报告处理突发环境事件的措施、过程和结果，突发环境事件潜在或者间接危害以及损失、社会影响、处理后的遗留问题、责任追究等详细情况。

第十四条 突发环境事件信息应当采用传真、网络、邮寄和面呈等方式书面报告；情况紧急时，初报可通过电话报告，但应当及时补充书面报告。

书面报告中应当载明突发环境事件报告单位、报告签发人、联系人及联系方式等内容，并尽可能提供地图、图片以及相关的多媒体资料。

第十五条 在突发环境事件信息报告工作中迟报、谎报、瞒报、漏报有关突发环境事件信息的，给予通报批评；造成后果的，对直接负责的主管人员和其他直接责任人员依法依纪给予处分；构成犯罪的，移送司法机关依法追究刑事责任。

第十六条 本办法由环境保护部解释。

第十七条 本办法自 2011 年 5 月 1 日起施行。《环境保护行政主管部门突发环境事件信息报告办法（试行）》（环发〔2006〕50 号）同时废止。

附录：

突发环境事件分级标准

按照突发事件严重性和紧急程度，突发环境事件分为特别重大（Ⅰ级）、重大（Ⅱ级）、较大（Ⅲ级）和一般（Ⅳ级）四级。

1．特别重大（Ⅰ级）突发环境事件。

凡符合下列情形之一的，为特别重大突发环境事件：

（1）因环境污染直接导致10人以上死亡或100人以上中毒的；

（2）因环境污染需疏散、转移群众5万人以上的；

（3）因环境污染造成直接经济损失1亿元以上的；

（4）因环境污染造成区域生态功能丧失或国家重点保护物种灭绝的；

（5）因环境污染造成地市级以上城市集中式饮用水水源地取水中断的；

（6）1、2类放射源失控造成大范围严重辐射污染后果的；核设施发生需要进入场外应急的严重核事故，或事故辐射后果可能影响邻省和境外的，或按照“国际核事件分级（INES）标准”属于3级以上的核事件；台湾核设施中发生的按照“国际核事件分级（INES）标准”属于4级以上的核事故；周边国家核设施中发生的按照“国际核事件分级（INES）标准”属于4级以上的核事故；

（7）跨国界突发环境事件。

2．重大（Ⅱ级）突发环境事件。

凡符合下列情形之一的，为重大突发环境事件：

（1）因环境污染直接导致3人以上10人以下死亡或50人以上100人以下中毒的；

（2）因环境污染需疏散、转移群众1万人以上5万人以下的；

（3）因环境污染造成直接经济损失2000万元以上1亿元以下的；

（4）因环境污染造成区域生态功能部分丧失或国家重点保护野生动植物种群大批死亡的；

（5）因环境污染造成县级城市集中式饮用水水源地取水中断的；

（6）重金属污染或危险化学品生产、贮运、使用过程中发生爆炸、泄漏等事件，或因倾倒、堆放、丢弃、遗撒危险废物等造成的突发环境事件发生在国家重点流域、国家级自然保护区、风景名胜区或居民聚集区、医院、学校等敏感区域的；

（7）1、2类放射源丢失、被盗、失控造成环境影响，或核设施和铀矿冶炼设施发生的达到进入场区应急状态标准的，或进口货物严重辐射超标的事件；

（8）跨省（区、市）界突发环境事件。

3．较大（Ⅲ级）突发环境事件。

凡符合下列情形之一的，为较大突发环境事件：

（1）因环境污染直接导致3人以下死亡或10人以上50人以下中毒的；

（2）因环境污染需疏散、转移群众5000人以上1万人以下的；

（3）因环境污染造成直接经济损失500万元以上2000万元以下的；

（4）因环境污染造成国家重点保护的动植物物种受到破坏的；

（5）因环境污染造成乡镇集中式饮用水水源地取水中断的；

（6）3类放射源丢失、被盗或失控，造成环境影响的；

（7）跨地市界突发环境事件。

4．一般（Ⅳ级）突发环境事件。

除特别重大突发环境事件、重大突发环境事件、较大突发环境事件以外的突发环境事件。

企业事业单位环境信息公开办法

（环境保护部令　第31号）

第一条　为维护公民、法人和其他组织依法享有获取环境信息的权利，促进企业事业单位如实向社会公开环境信息，推动公众参与和监督环境保护，根据《中华人民共和国环境保护法》、《企业信息公示暂行条例》等有关法律法规，制定本办法。

第二条　环境保护部负责指导、监督全国企业事业单位环境信息公开工作。

县级以上环境保护主管部门负责指导、监督本行政区域内的企业事业单位环境信息公开工作。

第三条　企业事业单位应当按照强制公开和自愿公开相结合的原则，及时、如实地公开其环境信息。

第四条　环境保护主管部门应当建立健全指导、监督企业事业单位环境信息公开工作制度。环境保护主管部门开展指导、监督企业事业单位环境信息公开工作所需经费，应当列入本部门的行政经费预算。

有条件的环境保护主管部门可以建设企业事业单位环境信息公开平台。

企业事业单位应当建立健全本单位环境信息公开制度，指定机构负责本单位环境信息公开日常工作。

第五条　环境保护主管部门应当根据企业事业单位公开的环境信息及政府部门环境监管信息，建立企业事业单位环境行为信用评价制度。

第六条　企业事业单位环境信息涉及国家秘密、商业秘密或者个人隐私的，依法可以不公开；法律、法规另有规定的，从其规定。

第七条　设区的市级人民政府环境保护主管部门应当于每年3月底前确定本行政区域内重点排污单位名录，并通过政府网站、报刊、广播、电视等便于公众知晓的方式公布。

环境保护主管部门确定重点排污单位名录时，应当综合考虑本行政区域的环境容量、重点污染物排放总量控制指标的要求，以及企业事业单位排放污染物的种类、数量和浓度等因素。

第八条 具备下列条件之一的企业事业单位，应当列入重点排污单位名录：

（一）被设区的市级以上人民政府环境保护主管部门确定为重点监控企业的；

（二）具有试验、分析、检测等功能的化学、医药、生物类省级重点以上实验室、二级以上医院、污染物集中处置单位等污染物排放行为引起社会广泛关注的或者可能对环境敏感区造成较大影响的；

（三）三年内发生较大以上突发环境事件或者因环境污染问题造成重大社会影响的；

（四）其他有必要列入的情形。

第九条 重点排污单位应当公开下列信息：

（一）基础信息，包括单位名称、组织机构代码、法定代表人、生产地址、联系方式，以及生产经营和管理服务的主要内容、产品及规模；

（二）排污信息，包括主要污染物及特征污染物的名称、排放方式、排放口数量和分布情况、排放浓度和总量、超标情况，以及执行的污染物排放标准、核定的排放总量；

（三）防治污染设施的建设和运行情况；

（四）建设项目环境影响评价及其他环境保护行政许可情况；

（五）突发环境事件应急预案；

（六）其他应当公开的环境信息。

列入国家重点监控企业名单的重点排污单位还应当公开其环境自行监测方案。

第十条 重点排污单位应当通过其网站、企业事业单位环境信息公开平台或者当地报刊等便于公众知晓的方式公开环境信息，同时可以采取以下一种或者几种方式予以公开：

（一）公告或者公开发行的信息专刊；

（二）广播、电视等新闻媒体；

（三）信息公开服务、监督热线电话；

（四）本单位的资料索取点、信息公开栏、信息亭、电子屏幕、电子触摸屏等场所或者设施；

（五）其他便于公众及时、准确获得信息的方式。

第十一条 重点排污单位应当在环境保护主管部门公布重点排污单位名录后九十日内公开本办法第九条规定的环境信息；环境信息有新生成或者发生变更情形的，重点排污单位应当自环境信息生成或者变更之日起三十日内予以公开。法律、法规另有规定的，从其规定。

第十二条 重点排污单位之外的企业事业单位可以参照本办法第九条、第十条和第十一条的规定公开其环境信息。

第十三条 国家鼓励企业事业单位自愿公开有利于保护生态、防治污染、履行社会环境责任的相关信息。

第十四条 环境保护主管部门有权对重点排污单位环境信息公开活动进行监督检查。被检查者应当如实反映情况，提供必要的资料。

第十五条 环境保护主管部门应当宣传和引导公众监督企业事业单位环境信息公开工作。

公民、法人和其他组织发现重点排污单位未依法公开环境信息的，有权向环境保护主管部门举报。接受举报的环境保护主管部门应当对举报人的相关信息予以保密，保护举报人的合法权益。

第十六条 重点排污单位违反本办法规定，有下列行为之一的，由县级以上环境保护主管部门根据《中华人民共和国环境保护法》的规定责令公开，处三万元以下罚款，并予以公告：

（一）不公开或者不按照本办法第九条规定的内容公开环境信息的；

（二）不按照本办法第十条规定的方式公开环境信息的；

（三）不按照本办法第十一条规定的时限公开环境信息的；

（四）公开内容不真实、弄虚作假的。

法律、法规另有规定的，从其规定。

第十七条 本办法由国务院环境保护主管部门负责解释。

第十八条 本办法自 2015 年 1 月 1 日起施行。

环境保护公众参与办法

（环境保护部令　第35号）

第一条　为保障公民、法人和其他组织获取环境信息、参与和监督环境保护的权利，畅通参与渠道，促进环境保护公众参与依法有序发展，根据《环境保护法》及有关法律法规，制定本办法。

第二条　本办法适用于公民、法人和其他组织参与制定政策法规、实施行政许可或者行政处罚、监督违法行为、开展宣传教育等环境保护公共事务的活动。

第三条　环境保护公众参与应当遵循依法、有序、自愿、便利的原则。

第四条　环境保护主管部门可以通过征求意见、问卷调查，组织召开座谈会、专家论证会、听证会等方式征求公民、法人和其他组织对环境保护相关事项或者活动的意见和建议。

公民、法人和其他组织可以通过电话、信函、传真、网络等方式向环境保护主管部门提出意见和建议。

第五条　环境保护主管部门向公民、法人和其他组织征求意见时，应当公布以下信息：

（一）相关事项或者活动的背景资料；

（二）征求意见的起止时间；

（三）公众提交意见和建议的方式；

（四）联系部门和联系方式。

公民、法人和其他组织应当在征求意见的时限内提交书面意见和建议。

第六条　环境保护主管部门拟组织问卷调查征求意见的，应当对相关事项的基本情况进行说明。调查问卷所设问题应当简单明确、通俗易懂。调查的人数及其范围应当综合考虑相关事项或者活动的环境影响范围和程度、社会关注程度、组织公众参与所需要的人力和物力资源等因素。

第七条　环境保护主管部门拟组织召开座谈会、专家论证会征求意见的，应当提前将会议的时间、地点、议题、议程等事项通知参会人员，必要时可以通过政府网站、主要媒体等途径予以公告。

参加专家论证会的参会人员应当以相关专业领域专家、环保社会组织中的专业人士为主，同时应当邀请可能受相关事项或者活动直接影响的公民、法人和其他组织的代表参加。

第八条 法律、法规规定应当听证的事项，环境保护主管部门应当向社会公告，并举行听证。

环境保护主管部门组织听证应当遵循公开、公平、公正和便民的原则，充分听取公民、法人和其他组织的意见，并保证其陈述意见、质证和申辩的权利。

除涉及国家秘密、商业秘密或者个人隐私外，听证应当公开举行。

第九条 环境保护主管部门应当对公民、法人和其他组织提出的意见和建议进行归类整理、分析研究，在作出环境决策时予以充分考虑，并以适当的方式反馈公民、法人和其他组织。

第十条 环境保护主管部门支持和鼓励公民、法人和其他组织对环境保护公共事务进行舆论监督和社会监督。

第十一条 公民、法人和其他组织发现任何单位和个人有污染环境和破坏生态行为的，可以通过信函、传真、电子邮件、“12369”环保举报热线、政府网站等途径，向环境保护主管部门举报。

第十二条 公民、法人和其他组织发现地方各级人民政府、县级以上环境保护主管部门不依法履行职责的，有权向其上级机关或者监察机关举报。

第十三条 接受举报的环境保护主管部门应当依照有关法律、法规规定调查核实举报的事项，并将调查情况和处理结果告知举报人。

第十四条 接受举报的环境保护主管部门应当对举报人的相关信息予以保密，保护举报人的合法权益。

第十五条 对保护和改善环境有显著成绩的单位和个人，依法给予奖励。

国家鼓励县级以上环境保护主管部门推动有关部门设立环境保护有奖举报专项资金。

第十六条 环境保护主管部门可以通过提供法律咨询、提交书面意见、协助调查取证等方式，支持符合法定条件的环保社会组织依法提起环境公益诉讼。

第十七条 环境保护主管部门应当在其职责范围内加强宣传教育工作，普及环境科学知识，增强公众的环保意识、节约意识；鼓励公众自觉践行绿色生活、绿色消费，形成低碳节约、保护环境的社会风尚。

第十八条 环境保护主管部门可以通过项目资助、购买服务等方式，支持、引导社会组织参与环境保护活动。

第十九条 法律、法规和环境保护部制定的其他部门规章对环境保护公众参与另有规定的，从其规定。

第二十条 本办法自2015年9月1日起施行。

关于印发《国家重点监控企业自行监测及信息公开办法（试行）》和《国家重点监控企业污染源监督性监测及信息公开办法（试行）》的通知

（环发〔2013〕81号）

各省、自治区、直辖市环境保护厅（局），新疆生产建设兵团环境保护局，辽河保护区管理局：

为建立和完善污染源监测及信息公开制度，我部组织编制了《国家重点监控企业自行监测及信息公开办法（试行）》及《国家重点监控企业污染源监督性监测及信息公开办法（试行）》，现印发你们。

请按照办法要求加强监督，督促企业履行责任与义务，开展自行监测；进一步规范环保部门监督性监测，推动污染源监测信息公开。我部将定期对相关工作开展情况进行考核。

附件：1. 国家重点监控企业自行监测及信息公开办法（试行）

2. 国家重点监控企业污染源监督性监测及信息公开办法（试行）

环境保护部

2013年7月30日

附件 1

国家重点监控企业自行监测及信息公开办法（试行）

第一章 总 则

第一条 为规范企业自行监测及信息公开，督促企业自觉履行法定义务和社会责任，推动公众参与，根据《中华人民共和国环境保护法》、《中华人民共和国水污染防治法》、《“十二五”主要污染物总量减排考核办法》、《“十二五”主要污染物总量减排监测办法》、《环境监测管理办法》等有关规定，制定本办法。

第二条 本办法适用于国家重点监控企业、以及纳入各地年度减排计划且向水体集中直接排放污水的规模化畜禽养殖场（小区）。其他企业可参照执行。

本办法所称的企业自行监测，是指企业按照环境保护法律法规要求，为掌握本单位的污染物排放状况及其对周边环境质量的影响等情况，组织开展的环境监测活动。

第三条 企业可依托自有人员、场所、设备开展自行监测，也可委托其他检（监）测机构代其开展自行监测。

企业对其自行监测结果及信息公开内容的真实性、准确性、完整性负责。[2]

第二章 监测与报告

第四条 企业应当按照国家或地方污染物排放（控制）标准、环境影响评价报告书（表）及其批复、环境监测技术规范的要求，制定自行监测方案。

自行监测方案内容应包括企业基本情况、监测点位、监测频次、监测指标、执行排放标准及其限值、监测方法和仪器、监测质量控制、监测点位示意图、监测结果公开时限等。

自行监测方案及其调整、变化情况应及时向社会公开，并报地市级环境保护主管部门备案，其中装机总容量 30 万千瓦以上火电厂向省级环境保护主管部门备案。

第五条 企业自行监测内容应当包括：

（一）水污染物排放监测；

（二）大气污染物排放监测；

（三）厂界噪声监测；

（四）环境影响评价报告书（表）及其批复有要求的，开展周边环境质量监测。

第六条 企业应当按照环境保护主管部门的要求，加强对其排放的特征污染物的监测。

第七条 企业应当按照环境监测管理规定和技术规范的要求，设计、建设、维护污染物排放口和监测点位，并安装统一的标识牌。

第八条 企业自行监测应当遵守国家环境监测技术规范和方法。国家环境监测技术规范和方法中未作规定的，可以采用国际标准和国外先进标准。

自行监测活动可以采用手工监测、自动监测或者手工监测与自动监测相结合的技术手段。环境保护主管部门对监测指标有自动监测要求的，企业应当安装相应的自动监测设备。

第九条 采用自动监测的，全天连续监测；采用手工监测的，应当按以下要求频次开展监测，其中，国家或地方发布的规范性文件、规划、标准中对监测指标的监测频次有明确规定的，按规定执行：

（一）化学需氧量、氨氮每日开展监测，废水中其他污染物每月至少开展一次监测；

（二）二氧化硫、氮氧化物每周至少开展一次监测，颗粒物每月至少开展一次监测，废气中其他污染物每季度至少开展一次监测；

（三）纳入年度减排计划且向水体集中直接排放污水的规模化畜禽养殖场（小区），每月至少开展一次监测；

（四）厂界噪声每季度至少开展一次监测；

（五）企业周边环境质量监测，按照环境影响评价报告书（表）及其批复要求执行。

第十条 以手工监测方式开展自行监测的，应当具备以下条件：

（一）具有固定的工作场所和必要的工作条件；

（二）具有与监测本单位排放污染物相适应的采样、分析等专业设备、设施；

（三）具有两名以上持有省级环境保护主管部门组织培训的、与监测事项相符的培训证书的人员；

（四）具有健全的环境监测工作和质量管理制度；

（五）符合环境保护主管部门规定的其他条件。

以自动监测方式开展自行监测的，应当具备以下条件：

（一）按照环境监测技术规范和自动监控技术规范的要求安装自动监测设备，与环境保护主管部门联网，并通过环境保护主管部门验收；

（二）具有两名以上持有省级环境保护主管部门颁发的污染源自动监测数据有效性审核培训证书的人员，对自动监测设备进行日常运行维护；

（三）具有健全的自动监测设备运行管理工作和质量管理制度；

（四）符合环境保护主管部门规定的其他条件。

第十一条 企业自行监测采用委托监测的，应当委托经省级环境保护主管部门认定的社会检测机构或环境保护主管部门所属环境监测机构进行监测。

承担监督性监测任务的环境保护主管部门所属环境监测机构不得承担所监督企业的自行监测委托业务。

第十二条 自行监测记录包含监测各环节的原始记录、委托监测相关记录、自动监测设备运维记录，各类原始记录内容应完整并有相关人员签字，保存三年。

第十三条 企业应当定期参加环境监测管理和相关技术业务培训。

第十四条 企业自行监测应当遵守国务院环境保护主管部门颁布的环境监测质量管理规定，确保监测数据科学、准确。

第十五条 企业应当使用自行监测数据，按照国务院环境保护主管部门有关规定计算污染物排放量，在每月初的 7 个工作日内向环境保护主管部门报告上月主要污染物排放量，并提供有关资料。

第十六条 企业自行监测发现污染物排放超标的，应当及时采取防止或减轻污染的措施，分析原因，并向负责备案的环境保护主管部门报告。

第十七条 企业应于每年 1 月底前编制完成上年度自行监测开展情况年度报告，并向负责备案的环境保护主管部门报送。年度报告应包含以下内容：

（一）监测方案的调整变化情况；

（二）全年生产天数、监测天数，各监测点、各监测指标全年监测次数、达标次数、超标情况；

（三）全年废水、废气污染物排放量；

（四）固体废弃物的类型、产生数量，处置方式、数量以及去向；

（五）按要求开展的周边环境质量影响状况监测结果。

第三章 信息公开

第十八条 企业应将自行监测工作开展情况及监测结果向社会公众公开，公开内容应包括：

（一）基础信息：企业名称、法人代表、所属行业、地理位置、生产周期、联系方式、委托监测机构名称等；

（二）自行监测方案；

（三）自行监测结果：全部监测点位、监测时间、污染物种类及浓度、标准限值、达标情况、超标倍数、污染物排放方式及排放去向；

（四）未开展自行监测的原因；

（五）污染源监测年度报告。

第十九条 企业可通过对外网站、报纸、广播、电视等便于公众知晓的方式公开自行监测信息。同时，应当在省级或地市级环境保护主管部门统一组织建立的公布平台上公开自行监测信息，并至少保存一年。

第二十条 企业自行监测信息按以下要求的时限公开：

（一）企业基础信息应随监测数据一并公布，基础信息、自行监测方案如有调整变化时，应于变更后的五日内公布最新内容；

（二）手工监测数据应于每次监测完成后的次日公布；

（三）自动监测数据应实时公布监测结果，其中废水自动监测设备为每 2 小时均值，废气自动监测设备为每 1 小时均值；

（四）每年一月底前公布上年度自行监测年度报告。

第四章 监督与管理

第二十一条 负责备案的环境保护主管部门应当对企业自行监测方案内容和自行监测工作开展情况进行监督检查。对不符合环境监测管理规定和技术规范的自行监测行为，应要求企业及时整改，并将整改结果报环境保护主管部门。

第二十二条 公民、法人和其他组织可以对企业不依法履行自行监测和信息公开的行为进行举报，收到举报的环保部门应当进行调查，督促企业依法履行自行监测和信息公开义务。

第二十三条 企业拒不开展自行监测、不发布自行监测信息、自行监测报告和信息公开过程中有弄虚作假行为，或者开展相关工作存在问题且整改不到位的，环境保护主管部门可视情况采取以下环境管理措施，并按照相关法律规定进行处罚：

（一）向社会公布；

（二）不予环保上市核查；

（三）暂停各类环保专项资金补助；

（四）建议金融、保险不予信贷支持或者提高环境污染责任保险费率；

（五）建议取消其政府采购资格；

（六）暂停其建设项目环境影响评价文件审批；

（七）暂停发放排污许可证。

第五章　附　则

第二十四条　本办法由国务院环境保护主管部门负责解释。

第二十五条　本办法自 2014 年 1 月 1 日起执行。

附件 2

国家重点监控企业污染源监督性监测及信息公开办法（试行）

第一章　总则

第一条　为加强污染源监督性监测，推进污染源监测信息公开，依据《中华人民共和国政府信息公开条例》、《环境监测管理办法》、《“十二五”主要污染物总量减排考核办法》、《“十二五”主要污染物总量减排监测办法》等有关规定，制定本办法。

第二条　本办法适用于环境保护主管部门对国家重点监控企业和纳入各地年度减排计划且向水体集中直接排放污水的规模化畜禽养殖场（小区）的污染源监督性监测及信息公开工作。其他企业的污染源监督性监测及信息公开工作可参照本办法执行。本办法不适用于突发环境事件的污染源监测及信息公开工作。

本办法所称的污染源监督性监测，是指环境保护主管部门为监督排污单位的污染物排放状况和自行监测工作开展情况组织开展的环境监测活动。

污染源监督性监测数据是开展环境执法和环境管理的重要依据。

第三条 各级环境保护主管部门对污染源监督性监测及信息公开工作实施统一组织、协调、指导、监督和考核。

环境保护主管部门所属的环境监测机构实施污染源监督性监测工作，负责收集、填报、传输和核对辖区内的污染源监督性监测数据，编制监测信息、监测报告等。

第四条 环境保护主管部门应当从人员、用房、设备等方面保障污染源监督性监测工作条件，将污染源监督性监测费用纳入财政预算并足额保障。

第二章 监测计划与实施

第五条 各级环境保护主管部门应当将污染源监督性监测工作纳入环境保护规划，并按照环境管理工作需求组织制定污染源监督性监测工作的年度计划和专项计划。

环境监测机构应当依据环境保护主管部门印发的污染源监督性监测工作的年度计划或专项计划，制定污染源监督性监测工作方案。

第六条 环境监测机构应当根据国家或地方污染物排放（控制）标准、环境影响评价报告书（表）及其批复、环境监测技术规范以及环境管理的需要，开展监督性监测。

第七条 环境监测机构工作人员在进行污染源监督性监测工作时，须出示有效证件进入排污单位依法开展污染源监督性监测。需要进入军队或保密单位进行监测的，应事先通知被监测单位的主管部门。

环境监测机构工作人员应当为被监测单位保守商业秘密和技术秘密。

第八条 现场采样时，环境监测机构工作人员应认真填写采样记录表、污染源和监测点位示意图等原始监测记录，并由被监测单位签字确认。

被监测单位对样品采集过程有异议的，环境监测机构工作人员应当在原始监测记录上记录异议内容，并由被监测单位签字确认。

如被监测单位拒绝签字，环境监测机构工作人员应在原始监测记录上注明。

第九条 环境监测机构在现场采样过程中，有下列情形之一的视为不具备监测条件，环境监测机构可不开展污染源监督性监测，记录原因并及时向同级环境保护主管部门报告：

（一）被监测单位拒绝环境监测机构工作人员进入的；

（二）被监测单位的排污口、采样平台不符合环境监测技术规范相关规定，无法保证监测人员人身安全及正常开展监测的；

（三）被监测单位的污染物不外排，并经地市级（包含省管县）及以上环境保护主管部门确认的；

（四）全年停产等不具备监测条件的企业需经地市级（包含省管县）环境保护行政主管部门提供相关证明材料，永久性关停企业需提供当地政府等相关部门出具的证明材料，并经省级环境保护行政主管部门确认；

（五）其他不具备监测条件的情况。

第十条 环境监测机构工作人员应当按照国家环境监测技术规范、方法和环境监测质量管理规定，采集、保存、运输、分析监测样品。

第十一条 各级环境保护主管部门要建立环境监测机构和环境执法机构的协作配合机制。环境监测机构及时向环境执法机构提供污染源排放数据，环境执法机构及时向环境监测机构提供企业污染物不外排、企业停产或永久性关停等信息。

第三章 监测结果的报送

第十二条 环境监测机构应严格按照环境监测质量管理有关规范对污染源监督性监测数据执行三级审核制度。

环境监测机构对污染源监督性监测数据的真实性、准确性负责，环境保护主管部门不得行政干预。

第十三条 环境监测机构应当在完成监测工作后5 个工作日内，将监督性监测报告报送同级环境保护主管部门。

环境监测机构应当及时向同级环境保护主管部门报送未开展监督性监测企业名单及未监测原因等信息。

环境监测机构应当将污染源监督性监测数据和未开展监督性监测企业信息等相关资料按规定时间报送至上级环境监测机构。

一个季度内开展多次监督性监测的，应上报全部监测数据，不得选择性报送监测数据。

第十四条 环境监测机构编写辖区内污染源排放状况报告、自动监测设备比对监测报告、提取辖区内超标企业名单及超标信息形成污染源监测信息，按规定时间报送同级环境保护主管部门和上级环境监测机构。

环境监测机构按季度汇总未开展污染源监督性监测的污染源及排污口，逐一说明未监测原因，报送同级环境保护主管部门和上级环境监测机构。

第十五条 省级环境监测机构对于地市级环境监测机构报送的监督性监测数据，发现污染源基础属性数据、执行标准、监测数据填报录入等错误，应责成地市级环境监测机构核实，变更后重新上报。

省级环境监测机构应将变更前后的监测数据及对变更要求的处理意见一并报上级环境监测机构和同级环境保护主管部门。

各级环境保护主管部门定期对监测数据变更情况进行通报。

第十六条 环境监测机构应当按照同级环境保护主管部门的要求，建立和维护污染源基础信息档案和污染源监督性监测数据库。

各级环境保护主管部门应当加强信息交流与合作建立污染源监测数据信息共享机制。

第四章　信息公开

第十七条 污染源监测信息应当依法公开。

各级环境保护主管部门负责向社会公开本级及下级完成的国家重点监控企业污染源监督性监测信息。公开信息内容主要包括：

（一）污染源监督性监测结果，包括：污染源名称、所在地、监测点位名称、监测日期、监测指标名称、监测指标浓度、排放标准限值、按监测指标评价结论；

（二）未开展污染源监督性监测的原因；

（三）国家重点监控企业监督性监测年度报告。

国务院环境保护主管部门适时公布污染物排放超过国家或者地方排放标准、污染严重的国家重点监控企业的污染源监督性监测信息。

第十八条 地市级和省级环境保护主管部门分别通过部门官方网站向社会公布本辖区内国家重点监控企业的污染源监督性监测结果和未开展监督性监测的原因，信息至少在网站保存一年。

鼓励地市级和省级环境保护主管部门通过报纸、广播、电视等便于公众知晓的方式公开污染源监督性监测信息。

第十九条 地市级和省级环境保护主管部门应当于获取污染源监督性监测信息后20 个工作日内公开污染源监督性监测信息。

第五章 监督管理

第二十条 环境保护主管部门应当对下级环境保护主管部门执行污染源监测管理制度、制定并组织实施辖区内污染源监测工作计划的情况、污染源监督性监测信息公开的情况、污染源监督性监测条件保障的情况，开展监督、检查和考核。

第二十一条 环境保护主管部门应当对所属的环境监测机构执行污染源监测管理制度和技术规范执行情况、完成辖区内污染源监测工作任务的情况，开展监督、检查和考核。

第二十二条 上级环境监测机构应当对下级环境监测机构进行技术指导、技术监督和监测质量核查。

第二十三条 县级以上环境保护主管部门及其工作人员、环境监测机构及环境监测人员有下列行为之一的，由任免机关或者监察机关按照管理权限依法给予行政处分：

（一）环境监测机构未按相关规定开展监督性监测的；

（二）环境保护主管部门未按规定公布污染源监督性监测信息或公布虚假污染源监督性监测信息的；

（三）故意延报监测结果或报告的；

（四）伪造、篡改污染源监测数据的；

（五）不依法履行职责的其他行为。

未按规定进行信息公开的，上级环境保护主管部门应当责令公布。

第二十四条 被监测单位有第九条（一）、（二）款情形之一的，由环境保护主管部门依法进行处理。

第二十五条 公民、法人和其他组织认为环境保护主管部门不依法履行污染源监督性监测和信息公开义务的，可以向上级环境保护主管部门举报，收到举报的上级环境保护主管部门应当督促下级环境保护主管部门依法履行监测和信息公开义务。

第六章　附则

第二十六条　本办法由国务院环境保护主管部门负责解释。

第二十七条　本办法自 2014 年 1 月 1 日起执行。

关于加强污染源环境监管信息公开工作的通知

（环发〔2013〕74号）

各省、自治区、直辖市环境保护厅（局），新疆生产建设兵团环境保护局，辽河保护区管理局：

为规范和推进污染源环境监管信息公开，保障公民、法人和其他组织依法获取污染源环境信息的权益，引导公众参与环境保护，促进和谐社会建设，现就加强污染源环境监管信息公开工作通知如下：

一、充分认识污染源环境监管信息公开工作的重要意义

近年来，各地污染源环境信息公开工作有了明显进步，但仍不同程度存在信息公开不及时、不规范等问题。污染源环境监管信息是污染源环境信息的重要组成部分，推进污染源环境监管信息全面、客观、及时公开，有助于保障公民的知情权、参与权和监督权，将排污企业置于公众监督之下，引导公众更加积极地参与环境保护。各级环保部门要充分认识深入推进污染源环境信息公开的重要意义，增强责任感和紧迫感，按照依法规范、公平公正、及时全面、客观真实、便于查询的原则，认真做好污染源环境监管信息公开工作。

二、着力抓好污染源环境监管信息公开各项工作

各级环保部门应总结现有污染源环境监管信息公开工作经验，根据《中华人民共和国政府信息公开条例》（国务院令第492号）和《环境信息公开办法（试行）》（原国家环保总局令第35号）等相关法律法规和规范性文件的规定，从信息的公开主体、内容、时限、方式、平台等多方面进一步规范污染源环境监管信息公开工作。

（一）明确信息公开主体

各级环保部门是污染源环境监管信息公开的主管单位，应按照“谁获取谁公开、谁制作谁公开”的原则，公开其直接制作的和从公民、法人或者其他组织获取的污染源环境监管信息。上级环保部门制作的污染源环境监管信息，除按要求公开外，还应在信息产生后 10 个工作日内通报污染源所在地环保部门。各级环保部门内设的总量控制、环境监测、污染防治、环境监察、环境应急等污染源环境监管机构应根据各自职责，提供其制作和获取的污染源环境监管信息，由环保部门负责政府环境信息公开工作的组织机构审核后公开，并依法组织协调、监督考核本部门污染源环境监管信息公开工作。

（二）细化信息公开内容

为更加科学合理地公开污染源环境监管信息，方便群众查询和使用，我部将按照统筹规划、分步实施、从易到难的原则，分批制定并公布《污染源环境监管信息公开目录》。各级环保部门应根据《污染源环境监管信息公开目录》要求，主动公开在污染源环境监管过程中制作和获取的，以一定形式记录、保存的，不涉及国家秘密、商业秘密、个人隐私的污染源环境监管信息。主要包括重点监控污染源基本情况、污染源监测、总量控制、污染防治、排污费征收、监察执法、行政处罚、环境应急等环境监管信息。开展企业环境行为等级评价的地区应公布企业环境行为等级评价信息。

（三）严格信息公开时限

各级环保部门应从 2013 年 9 月开始主动公开污染源环境监管信息。一般情况下，各级环保部门自该污染源环境监管信息形成或者变更之日起 20 个工作日内予以公开，汇总类信息在年度或季度终了后 20 个工作日内予以公开，污染源自动监控等能即时发布的信息 1 个工作日内予以公开。法律、法规对政府环境信息公开的期限另有规定的，从其规定。

（四）规范信息公开方式

各级环保部门应以网络公开作为污染源环境监管信息公开的主要方式，同时，根据不同污染源环境监管信息的特点，采取在政府公报、报刊上刊登，在广播、电视上播放等各种利于公众知悉的方式，多渠道多途径发布污染源环境监管信息。对公众特别关注的、重大的、统计性的、综合性的污染源环境监管信息，应采取发布新闻通稿、召开新闻发布会和新闻通气会等方式公开。

（五）统一信息公开平台

各级环保部门应加大政府网站的建设力度，以政府网站作为污染源环境监管信息发布的重要平台，以信息全面、界面友好、利于查询为目标，设置专门的污染源环境监管信息公开栏目，主动公开污染源环境监管信息。少数县级环保部门建设网站确有困难的，其辖区内的污染源环境监管信息应由上一级环保部门负责发布，也可由同级地方人民政府网站发布。

企业是污染治理的责任主体，公开其环境信息是企业应履行的社会义务之一。各级环保部门应积极鼓励引导企业进一步增强社会责任感，主动自愿公开环境信息。同时，应按照《中华人民共和国清洁生产促进法》，严格督促污染物排放超过国家或地方规定的排放标准，或重点污染物排放超过总量控制指标的污染严重的企业，以及使用有毒有害原料进行生产或在生产中排放有毒有害物质的企业主动公开相关信息，对不依法主动公布或不按规定要求公布的要依法严肃查处。

三、切实加强对污染源环境监管信息公开工作的监督检查

各级环保部门要高度重视污染源环境监管信息公开工作，明确内部分工，细化工作职责，加强责任考核，将污染源环境监管信息公开工作作为本部门政府环境信息公开工作年度报告的重要组成部分，每年定期公布。上级环保部门要进一步加强对下级环保部门污染源环境监管信息公开工作的监督指导，围绕公开内容是否全面、公开形式是否方便、公开时间是否及时、公开程序是否规范等方面，加强监督检查，定期通报检查情况，确保污染源环境监管信息公开各项工作落到实处。

各省、自治区、直辖市环境保护厅（局）应当在每年3月31日前向我部报送辖区内污染源环境监管信息公开工作报告。我部将对各地污染源环境监管信息公开情况进行检查评价，评价情况作为对各地环保部门环境监管工作考核的重要内容。

附件：污染源环境监管信息公开目录（第一批）

环境保护部

2013年7月12日

附件

污染源环境监管信息公开目录（第一批）

<table>
<tr><th>序号</th><th>公开项目</th><th>公 开 内 容</th><th>时限要求</th><th>发布单位</th></tr>
<tr><td>1</td><td>重点污染源基本信息</td><td>1. 重点污染源基本信息
1.1 企业名称
1.2 企业地址
1.3 主要排放污染物名称</td><td>信息形成或者变更之日起20个工作日内</td><td>地方各级环保部门</td></tr>
<tr><td rowspan="2">2</td><td rowspan="2">污染源监测</td><td>1. 国家重点监控企业污染源监督性监测结果
1.1 污染源名称
1.2 所在地
1.3 监测点位名称
1.4 监测日期
1.5 监测项目名称
1.6 监测项目浓度
1.7 排放标准限值
1.8 按监测项目评价结论</td><td rowspan="2">监督性监测结果获取后20个工作日内</td><td rowspan="2">市级、省级环保部门</td></tr>
<tr><td>2. 国家重点监控企业未开展污染源监督性监测的原因</td></tr>
<tr><td rowspan="3">3</td><td rowspan="3">总量控制</td><td>1. 国家重点监控企业名单</td><td rowspan="2">信息形成或者变更之日起20个工作日内</td><td rowspan="2">地方各级环保部门</td></tr>
<tr><td>2. 省级重点监控企业名单</td></tr>
<tr><td>3. 排污许可证发放情况
3.1 企业名称
3.2 排污许可证号
3.3 有效期限
3.4 排污口名称、主要排放污染物名称、排放浓度限值</td><td>许可证发放或信息变更后20个工作日内</td><td>已开展排污许可证发放工作的市县级环保部门</td></tr>
<tr><td rowspan="2">4</td><td rowspan="2">污染防治</td><td>1. 强制性清洁生产审核企业名单</td><td>季度终了后20个工作日内</td><td>省级环保部门</td></tr>
<tr><td>2. 清洁生产审核情况
2.1 企业名称
2.2 要求完成期限
2.3 咨询机构
2.4 组织评估、验收的部门
2.5 通过评估日期和评估意见
2.6 通过验收日期和验收意见</td><td></td><td>地方各级环保部门</td></tr>
</table>

序号	公开项目	公 开 内 容	时限要求	发布单位
4	污染防治	3. 大、中城市年度固体废物污染防治公报	每年6月5日前发布上一年度信息	大、中城市环保部门
		4. 固体废物行政审批结果 4.1 危险废物经营许可证审批结果 4.2 危险废物越境转移审批结果 4.3 可作为原料的固体废物进口审批结果 4.4 废弃电器电子产品处理企业审批结果	信息形成或者变更之日起20个工作日内	地方各级环保部门
		5. 危险废物规范化管理督查考核不达标的企业名单、违法违规行为或不合格的指标		
		6. 废弃电器电子产品处理企业的处理情况 6.1 废弃电器电子产品处理企业相关情况，包括法人名称、地址、处理类别、处理能力等 6.2 各企业拆解处理废弃电器电子产品的审核情况及接受基金补贴情况		省级环保部门
		7. 上市企业、申请上市及再融资核查企业环保情况 7.1 上市环保核查规章制度，包括核查程序、办事流程、时间要求、申报方式、联系方式等 7.2 上市环保核查工作信息，包括受理时间、进展情况等 7.3 上市环保核查意见	信息形成或者变更之日起20个工作日内	省级环保部门
		8. 重金属污染防控重点企业名单		地方各级环保部门
5	排污费征收	1. 排污费征收的项目、依据、标准和程序	信息形成或者变更之日起20个工作日内	地方各级环保部门
		2. 季度排污费征收情况 2.1 被征收者名称 2.2 征收时段 2.3 应缴数额 2.4 实缴数额 2.5 征收机关	季度终了后45日内	
		3. 排污费征收减、免缓情况		

序号	公开项目	公 开 内 容	时限要求	发布单位
6	监察执法	1. 直接办理、承办经调查核实的公众对环境问题或者对企业污染环境的信访、投诉案件及其处理结果（信访、举报人信息不得公开）	调处结束后20个工作日内	地方各级环保部门
		2. 挂牌督办 2.1 督办事项 2.2 整治要求 2.3 完成时限 2.4 督办部门 2.5 完成情况	信息形成或者变更之日起20个工作日内	地方各级环保部门
		3. 国家重点监控企业废水自动监控情况 3.1 企业名称 3.2 监控点名称 3.3 监测日期 3.4 流量 3.5 监测因子 3.6 自动监控数据（日均值） 3.7 排放标准限值 3.8 最近一次有效性审核日期及合格情况	数据生成后1个工作日内	地方各级环保部门
		4. 国家重点监控企业废气自动监控情况 4.1 企业名称 4.2 监控点名称 4.3 监测日期 4.4 流量 4.5 流速 4.6 监测项目名称 4.7 折算浓度（日均值） 4.8 标准限值 4.9 最近一次有效性审核日期及合格情况		地方各级环保部门
		5.污染源自动监控数据传输有效率		省市级环保部门

序号	公开项目	公 开 内 容	时限要求	发布单位
6	监察执法	6. 企业环境信用评价结果 6.1 企业名称 6.2 评价年度 6.3 评价等级 6.4 公布时间	相关内容生成或更新后20个工作日内	已开展企业信用评级工作的市县级环保部门
7	行政处罚	1. 直接做出的处罚决定 1.1 被处罚者名称 1.2 违法事实 1.3 处罚依据 1.4 处罚内容 1.5 执行情况		地方各级环保部门
7	行政处罚	2. 直接做出的环境违法行为限期改正决定 2.1 当事人名称 2.2 违法事实 2.3 行政命令作出的依据 2.4 改正违法行为的期限 2.5 改正违法行为的具体形式 2.6 行政命令下达日期 2.7 命令作出机关 2.8 执行情况	相关内容生成或更新后20个工作日内	地方各级环保部门
		3. 拒不执行处罚决定企业名单	季度终了后20个工作日内	
8	环境应急	1. 环保部门突发环境事件应急预案（简本）	预案批准后20个工作日内	地方各级环保部门
		2. 发生重大、特大突发环境事件的企业名单	年度终了后20个工作日内	
		3. 年度突发环境事件应对情况		
		4. 辖区企业突发环境事件风险等级划分情况		
		5. 辖区企业突发环境应急预案备案情况		

备注：

1. 重点污染源，由各级环保部门根据实际情况确定，但应至少包含国家和省级重点监控企业在内。

2. 自动监控情况原则上由省级环保部门公布国家重点监控污染源信息，市县按属地监管原则公布辖区内企业污染源信息，但县级环保部门没有获取数据能力的，由获取数据的上一级环保部门公布。自动监控数据传输有效率按照部相关文件规定的时间开始公布。公布自动监控数据时，应标注说明出现异常或超标情况将进行调查取证处理，并适时公布处理结果。

（四）排污单位自行监测技术指南

排污单位自行监测技术指南　总则

（HJ 819—2017）

前　言

为落实《中华人民共和国环境保护法》《中华人民共和国大气污染防治法》《中华人民共和国水污染防治法》，指导和规范排污单位自行监测工作，制定本标准。

本标准提出了排污单位自行监测的一般要求、监测方案制定、监测质量保证和质量控制、信息记录和报告的基本内容和要求。

本标准为首次发布。

本标准由环境保护部环境监测司、科技标准司提出并组织制订。

本标准主要起草单位：中国环境监测总站。

本标准环境保护部 2017 年 4 月 25 日批准。

本标准自 2017 年 6 月 1 日起实施。

本标准由环境保护部解释。

1　适用范围

本标准提出了排污单位自行监测的一般要求、监测方案制定、监测质量保证和质量控制、信息记录和报告的基本内容和要求。

排污单位可参照本标准在生产运行阶段对其排放的水、气污染物，噪声以及对其周边环境质量影响开展监测。

本标准适用于无行业自行监测技术指南的排污单位；行业自行监测技术指南中未规定的内容按本标准执行。

2 规范性引用文件

本标准引用了下列文件或其中的条款。凡是未注明日期的引用文件，其最新版本适用于本标准。

GB 12348 工业企业厂界环境噪声排放标准

GB/T 16157 固定污染源排气中颗粒物测定与气态污染物采样方法

HJ 2.1 环境影响评价技术导则 总纲

HJ 2.2 环境影响评价技术导则 大气环境

HJ/T 2.3 环境影响评价技术导则 地面水环境

HJ 2.4 环境影响评价技术导则 声环境

HJ/T 55 大气污染物无组织排放监测技术导则

HJ/T 75 固定污染源烟气排放连续监测技术规范（试行）

HJ/T 76 固定污染源烟气排放连续监测系统技术要求及检测方法（试行）

HJ/T 91 地表水和污水监测技术规范

HJ/T 92 水污染物排放总量监测技术规范

HJ/T 164 地下水环境监测技术规范

HJ/T 166 土壤环境监测技术规范

HJ/T 194 环境空气质量手工监测技术规范

HJ/T 353 水污染源在线监测系统安装技术规范（试行）

HJ/T 354 水污染源在线监测系统验收技术规范（试行）

HJ/T 355 水污染源在线监测系统运行与考核技术规范（试行）

HJ/T 356 水污染源在线监测系统数据有效性判别技术规范（试行）

HJ/T 397 固定源废气监测技术规范

HJ 442 近岸海域环境监测规范

HJ 493 水质 样品的保存和管理技术规定

HJ 494 水质 采样技术指导

HJ 495 水质 采样方案设计技术规定

HJ 610 环境影响评价技术导则 地下水环境

HJ 733 泄漏和敞开液面排放的挥发性有机物检测技术导则

《企业事业单位环境信息公开办法》（环境保护部令 第 31 号）

《国家重点监控企业自行监测及信息公开办法（试行）》（环发〔2013〕81 号）

3 术语和定义

下列术语和定义适用于本标准。

3.1 自行监测 self-monitoring

指排污单位为掌握本单位的污染物排放状况及其对周边环境质量的影响等情况，按照相关法律法规和技术规范，组织开展的环境监测活动。

3.2 重点排污单位 key pollutant discharging entity

指由设区的市级及以上地方人民政府环境保护主管部门商有关部门确定的本行政区域内的重点排污单位。

3.3 外排口监测点位 emission site

指用于监测排污单位通过排放口向环境排放废气、废水（包括向公共污水处理系统排放废水）污染物状况的监测点位。

3.4 内部监测点位 internal monitoring site

指用于监测污染治理设施进口、污水处理厂进水等污染物状况的监测点位，或监测工艺过程中影响特定污染物产生排放的特征工艺参数的监测点位。

4 自行监测的一般要求

4.1 制定监测方案

排污单位应查清所有污染源，确定主要污染源及主要监测指标，制定监测方案。监测方案内容包括：单位基本情况、监测点位及示意图、监测指标、执行标准及其限值、监测频次、采样和样品保存方法、监测分析方法和仪器、质量保证与质量控制等。

新建排污单位应当在投入生产或使用并产生实际排污行为之前完成自行监测方案的编制及相关准备工作。

4.2 设置和维护监测设施

排污单位应按照规定设置满足开展监测所需要的监测设施。废水排放口，废气（采样）监测平台、监测断面和监测孔的设置应符合监测规范要求。监测平台应便于开展监测活动，应能保证监测人员的安全。

废水排放量大于 100 t/d 的，应安装自动测流设施并开展流量自动监测。

4.3 开展自行监测

排污单位应按照最新的监测方案开展监测活动，可根据自身条件和能力，利用自有人员、场所和设备自行监测；也可委托其他有资质的检（监）测机构代其开展自行监测。

持有排污许可证的企业自行监测年度报告内容可以在排污许可证年度执行报告中体现。

4.4 做好监测质量保证与质量控制

排污单位应建立自行监测质量管理制度，按照相关技术规范要求做好监测质量保证与质量控制。

4.5 记录和保存监测数据

排污单位应做好与监测相关的数据记录，按照规定进行保存，并依据相关法规向社会公开监测结果。

5 监测方案制定

5.1 监测内容

5.1.1 污染物排放监测

包括废气污染物（以有组织或无组织形式排入环境）、废水污染物（直接排入环境或排入公共污水处理系统）及噪声污染等。

5.1.2 周边环境质量影响监测

污染物排放标准、环境影响评价文件及其批复或其他环境管理有明确要求的，排污单位应按照要求对其周边相应的空气、地表水、地下水、土壤等环境质量开展监测；其他排污单位根据实际情况确定是否开展周边环境质量影响监测。

5.1.3 关键工艺参数监测

在某些情况下，可以通过对与污染物产生和排放密切相关的关键工艺参数进行测试以补充污染物排放监测。

5.1.4 污染治理设施处理效果监测

若污染物排放标准等环境管理文件对污染治理设施有特别要求的，或排污单位认为有必要的，应对污染治理设施处理效果进行监测。

5.2 废气排放监测

5.2.1 有组织排放监测

5.2.1.1 确定主要污染源和主要排放口

符合以下条件的废气污染源为主要污染源：

a）单台出力 14 MW 或 20 t/h 及以上的各种燃料的锅炉和燃气轮机组；

b）重点行业的工业炉窑（水泥窑、炼焦炉、熔炼炉、焚烧炉、熔化炉、铁矿烧结炉、加热炉、热处理炉、石灰窑等）；

c）化工类生产工序的反应设备（化学反应器/塔、蒸馏/蒸发/萃取设备等）；

d）其他与上述所列相当的污染源。

符合以下条件的废气排放口为主要排放口：

a）主要污染源的废气排放口；

b）“排污许可证申请与核发技术规范”确定的主要排放口；

c）对于多个污染源共用一个排放口的，凡涉及主要污染源的排放口均为主要排放口。

5.2.1.2 监测点位

a）外排口监测点位：点位设置应满足 GB/T 16157、HJ 75 等技术规范的要求。净烟气与原烟气混合排放的，应在排气筒，或烟气汇合后的混合烟道上设置监测点位；净烟气直接排放的，应在净烟气烟道上设置监测点位，有旁路的旁路烟道也应设置监测点位。

b）内部监测点位设置：当污染物排放标准中有污染物处理效果要求时，应在进入相应污染物处理设施单元的进出口设置监测点位。当环境管理文件有要求，或排污单位认为有必要的，可设置开展相应监测内容的内部监测点位。

5.2.1.3 监测指标

各外排口监测点位的监测指标应至少包括所执行的国家或地方污染物排放（控制）标准、环境影响评价文件及其批复、排污许可证等相关管理规定明确要求的污染物指标。排污单位还应根据生产过程的原辅用料、生产工艺、中间及最终产品，确定是否排放纳入相关有毒有害或优先控制污染物名录中的污染物指标，或其他有毒污染物指标，这些指标也应纳入监测指标。

对于主要排放口监测点位的监测指标，符合以下条件的为主要监测指标：

a）二氧化硫、氮氧化物、颗粒物（或烟尘/粉尘）、挥发性有机物中排放量较大的污染物指标；

b）能在环境或动植物体内积蓄对人类产生长远不良影响的有毒污染物指标（存在有毒有害或优先控制污染物相关名录的，以名录中的污染物指标为准）；

c）排污单位所在区域环境质量超标的污染物指标。

内部监测点位的监测指标根据点位设置的主要目的确定。

5.2.1.4 监测频次

a）确定监测频次的基本原则

排污单位应在满足本标准要求的基础上，遵循以下原则确定各监测点位不同监测指标的监测频次：

1）不应低于国家或地方发布的标准、规范性文件、规划、环境影响评价文件及其批复等明确规定的监测频次；

2）主要排放口的监测频次高于非主要排放口；

3）主要监测指标的监测频次高于其他监测指标；

4）排向敏感地区的应适当增加监测频次；

5）排放状况波动大的，应适当增加监测频次；

6）历史稳定达标状况较差的需增加监测频次，达标状况良好的可以适当降低监测频次；

7）监测成本应与排污企业自身能力相一致，尽量避免重复监测。

b）原则上，外排口监测点位最低监测频次按照表1执行。废气烟气参数和污染物浓度应同步监测。

表1 废气监测指标的最低监测频次

排污单位级别	主要排放口		其他排放口的监测指标
	主要监测指标	其他监测指标	
重点排污单位	月—季度	半年—年	半年—年
非重点排污单位	半年—年	年	年

注：为最低监测频次的范围，分行业排污单位自行监测技术指南中依据此原则确定各监测指标的最低监测频次。

c）内部监测点位的监测频次根据该监测点位设置目的、结果评价的需要、补充监测结果的需要等进行确定。

5.2.1.5 监测技术

监测技术包括手工监测、自动监测两种，排污单位可根据监测成本、监测指标以及监测频次等内容，合理选择适当的监测技术。

对于相关管理规定要求采用自动监测的指标，应采用自动监测技术；对于监测频次高、自动监测技术成熟的监测指标，应优先选用自动监测技术；其他监测指标，可选用手工监测技术。

5.2.1.6 采样方法

废气手工采样方法的选择参照相关污染物排放标准及 GB/T 16157、HJ/T 397 等执行。废气自动监测参照 HJ/T 75、HJ/T 76 执行。

5.2.1.7 监测分析方法

监测分析方法的选用应充分考虑相关排放标准的规定、排污单位的排放特点、污染物排放浓度的高低、所采用监测分析方法的检出限和干扰等因素。

监测分析方法应优先选用所执行的排放标准中规定的方法。选用其他国家、行业标准方法的，方法的主要特性参数（包括检出下限、精密度、准确度、干扰消除等）需符合标准要求。尚无国家和行业标准分析方法的，或采用国家和行业标准方法不能得到合格测定数据的，可选用其他方法，但必须做方法验证和对比实验，证明该方法主要特性参数的可靠性。

5.2.2 无组织排放监测

5.2.2.1 监测点位

存在废气无组织排放源的，应设置无组织排放监测点位，具体要求按相关污染物排放标准及 HJ/T 55、HJ 733 等执行。

5.2.2.2 监测指标

按本标准 5.2.1.3 执行。

5.2.2.3 监测频次

钢铁、水泥、焦化、石油加工、有色金属冶炼、采矿业等无组织废气排放较重的污染源，无组织废气每季度至少开展一次监测；其他涉及无组织废气排放的污染源每年至少开展一次监测。

5.2.2.4 监测技术

按本标准 5.2.1.5 执行。

5.2.2.5 采样方法

参照相关污染物排放标准及 HJ/T 55、HJ 733 执行。

5.2.2.6　监测分析方法

按本标准 5.2.1.7 执行。

5.3　废水排放监测

5.3.1　监测点位

5.3.1.1　外排口监测点位

在污染物排放标准规定的监控位置设置监测点位。

5.3.1.2　内部监测点位

按本标准 5.2.1.2　b）执行。

5.3.2　监测指标

符合以下条件的为各废水外排口监测点位的主要监测指标：

a）化学需氧量、五日生化需氧量、氨氮、总磷、总氮、悬浮物、石油类中排放量较大的污染物指标；

b)污染物排放标准中规定的监控位置为车间或生产设施废水排放口的污染物指标，以及有毒有害或优先控制污染物相关名录中的污染物指标；

c）排污单位所在流域环境质量超标的污染物指标。

其他要求按本标准 5.2.1.3 执行。

5.3.3　监测频次

5.3.3.1　监测频次确定的基本原则

按本标准 5.2.1.4　a）执行。

5.3.3.2　原则上，外排口监测点位最低监测频次按照表 2 执行。各排放口废水流量和污染物浓度同步监测。

表 2　废水监测指标的最低监测频次

排污单位级别	主要监测指标	其他监测指标
重点排污单位	日—月	季度—半年
非重点排污单位	季度	年

注：为最低监测频次的范围，在行业排污单位自行监测技术指南中依据此原则确定各监测指标的最低监测频次。

5.3.3.3　内部监测点位监测频次

按本标准 5.2.1.4　c）执行。

5.3.4 监测技术

按本标准 5.2.1.5 执行。

5.3.5 采样方法

废水手工采样方法的选择参照相关污染物排放标准及 HJ/T 91、HJ/T 92、HJ 493、HJ 494、HJ 495 等执行，根据监测指标的特点确定采样方法为混合采样方法或瞬时采样的方法，单次监测采样频次按相关污染物排放标准和 HJ/T 91 执行。污水自动监测采样方法参照 HJ/T 353、HJ/T 354、HJ/T 355、HJ/T 356 执行。

5.3.6 监测分析方法

按本标准 5.2.1.7 执行。

5.4 厂界环境噪声监测

5.4.1 监测点位

5.4.1.1 厂界环境噪声的监测点位置具体要求按 GB 12348 执行。

5.4.1.2 噪声布点应遵循以下原则：

a）根据厂内主要噪声源距厂界位置布点；

b）根据厂界周围敏感目标布点；

c）“厂中厂”是否需要监测根据内部和外围排污单位协商确定；

d）面临海洋、大江、大河的厂界原则上不布点；

e）厂界紧邻交通干线不布点；

f）厂界紧邻另一排污单位的，在临近另一排污单位侧是否布点由排污单位协商确定。

5.4.2 监测频次

厂界环境噪声每季度至少开展一次监测，夜间生产的要监测夜间噪声。

5.5 周边环境质量影响监测

5.5.1 监测点位

排污单位厂界周边的土壤、地表水、地下水、大气等环境质量影响监测点位参照排污单位环境影响评价文件及其批复及其他环境管理要求设置。

如环境影响评价文件及其批复及其他文件中均未作出要求，排污单位需要开展周边环境质量影响监测的，环境质量影响监测点位设置的原则和方法参照 HJ 2.1、HJ 2.2、HJ/T 2.3、HJ 2.4、HJ 610 等规定。各类环境影响监测点位设置按照 HJ/T 91、HJ/T 164、HJ 442、HJ/T 194、HJ/T 166 等执行。

5.5.2　监测指标

周边环境质量影响监测点位监测指标参照排污单位环境影响评价文件及其批复等管理文件的要求执行，或根据排放的污染物对环境的影响确定。

5.5.3　监测频次

若环境影响评价文件及其批复等管理文件有明确要求的，排污单位周边环境质量监测频次按照要求执行。

否则，涉水重点排污单位地表水每年丰、平、枯水期至少各监测一次，涉气重点排污单位空气质量每半年至少监测一次，涉重金属、难降解类有机污染物等重点排污单位土壤、地下水每年至少监测一次。发生突发环境事故对周边环境质量造成明显影响的，或周边环境质量相关污染物超标的，应适当增加监测频次。

5.5.4　监测技术

按本标准 5.2.1.5 执行。

5.5.5　采样方法

周边水环境质量监测点采样方法参照 HJ/T 91、HJ/T 164、HJ 442 等执行。

周边大气环境质量监测点采样方法参照 HJ/T 194 等执行。

周边土壤环境质量监测点采样方法参照 HJ/T 166 等执行。

5.5.6　监测分析方法

按本标准 5.2.1.7 执行。

5.6　监测方案的描述

5.6.1　监测点位的描述

所有监测点位均应在监测方案中通过语言描述、图形示意等形式明确体现。描述内容包括监测点位的平面位置及污染物的排放去向等。废水监测点需明确其所在废水排放口、对应的废水处理工艺，废气排放监测点位需明确其在排放烟道的位置分布、对应的污染源及处理设施。

5.6.2　监测指标的描述

所有监测指标采用表格、语言描述等形式明确体现。监测指标应与监测点位相对应，监测指标内容包括每个监测点位应监测的指标名称、排放限值、排放限值的来源（如标准名称、编号）等。

国家或地方污染物排放（控制）标准、环境影响评价文件及其批复、排污许可证中的污染物，如排污单位确认未排放，监测方案中应明确注明。

5.6.3 监测频次的描述

监测频次应与监测点位、监测指标相对应，每个监测点位的每项监测指标的监测频次都应详细注明。

5.6.4 采样方法的描述

对每项监测指标都应注明其选用的采样方法。废水采集混合样品的，应注明混合样采样个数。废气非连续采样的，应注明每次采集的样品个数。废气颗粒物采样，应注明每个监测点位设置的采样孔和采样点个数。

5.6.5 监测分析方法的描述

对每项监测指标都应注明其选用的监测分析方法名称、来源依据、检出限等内容。

5.7 监测方案的变更

当有以下情况发生时，应变更监测方案：

a）执行的排放标准发生变化；

b）排放口位置、监测点位、监测指标、监测频次、监测技术任一项内容发生变化；

c）污染源、生产工艺或处理设施发生变化。

6 监测质量保证与质量控制

排污单位应建立并实施质量保证与控制措施方案，以自证自行监测数据的质量。

6.1 建立质量体系

排污单位应根据本单位自行监测的工作需求，设置监测机构，梳理监测方案制定、样品采集、样品分析、监测结果报出、样品留存、相关记录的保存等监测的各个环节中，为保证监测工作质量应制定的工作流程、管理措施与监督措施，建立自行监测质量体系。

质量体系应包括对以下内容的具体描述：监测机构，人员，出具监测数据所需仪器设备，监测辅助设施和实验室环境，监测方法技术能力验证，监测活动质量控制与质量保证等。

委托其他有资质的检（监）测机构代其开展自行监测的，排污单位不用建立监测质量体系，但应对检（监）测机构的资质进行确认。

6.2 监测机构

监测机构应具有与监测任务相适应的技术人员、仪器设备和实验室环境，明确监测人员和管理人员的职责、权限和相互关系，有适当的措施和程序保证监测结果准确可靠。

6.3 监测人员

应配备数量充足、技术水平满足工作要求的技术人员，规范监测人员录用、培训教育和能力确认/考核等活动，建立人员档案，并对监测人员实施监督和管理，规避人员因素对监测数据正确性和可靠性的影响。

6.4 监测设施和环境

根据仪器使用说明书、监测方法和规范等的要求，配备必要的如除湿机、空调、干湿度温度计等辅助设施，以使监测工作场所条件得到有效控制。

6.5 监测仪器设备和实验试剂

应配备数量充足、技术指标符合相关监测方法要求的各类监测仪器设备、标准物质和实验试剂。

监测仪器性能应符合相应方法标准或技术规范要求，根据仪器性能实施自校准或者检定/校准、运行和维护、定期检查。

标准物质、试剂、耗材的购买和使用情况应建立台账予以记录。

6.6 监测方法技术能力验证

应组织监测人员按照其所承担监测指标的方法步骤开展实验活动，测试方法的检出浓度、校准（工作）曲线的相关性、精密度和准确度等指标，实验结果满足方法相应的规定以后，方可确认该人员实际操作技能满足工作需求，能够承担测试工作。

6.7 监测质量控制

编制监测工作质量控制计划，选择与监测活动类型和工作量相适应的质控方法，包括使用标准物质、采用空白试验、平行样测定、加标回收率测定等，定期进行质控数据分析。

6.8 监测质量保证

按照监测方法和技术规范的要求开展监测活动，若存在相关标准规定不明确但又影响监测数据质量的活动，可编写《作业指导书》予以明确。

编制工作流程等相关技术规定，规定任务下达和实施，分析用仪器设备购买、验收、维护和维修，监测结果的审核签发、监测结果录入发布等工作的责任人和完成时限，确保监测各环节无缝衔接。

设计记录表格，对监测过程的关键信息予以记录并存档。

定期对自行监测工作开展的时效性、自行监测数据的代表性和准确性、管理部门检查结论和公众对自行监测数据的反馈等情况进行评估，识别自行监测存在的问题，及时采取纠正措施。管理部门执法监测与排污单位自行监测数据不一致的，以管理部门执法监测结果为准，作为判断污染物排放是否达标、自动监测设施是否正常运行的依据。

7 信息记录和报告

7.1 信息记录

7.1.1 手工监测的记录

7.1.1.1 采样记录：采样日期、采样时间、采样点位、混合取样的样品数量、采样器名称、采样人姓名等。

7.1.1.2 样品保存和交接：样品保存方式、样品传输交接记录。

7.1.1.3 样品分析记录：分析日期、样品处理方式、分析方法、质控措施、分析结果、分析人姓名等。

7.1.1.4 质控记录：质控结果报告单。

7.1.2 自动监测运维记录

包括自动监测系统运行状况、系统辅助设备运行状况、系统校准、校验工作等；仪器说明书及相关标准规范中规定的其他检查项目；校准、维护保养、维修记录等。

7.1.3 生产和污染治理设施运行状况

记录监测期间企业及各主要生产设施（至少涵盖废气主要污染源相关生产设施）运行状况（包括停机、启动情况）、产品产量、主要原辅料使用量、取水量、主要燃料消耗量、燃料主要成分、污染治理设施主要运行状态参数、污染治理主要药剂消耗情况等。日常生产中上述信息也需整理成台账保存备查。

7.1.4 固体废物（危险废物）产生与处理状况

记录监测期间各类固体废物和危险废物的产生量、综合利用量、处置量、贮存量、倾倒丢弃量，危险废物还应详细记录其具体去向。

7.2 信息报告

排污单位应编写自行监测年度报告，年度报告至少应包含以下内容：

a）监测方案的调整变化情况及变更原因；

b）企业及各主要生产设施（至少涵盖废气主要污染源相关生产设施）全年运行天数，各监测点、各监测指标全年监测次数、超标情况、浓度分布情况；

c）按要求开展的周边环境质量影响状况监测结果；

d）自行监测开展的其他情况说明；

e）排污单位实现达标排放所采取的主要措施。

7.3 应急报告

监测结果出现超标的，排污单位应加密监测，并检查超标原因。短期内无法实现稳定达标排放的，应向环境保护主管部门提交事故分析报告，说明事故发生的原因，采取减轻或防止污染的措施，以及今后的预防及改进措施等；若因发生事故或者其他突发事件，排放的污水可能危及城镇排水与污水处理设施安全运行的，应当立即采取措施消除危害，并及时向城镇排水主管部门和环境保护主管部门等有关部门报告。

7.4 信息公开

排污单位自行监测信息公开内容及方式按照《企业事业单位环境信息公开办法》及《国家重点监控企业自行监测及信息公开办法（试行）》执行。非重点排污单位的信息公开要求由地方环境保护主管部门确定。

8 监测管理

排污单位对其自行监测结果及信息公开内容的真实性、准确性、完整性负责。

排污单位应积极配合并接受环境保护主管部门的日常监督管理。

排污单位自行监测技术指南　火力发电及锅炉

（HJ 820—2017）

1　适用范围

本标准提出了火力发电厂及锅炉自行监测的一般要求、监测方案制定、信息记录和报告的基本内容和要求。

本标准适用于独立火力发电厂和企业自备火力发电机组（厂）的自行监测，以及排污单位对锅炉的监测；不适用于以生活垃圾、危险废物为燃料的火电厂和锅炉。

排污单位可参照本标准在生产运行阶段对其排放的水、气污染物，噪声以及对周边环境质量影响开展监测。

2　规范性引用文件

本标准引用了下列文件或其中的条款。凡是未注明日期的引用文件，其最新版本适用于本标准。

GB 13223　火电厂大气污染物排放标准

GB 13271　锅炉大气污染物排放标准

HJ/T 164　地下水环境监测技术规范

HJ 819　排污单位自行监测技术指南　总则

3　术语和定义

GB 13223、GB 13271 界定的以及下列术语和定义适用于本标准。

3.1　火力发电厂　thermal power plant

燃烧固体、液体、气体燃料的发电厂。

3.2　自备火力发电机组（厂）　captive power plant

指企业以满足自身生产、办公以及生活的电力需要为主建设的火力发电机组（厂）。

3.3 锅炉 boiler

是利用燃料燃烧释放的热能或其他热能加热热水或其他工质，以生产规定参数（温度、压力）和品质的蒸汽、热水和其他工质的设备。

4 自行监测的一般要求

排污单位应查清本单位的污染源、污染物指标及潜在的环境影响，制定监测方案，设置和维护监测设施，按照监测方案开展自行监测，做好质量保证和质量控制，记录和保存监测数据，依法向社会公开监测结果。

5 监测方案制定

5.1 废气排放监测

5.1.1 有组织废气排放监测点位、指标和频次

5.1.1.1 监测点位

净烟气与原烟气混合排放的，应在锅炉或燃气轮机（内燃机）排气筒，或烟气汇合后的混合烟道上设置监测点位；净烟气直接排放的，应在净烟气烟道上设置监测点位，有旁路的旁路烟道也应设置监测点位。

5.1.1.2 锅炉或燃气轮机排气筒等监测点位的监测指标及最低监测频次按表1执行。

表1 有组织废气监测指标最低监测频次

<table>
<tr><th>燃料类型</th><th>锅炉或燃气轮机规模</th><th>监测指标</th><th>监测频次</th></tr>
<tr><td rowspan="3">燃煤</td><td rowspan="2">14MW 或 20 t/h 及以上</td><td>颗粒物、二氧化硫、氮氧化物</td><td>自动监测</td></tr>
<tr><td>汞及其化合物[a]、氨[b]、林格曼黑度</td><td>季度</td></tr>
<tr><td>14MW 或 20 t/h 以下</td><td>颗粒物、二氧化硫、氮氧化物、林格曼黑度、汞及其化合物</td><td>月</td></tr>
<tr><td rowspan="3">燃油</td><td rowspan="2">14MW 或 20 t/h 及以上</td><td>颗粒物、二氧化硫、氮氧化物</td><td>自动监测</td></tr>
<tr><td>氨[b]、林格曼黑度</td><td>季度</td></tr>
<tr><td>14MW 或 20 t/h 以下</td><td>颗粒物、二氧化硫、氮氧化物、林格曼黑度</td><td>月</td></tr>
</table>

燃料类型	锅炉或燃气轮机规模	监测指标	监测频次
燃气[c]	14MW 或 20 t/h 及以上	氮氧化物	自动监测
		颗粒物、二氧化硫、氨[b]、林格曼黑度	季度
	14MW 或 20 t/h 以下	氮氧化物	月
		颗粒物、二氧化硫、林格曼黑度	年

[a] 煤种改变时，需对汞及其化合物增加监测频次。

[b] 使用液氨等含氨物质作为还原剂，去除烟气中氮氧化物的，可以选测。

[c] 仅限于以净化天然气为燃料的锅炉或燃气轮机组，其他气体燃料的锅炉或燃气轮机组参照以油为燃料的锅炉或燃气轮机组。

注 1：型煤、水煤浆、煤矸石锅炉参照燃煤锅炉；油页岩、石油焦、生物质锅炉或燃气轮机组参照以油为燃料的锅炉或燃气轮机组。

注 2：多种燃料掺烧的锅炉或燃气轮机应执行最严格的监测频次。

注 3：排气筒废气监测应同步监测烟气参数。

5.1.2 无组织废气排放监测点位、指标和频次

无组织排放监测点位设置、监测指标及监测频次按表 2 执行。

表 2 无组织废气监测指标最低监测频次

燃料类型	监测点位	监测指标	监测频次
煤、煤矸石、石油焦、油页岩、生物质	厂界	颗粒物[a]	季度
油	储油罐周边及厂界	非甲烷总烃	季度
所有燃料	氨罐区周边	氨[b]	季度

[a] 未封闭堆场需增加监测频次。周边无敏感点的，可适当降低监测频次。

[b] 适用于使用液氨或氨水作为还原剂的企业。

5.2 废水排放监测

废水排放监测的监测点位、监测指标、监测频次按表 3 执行。

表 3 废水监测指标最低监测频次

锅炉或燃气轮机规模	燃料类型	监测点位	监测指标	监测频次
涉单台 14MW 或 20 t/h 及以上锅炉或燃气轮机的排污单位	燃煤	企业废水总排放口	pH 值、化学需氧量、氨氮、悬浮物、总磷[a]、石油类、氟化物、硫化物、挥发酚、溶解性总固体（全盐量）、流量	月
		脱硫废水排放口	pH 值、总砷、总铅、总汞、总镉、流量	月

锅炉或燃气轮机规模	燃料类型	监测点位	监测指标	监测频次
涉单台 14MW 或 20 t/h 及以上锅炉或燃气轮机的排污单位	燃气	企业废水总排放口	pH 值、化学需氧量、氨氮、悬浮物、总磷[a]、溶解性总固体（全盐量）、流量	季度
	燃油	企业废水总排放口	pH 值、化学需氧量、氨氮、悬浮物、总磷[a]、石油类、硫化物、溶解性总固体（全盐量）、流量	月
		脱硫废水排放口	pH 值、总砷、总铅、总汞、总镉、流量	月
	所有	循环冷却水排放口	pH 值、化学需氧量、总磷、流量	季度
	所有	直流冷却水排放口	水温、流量	日
			总余氯	冬、夏各监测一次
仅涉单台 14MW 或 20 t/h 以下锅炉的 排污单位	所有	企业废水总排放口	pH 值、化学需氧量、氨氮、悬浮物、流量	年
[a] 生活污水若不排入总排口，可不测总磷。				
注 1：除脱硫废水外，废水与其他工业废水混合排放的，参照相关工业行业监测要求执行；脱硫废水不外排的，监测频次可按季度执行。				

5.3 厂界环境噪声监测

厂界环境噪声监测点位设置应遵循 HJ 819 中的原则，主要考虑表 4 噪声源在厂区内的分布情况。

表 4 厂界环境噪声布点应关注的噪声排放源

序号	燃料和热能转化设施类型	噪声排放源	
		主设备	辅助设备
1	燃煤锅炉	发电机、蒸汽轮机	引风机、冷却塔、脱硫塔、给水泵、灰渣泵房、碎煤机房、循环泵房等
2	以气体为燃料的锅炉或燃气轮机组	燃气轮机（内燃机）	冷却塔、压气机等
3	以油为燃料的锅炉或燃气轮机组	汽轮机、发电机	空压机、风机、水泵等

厂界环境噪声每季度至少开展一次昼夜监测，监测指标为等效 A 声级。周边有敏感点的，应提高监测频次。

5.4 周边环境质量影响监测

5.4.1 环境影响评价文件及其批复及其他环境管理政策有明确要求的，按要求执行。

5.4.2 无明确要求的，燃煤火电厂的灰（渣）场的排污单位，若企业认为有必要的，应按照 HJ/T 164 规定设置地下水监测点位。监测指标为 pH 值、化学需氧量、硫化物、氟化物、石油类、总硬度、总汞、总砷、总铅、总镉等，监测频次为每年至少一次。

5.5 其他要求

5.5.1 除表 1～表 3 中的污染物指标外，5.5.1.1 和 5.5.1.2 中的污染物指标也应纳入监测指标范围，并参照表 1～表 3 和 HJ 819 确定监测频次。

5.5.1.1 排污许可证、所执行的污染物排放（控制）标准、环境影响评价文件及其批复、相关管理规定明确要求的污染物指标。

5.5.1.2 排污单位根据生产过程的原辅用料、生产工艺、中间及最终产品类型、监测结果确定实际排放的，在相关有毒有害或优先控制污染物名录中的污染物指标，或其他有毒污染物指标。

5.5.2 各指标的监测频次在满足本标准的基础上，可根据 HJ 819 中的确定原则提高监测频次。

5.5.3 采样方法、监测分析方法、监测质量保证与质量控制等按照 HJ 819 执行。

5.5.4 监测方案的描述、变更按照 HJ 819 执行。

6 信息记录和报告

6.1 信息记录

6.1.1 监测信息记录

手工监测记录和自动监测运维记录按照 HJ 819 执行。

6.1.2 生产和污染治理设施运行状况记录要求

6.1.2.1 生产运行情况

燃煤机组：按照发电机组记录每日的运行小时、用煤量、实际发电量、实际供热量、产灰量、产渣量。

燃气机组：按照燃气机组记录每日的运行小时、用气量、实际发电量、实际供热量。

燃油机组：按照发电机组记录每日的运行小时、用油量、实际发电量、实际供热量。

及时记录锅炉或燃气轮机停机、启动情况。

6.1.2.2　燃料分析结果

燃煤锅炉应每日记录煤质分析，包括收到基灰分、含硫量、挥发分和低位发热量等；燃气锅炉应每日记录天然气成分分析；燃油锅炉应每日记录油品品质分析，包括含硫量等；其他燃料的锅炉应每日记录燃料成分。

6.1.2.3　废气处理设施运行情况

应记录脱硫、脱硝、除尘设备的工艺、投运时间等基本情况。

按日记录脱硫剂使用量、脱硝还原剂使用量、脱硫副产物产生量、粉煤灰产生量等。

记录脱硫、脱硝、除尘设施运行、故障及维护情况、布袋除尘器清灰周期及换袋情况等。

6.1.3　工业固体废物记录要求

记录一般工业固体废物和危险废物的产生量、综合利用量、处置量、贮存量，危险废物还应详细记录其具体去向。

一般工业固体废物包括灰渣、脱硫石膏、袋式（电袋）除尘器产生的破旧布袋等。

危险废物包括催化还原脱硝工艺产生的废烟气脱硝催化剂（钒钛系），其他工艺可能产生的危险废物按照《国家危险废物名录》或国家规定的危险废物鉴别标准和鉴别方法认定。

6.2　信息报告、应急报告、信息公开

按照 HJ 819 执行。

7　其他

本标准规定的内容外，按照 HJ 819 执行。

排污单位自行监测技术指南　造纸工业

（HJ 821—2017）

1　适用范围

本标准提出了造纸工业企业自行监测的一般要求、监测方案制定、信息记录和报告的基本内容和要求。

造纸工业企业可参照本标准在生产运行阶段对其排放的水、气污染物，噪声以及对其周边环境质量影响开展监测。

2　规范性引用文件

本标准引用了下列文件或其中的条款。凡是未注明日期的引用文件，其最新版本适用于本标准。

GB 3544　制浆造纸工业水污染物排放标准

HJ/T 2.3　环境影响评价技术导则　地面水环境

HJ/T 91　地表水和污水监测技术规范

HJ 442　近岸海域环境监测规范

HJ 819　排污单位自行监测技术指南　总则

3　术语和定义

GB 3544 界定的以及下列术语和定义适用于本标准。

3.1　造纸工业　paper industry

指以木材、稻草、芦苇、破布等或废纸等为原料生产纸浆，以纸浆为原料生产纸张、纸板等产品，及以纸和纸板为原料加工纸制品的企业或生产设施。

3.2　制浆造纸企业　pulp and paper enterprise

指有制浆或造纸工序的企业，包括制浆企业、造纸企业、浆纸联合企业。有制浆或造纸生产工序的纸制品加工企业也视为制浆造纸企业。

3.3 纸制品加工企业 paper products processing enterprises

用纸和纸板为原料加工制成纸制品的企业。

4 自行监测的一般要求

排污单位应查清本单位的污染源、污染物指标及潜在的环境影响，制定监测方案，设置和维护监测设施，按照监测方案开展自行监测，做好质量保证和质量控制，记录和保存监测数据，依法向社会公开监测结果。

5 监测方案制定

5.1 废水排放监测

5.1.1 外排口监测点位

有元素氯漂白工序的造纸工业企业，须在元素氯漂白车间排放口或元素氯漂白车间处理设施排放口设置监测点位。

有脱墨工序，且脱墨工序排放重金属的造纸工业企业，须在脱墨车间排放口或脱墨车间处理设施排放口设置监测点位。

所有造纸工业企业均须在企业废水总排放口设置监测点位。

5.1.2 外排口监测指标及监测频次

直接排放的造纸工业企业废水外排口监测指标及频次按表 1 执行，间接排放的造纸工业企业参照表 1 执行。

表 1 废水排放口监测指标最低监测频次

排污单位级别	监测点位	监测指标	监测频次	备注
重点排污单位[a]	企业废水总排放口	流量、pH 值、化学需氧量	自动监测	—
		氨氮[b]	日	
		悬浮物、色度	日	—
		总氮、总磷[b]	周（日）	水环境质量中总氮（无机氮）/总磷（活性磷酸盐）超标的流域或沿海地区，或总氮/总磷实施总量控制区域，总氮/总磷最低监测频次按日执行

排污单位级别	监测点位	监测指标	监测频次	备注
重点排污单位[a]	企业废水总排放口	五日生化需氧量	周	—
		挥发酚、硫化物、溶解性总固体（全盐量）	季度	选测
	元素氯漂白车间废水排放口	可吸附有机卤素（AOX）、二□恶英、流量	年	可吸附有机卤素（AOX）、二□恶英监测结果超标的，应适当增加监测频次
	脱墨车间废水排放口	环境影响评价及批复、或摸底监测确定的重金属污染物指标	周	若无重金属排放，则不需要开展监测
非重点排污单位	企业废水总排放口	pH 值、悬浮物、色度、五日生化需氧量、化学需氧量、氨氮、总氮、总磷、流量	季度	—

[a] 制浆造纸企业全部按重点排污单位管理。

[b] 设区的市级及以上环保主管部门明确要求安装自动监测设备的污染物指标，须采取自动监测。

5.2 废气排放监测

5.2.1 有组织废气排放监测点位、指标与频次

5.2.1.1 碱回收炉、石灰窑废气排放口的监测指标及频次按表 2 执行。

表 2 废气排放口监测指标最低监测频次

污染源	监测点位	监测指标	监测频次
碱回收炉	碱回收炉排气筒或烟道上	氮氧化物、二氧化硫	自动监测
		颗粒物、烟气黑度	季度
石灰窑	石灰窑排气筒或烟道上	颗粒物、氮氧化物、二氧化硫	季度

注：排气筒废气监测要同步监测烟气参数。

5.2.1.2 若排污单位有溶解槽、漂白气体制备等物理/化学反应设备，或其他有组织废气排放源，应根据污染物排放状况，参照 HJ 819 确定监测指标和频次等内容。

5.2.2 无组织废气排放监测点位、指标与频次

造纸工业企业无组织废气排放监测点位设置、监测指标及频次按表 3 执行。

表 3　无组织废气监测指标最低监测频次

企业类型	监测点位	监测指标	监测频次
有制浆工序的企业	厂界	臭气浓度[a]、颗粒物	年（月[b]）
采用含氯漂白工艺的企业	漂白车间或二氧化氯制备车间外	氯化氢	年
有生化污水处理工序的企业	厂界	臭气浓度、硫化氢、氨	年
有石灰窑的企业	厂界	颗粒物	年

[a] 根据环境影响评价文件及其批复，以及原料工艺等确定是否监测其他臭气污染物。
[b] 适用于有硫酸盐法制浆或硫酸盐法纸浆漂白工序的企业，若周边没有敏感点，可适当降低监测频次。

5.3　厂界环境噪声监测

厂界环境噪声监测点位设置应遵循 HJ 819 中的原则，主要考虑表 4 噪声源在厂区内的分布情况。

表 4　厂界环境噪声布点应关注的造纸工业企业主要噪声源

噪声源	主要设备
生产车间	备料过程的机械、制浆机械、抄纸机械、纸制品加工机械等
污水处理	生化处理曝气设备、污泥脱水设备等

厂界环境噪声每季度至少开展一次昼夜监测，周边有敏感点的，应提高监测频次。

5.4　周边环境质量影响监测

5.4.1　环境影响评价文件及其批复、相关环境管理政策有明确要求的，按要求执行。

5.4.2　无明确要求的，对于废水直接排入地表水、海水的排污单位，若企业认为有必要的，可按照 HJ/T 2.3、HJ/T 91、HJ 442 及受纳水体环境管理要求设置监测断面和监测点位，监测指标及频次按表 5 执行。

5.5　其他要求

5.5.1　除表 1～表 3 中的污染物指标外，5.5.1.1 和 5.5.1.2 中的污染物指标也应纳入监测指标范围，并参照表 1～表 3 和 HJ 819 确定监测频次。

5.5.1.1　排污许可证、所执行的污染物排放（控制）标准、环境影响评价文件及其批复、相关环境管理规定明确要求的污染物指标；

表5 周边环境质量影响最低监测频次

目标环境	监测指标	监测频次
地表水	pH值、悬浮物、化学需氧量、五日生化需氧量、氨氮、总磷、总氮、石油类	每年丰、平、枯水期至少各监测一次
海水	pH值、化学需氧量、五日生化需氧量、溶解氧、活性磷酸盐、无机氮、石油类	每年大潮期、小潮期至少各监测一次

5.5.1.2 排污单位根据生产过程的原辅用料、生产工艺、中间及最终产品类型、监测结果确定实际排放的，在有毒有害或优先控制污染物相关名录中的污染物指标，或其他有毒污染物指标。

5.5.2 各指标的监测频次在满足本标准的基础上，可根据HJ 819中监测频次的确定原则提高监测频次。

5.5.3 采样方法、监测分析方法、监测质量保证与质量控制等按照HJ 819执行。

5.5.4 监测方案的描述、变更按照HJ 819执行。

6 信息记录和报告

6.1 信息记录

6.1.1 监测信息记录

手工监测记录和自动监测运维记录按照HJ 819执行。

6.1.2 生产和污染治理设施运行状况信息记录

应详细记录企业以下生产及污染治理设施运行状况，日常生产中也应参照以下内容记录相关信息，并整理成台账保存备查。

6.1.2.1 制浆造纸生产运行状况记录

a）分生产线记录每日的原辅料用量及产量：取水量（新鲜水），主要原辅料（木材、竹、芦苇、蔗渣、稻麦草等植物，废纸等）使用量，商品浆和纸板及机制纸产量等；

b）化学浆生产线还需记录粗浆得率、细浆得率、碱回收率、黑液提取率等；

c）半化学浆、化机浆生产线还需记录纸浆得率等。

6.1.2.2 碱回收工艺运行状况记录

按日记录石灰窑石灰石使用量、石灰窑生石灰产量、总固形物处理量、燃料消耗量等。

还应及时记录碱回收炉和石灰窑的停机、启动情况。

6.1.2.3 污水处理运行状况记录

按日记录污水处理量、污水回用量、白水回用率、污水排放量、污泥产生量（记录含水率）、污水处理使用的药剂名称及用量、鼓风机电量等。

6.1.3 工业固体废物和危险废物记录

记录一般工业固体废物和危险废物的产生量、综合利用量、处置量、贮存量、倾倒丢弃量，危险废物还应详细记录其具体去向。原料或辅助工序中产生的其他危险废物的情况也应记录。

表 6 一般工业固体废物及危险固体废物来源

<table>
<tr><th>一般工业固体废物产生单元</th><th>一般工业固体废物名称</th><th>危险废物产生单元</th><th>危险废物名称</th></tr>
<tr><td>备料工序</td><td>原料灰渣、原料中的剩余废物</td><td>脱墨工序</td><td>脱墨渣</td></tr>
<tr><td>制浆工序</td><td>浆渣</td><td>碱法制浆蒸煮工序</td><td>废液、废渣</td></tr>
<tr><td>污水处理</td><td>污泥</td><td colspan="2" rowspan="3">其他工艺可能产生的危险废物按照《国家危险废物名录》或国家规定的危险废物鉴别标准和鉴别方法认定</td></tr>
<tr><td>碱回收工序</td><td>白泥、绿泥</td></tr>
<tr><td>石灰窑</td><td>石灰渣</td></tr>
</table>

6.2 信息报告、应急报告和信息公开

按照 HJ 819 执行。

7 其他

本标准规定的内容外，按照 HJ 819 执行。

排污单位自行监测技术指南　水泥工业

（HJ 848—2017）

1　适用范围

本标准提出了水泥工业排污单位自行监测的一般要求、监测方案制定、信息记录和报告的基本内容和要求。

本标准适用于水泥工业排污单位在生产运行阶段对其排放的气、水污染物，噪声以及对周边环境质量影响开展监测。

本标准适用于水泥（熟料）制造、矿山开采、散装水泥中转站及水泥制品生产的水泥工业排污单位的自行监测。利用水泥窑协同处置危险废物、生活垃圾（包括废塑料、废橡胶、废纸、废轮胎等，掺加生活垃圾的质量不得超过入窑物料总质量的30%）、城市和工业污水处理污泥、动植物加工废物、受污染土壤、应急事件废物等固体废物水泥工业排污单位的自行监测适用本标准。

2　规范性引用文件

本标准引用了下列文件或其中的条款。凡是未注明日期的引用文件，其最新版本适用于本标准。

GB 4915　水泥工业大气污染物排放标准

GB 12348　工业企业厂界环境噪声排放标准

GB 30485　水泥窑协同处置固体废物污染控制标准

HJ/T 38　固定污染源排气中非甲烷总烃的测定 气相色谱法

HJ/T 166　土壤环境监测技术规范

HJ 662　水泥窑协同处置固体废物环境保护技术规范

HJ 819　排污单位自行监测技术指南 总则

《国家危险废物名录》（环境保护部令 第39号）

3 术语和定义

GB 4915 和 GB 30485 界定的以及下列术语和定义适用于本标准。

3.1 水泥工业 cement industry

指从事水泥原料矿山开采、水泥（熟料）制造、散装水泥转运以及水泥制品生产的工业部门。

3.2 协同处置固体废物水泥窑的旁路放风系统 cement kiln by-pass system

指水泥窑在协同处置固体废物时为避免熟料中碱、氯、硫化物等含量过高，减轻或防止窑尾系统结皮堵塞，将回转窑窑尾高温烟气按比例从旁路中分离并进行急冷，使以气相形态存在的挥发物冷凝在飞灰上，由除尘器将此飞灰收捕下来排出窑的系统。

4 自行监测的一般要求

排污单位应查清本单位的污染源、污染物指标及潜在的环境影响，制定监测方案，设置和维护监测设施，按照监测方案开展自行监测，做好质量保证和质量控制，记录和保存监测数据，依法向社会公开监测结果。

5 监测方案制定

5.1 废气排放监测

5.1.1 有组织废气排放监测点位、指标和频次

5.1.1.1 监测点位

各工序废气通过排气筒等方式排放至外环境的，应在排气筒或排气筒前的废气排放通道设置监测点位。

5.1.1.2 监测指标与监测频次

水泥工业排污单位各监测点位监测指标及最低监测频次按表 1 执行。协同处置固体废物期间，表 2 中的监测点位，监测指标和最低监测频次按表 2 执行，其他监测点位监测指标及最低监测频次按表 1 执行。

表 1 有组织废气监测指标最低监测频次

生产过程	监测点位	监测指标	监测频次[a]
水泥制造	水泥窑及窑尾余热利用系统排气筒	颗粒物、氮氧化物、二氧化硫	自动监测
		氨[b]	季度
		氟化物（以总 F 计）、汞及其化合物	半年
	水泥窑窑头（冷却机）排气筒	颗粒物	自动监测
	烘干机、烘干磨、煤磨排气筒	颗粒物、二氧化硫[c]、氮氧化物[c]	半年[d]
	破碎机、磨机、包装机排气筒	颗粒物	半年[d]
	输送设备及其他通风生产设备的排气筒	颗粒物	两年
矿山开采	破碎机排气筒	颗粒物	半年[d]
	输送设备及其他通风生产设备的排气筒	颗粒物	两年
散装水泥中转站及水泥制品生产	水泥仓及其他通风生产设备的排气筒	颗粒物	两年

注：废气监测须按照相应监测分析方法、技术规范同步监测烟气参数。

[a] 重点控制区可根据管理需要适当增加监测频次；

[b] 适用于使用氨水、尿素等含氨物质作为还原剂，去除烟气中氮氧化物的工艺；

[c] 适用于采用独立热源的烘干设备或利用窑尾余热烘干经独立排气筒排放的工艺；

[d] 排污单位应合理安排监测计划，保证每个季度相同种类治理设施的监测点位数量基本平均分布。

表 2 协同处置固体废物有组织废气监测指标的最低监测频次

监测点位	监测指标	监测频次[a]	
		协同处置非危险废物	协同处置危险废物
水泥窑及窑尾余热利用系统排气筒	颗粒物、二氧化硫、氮氧化物	自动监测	自动监测
	氨[b]	季度	季度
	汞及其化合物	半年	半年
	氯化氢（HCl）、氟化氢（HF）、铊、镉、铅、砷及其化合物（以 Tl+Cd +Pb+As 计）、铍、铬、锡、锑、铜、钴、锰、镍、钒及其化合物（以 Be+Cr+Sn+Sb+Cu +Co+Mn+Ni+V 计）、总有机碳（TOC）[c]	半年	季度
	二噁英类	年	年

<table>
<tr><td rowspan="2">监测点位</td><td rowspan="2">监测指标</td><td colspan="2">监测频次[a]</td></tr>
<tr><td>协同处置非危险废物</td><td>协同处置危险废物</td></tr>
<tr><td rowspan="2">水泥窑旁路放风系统排气筒</td><td>颗粒物、氮氧化物、二氧化硫、氨[b]
氯化氢（HCl）、氟化氢（HF）、汞及其化合物、铊、镉、铅、砷及其化合物（以 Tl+Cd+Pb+As 计）、铍、铬、锡、锑、铜、钴、锰、镍、钒及其化合物（以 Be+Cr+Sn+Sb+ Cu+Co+Mn+Ni+V 计）、总有机碳（TOC）[c、d]</td><td>半年</td><td>季度</td></tr>
<tr><td>二噁英类</td><td>年</td><td>年</td></tr>
<tr><td rowspan="2">固体废物储存、预处理单元排气筒[e]</td><td>臭气浓度、硫化氢、氨、颗粒物</td><td>半年</td><td>—</td></tr>
<tr><td>臭气浓度、硫化氢、氨、非甲烷总烃、颗粒物</td><td>—</td><td>季度</td></tr>
<tr><td colspan="4">注：废气监测须按照相应监测分析方法、技术规范同步监测烟气参数。
[a] 重点控制区可根据管理需要适当增加监测频次；
[b] 适用于使用氨水、尿素等含氨物质作为还原剂，去除烟气中氮氧化物的生产工艺；
[c] 在国家标准监测方法发布前，TOC 可按照 HJ 662 和 HJ/T 38 等相关标准进行监测；
[d] 适用于协同处置危险废物的水泥（熟料）制造排污单位；
[e] 2015 年 1 月 1 日（含）后取得环境影响评价批复的排污单位还应根据环境影响评价文件及其批复或其他环境管理要求确定其他监测项目。</td></tr>
</table>

5.1.2 无组织废气排放监测点位、指标和频次

水泥工业排污单位无组织废气排放监测点位、监测指标及最低监测频次按表 3 执行。

表 3 无组织废气排放监测指标的最低监测频次

<table>
<tr><td>监测点位</td><td>监测指标</td><td>监测频次</td></tr>
<tr><td rowspan="2">厂界</td><td>颗粒物</td><td>季度</td></tr>
<tr><td>氨[a]、硫化氢[b]、臭气浓度[b]、非甲烷总烃[c]</td><td>年</td></tr>
<tr><td colspan="3">[a] 适用于使用氨水、尿素等含氨物质作为还原剂去除烟气中氮氧化物的水泥工业排污单位，以及利用水泥窑协同处置固体废物的水泥工业排污单位；
[b] 适用于利用水泥窑协同处置固体废物的水泥工业排污单位；
[c] 适用于利用水泥窑协同处置危险废物的水泥工业排污单位。</td></tr>
</table>

5.2 厂界环境噪声监测

根据 GB 12348 的要求，设置监测点位。每季度至少开展一次昼夜监测，周边有敏感点的，应增加监测频次。

5.3 废水排放监测

废水外排的，监测点位、监测指标和最低监测频次按表 4 执行。

表 4 废水排放监测指标的最低监测频次

监测点位	监测指标	监测频次	适用条件
废水总排放口	pH 值、悬浮物、化学需氧量、五日生化需氧量、石油类、氟化物、氨氮、总磷、水温、流量	半年	适用于废水外排的所有水泥工业排污单位
车间或车间处理设施排放口	总汞、总镉、总铬、六价铬、总砷、总铅	半年	适用于废水外排的协同处置固体废物的水泥工业排污单位
注：2015 年 1 月 1 日（含）后取得环境影响评价批复排污单位的其他监测指标还应依据环境影响评价文件及其批复确定。			

5.4 周边环境质量影响监测

5.4.1 其他环境管理政策或环境影响评价文件及其批复（仅限于 2015 年 1 月 1 日（含）后取得环境影响评价批复的排污单位）有明确要求的，按要求执行。

5.4.2 无明确要求的，协同处置固体废物的水泥工业排污单位，可按照 HJ/T 166 中相关规定设置周边土壤环境影响监测点位，监测指标及最低监测频次按表 5 执行。

表 5 周边环境质量影响监测指标及最低监测频次

监测介质	监测指标	监测频次
土壤	汞、铊、镉、铅、砷、铍、铬、锡、锑、铜、钴、锰、镍、钒	年

5.5 其他要求

5.5.1 除表 1~表 4 中的污染物指标外，5.5.1.1 和 5.5.1.2 中的污染物指标也应纳入监测指标范围，并参照表 1~表 4 和 HJ 819 确定监测频次。

5.5.1.1 排污许可证、所执行的地方污染物排放（控制）标准、环境影响评价文件及其批复（仅限 2015 年 1 月 1 日（含）后取得环境影响评价批复的排污单位）、相关管理规定明确要求的污染物指标。

5.5.1.2 排污单位根据生产过程的原辅用料、生产工艺、中间及最终产品类型、监测结果确定实际排放的，在有毒有害或国家优先控制污染物名录中的污染物指标，或其他有毒污染物指标。

5.5.2 各指标的监测频次在满足本标准的基础上，可根据 HJ 819 中的原则提高监测频次。

5.5.3 采样方法、监测分析方法、监测质量保证与质量控制等按照 HJ 819 执行。

5.5.4 监测方案的描述、变更按照 HJ 819 执行。

6 信息记录和报告

6.1 信息记录

6.1.1 监测信息记录要求

手工监测记录和自动监测运维记录按照 HJ 819 执行。

6.1.2 生产和污染治理设施运行状况记录要求

应详细记录排污单位以下生产及污染治理设施运行状况，并整理成台账保存备查。

6.1.2.1 水泥制造生产运行状况记录

分生产线记录每日的主要原辅料用量及产量：石灰石、黏土、石膏等主要原辅料的使用量，熟料、成品水泥等产品产量。

利用水泥窑协同处置固体废物时，需要记录固废处置量。

及时记录水泥窑停窑、点火、保温等情况。

6.1.2.2 原煤分析结果

结合排污单位生产实际，记录每天的原煤消耗量及每批次煤质的分析结果，包括低位发热量、灰分、挥发分、含硫量等。

6.1.2.3 废气处理设施运行情况

应记录除尘、脱硝、脱硫等工艺的基本情况，按日记录氨水和尿素等含氨物质的消耗情况、脱硫剂使用剂量、脱硫副产物产生量等，并记录除尘、脱硝、脱硫等设施运行、故障及维护情况。

6.1.2.4　旁路放风记录

在排污单位进行旁路放风时，对旁路放风方式、时间、排气量等参数进行记录。

6.1.2.5　噪声防护设施运行情况

应记录降噪设施的完好性及建设维护情况，记录相关参数。

6.1.2.6　废水处理情况

应记录废水处理方式、去向及排放量等相关信息。

6.1.3　一般工业固体废物和危险废物记录要求

记录一般工业固体废物和危险废物的产生量、综合利用量、处置量、贮存量。危险废物还应详细记录其具体去向。原料或辅助工序中产生的其他危险废物的情况也应记录。

表 6　一般工业固体废物及危险废物来源

类别	产生单元	废物名称
一般工业固体废物	除尘工序	用于收尘的废滤袋
	水泥窑	废耐火砖
危险废物	生产过程中可能产生的危险废物按照《国家危险废物名录》或国家规定的危险废物鉴别标准和鉴别方法认定	

6.2　信息报告、应急报告、信息公开

按照 HJ 819 执行。

7　其他

除本标准规定的内容外，按照 HJ 819 执行。

排污单位自行监测技术指南
钢铁工业及炼焦化学工业

（HJ 878—2017）

1 适用范围

本标准提出了钢铁工业及炼焦化学工业排污单位自行监测的一般要求、监测方案制定、信息记录和报告的基本内容和要求。

本标准适用于钢铁工业及炼焦化学工业排污单位在生产运行阶段对其排放的水、气污染物，噪声以及对其周边环境质量影响开展监测。本标准不适用于钢铁生产企业中铁矿采选和铁合金生产工序的自行监测。

钢铁工业及炼焦化学工业排污单位自备火力发电机组（厂）、配套动力锅炉的自行监测要求按照 HJ 820 执行。

2 规范性引用文件

本标准引用了下列文件或其中的条款。凡是未注明日期的引用文件，其最新版本适用于本标准。

GB 13456　钢铁工业水污染物排放标准

GB 16171　炼焦化学工业污染物排放标准

GB 28662　钢铁烧结、球团工业大气污染物排放标准

GB 28663　炼铁工业大气污染物排放标准

GB 28664　炼钢工业大气污染物排放标准

GB 28665　轧钢工业大气污染物排放标准

HJ 2.2　环境影响评价技术导则　大气环境

HJ/T 2.3　环境影响评价技术导则　地面水环境

HJ/T 55　大气污染物无组织排放监测技术导则

HJ/T 91　地表水和污水监测技术规范

HJ/T 164　地下水环境监测技术规范

HJ/T 166　土壤环境监测技术规范

HJ/T 194　环境空气质量手工监测技术规范

HJ 442　近岸海域环境监测规范

HJ 610　环境影响评价技术导则　地下水环境

HJ 819　排污单位自行监测技术指南　总则

HJ 820　排污单位自行监测技术指南　火力发电及锅炉

《国家危险废物名录》(环境保护部、国家发展改革委、公安部令 第39号)

3　术语和定义

GB 13456、GB 16171、GB 28662、GB 28663、GB 28664、GB 28665、HJ 819 界定的以及下列术语和定义适用于本标准。

3.1　钢铁工业排污单位 iron and steel industry pollutant emission unit

指含有烧结、球团、炼铁、炼钢及轧钢等工业生产工序的排污单位。

3.2　炼焦化学工业排污单位 coking chemical industry pollutant emission unit

指含有炼焦化学工业生产过程的排污单位，包括炼焦化学工业企业及钢铁等工业企业炼焦分厂。

4　自行监测的一般要求

排污单位应查清本单位的污染源，污染物指标及潜在的环境影响，制定监测方案，设置和维护监测设施，按照监测方案开展自行监测，做好质量保证和质量控制，记录和保存监测数据和信息，依法向社会公开监测结果。

5　监测方案制定

5.1　废气排放监测

5.1.1　有组织废气排放监测点位、指标与频次

5.1.1.1　监测点位

各工序废气通过排气筒等方式排放至外环境的，应在排气筒或排气筒前的废气排放通道设置监测点位。

5.1.1.2 监测指标与监测频次

各监测点位监测指标的最低监测频次按照表 1 执行。

表 1 有组织废气监测指标最低监测频次

生产工序	监测点位	监测指标	监测频次
原料系统	供卸料设施、转运站及其他设施排气筒	颗粒物	两年
烧结	配料设施、整粒筛分设施排气筒	颗粒物	季度
	烧结机机头排气筒	颗粒物、二氧化硫、氮氧化物	自动监测
		氟化物	季度
		二噁英类	年
	烧结机机尾排气筒	颗粒物	自动监测
	破碎设施、冷却设施及其他设施排气筒	颗粒物	年
球团	配料设施排气筒	颗粒物	季度
	焙烧设施排气筒	颗粒物、二氧化硫、氮氧化物	自动监测
		氟化物	季度
	破碎、筛分、干燥及其他设施排气筒	颗粒物	年
炼焦	精煤破碎、焦炭破碎、筛分、转运设施排气筒	颗粒物	年
	装煤地面站排气筒	颗粒物、二氧化硫	自动监测
		苯并[a]芘	半年
	推焦地面站排气筒	颗粒物、二氧化硫	自动监测
	焦炉烟囱（含焦炉烟气尾部脱硫、脱硝设施排气筒）	颗粒物、二氧化硫、氮氧化物	自动监测
	干法熄焦地面站排气筒	颗粒物、二氧化硫	自动监测
	粗苯管式炉、半焦烘干和氨分解炉等燃用焦炉煤气的设施排气筒	颗粒物、二氧化硫、氮氧化物	半年
	冷鼓、库区焦油各类贮槽排气筒	苯并[a]芘、氰化氢、酚类、非甲烷总烃、氨、硫化氢	半年
	苯贮槽排气筒	苯、非甲烷总烃	半年
	脱硫再生塔排气筒	氨、硫化氢	半年
	硫铵结晶干燥排气筒	颗粒物、氨	半年
炼铁	矿槽排气筒	颗粒物	自动监测
	出铁场排气筒	颗粒物、二氧化硫[a]	自动监测
	热风炉排气筒	颗粒物、二氧化硫、氮氧化物	季度
	原料系统、煤粉系统及其他设施排气筒	颗粒物	年

生产工序	监测点位	监测指标	监测频次
炼钢	转炉二次烟气排气筒	颗粒物	自动监测
	转炉三次烟气排气筒	颗粒物	季度
	电炉烟气排气筒	颗粒物	自动监测
		二噁英类	年
	石灰窑、白云石窑焙烧排气筒	颗粒物、二氧化硫[a]、氮氧化物[a]	季度
	铁水预处理（包括倒罐、扒渣等）、精炼炉、钢渣处理设施排气筒	颗粒物	年
	转炉一次烟气、连铸切割及火焰清理及其他设施排气筒	颗粒物	两年
	电渣冶金排气筒	氟化物	半年
轧钢	热处理炉排气筒	颗粒物、二氧化硫、氮氧化物	季度（自动监测[b]）
	热轧精轧机排气筒	颗粒物	年
	拉矫机、精整机、抛丸机、修磨机、焊接机及其他设施排气筒	颗粒物	两年
	轧制机组排气筒	油雾[c]	半年
	废酸再生排气筒	颗粒物、氯化氢、硝酸雾、氟化物	半年
	酸洗机组排气筒	氯化氢、硫酸雾、硝酸雾、氟化物	半年
	涂镀层机组排气筒	铬酸雾	半年
	脱脂排气筒	碱雾[c]	半年
	涂层机组排气筒	苯、甲苯、二甲苯、非甲烷总烃	半年

注 1：设区的市级及以上环保主管部门明确要求安装自动监测设备的污染物指标，须采取自动监测。

注 2：废气监测须按照相应标准分析方法、技术规范同步监测烟气参数。

[a] 为选测指标。

[b] 燃用发生炉煤气的热处理炉排气筒须采取自动监测。

[c] 待国家污染物监测方法标准发布后实施，未发布前可以选测。

5.1.2 无组织废气排放监测点位、指标和频次

5.1.2.1 生产车间无组织废气排放监测点位、指标和频次

排污单位应按照 GB 16171、GB 28662、GB 28663、GB 28664、GB 28665、HJ/T 55 规定设置生产车间无组织排放监测点位，有地方排放标准要求的，按地方排放标准执行。监测指标及最低监测频次按表 2 执行。

表 2　生产车间无组织废气监测指标最低监测频次

生产工序	无组织排放源	监测指标	监测频次
烧结、球团、炼铁、炼钢	生产车间	颗粒物	年（季度[a]）
炼焦	焦炉	颗粒物、苯并[a]芘、硫化氢、氨、苯可溶物	季度
轧钢	板坯加热、磨辊作业、钢卷精整、酸再生下料车间	颗粒物	年
	酸洗机组及废酸再生车间	硫酸雾、氯化氢、硝酸雾	年
	涂层机组车间	苯、甲苯、二甲苯、非甲烷总烃	年
[a]适用于无完整厂房车间的情况。			

5.1.2.2　厂界无组织废气排放监测点位、指标和频次

厂界无组织排放监测指标及最低监测频次按表 3 执行。

表 3　厂界无组织废气监测指标最低监测频次

排污单位类型	监测点位	监测指标	监测频次
有炼焦化学生产过程的	厂界	颗粒物、二氧化硫、苯并[a]芘、氰化氢、苯、酚类、硫化氢、氨、氮氧化物	季度
无炼焦化学生产过程的		颗粒物	季度

5.2　废水排放监测

废水排放监测点位、监测指标及最低监测频次按表 4 执行。不同工序废水混合排放的，应覆盖表 4 中相应工序的监测因子，监测频次从严。

5.3　厂界环境噪声监测

厂界环境噪声监测点位设置应遵循 HJ 819 中的原则，主要考虑破碎设备、筛分设备、风机、空压机、水泵等噪声源在厂区内的分布情况。

厂界噪声每季度至少开展一次昼夜监测，监测指标为等效 A 声级。周边有敏感点的，应增加敏感点位噪声监测。

表4　废水监测指标最低监测频次

监测点位	监测指标	监测频次					
		钢铁联合企业（不包括炼焦分厂）	钢铁非联合企业				炼焦
			烧结（球团）	炼铁	炼钢	轧钢	
废水总排放口	流量	自动监测	自动监测	自动监测	自动监测	自动监测	自动监测
	pH值	自动监测	月	月	月	日	自动监测
	悬浮物	周	月	月	月	周	月
	化学需氧量	自动监测	月	月	月	日	自动监测
	氨氮	自动监测	—	月	月	日	自动监测
	总氮	周（日[a]）	—	月	月	周（日[a]）	周（日[a]）
	总磷	周（日[a]）	—	—	—	周（日[a]）	周（日[a]）
	石油类	周	月	月	月	周	月
	五日生化需氧量	—	—	—	—	—	月
	挥发酚	季度	—	季度	—	—	月
	氰化物	季度	—	季度	—	季度	月
	氟化物	季度	—	—	季度	季度	—
	总铁	季度	—	—	—	季度	—
	总锌	季度	—	季度	—	季度	—
	总铜	季度	—	—	—	季度	—
	苯	—	—	—	—	—	月
	硫化物	—	—	—	—	—	月
车间或生产设施废水排放口	流量	参照钢铁非联合企业车间或生产设施废水排放口监测要求执行	月	月	—	周（月[b]）	月
	总砷		月	—	—	周（月[b]）	—
	六价铬		—	—	—	周（月[b]）	—
	总铬		—	—	—	周（月[b]）	—
	总铅		月	月	—	—	—
	总镍		—	—	—	周（月[b]）	—
	总镉		—	—	—	周（月[b]）	—
	总汞		—	—	—	周（月[b]）	—
	苯并[a]芘	—	—	—	—	—	月[c]
	多环芳烃	—	—	—	—	—	月[c]

注1：设区的市级及以上环保主管部门明确要求安装自动监测设备的污染物指标，须采取自动监测。

注 2：炼焦洗煤、熄焦和高炉冲渣回用水池内和补水口每周至少开展一次监测，补水口监测指标包括 pH 值、悬浮物、化学需氧量、氨氮、挥发酚、氰化物，回用水池内监测指标为挥发酚。 注 3：雨水排放口排放期间每日至少开展一次监测，监测指标包括悬浮物、化学需氧量、氨氮、石油类，确保有流量的情况下，雨后 15 min 内进行监测。 注 4：单独排入外环境的生活污水排放口每月至少开展一次监测，监测指标包括流量、pH 值、悬浮物、化学需氧量、氨氮、总氮、总磷、五日生化需氧量、动植物油。
[a] 总氮/总磷实施总量控制的区域，总氮/总磷最低监测频次按日执行。 [b] 适用于不含冷轧的轧钢车间或生产设施废水排放口。 [c] 若酚氰污水处理站仅处理生产工艺废水，则在酚氰污水处理厂排放口监测；若有其他废水进入酚氰污水处理站混合处理，则在其他废水混入前对生产工艺废水采样监测。

5.4 周边环境质量影响监测

5.4.1 其他环境管理政策，或环境影响评价文件及其批复（仅限 2015 年 1 月 1 日（含）后取得环境影响评价批复的排污单位）有明确要求的，按要求执行。

5.4.2 无明确要求的，若排污单位认为有必要的，可对周边水、土壤、空气环境质量开展监测。可参照 HJ/T 164、HJ/T 166、HJ 610 中相关规定设置周边地下水、土壤环境影响监测点位，对于废水直接排入地表水或海水的排污单位，可参照 HJ/T 2.3、HJ/T 91、HJ 442 中相关规定设置周边地表水、海水环境影响监测点位，监测指标及频次按表 5 执行。周边空气质量影响监测点位、监测指标、监测频次可参照 HJ 2.2、HJ/T 194、HJ 819 中相关规定执行。

表 5 周边环境质量影响监测指标最低监测频次

目标环境	监测指标	监测频次
地表水	pH 值、溶解氧、高锰酸盐指数、五日生化需氧量、氨氮、总磷、总氮、铜、锌、氟化物、砷、汞、镉、六价铬、铅、氰化物、挥发酚、石油类、硫化物、铁、苯、总铬、镍、多环芳烃等	季度
海水	pH 值、溶解氧、化学需氧量、五日生化需氧量、无机氮、非离子氮、活性磷酸盐、汞、镉、铅、六价铬、总铬、砷、铜、锌、镍、氰化物、硫化物、挥发酚、石油类、氟化物、铁、苯、多环芳烃等	半年
地下水	pH 值、总硬度、溶解性总固体、硫酸盐、氯化物、铁、铜、锌、挥发酚、高锰酸盐指数、硝酸盐、亚硝酸盐、氨氮、氟化物、氰化物、汞、砷、镉、六价铬、铅、镍、硫化物、总铬、多环芳烃、苯、甲苯、二甲苯等	年
土壤	pH 值、阳离子交换量、镉、汞、砷、铜、铅、铬、锌、镍、多环芳烃、苯、甲苯、二甲苯等	年

5.5 其他要求

5.5.1 除表 1～表 5 中的污染物指标外，5.5.1.1 和 5.5.1.2 中的污染物指标也应纳入监测指标范围，并参照表 1～表 5 和 HJ 819 确定监测频次。

5.5.1.1 排污许可证、所执行的污染物排放（控制）标准、环境影响评价文件及其批复（仅限 2015 年 1 月 1 日（含）后取得环境影响评价批复的排污单位）、相关环境管理规定明确要求的污染物指标。

5.5.1.2 排污单位根据生产过程的原辅用料、生产工艺、中间及最终产品类型、监测结果确定实际排放的，在有毒有害或优先控制污染物相关名录中的污染物指标，或其他有毒污染物指标。

5.5.2 各指标的监测频次在满足本标准的基础上，可根据 HJ 819 中监测频次的确定原则提高监测频次。

5.5.3 采样方法、监测分析方法、监测质量保证与质量控制等按照 HJ 819 执行。

5.5.4 监测方案的描述、变更按照 HJ 819 执行。

6 信息记录和报告

6.1 信息记录

6.1.1 监测信息记录

手工监测的记录和自动监测运维记录按 HJ 819 执行。

6.1.2 生产和污染治理设施运行状况信息记录

6.1.2.1 生产运行状况记录

按班次记录正常工况各生产单元主要生产设施的累计生产时间、生产负荷、主要产品产量、原辅料及燃料使用情况（包括种类、名称、用量、有毒有害元素成分及占比）等数据。

6.1.2.2 原辅料、燃料采购信息

填写原辅料、燃料采购情况及物质、元素占比情况信息。

6.1.2.3 废气处理设施运行情况

应记录除尘、脱硝、脱硫等工艺的基本情况，按班次记录氨水和尿素等含氨物质的消耗情况、脱硫剂使用剂量、脱硫副产物产生量等，并记录除尘、脱硝、脱硫等设施运行、故障及维护情况。

6.1.2.4 废水处理设施运行情况

应记录废水处理工艺的基本情况，按班次记录废水累计流量、药剂投加种类及投加量、污泥产生量等，并记录废水处理设施运行、故障及维护情况。

6.1.2.5 噪声防护设施运行情况

应记录降噪设施的完好性及建设维护情况，记录相关参数。

6.1.3 一般工业固体废物和危险废物记录要求

记录表 6 中一般工业固体废物和危险废物的产生量、综合利用量、处置量、贮存量，危险废物还应详细记录其具体去向。原料或辅助工序中产生的其他危险废物的情况也应记录。

表 6 一般工业固体废物及危险固体废物来源

一般工业固体废物产生工序	一般工业固体废物名称	危险废物产生工序	危险废物名称
原料系统	除尘灰等	炼焦	精（蒸）馏等产生的残渣、焦粉、焦油渣、脱硫废液、筛焦过程产生的粉尘等
烧结、球团	除尘灰、脱硫石膏等	炼钢	电炉炼钢过程中集（除）尘装置收集的粉尘和废水处理污泥等
炼焦	煤粉等		
炼铁	除尘灰、瓦斯灰泥、高炉渣等	轧钢	废酸、废矿物油等
炼钢	钢渣、废钢铁料、氧化铁皮等	其他可能产生的危险废物按照《国家危险废物名录》或国家规定的危险废物鉴别标准和鉴别方法认定	
轧钢	除尘灰、氧化铁皮等		

6.2 信息报告、应急报告、信息公开

按照 HJ 819 执行。

7 其他

排污单位应如实记录手工监测期间的工况（包括生产负荷、污染治理设施运行情况等），确保监测数据具有代表性。

本标准规定的内容外，按照 HJ 819 执行。

排污单位自行监测技术指南　纺织印染工业

（HJ 879—2017）

1　适用范围

本标准提出了纺织印染工业排污单位自行监测的一般要求、监测方案制定、信息记录和报告的基本内容和要求。

本标准适用于纺织印染工业排污单位在生产运行阶段对其排放的水、气污染物，噪声以及对其周边环境质量影响开展自行监测。

自备火力发电机组（厂）、配套动力锅炉的自行监测要求按照 HJ 820 执行。

2　规范性引用文件

本标准引用了下列文件或其中的条款。凡是未注明日期的引用文件，其最新版本适用于本标准。

GB 4287　纺织染整工业水污染物排放标准

GB 28936　缫丝工业水污染物排放标准

GB 28937　毛纺工业水污染物排放标准

GB 28938　麻纺工业水污染物排放标准

HJ 442　近岸海域环境监测规范

HJ 819　排污单位自行监测技术指南　总则

HJ 820　排污单位自行监测技术指南　火力发电及锅炉

HJ/T 2.3　环境影响评价技术导则　地面水环境

HJ/T 91　地表水和污水监测技术规范

HJ/T 166　土壤环境监测技术规范

《国家危险废物名录》（环境保护部、国家发展改革委、公安部令　第 39 号）

3 术语和定义

GB 4287、GB 28936、GB 28937、GB 28938、HJ 819 界定的以及下列术语和定义适用于本标准。

3.1 纺织印染工业排污单位 textile and dyeing industry pollutant emission unit

指从事对麻、丝、毛等纺前纤维进行加工，纺织材料前处理、染色、印花、整理为主的印染加工，以及从事织造，服装与服饰加工，并有污染产生的生产单位。

3.2 印染 dyeing and printing

指对纺织材料（纤维、纱、线及织物）进行以化学处理为主的工艺过程，包括前处理、染色、印花、整理（包括一般整理与功能整理）等工序。

3.3 纺织印染工业废水集中处理设施 centralized wastewater treatment plant for textile and dyeing industry

为两家及以上纺织印染工业排污单位提供废水处理服务，且执行 GB 4287、GB 28936、GB 28937、GB 28938 中水污染物排放要求的企业或机构。

4 自行监测的一般要求

应查清本单位的污染源、污染物指标及潜在的环境影响，制定监测方案，设置和维护监测设施，按照监测方案开展自行监测，做好质量保证和质量控制，记录和保存监测数据，依法向社会公开监测结果。

5 监测方案制定

5.1 废水排放监测

5.1.1 监测点位

所有纺织印染工业排污单位均须在废水总排放口设置监测点位。

使用含铬染料及助剂进行染色的纺织印染工业排污单位，须在染色车间或生产设施废水排放口设置监测点位。

有印花工序，且印花工序使用感光制网工艺的纺织印染工业排污单位，须在印花车间或生产设施废水排放口设置监测点位。

所有纺织印染工业废水集中处理设施均须在总排放口设置监测点位。

5.1.2 监测指标及监测频次

印染行业排污单位废水排放监测点位、监测指标及最低监测频次按照表 1 执行。

表 1 印染行业排污单位废水排放监测点位、监测指标及最低监测频次

监测点位	监测指标	监测频次	
		直接排放	间接排放
废水总排放口	流量、pH 值、化学需氧量、氨氮	自动监测	
	悬浮物、色度	日	周
	五日生化需氧量、总磷[a]、总氮[a]	周	月
	苯胺类、硫化物	月	季度
	二氧化氯[b]、可吸附有机卤素（AOX）[b]	季度	半年
	总锑[c]	季度	
车间或生产设施废水排放口	六价铬[d]	月	
雨水排放口	化学需氧量、悬浮物	日[e]	

注：表中所列监测指标，设区的市级及以上环保主管部门明确要求安装自动监测设备的，须采取自动监测。

[a] 总氮/总磷实施总量控制区域，总氮/总磷最低监测频次按日执行。

[b] 适用于含氯漂工艺的排污单位。监测结果超标的，应增加监测频次。

[c] 适用于原料含涤纶的排污单位。水环境质量中总锑超标的流域或沿海地区，总锑最低监测频次按月执行。

[d] 适用于使用含铬染料及助剂、有感光制网工艺进行染色印花的排污单位。

[e] 排放期间按日监测。

毛纺、麻纺、缫丝、织造、水洗行业排污单位废水排放监测点位、监测指标及最低监测频次按照表 2 执行。

表 2 毛纺、麻纺、缫丝、织造、水洗行业排污单位废水排放监测点位、监测指标及最低监测频次

监测点位	监测指标	监测频次	
		直接排放	间接排放
废水总排放口	流量、pH 值、化学需氧量、氨氮	自动监测	
	悬浮物、色度[a]	日	周
	五日生化需氧量	周	月
	总磷[b]、总氮[b]、动植物油[c]	月	季度
	可吸附有机卤素（AOX）[d]	半年	年

监测点位	监测指标	监测频次	
		直接排放	间接排放
雨水排放口	化学需氧量、悬浮物	日[e]	
注：表中所列监测指标，设区的市级及以上环保主管部门明确要求安装自动监测设备的，须采取自动监测。			
[a] 适用于麻纺、水洗行业排污单位。 [b] 总氮/总磷实施总量控制区域，总氮/总磷最低监测频次按日执行。 [c] 适用于毛纺、缫丝行业排污单位。 [d] 适用于麻纺行业排污单位。监测结果超标的，应增加监测频次。 [e] 排放期间按日监测。			

纺织印染工业废水集中处理设施废水排放监测点位、监测指标及最低监测频次按照表 3 执行。

表 3　纺织印染工业废水集中处理设施废水排放监测点位、监测指标及最低监测频次

监测点位	监测指标	监测频次
纺织印染工业废水集中处理设施总排放口	流量、pH 值、化学需氧量、氨氮	自动监测
	悬浮物、色度、总磷[a]、总氮[a]	日
	五日生化需氧量	周
	总锑[b]、二氧化氯[c]、可吸附有机卤素（AOX）[c]、硫化物[c]、苯胺类[c]、六价铬[c]、动植物油[c]	月
注：表中所列监测指标，设区的市级及以上环保主管部门明确要求安装自动监测设备的，须采取自动监测。		
[a] 总氮/总磷实施总量控制区域，总氮/总磷最低监测频次按日执行。 [b] 水环境质量中总锑超标的流域或沿海地区，总锑按周执行。 [c] 根据接收废水排放排污单位情况确定具体监测指标。		

5.2　废气排放监测

5.2.1　有组织废气排放监测点位、监测指标与监测频次

纺织印染工业排污单位有组织废气排放监测点位、监测指标及最低监测频次按照表 4 执行。

若纺织印染工业排污单位有其他有组织废气排放源，应根据污染物排放状况，参照 HJ 819 确定监测指标和监测频次等内容。

表 4 纺织印染工业排污单位有组织废气排放监测点位、监测指标及最低监测频次

污染源	监测点位	监测指标	监测频次
印花设施	印花设施排气筒或车间废气处理设施排放口	非甲烷总烃	季度
		甲苯、二甲苯	半年
定型设施	定型设施排气筒或车间废气处理设施排放口	颗粒物	半年
		非甲烷总烃	季度
涂层设施	涂层设施排气筒或车间废气处理设施排放口	非甲烷总烃	季度
		甲苯、二甲苯	半年

注 1：排气筒废气监测要同步监测烟气参数。
注 2：监测结果超标的，应增加相应指标的监测频次。
注 3：根据环境影响评价文件及其批复，以及原料、工艺等确定是否监测其他有机废气污染物。
注 4：印花设施指蒸化、静电植绒、数码印花、转移印花等产生废气重点工段的设施。

5.2.2 无组织废气排放监测点位、监测指标与监测频次

纺织印染工业排污单位无组织废气排放监测点位、监测指标及最低监测频次按照表 5 执行。

表 5 纺织印染工业排污单位无组织废气排放监测点位、监测指标及最低监测频次

排污单位	监测点位	监测指标	监测频次
印染行业排污单位	厂界	颗粒物、臭气浓度[a]、氨[b]、硫化氢[b]、非甲烷总烃	半年
毛纺、麻纺、缫丝行业排污单位	厂界	颗粒物、臭气浓度[a]、氨[b]、硫化氢[b]	半年
织造、水洗行业排污单位	厂界	颗粒物、臭气浓度[b]、氨[b]、硫化氢[b]	半年

注：若周边有敏感点，应适当增加监测频次。

[a] 根据环境影响评价文件及其批复，以及原料、工艺等确定是否监测其他臭气污染物。
[b] 有废水处理设施的排污单位监测该污染物指标。

纺织印染工业废水集中处理设施无组织废气排放监测点位、监测指标及最低监测频次按照表 6 执行。

表 6 纺织印染工业废水集中处理设施无组织废气排放监测点位、监测指标及最低监测频次

单位	监测点位	监测指标	监测频次
纺织印染工业废水集中处理设施	厂界	臭气浓度[a]、氨、硫化氢	季度

[a] 根据环境影响评价文件及其批复，以及原料、工艺等确定是否监测其他臭气污染物。

5.3 厂界环境噪声监测

厂界环境噪声监测点位设置应遵循 HJ 819 中的原则，主要考虑表 7 中噪声源在厂区内的分布情况和周边环境敏感点的位置。厂界环境噪声每季度至少开展一次昼夜监测，周边有敏感点的，应提高监测频次。

表 7 厂界环境噪声监测布点应关注的主要噪声源

噪声源	主要设备
生产车间	洗毛设施、麻脱胶设施、缫丝设施、织造设施、印染生产设施、水洗设施等
废水处理设施	废水处理的风机、水泵、曝气设备，污泥脱水设备等

5.4 周边环境质量影响监测

5.4.1 环境影响评价文件及其批复（仅限 2015 年 1 月 1 日（含）后取得的环境影响评价批复）、相关环境管理政策有明确要求的，按要求执行。

5.4.2 无明确要求的，若纺织印染工业排污单位、纺织印染工业废水集中处理设施运行单位认为有必要，可对周边地表水、海水和土壤开展监测。对于废水直接排入地表水、海水的纺织印染工业排污单位和纺织印染工业废水集中处理设施，可按照 HJ/T 2.3、HJ/T 91、HJ 442 及受纳水体环境管理要求设置监测断面和监测点位。开展土壤监测的纺织印染工业排污单位和纺织印染工业废水集中处理设施，可按照 HJ/T 166 及土壤环境管理要求设置监测点位。监测指标及最低监测频次按照表 8 执行。

表 8 周边环境质量影响监测指标及最低监测频次

目标环境	监测指标	监测频次
地表水	pH 值、悬浮物、高锰酸盐指数、五日生化需氧量、氨氮、总磷、总氮、总锑[a]、总铬[b]、苯胺类[c]等	季度
海水	pH 值、高锰酸盐指数、五日生化需氧量、溶解氧、活性磷酸盐、无机氮、总锑[a]、总铬[b]、苯胺类[c]等	半年
土壤	pH 值、铬等	年[b]

[a] 适用于原料含涤纶的排污单位，以及接收此类排污单位废水的集中处理设施。

[b] 适用于使用含铬染料及助剂、有感光制网工艺进行染色印花的排污单位，以及接收此类排污单位废水的集中处理设施。

[c] 适用于印染行业排污单位，以及接收此类排污单位废水的集中处理设施。

5.5 其他要求

5.5.1 除表 1～表 6、表 8 中的污染物指标外，5.5.1.1 和 5.5.1.2 中的污染物指标也应纳入监测指标范围，并参照表 1～表 6、表 8 和 HJ 819 确定监测频次。

5.5.1.1 排污许可证、所执行的污染物排放（控制）标准、环境影响评价文件及其批复（仅限 2015 年 1 月 1 日（含）后取得的环境影响评价批复）、相关环境管理规定明确要求的污染物指标；

5.5.1.2 根据生产过程的原辅用料、生产工艺、中间及最终产品类型、监测结果确定实际排放的，在有毒有害或优先控制污染物相关名录中的污染物指标，或其他有毒污染物指标。

5.5.2 各指标的监测频次在满足本标准的基础上，可根据 HJ 819 中监测频次的确定原则提高监测频次。

5.5.3 采样方法、监测分析方法、监测质量保证与质量控制等按照 HJ 819 执行。

5.5.4 监测方案的描述、变更按照 HJ 819 执行。

6 信息记录和报告

6.1 信息记录

6.1.1 监测信息记录

手工监测记录和自动监测运维记录按照 HJ 819 执行。

6.1.2 生产和污染治理设施运行状况信息记录

详细记录生产及污染治理设施运行状况，日常生产中应参照以下内容记录相关信息，并整理成台账保存备查。

6.1.2.1 生产运行状况记录

a）分生产线记录每日的原辅料用量、产品产量：取水量（新鲜水），主要原辅料（天然纤维或化学纤维、坯布、织物、成衣等，生产过程中添加的化学品等）使用量，生丝、净毛、精干麻、纱、坯布、色纤、色纱、面料、水洗成衣等产量；

b）染色生产线每日记录上染率、浴比等。

6.1.2.2 废水处理设施运行状况记录

按日记录废水处理量、废水回用量、废水排放量、污泥产生量（记录含水率）、废水处理使用的药剂名称及用量、电耗等；记录废水处理设施运行、故障及维护情况等。

6.1.2.3 废气处理设施运行状况记录

按日记录废气处理使用的药剂等耗材名称及用量；记录废气处理设施运行参数、故障及维护情况等。

6.1.3 一般工业固体废物和危险废物记录

记录一般工业固体废物的产生量、综合利用量、处置量、贮存量；按照危险废物管理的相关要求，按日记录危险废物的产生量、综合利用量、处置量、贮存量及其具体去向。原料或辅助工序中产生的其他危险废物的情况也应记录。一般工业固体废物及危险废物产生情况见表 9。

表 9 一般工业固体废物及危险废物来源

类别	来源	固体废物
一般工业固体废物	生产车间、废水/气处理设施	工业粉尘、废纸类、废木材、废玻璃及其他废物（原料中的剩余废物、金属零件等）；含氮有机废物、有机废水污泥（根据地方管理要求执行）
危险废物	生产车间、废气处理设施	废矿物油与含矿物油废物、废有机溶剂与含有机溶剂废物、染料和涂料废物、沾染染料和有机溶剂等危险废物的废弃包装物、容器等
注：其他可能产生的危险废物按照《国家危险废物名录》或国家规定的危险废物鉴别标准和鉴别方法认定。		

6.2 信息报告、应急报告和信息公开

按照 HJ 819 执行。

7 其他

排污单位应如实记录手工监测期间的工况（包括生产负荷、污染治理设施运行情况等），确保监测数据具有代表性。

本标准规定的内容外，按 HJ 819 执行。

排污单位自行监测技术指南　石油炼制工业

（HJ 880－2017）

1　适用范围

本标准提出了石油炼制工业排污单位自行监测的一般要求、监测方案制定、信息记录和报告的基本内容和要求。

本标准适用于石油炼制工业排污单位在生产运行阶段对其排放的水、气污染物，噪声以及对其周边环境质量影响开展监测。

排污单位自备火力发电机组（厂）、配套动力锅炉的自行监测要求按照 HJ 820 执行。

2　规范性引用文件

本标准引用了下列文件或其中的条款。凡是未注明日期的引用文件，其最新版本适用于本标准。

GB 14554　恶臭污染物排放标准

GB 18484　危险废物焚烧污染控制标准

GB 31570　石油炼制工业污染物排放标准

HJ/T 55　大气污染物无组织排放监测技术导则

HJ/T 91　地表水和污水监测技术规范

HJ/T 164　地下水环境监测技术规范

HJ/T 166　土壤环境监测技术规范

HJ/T 194　环境空气质量手工监测技术规范

HJ 442　近岸海域环境监测规范

HJ 664　环境空气质量监测点位布设技术规范（试行）

HJ 733　泄漏和敞开液面排放的挥发性有机物检测技术导则

HJ 819　排污单位自行监测技术指南　总则

HJ 820　排污单位自行监测技术指南　火力发电及锅炉

《国家危险废物名录》（环境保护部、国家发展和改革委员会、公安部令 第39号）

3 术语和定义

GB 31570、HJ 819 界定的以及下列术语和定义适用于本标准。

3.1　石油炼制工业　petroleum refining industry

以原油、重油等为原料，生产汽油馏分、柴油馏分、燃料油、润滑油、石油蜡、石油沥青和石油化工原料等的工业。

3.2　挥发性有机物　volatile organic compounds

指参与大气光化学反应的有机化合物，或者根据规定的方法测量或核算确定的有机化合物。本标准使用非甲烷总烃作为排气筒和企业边界挥发性有机物排放的综合控制指标。

3.3　含汞原油　hydrargyrate crude oil

本标准特指汞含量大于 5 μg/g 的原油。

4 自行监测的一般要求

排污单位应查清本单位的污染源，污染物指标及潜在的环境影响，制定监测方案，设置和维护监测设施，按照监测方案开展自行监测，做好质量保证和质量控制，记录和保存监测数据，依法向社会公开监测结果。

5 监测方案制定

5.1　废水排放监测

5.1.1　监测点位

排污单位须在废水总排放口、雨水排放口设置监测点位。车间或生产设施废水排放口监测点位的设置按照表 1 中的规定执行。

5.1.2　监测指标与频次

废水排放监测指标及最低监测频次按表 1 执行。

表 1 废水排放监测指标最低监测频次

监测点位	监测指标	监测频次	
		直接排放	间接排放
废水总排放口	流量、化学需氧量、氨氮	自动监测	周
	石油类、pH 值、悬浮物、总氮、总磷、硫化物、挥发酚	周	月
	五日生化需氧量、总有机碳、总钒、苯、甲苯、邻二甲苯、间二甲苯、对二甲苯、乙苯、总氰化物	月	季度
延迟焦化装置冷焦水、切焦水废水排放口	苯并[*a*]芘	半年[a]	
常减压蒸馏装置电脱盐废水排放口[b]	总汞	月	
	烷基汞	半年[a]	
酸性水汽提装置废水排放口	总砷	月	
催化裂化装置烟气脱硫废水排放口 催化汽油吸附脱硫装置烟气脱硫废水排放口	总镍	月	
航空汽油调和车间废水排放口 四乙基铅生产装置废水排放口	总铅	月	
雨水排放口	pH 值、化学需氧量、氨氮、石油类、悬浮物	日[c]	

注 1：设区的市级及以上环境保护主管部门明确要求安装自动监测设备的污染物指标，须采取自动监测。

注 2：监测污染物浓度时应同步监测流量。

[a]2020 年 1 月 1 日起按月执行。

[b]适用于加工含汞原油的情况。

[c]排放期间按日监测。

5.2 废气排放监测

5.2.1 有组织废气排放监测点位、指标与频次

5.2.1.1 监测点位

废气通过排气筒等方式排放至外环境的，应在烟道上设置监测点位；相同监测指标多股废气混合排放的，应在废气汇合后的共用烟道上或分别在各个烟道上

设置监测点位；有旁路的旁路烟道也应设置监测点位；有机废气回收处理装置应分别在其废气进口及排放口设置监测点位。

5.2.1.2 监测指标与频次

有组织废气排放监测指标及最低监测频次按表 2 执行。

表 2 有组织废气监测指标最低监测频次

监测点位	监测指标	监测频次
工艺加热炉排气筒（单台额定功率≥14MW）	氮氧化物	自动监测
	二氧化硫、颗粒物	季度（月[a]）
工艺加热炉排气筒（单台额定功率＜14MW）	氮氧化物、二氧化硫、颗粒物	季度（月[a]）
催化裂化催化剂再生烟气排气筒	氮氧化物、二氧化硫、颗粒物	自动监测
	镍及其化合物	季度
重整催化剂再生烟气排气筒 离子液法烷基化装置催化剂再生烟气排气筒	非甲烷总烃	月
	氯化氢	季度
催化汽油吸附脱硫再生烟气排气筒	颗粒物、二氧化硫	季度
酸性气回收装置排气筒	二氧化硫	自动监测
	硫化氢、氮氧化物[b]	月
	硫酸雾[c]	季度
氧化沥青装置排气筒	沥青烟	季度
	苯并[a]芘	半年
废水处理有机废气收集处理装置排气筒	非甲烷总烃、硫化氢	月
	苯、甲苯、二甲苯	季度
有机废气回收处理装置进口及其排放口[d]	非甲烷总烃	月
危险废物焚烧炉排气筒[e]	氮氧化物、二氧化硫、颗粒物	自动监测
	烟气黑度、一氧化碳、氟化氢、氯化氢、汞及其化合物、镉及其化合物、（砷、镍及其化合物）、铅及其化合物、（铬、锡、锑、铜、锰及其化合物）	月
	二噁英类	年
注 1：设区的市级及以上环境保护主管部门明确要求安装自动监测设备的污染物指标，须采取自动监测。 注 2：废气监测须按照相应标准分析方法、技术规范同步监测烟气参数。		

[a] 若燃料为净化后干气、瓦斯气、天然气则按季度监测，若采用其他燃料，则在使用期间按月监测。

[b] 适用于采用氧化法尾气污染物控制的酸性气回收装置。

[c] 适用于酸性气回收装置生产硫酸的情况。

[d] 有机废气排放口排气中若含有颗粒物、二氧化硫或氮氧化物，须进行监测。

[e] 危险废物焚烧炉排气筒监测的其他要求按 GB 18484 执行。

5.2.2 无组织废气排放监测点位、指标与频次

无组织废气排放监测点位设置、监测指标及最低监测频次按表 3 执行。

表 3 无组织废气监测指标最低监测频次

监测点位	监测指标	监测频次
企业边界	非甲烷总烃、颗粒物、氯化氢[a]、苯、甲苯、二甲苯、氨、硫化氢、臭气浓度	季度
	苯并[*a*]芘	年
泵、压缩机、阀门、开口阀或开口管线、气体/蒸气泄压设备、取样连接系统	挥发性有机物	季度
法兰及其他连接件、其他密封设备	挥发性有机物	半年

注 1：对于设备与管线组件密封点泄漏检测，若同一密封点连续三个周期检测无泄漏情况，则检测周期可延长一倍，但在后续监测中该检测点位一旦检测出现泄漏情况，则监测频次按原规定执行。

注 2：根据环境影响评价文件及其批复，以及原料工艺等确定是否监测 GB 14554 中的其他恶臭污染物。

注 3：挥发性有机物监测的其他要求按 HJ 733 及其他国家挥发性有机物管理规定执行。

[a] 适用于工艺装置中有连续重整装置或采用离子液法的烷基化装置的情况。

5.3 厂界环境噪声监测

厂界环境噪声监测点位设置应遵循 HJ 819 中的原则，主要考虑机泵电机、空冷电机、压缩电机、风机等噪声源在厂区内的分布情况。

厂界环境噪声每季度至少开展一次昼夜监测，监测指标为等效 A 声级。周边有敏感点的，应提高监测频次。

5.4 周边环境质量影响监测

5.4.1 其他环境管理政策，或环境影响评价文件及其批复（仅限 2015 年 1 月 1 日（含）后取得环境影响评价批复的排污单位）有明确要求的，按要求执行。

5.4.2 无明确要求的，若排污单位认为有必要的，可对周边水、土壤、环境空气质量开展监测。可按照 HJ 664、HJ/T 55、HJ/T 164、HJ/T 166、HJ/T 194 中相关规定设置环境空气、地下水、土壤监测点位，对于废水直接排入地表水、海水的排污单位，可按照 HJ/T 91、HJ 442 中相关规定设置周边地表水、海水监测点位，监测指标及最低监测频次可参照表 4 执行。

表 4 周边环境质量影响监测指标最低监测频次

类别	监测指标	监测频次
环境空气[a]	非甲烷总烃、颗粒物、氯化氢[b]、苯、甲苯、二甲苯、氨、硫化氢	半年
	苯并[a]芘	年
地表水	pH 值、化学需氧量、氨氮、石油类、悬浮物、总氮、总磷、硫化物、挥发酚、五日生化需氧量、总有机碳、总钒、苯、甲苯、邻二甲苯、间二甲苯、对二甲苯、乙苯、总氰化物、苯并[a]芘、总砷、总镍、总铅、总汞、烷基汞等	季度
地下水	pH 值、高锰酸盐指数、氨氮、石油类、总氮、总磷、硫化物、挥发酚、五日生化需氧量、总有机碳、总钒、苯、甲苯、邻二甲苯、间二甲苯、对二甲苯、乙苯、总氰化物、苯并[a]芘、总砷、总镍、总铅、总汞、烷基汞等	年
海水	pH 值、化学需氧量、氨氮、石油类、悬浮物、总氮、总磷、硫化物、挥发酚、五日生化需氧量、总有机碳、总钒、苯、甲苯、邻二甲苯、间二甲苯、对二甲苯、乙苯、总氰化物、苯并[a]芘、总砷、总镍、总铅、总汞、烷基汞等	半年
土壤	pH 值、硫化物、苯、甲苯、二甲苯、苯并[a]芘、总砷、总镍、总铅、总汞等	年

[a] 每次连测 3 天。
[b] 适用于工艺装置中有连续重整装置或采用离子液法的烷基化装置的情况。

5.5 其他要求

5.5.1 除表 1～表 3 中的污染物指标外，5.5.1.1 和 5.5.1.2 中的污染物指标也应纳入监测指标范围，并参照表 1～表 3 和 HJ 819 确定监测频次。

5.5.1.1 排污许可证、所执行的污染物排放（控制）标准、环境影响评价文件及其批复（仅限 2015 年 1 月 1 日（含）后取得环境影响评价批复的排污单位）、相关环境管理规定明确要求的污染物指标。

5.5.1.2 排污单位根据生产过程的原辅用料、生产工艺、中间及最终产品类型、监测结果确定实际排放的，在有毒有害或优先控制污染物相关名录中的污染物指标，或其他有毒污染物指标。

5.5.2 各指标的监测频次在满足本标准的基础上，可根据 HJ 819 中监测频次的确定原则提高监测频次。

5.5.3 采样方法、监测分析方法、监测质量保证与质量控制等按照 HJ 819 执行。

5.5.4 监测方案的描述、变更按照 HJ 819 执行。

6 信息记录和报告

6.1 信息记录

6.1.1 监测信息记录

手工监测记录和自动监测运维记录按照 HJ 819 执行。

6.1.2 生产和污染治理设施运行状况记录要求

6.1.2.1 生产设施运行状况

a）主体设施

按班次记录正常工况各主要生产单元每套装置的运行状态、生产负荷，重点记录各装置的原料用量、辅料用量、主产品产量、副产品产量、取水量（新鲜水）、废水排放量、燃料消耗量、燃料含硫量、原料含硫量与各种金属类含量、运行时间等参数情况。催化裂化装置还应记录新催化剂主要成分及用量、废催化剂排放量、再生催化剂循环量等。

b）公辅设施

包括污水处理装置、储罐、火炬系统、动力站等，储罐包括设计规模、工艺参数（温度、液位、周转量）等，火炬系统应连续记录引燃设施和火炬工作状态（火炬气流量、火炬头温度、火种气流量、火种温度等）。

c）全厂运行情况

年生产时间分正常工况和非正常工况（生产装置或设施开停工、检维修）、原辅燃料使用量、主要产品产量等。辅料重点记录与污染治理设施和污染物排放相关的内容。

6.1.2.2 污染治理设施运行状况

污染治理设施运行管理信息应当包括设备运行校验关键参数，能充分反映生产设施及治理设施运行管理情况。

a）废水治理设施包括预处理设施和集中污水处理设施两部分，需每天记录废水处理量、回用水量、运行参数（包括运行工况等）、药剂使用量、投放频次、电耗、污泥产生量等。如出现设施停运、检维修、事故等异常情况，需进行记录。

b）有组织废气治理设施需记录污染治理设施运行时间、运行参数（包括运行工况等）、使用药剂、投放频次等。如出现设施停运、检维修、事故等异常情况，需进行记录。

6.1.3　一般工业固体废物和危险废物记录

记录一般工业固体废物的产生量、综合利用量、处置量、贮存量；按照危险废物管理的相关要求，按日记录危险废物的产生量、综合利用量、处置量、贮存量及其具体去向。原料或辅助工序中产生的其他危险废物的情况也应记录。一般工业固体废物及危险废物产生情况见表 5。

表 5　一般工业固体废物及危险废物来源

类别	废物名称
一般工业固体废物	灰渣、脱硫石膏、袋式（电袋）除尘器产生的破旧布袋
危险废物	废碱液、废酸液、废催化剂、含油污泥等。
注：其他可能产生的危险废物按照《国家危险废物名录》或国家规定的危险废物鉴别标准和鉴别方法认定。	

6.2　信息报告、应急监测报告、信息公开

按照 HJ 819 执行。

7　其他

排污单位应如实记录手工监测期间的工况（包括生产负荷、污染治理设施运行情况等），确保监测数据具有代表性。

本标准规定的内容外，按照 HJ 819 执行。

排污单位自行监测技术指南　提取类制药工业

（HJ 881—2017）

1　适用范围

本标准提出了提取类制药工业排污单位自行监测的一般要求、监测方案制定、信息记录和报告的基本内容和要求。

本标准适用于提取类制药工业排污单位在生产运行阶段对其排放的水、气污染物，噪声以及对其周边环境质量影响开展监测。

本标准也适用于与提取类药物结构相似的兽药生产排污单位。

自备火力发电机组（厂）、配套动力锅炉的自行监测要求按照HJ 820执行。

2　规范性引用文件

本标准引用了下列文件或其中的条款。凡是未注明日期的引用文件，其最新版本适用于本标准。

GB 14554　恶臭污染物排放标准

GB 16297　大气污染物综合排放标准

GB 21905　提取类制药工业水污染物排放标准

HJ/T 2.3　环境影响评价技术导则　地面水环境

HJ/T 91　地表水和污水监测技术规范

HJ/T 166　土壤环境监测技术规范

HJ 442　近岸海域环境监测规范

HJ 819　排污单位自行监测技术指南 总则

HJ 820　排污单位自行监测技术指南　火力发电及锅炉

《国家危险废物名录》（环境保护部、国家发展改革委、公安部令　第39号）

3 术语和定义

GB 21905 界定的以及下列术语和定义适用于本标准。

3.1 提取 extract

指通过溶剂（如乙醇）处理、蒸馏、脱水、经受压力或离心力作用，或通过其他化学或机械工艺过程从物质中制取（如组成成分或汁液）。

3.2 提取类制药 extraction pharmacy

指运用物理的、化学的、生物化学的方法，将生物体中起重要生理作用的各种基本物质经过提取、分离、纯化等手段制造药物的过程。

3.3 直接排放 direct discharge

指排污单位直接向环境水体排放水污染物的行为。

3.4 间接排放 indirect discharge

指排污单位向公共污水处理系统排放水污染物的行为。

3.5 挥发性有机物 volatile organic compounds（VOCs）

指参与大气光化学反应的有机化合物，或者根据规定的方法测量或核算确定的有机化合物。

4 自行监测的一般要求

排污单位应查清本单位的污染源、污染物指标及潜在的环境影响，制定监测方案，设置和维护监测设施，按照监测方案开展自行监测，做好质量保证和质量控制，记录和保存监测数据和信息，依法向社会公开监测结果。

5 监测方案制定

5.1 废水排放监测

5.1.1 监测点位

所有提取类制药工业排污单位均须在废水总排放口、雨水排放口设置监测点位，生活污水单独排入外环境的须在生活污水排放口设置监测点位。

5.1.2 监测指标及监测频次

排污单位废水排放监测点位、监测指标及最低监测频次按照表 1 执行。

表 1　废水排放监测点位、监测指标及最低监测频次

监测点位	监测指标	监测频次	
		直接排放	间接排放
废水总排放口	流量、pH 值、化学需氧量、氨氮	自动监测	
	总磷	日（自动监测[a]）	月（自动监测[a]）
	总氮	日[b]	月（日[b]）
	悬浮物、色度、动植物油、五日生化需氧量、总有机碳、急性毒性（$HgCl_2$ 毒性当量）	月	季度
生活污水排放口	流量、pH 值、化学需氧量、氨氮	自动监测	—
	总磷	月（自动监测[a]）	—
	总氮	月（日[b]）	—
	悬浮物、五日生化需氧量、动植物油	月	—
雨水排放口	pH 值、化学需氧量、氨氮、悬浮物	日[c]	

注：表中所列监测指标设区的市级及以上环保主管部门明确要求安装自动监测设备的，须采取自动监测。

[a] 水环境质量中总磷实施总量控制区域，总磷须采取自动监测。

[b] 水环境质量中总氮实施总量控制区域，总氮目前最低监测频次按日执行，待自动监测技术规范发布后，须采取自动监测。

[c] 排放期间按日监测。

5.2　废气排放监测

5.2.1　有组织废气排放监测点位、监测指标及监测频次

5.2.1.1　监测点位

各工序废气通过排气筒等方式排放至外环境，须在排气筒或排气筒前的废气管道设置监测点位。

5.2.1.2　监测指标及监测频次

各工序有组织废气监测点位、监测指标及最低监测频次按照表 2 执行。对于多个污染源或生产设备共用一个排气筒的，监测点位可布设在共用排气筒上，监测指标应涵盖所对应的污染源或生产设备监测指标，最低监测频次按照严格的执行。

5.2.2　无组织废气排放监测点位、监测指标及监测频次

无组织废气排放监测点位、监测指标及最低监测频次按照表 3 执行。

表 2　有组织废气排放监测点位、监测指标及最低监测频次

生产工序	监测点位	废气类型	监测指标	监测频次
原料选择和预处理、清洗、粉碎等	破碎、筛分机等设备排气筒或密闭车间排气筒	工艺含尘废气	颗粒物	季度
提取、精制、溶剂回收	酸化罐、吸附塔、结晶罐、蒸馏回收等设备排气筒	工艺有机废气	挥发性有机物[a]	月
			特征污染物[b]	年
干燥	干燥塔、真空干燥器、真空泵等干燥设备排气筒	工艺含尘废气	颗粒物	季度
		工艺有机废气	挥发性有机物[a]	月
			特征污染物[b]	年
成品	粉碎、研磨、包装等设备排气筒	工艺含尘废气	颗粒物	季度
其他	危废暂存废气排气筒	—	挥发性有机物[a]	季度
			臭气浓度、特征污染物[b]	年
	危险废物焚烧炉排气筒	—	烟尘、二氧化硫、氮氧化物	自动监测
			烟气黑度、一氧化碳、氯化氢、氟化氢、汞及其化合物、镉及其化合物、（砷、镍及其化合物）、铅及其化合物、（锑、铬、锡、铜、锰及其化合物）	半年
			二噁英类	年
	污水处理设施排气筒	—	挥发性有机物[a]	月
			臭气浓度、特征污染物[b]	年

注 1：废气监测须按照相应监测分析方法、技术规范同步监测烟气参数。

注 2：表中所列监测指标设区的市级及以上环保主管部门明确要求安装自动监测设备的，须采取自动监测。

[a] 根据行业特征和环境管理需求，挥发性有机物可选择对主要 VOCs 物种进行定量加和的方法测量总有机化合物，或者选用按基准物质标定，检测器对混合进样中 VOCs 综合响应的方法测量非甲烷有机化合物。由于现阶段国家还未出台标准测定方法，本标准暂时使用非甲烷总烃作为挥发性有机物排放的综合控制指标，待相关标准方法发布后，从其规定。

[b] 特征污染物见 GB 14554、GB 16297 所列污染物，根据排污许可证、所执行的污染物排放（控制）标准、环境影响评价文件及其批复等相关环境管理规定，以及生产工艺、原辅用料、中间及最终产品，确定具体污染物项目。待制药工业大气污染物排放标准发布后，从其规定。地方排放标准中有要求的，按照严格的执行。

表 3 无组织废气排放监测点位、监测指标及最低监测频次

监测点位	监测指标	监测频次
厂界	挥发性有机物[a]、臭气浓度、特征污染物[b]	半年

[a] 根据行业特征和环境管理需求，挥发性有机物可选择对主要 VOCs 物种进行定量加和的方法测量总有机化合物，或者选用按基准物质标定，检测器对混合进样中 VOCs 综合响应的方法测量非甲烷有机化合物。由于现阶段国家还未出台标准测定方法，本标准暂时使用非甲烷总烃作为挥发性有机物排放的综合控制指标，待相关标准方法发布后，从其规定。

[b] 特征污染物见 GB 14554、GB 16297 所列污染物，根据排污许可证、所执行的污染物排放（控制）标准、环境影响评价文件及其批复等相关环境管理规定，以及生产工艺、原辅用料、中间及最终产品，确定具体污染物项目。待制药工业大气污染物排放标准发布后，从其规定。地方排放标准中有要求的，按照严格的执行。

5.3 厂界环境噪声监测

厂界环境噪声监测点位设置应遵循 HJ 819 中的原则，主要考虑表 4 中噪声源在厂区内的分布情况和周边环境敏感点的位置。厂界环境噪声每季度至少开展一次昼间噪声监测，夜间生产的排污单位须监测夜间噪声。周边有敏感点的，应提高监测频次。

表 4 厂界环境噪声监测布点应关注的主要噪声源

噪声源	主要设备
原料选择、预处理、清洗、粉碎工序	备料过程的机械、清洗机械、粉碎机械等
提取、精制、干燥、灭菌、制剂工序	电机、离心机、泵、风机、冷冻机、空调机组、凉水塔等
污水处理设施	污水提升泵、曝气设备、风机、污泥脱水设备等

5.4 周边环境质量影响监测

5.4.1 环境管理政策或环境影响评价文件及其批复（仅限 2015 年 1 月 1 日（含）后取得环境影响评价批复的排污单位）有明确要求的，按要求执行。

5.4.2 无明确要求的，若排污单位认为有必要的，可对周边地表水、海水和土壤开展监测。对于废水直接排入地表水、海水的排污单位，可按照 HJ/T 2.3、HJ/T 91、HJ 442 及受纳水体环境管理要求设置监测断面和监测点位；开展土壤监测的排污单位，可按照 HJ/T 166 及土壤环境管理要求设置监测点位。监测指标及最低监测频次按照表 5 执行。

表 5　周边环境质量影响监测指标及最低监测频次

目标环境	监测指标	监测频次
地表水	pH 值、化学需氧量、溶解氧、五日生化需氧量、氨氮、总磷、总氮等	季度
海水	pH 值、化学需氧量、五日生化需氧量、溶解氧、活性磷酸盐、无机氮等	半年
土壤	pH 值、二氯甲烷、三氯甲烷、丙酮等	年
注：地表水、海水、土壤的具体监测指标根据生产过程的原辅用料、产品和副产物确定。		

5.5　其他要求

5.5.1　除表 1～表 3、表 5 中的污染物指标外，5.5.1.1 和 5.5.1.2 中的污染物指标也应纳入监测指标范围，并参照表 1～表 3、表 5 和 HJ 819 确定监测频次。

5.5.1.1　排污许可证、所执行的污染物排放（控制）标准、环境影响评价文件及其批复（仅限 2015 年 1 月 1 日（含）后取得环境影响评价批复的排污单位）、相关环境管理规定明确要求的污染物指标。

5.5.1.2　排污单位根据生产过程的原辅用料、生产工艺、中间及最终产品类型、监测结果确定实际排放的，在有毒有害或优先控制污染物相关名录中的污染物指标，或其他有毒污染物指标。

5.5.2　各指标的监测频次在满足本标准的基础上，可根据 HJ 819 中监测频次的确定原则提高监测频次。

5.5.3　涉及化学合成类、发酵类和提取类两种以上工业类型的排污单位，监测方案中应涵盖所涉及工业类型的所有监测指标，监测频次按照严格的执行。

5.5.4　采样方法、监测分析方法、监测质量保证与质量控制等按照 HJ 819 相关要求执行。

5.5.5　监测方案的描述、变更按照 HJ 819 规定执行。

6　信息记录和报告

6.1　信息记录

6.1.1　监测信息记录

手工监测记录和自动监测运维记录按照 HJ 819 规定执行。

6.1.2　生产和污染治理设施运行状况信息记录

排污单位应详细记录其生产及污染治理设施运行状况，日常生产中应参照以下内容记录相关信息，并整理成台账保存备查。

6.1.2.1　生产运行状况记录

按照药品生产批次记录以下相关信息：

a）原料选择和预处理、清洗、粉碎生产工序：记录取水量（新鲜水），主要原辅料（人体、植物、动物、海洋生物）使用量等；

b）提取工序：记录溶剂的使用量和药物粗品的产生量等；

c）精制工序：记录活性炭、碳纤维滤膜、树脂等过滤物及载体使用量，无机盐（氯化钠、硫酸铵、硫酸镁、硫酸钠、磷酸钠等）使用量，溶剂（盐酸、乙醇、丙酮、三氯甲烷、二氯甲烷、乙酸乙酯等）使用量等。

6.1.2.2　溶剂回收运行状况记录

按各产品生产批次记录溶剂名称、回收量、补充量，以及溶剂回收设备能源、耗材使用量等。

6.1.2.3　污水处理设施运行状况记录

按日记录污水处理量、排放量、回用水量、回用率、污泥产生量（记录含水率）、污水处理使用的药剂名称及用量、鼓风机电量等；记录污水处理设施运行、故障及维护情况等。

6.1.2.4　废气处理设施运行状况记录

按日记录废气处理使用的吸附剂、过滤材料等耗材的名称及用量；记录废气处理设施运行参数、故障及维护情况等。

6.1.3　一般工业固体废物和危险废物信息记录

按日记录一般工业固体废物的产生量、综合利用量、处置量、贮存量；按照危险废物管理的相关要求，按日记录危险废物的产生量、综合利用量、处置量、贮存量及其具体去向。原料或辅助工序中产生的其他危险废物的情况也应记录。一般工业固体废物及危险废物产生情况见表 6。

表 6　一般工业固体废物及危险废物来源

种类	主要产生来源	名称
一般工业固体废物	原料选择、预处理、粉碎、清洗工序	原料中的杂物、废包装材料、变质的动物或海洋生物尸体、动物组织中剔除的结缔组织或脂肪组织等
危险废物	提取、精制、有机溶剂回收、废气处理工序	残余液、废滤芯（滤膜）等吸附过滤物及载体、含菌废液、废药品、废试剂、废催化剂、废渣等
注：污水处理设施（站）污泥及其他可能产生的危险废物按照《国家危险废物名录》或国家规定的危险废物鉴别标准和鉴别方法认定。		

6.2　信息报告、应急报告、信息公开

信息报告、应急报告和信息公开按照 HJ 819 规定执行。

7　其他

排污单位应如实记录手工监测期间的工况（包括生产负荷、污染治理设施运行情况等），确保监测数据具有代表性。

本标准规定的内容外，其他内容按照 HJ 819 规定执行。

排污单位自行监测技术指南　发酵类制药工业

（HJ 882—2017）

1　适用范围

本标准提出了发酵类制药工业排污单位自行监测的一般要求、监测方案制定、信息记录和报告的基本内容和要求。

本标准适用于发酵类制药工业排污单位在生产运行阶段对其排放的水、气污染物，噪声以及对其周边环境质量影响开展监测。

本标准也适用于与发酵类药物结构相似的兽药生产排污单位。

自备火电发电机组（厂）、配套动力锅炉的自行监测要求按照 HJ820 执行。

2　规范性引用文件

本标准引用了下列文件或其中的条款。凡是未注明日期的引用文件，其最新版本适用于本标准。

GB 14554　恶臭污染物排放标准

GB 16297　大气污染物综合排放标准

GB 21903　发酵类制药工业水污染物排放标准

HJ/T 2.3　环境影响评价技术导则 地面水环境

HJ/T 91　地表水和污水监测技术规范

HJ/T 166　土壤环境监测技术规范

HJ 442　近岸海域环境监测规范

HJ 819　排污单位自行监测技术指南 总则

HJ 820　排污单位自行监测技术指南 火力发电及锅炉

《国家危险废物名录》（环境保护部、国家发展改革委、公安部令 第 39 号）

3 术语和定义

GB 21903 界定的以及下列术语和定义适用于本标准。

3.1 发酵 fermentation

指借助微生物在有氧或无氧条件下的生命活动来制备微生物菌体本身，或者直接代谢产物或次级代谢产物的过程。

3.2 发酵类制药 fermentation pharmacy

指通过发酵的方法产生抗生素或其他的活性成分，然后经过分离、纯化、精制等工序生产出药物的过程。按产品种类分为抗生素类、维生素类、氨基酸类和其他类。

3.3 直接排放 direct discharge

指排污单位直接向环境水体排放水污染物的行为。

3.4 间接排放 indirect discharge

指排污单位向公共污水处理系统排放水污染物的行为。

3.5 挥发性有机物 volatile organic compounds（VOCs）

指参与大气光化学反应的有机化合物，或者根据规定的方法测量或核算确定的有机化合物。

4 自行监测的一般要求

排污单位应查清本单位的污染源、污染物指标及潜在的环境影响，制定监测方案，设置和维护监测设施，按照监测方案开展自行监测，做好质量保证和质量控制，记录和保存监测数据和信息，依法向社会公开监测结果。

5 监测方案制定

5.1 废水排放监测

5.1.1 监测点位

所有发酵类制药工业排污单位均须在废水总排放口、雨水排放口设置监测点位，生活污水单独排入外环境的须在生活污水排放口设置监测点位。

5.1.2 监测指标及监测频次

排污单位废水排放监测点位、监测指标及最低监测频次按照表 1 执行。

表 1　废水排放监测点位、监测指标及最低监测频次

监测点位	监测指标	监测频次	
		直接排放	间接排放
废水总排放口	流量、pH 值、化学需氧量、氨氮	自动监测	
	总磷	日（自动监测[a]）	月（自动监测[a]）
	总氮	日[b]	月（日[b]）
	悬浮物、色度、总有机碳、五日生化需氧量、总氰化物、总锌、急性毒性（$HgCl_2$毒性当量）	月	季度
生活污水排放口	流量、pH 值、化学需氧量、氨氮	自动监测	—
	总磷	月（自动监测[a]）	—
	总氮	月（日[b]）	—
	悬浮物、五日生化需氧量、动植物油	月	—
雨水排放口	pH 值、化学需氧量、氨氮、悬浮物	日[c]	

注：表中所列监测指标，设区的市级及以上环保主管部门明确要求安装自动监测设备的，须采取自动监测。

[a] 水环境质量中总磷实施总量控制区域，总磷须采取自动监测。

[b] 水环境质量中总氮实施总量控制区域，总氮目前最低监测频次按日执行，待自动监测技术规范发布后，须采取自动监测。

[c] 排放期间按日监测。

5.2　废气排放监测

5.2.1　有组织废气排放监测点位、监测指标及监测频次

5.2.1.1　监测点位

各工序废气通过排气筒等方式排放至外环境，须在排气筒或排气筒前的废气烟道设置监测点位。

5.2.1.2　监测指标与监测频次

各工序有组织废气监测点位、监测指标及最低监测频次按照表 2 执行。对于多个污染源或生产设备共用一个排气筒的，监测点位可布设在共用排气筒上，监测指标应涵盖所对应的污染源或生产设备监测指标，最低监测频次按照严格的执行。

5.2.2　无组织废气排放监测点位、监测指标与监测频次

无组织废气排放监测点位、监测指标及最低监测频次按表 3 执行。

表2 有组织废气排放监测点位、监测指标及最低监测频次

生产工序	监测点位	废气类型	监测指标	监测频次
配料及投料	有机液体配料等设备排气筒	工艺有机废气	挥发性有机物[a]	月
			特征污染物[b]	年
	酸碱调节等设备排气筒	工艺酸碱废气	特征污染物[b]	年
	固体配料机、整粒筛分机、破碎机等设备排气筒	工艺含尘废气	颗粒物	季度
发酵	种子罐、发酵罐、消毒罐、配料补加罐等设备排气筒	发酵废气	颗粒物、挥发性有机物[a]	月
			臭气浓度	年
提取、精制	酸化罐、吸附塔、液贮罐、干燥器、脱色罐、结晶罐等设备排气筒	工艺有机废气	挥发性有机物[a]	月
			特征污染物[b]	年
干燥	干燥塔、真空干燥器、真空泵、菌渣干燥器等排气筒	工艺有机废气	挥发性有机物[a]	月
			特征污染物[b]	年
		工艺含尘废气	颗粒物	季度
成品	粉碎、研磨机械、分装、包装机械等设备排气筒	工艺含尘废气	颗粒物	季度
其他	溶剂回收设备排气筒	工艺有机废气	挥发性有机物[a]	月
			特征污染物[b]	年
	污水处理厂或处理设施排气筒	—	挥发性有机物[a]	月
			臭气浓度、特征污染物[b]	年
	罐区废气排气筒	—	挥发性有机物[a]	季度
			特征污染物[b]	年
	危废暂存废气排气筒	—	挥发性有机物[a]	季度
			臭气浓度、特征污染物[b]	年
	危险废物焚烧炉排气筒	—	烟尘、二氧化硫、氮氧化物	自动监测
			烟气黑度、一氧化碳、氯化氢、氟化氢、汞及其化合物、镉及其化合物、（砷、镍及其化合物）、铅及其化合物、（锑、铬、锡、铜、锰及其化合物）	半年
			二噁英类	年

注 1：废气监测须按照相应监测分析方法、技术规范同步监测烟气参数。 注 2：表中所列监测指标设区的市级及以上环保主管部门明确要求安装自动监测设备的，须采取自动监测。
[a]根据行业特征和环境管理需求，挥发性有机物可选择对主要 VOCs 物种进行定量加和的方法测量总有机化合物，或者选用按基准物质标定，检测器对混合进样中 VOCs 综合响应的方法测量非甲烷有机化合物。由于现阶段国家还未出台标准测定方法，本标准暂时使用非甲烷总烃作为挥发性有机物排放的综合控制指标，待相关标准方法发布后，从其规定。 [b]特征污染物见 GB 14554、GB 16297 所列污染物，根据排污许可证、所执行的污染物排放（控制）标准、环境影响评价文件及其批复等相关环境管理规定，以及生产工艺、原辅用料、中间及最终产品，确定具体污染物项目。待制药工业大气污染物排放标准发布后，从其规定。地方排放标准中有要求的，按照严格的执行。

表 3　无组织废气排放监测点位、监测指标及最低监测频次

监测点位	监测指标	监测频次
厂界	挥发性有机物[a]、臭气浓度、特征污染物[b]	半年

[a]根据行业特征和环境管理需求，挥发性有机物可选择对主要 VOCs 物种进行定量加和的方法测量总有机化合物，或者选用按基准物质标定，检测器对混合进样中 VOCs 综合响应的方法测量非甲烷有机化合物。由于现阶段国家还未出台标准测定方法，本标准暂时使用非甲烷总烃作为挥发性有机物排放的综合控制指标，待相关标准方法发布后，从其规定。

[b]特征污染物见 GB 14554、GB 16297 所列污染物，根据排污许可证、所执行的污染物排放（控制）标准、环境影响评价文件及其批复等相关环境管理规定，以及生产工艺、原辅用料、中间及最终产品，确定具体污染物项目。待制药工业大气污染物排放标准发布后，从其规定。地方排放标准中有要求的，按照严格的执行。

5.3　厂界环境噪声监测

厂界环境噪声监测点位设置应遵循 HJ 819 中的原则，主要考虑表 4 中噪声源在厂区内的分布情况和周边环境敏感点的位置。厂界环境噪声每季度至少开展一次昼间噪声监测，夜间生产的排污单位须监测夜间噪声。周边有敏感点的，应提高监测频次。

表 4　厂界环境噪声监测布点应关注的主要噪声源

噪声源	主要设备
生产车间及配套工程	发酵设备、提取、精制机械及设备（过滤和离心设备）、干燥机械及设备、真空设备、空调机组、空压机、冷却塔等
污水处理设施	污水提升泵、曝气设备、风机、污泥脱水设备等

5.4 周边环境质量影响监测

5.4.1 环境管理政策或环境影响评价文件及其批复（仅限 2015 年 1 月 1 日（含）后取得环境影响评价批复的排污单位）有明确要求的，按要求执行。

5.4.2 无明确要求的，若排污单位认为有必要的，可对周边地表水、海水和土壤开展监测。对于废水直接排入地表水、海水的排污单位，可按照 HJ/T 2.3、HJ/T 91、HJ 442 及受纳水体环境管理要求设置监测断面和监测点位；开展土壤监测的排污单位，可按照 HJ/T 166 及土壤环境管理要求设置监测点位。监测指标及最低频次按照表 5 执行。

表 5 周边环境质量影响监测指标及最低监测频次

目标环境	监测指标	监测频次
地表水	pH 值、化学需氧量、溶解氧、五日生化需氧量、氨氮、总磷、总氮等	季度
海水	pH 值、化学需氧量、五日生化需氧量、溶解氧、活性磷酸盐、无机氮等	半年
土壤	pH 值、二氯甲烷、苯、甲苯、二甲苯、酚类化合物等	年
注：地表水、海水、土壤的具体监测指标根据生产过程的原辅用料、产品和副产物确定。		

5.5 其他要求

5.5.1 除表 1～表 3、表 5 中的污染物指标外，5.5.1.1 和 5.5.1.2 中的污染物指标也应纳入监测指标范围，并参照表 1～表 3、表 5 和 HJ 819 确定监测频次。

5.5.1.1 排污许可证、所执行的污染物排放（控制）标准、环境影响评价文件及其批复（仅限 2015 年 1 月 1 日（含）后取得环境影响评价批复的排污单位）、相关环境管理规定明确要求的污染物指标。

5.5.1.2 排污单位根据生产过程的原辅用料、生产工艺、中间及最终产品类型、监测结果确定实际排放的，在有毒有害或优先控制污染物相关名录中的污染物指标，或其他有毒污染物指标。

5.5.2 各指标的监测频次在满足本标准的基础上，可根据 HJ 819 中监测频次的确定原则提高监测频次。

5.5.3 涉及化学合成类、发酵类和提取类两种以上工业类型的排污单位，监测方案中应涵盖所涉及工业类型的所有监测指标，监测频次按照严格的执行。

5.5.4 采样方法、监测分析方法、监测质量保证与质量控制等按照 HJ 819 相关要求执行。

5.5.5 监测方案的描述、变更按照 HJ 819 规定执行。

6 信息记录和报告

6.1 信息记录

6.1.1 监测信息记录

手工监测记录和自动监测运维记录按照 HJ 819 规定执行。

6.1.2 生产和污染治理设施运行状况信息记录

排污单位应详细记录其生产及污染治理设施运行状况，日常生产中应参照以下内容记录相关信息，并整理成台账保存备查。

6.1.2.1 生产运行状况记录

按照发酵类制药产品种类，记录各生产批次以下相关信息：

a）发酵工序：记录取水量（新鲜水）和主要原辅料使用量等；

b）提取工序：记录溶剂的使用量和药品粗品的产生量等；

c）精制工序：记录活性炭、碳纤维滤膜、树脂等过滤物及载体使用量，无机盐（硫酸钙、碳酸钙、硫酸镁、磷酸二氢钾等）使用量，溶剂（盐酸、乙醇、丙酮、三氯甲烷、二氯甲烷、乙酸丁酯等）使用量等。

6.1.2.2 溶剂回收设备运行状况记录

按各产品生产批次记录溶剂名称、回收量、补充量，以及溶剂回收设备能源、耗材使用量等。

6.1.2.3 污水处理设施运行状况记录

按日记录污水处理量、排放量、回用水量、回用率、污泥产生量（记录含水率）、污水处理使用的药剂名称及用量、鼓风机电量等；记录污水处理设施运行、故障及维护情况等。

6.1.2.4 废气处理设施运行状况记录

按日记录废气处理使用的吸附剂、过滤材料等耗材的名称及用量；记录废气处理设施运行参数、故障及维护情况等。

6.1.3 一般工业固体废物和危险废物信息记录

记录一般工业固体废物的产生量、综合利用量、处置量、贮存量；按照危险废物管理的相关要求，按日记录危险废物的产生量、综合利用量、处置量、贮存量及其具体去向。原料或辅助工序中产生的其他危险废物的情况也应记录。一般工业固体废物及危险废物产生情况见表6。

表6 一般工业固体废物及危险废物来源

种类	主要产生来源	名称
危险废物	发酵工序	抗生素菌丝废渣等
	提取、精制工序	废溶剂、釜残、废吸附剂、废活性炭等
	危险废物焚烧	焚烧处置残渣
一般工业固体废物	生产过程中产生的其他固体废物	
注：其他可能产生的危险废物按照《国家危险废物名录》或国家规定的危险废物鉴别标准和鉴别方法认定。		

6.2 信息报告、应急报告、信息公开

信息报告、应急报告和信息公开按照HJ 819规定执行。

7 其他

排污单位应如实记录手工监测期间的工况（包括生产负荷、污染治理设施运行情况等），确保监测数据具有代表性。

本标准规定的内容外，其他内容按照HJ 819规定执行。

排污单位自行监测技术指南 化学合成类制药工业

（HJ 883—2017）

1 适用范围

本标准提出了化学合成类制药工业排污单位自行监测的一般要求、监测方案制定、信息记录和报告的基本内容和要求。

本标准适用于化学合成类制药工业排污单位在生产运行阶段对其排放的水、气污染物，噪声以及对其周边环境质量影响开展监测。

本标准也适用于专供药物生产的医药中间体工厂、与化学合成类药物结构相似的兽药生产企业等排污单位。

自备火力发电机组（厂）、配套动力锅炉的自行监测要求按照 HJ 820 执行。

2 规范性引用文件

本标准引用了下列文件或其中的条款。凡是未注明日期的引用文件，其最新版本适用于本标准。

GB 14554　恶臭污染物排放标准

GB 16297　大气污染物综合排放标准

GB 21904　化学合成类制药工业水污染物排放标准

HJ/T 2.3　环境影响评价技术导则 地面水环境

HJ/T 91　地表水和污水监测技术规范

HJ/T 164　地下水环境监测技术规范

HJ/T 166　土壤环境监测技术规范

HJ 442　近岸海域环境监测规范

HJ 610　环境影响评价技术导则　地下水环境

HJ 819　排污单位自行监测技术指南　总则

HJ 820　排污单位自行监测技术指南　火力发电及锅炉

《国家危险废物名录》（环境保护部、国家发展改革委、公安部令　第 39 号）

3　术语和定义

GB 21904 界定的以及下列术语和定义适用于本标准。

3.1　化学合成类制药　chemical synthesis pharmacy

指采用一个化学反应或一系列化学反应生产药物活性成分的过程。

3.2　直接排放　direct discharge

指排污单位直接向环境水体排放水污染物的行为。

3.3　间接排放　indirect discharge

指排污单位向公共污水处理系统排放水污染物的行为。

3.4　反应　reaction

指通过采用合成反应、药物结构改造、脱保护基等一系列方法最终制得药物活性成分或含有药物活性成分的混合物的过程。

3.5　分离纯化　separation and purification

指用物理、化学或其他方法把某一药物活性成分或反应过程中间产物（如医药中间体）从反应混合物中分离出来，必要时进一步去除杂质从而获得纯品的过程，主要包括分离、提取、精制、干燥等阶段。

3.6　溶剂回收设备　solvent recovery equipment

指将化学合成类制药工业生产过程中使用的溶剂收集、提纯以达到再利用目的的装置。

3.7　挥发性有机物　volatile organic compounds（VOCs）

指参与大气光化学反应的有机化合物，或者根据规定的方法测量或核算确定的有机化合物。

4　自行监测的一般要求

排污单位应查清本单位的污染源、污染物指标及潜在的环境影响，制定监测方案，设置和维护监测设施，按照监测方案开展自行监测，做好质量保证和质量控制，记录和保存监测数据和信息，依法向社会公开监测结果。

5 监测方案制定

5.1 废水排放监测

5.1.1 监测点位

所有化学合成类制药工业排污单位均须在废水总排放口、雨水排放口设置监测点位，排放总汞、总镉、六价铬、总砷、总铅、总镍、烷基汞的，须在车间或生产设施废水排放口设置监测点位，生活污水单独排入外环境的还须在生活污水排放口设置监测点位。

5.1.2 监测指标及监测频次

排污单位废水排放监测点位、监测指标及最低监测频次按照表 1 执行。

表 1 废水排放监测点位、监测指标及最低监测频次

<table>
<tr><th rowspan="2">监测点位</th><th rowspan="2">监测指标</th><th colspan="2">监测频次</th><th rowspan="2">备注</th></tr>
<tr><th>直接排放</th><th>间接排放</th></tr>
<tr><td rowspan="6">废水总排放口</td><td>流量、pH 值、化学需氧量、氨氮</td><td colspan="2">自动监测</td><td>—</td></tr>
<tr><td>总磷</td><td colspan="2">月（自动监测[a]）</td><td>—</td></tr>
<tr><td>总氮</td><td colspan="2">月（日[b]）</td><td>—</td></tr>
<tr><td>悬浮物、色度、五日生化需氧量、急性毒性（$HgCl_2$ 毒性当量）、总有机碳</td><td>月</td><td>季度</td><td>—</td></tr>
<tr><td>总氰化物、挥发酚、总铜、总锌、硝基苯类、苯胺类、二氯甲烷</td><td>月</td><td>季度</td><td>根据生产使用的原辅料、生产的产品、副产物确定具体的监测指标</td></tr>
<tr><td>硫化物</td><td>季度</td><td>半年</td><td>根据生产使用的原辅料、生产的产品、副产物确定是否开展监测</td></tr>
<tr><td rowspan="2">车间或生产设施废水排放口</td><td>流量、总汞、总镉、六价铬、总砷、总铅、总镍</td><td colspan="2">月</td><td>根据生产使用的原辅料、生产的产品、副产物确定具体监测的重金属指标</td></tr>
<tr><td>烷基汞</td><td colspan="2">年</td><td>—</td></tr>
<tr><td rowspan="2">生活污水排放口</td><td>流量、pH 值、化学需氧量、氨氮</td><td>自动监测</td><td>—</td><td>—</td></tr>
<tr><td>总磷</td><td>月（自动监测[a]）</td><td>—</td><td>—</td></tr>
</table>

监测点位	监测指标	监测频次		备注
		直接排放	间接排放	
生活污水排放口	总氮	月（日[b]）	—	—
	悬浮物、五日生化需氧量、动植物油	月	—	—
雨水排放口	pH 值、化学需氧量、氨氮、悬浮物	日[c]		—
注：表中所列监测指标，设区的市级及以上环保主管部门明确要求安装自动监测设备的，须采取自动监测。				
[a] 水环境质量中总磷实施总量控制区域，总磷须采取自动监测。 [b] 水环境质量中总氮实施总量控制区域，总氮目前最低监测频次按日执行，待自动监测技术规范发布后， 须采取自动监测。 [c] 排放期间按日监测。				

5.2　废气排放监测

5.2.1　有组织废气排放监测点位、监测指标及监测频次

5.2.1.1　监测点位

各工序废气通过排气筒等方式排放至外环境，须在排气筒或排气筒前的废气烟道设置监测点位。

5.2.1.2　监测指标与监测频次

各工序有组织废气监测点位、监测指标及最低监测频次按照表 2 执行。对于多个污染源或生产设备共用一个排气筒的，监测点位可布设在共用排气筒上，监测指标应涵盖所对应的污染源或生产设备的监测指标，最低监测频次按照严格的执行。

表 2　有组织废气排放监测点位、监测指标及最低监测频次

生产工序	监测点位	废气类型	监测指标	监测频次
配料及投料	有机液体配料机械等设备、设施排气筒	工艺有机废气	挥发性有机物[a]	月
			特征污染物[b]	年
	酸碱调节等设备排气筒	工艺酸碱废气	特征污染物[b]	年
	固体配料机、整粒筛分机、破碎机等设备排气筒	工艺含尘废气	颗粒物	季度
反应	反应釜、缩合罐、裂解罐等反应设备排气筒	工艺有机废气	挥发性有机物[a]	月
			特征污染物[b]	年

生产工序	监测点位	废气类型	监测指标	监测频次
分离纯化（分离、提取、精制、干燥）	离心机、过滤器、萃取罐、酸化罐、吸附塔、结晶罐、脱色罐等分离、提取、精制工艺设备排气筒	工艺有机废气	挥发性有机物[a]	月
			特征污染物[b]	年
	干燥塔、真空干燥器、真空泵等干燥机械及设备排气筒	工艺有机废气	挥发性有机物[a]	月
			特征污染物[b]	年
		工艺含尘废气	颗粒物	季度
成品	粉碎、研磨机械、分装、包装机械等设备排气筒	工艺含尘废气	颗粒物	季度
其他	危险废物焚烧炉排气筒	—	烟尘、二氧化硫、氮氧化物	自动监测
			烟气黑度、一氧化碳、氯化氢、氟化氢、汞及其化合物、镉及其化合物、（砷、镍及其化合物）、铅及其化合物、（锑、铬、锡、铜、锰及其化合物）	半年
			二噁英类	年
	溶剂回收设备排气筒	工艺有机废气	挥发性有机物[a]	月
	溶剂回收设备排气筒	工艺有机废气	特征污染物[b]	年
	污水处理厂或处理设施排气筒	—	挥发性有机物[a]	月
			臭气浓度、特征污染物[b]	年
	罐区废气排气筒	—	挥发性有机物[a]	季度
			特征污染物[b]	年
	危废暂存废气排气筒	—	挥发性有机物[a]	季度
			臭气浓度、特征污染物[b]	年

注 1：废气监测须按照相应监测分析方法、技术规范同步监测烟气参数。

注 2：表中所列监测指标，设区的市级及以上环保主管部门明确要求安装自动监测设备的，须采取自动监测。

[a] 根据行业特征和环境管理需求，挥发性有机物可选择对主要 VOCs 物种进行定量加和的方法测量总有机化合物，或者选用按基准物质标定，检测器对混合进样中 VOCs 综合响应的方法测量非甲烷有机化合物。由于现阶段国家还未出台标准测定方法，本标准暂时使用非甲烷总烃作为挥发性有机物排放的综合控制指标，待相关标准方法发布后，从其规定。

[b] 特征污染物见 GB 14554、GB 16297 所列污染物，根据排污许可证、所执行的污染物排放（控制）标准、环境影响评价文件及其批复等相关环境管理规定，以及生产工艺、原辅用料、中间及最终产品，确定具体污染物项目。待制药工业大气污染物排放标准发布后，从其规定。地方排放标准中有要求的，按照严格的执行。

5.2.2　无组织废气排放监测点位、监测指标及监测频次

无组织废气排放监测点位、监测指标及最低监测频次按照表 3 执行。

表 3　无组织废气排放监测点位、监测指标及最低监测频次

监测点位	监测指标	监测频次
厂界	挥发性有机物[a]、臭气浓度、特征污染物[b]	半年

[a] 根据行业特征和环境管理需求，挥发性有机物可选择对主要 VOCs 物种进行定量加和的方法测量总有机化合物，或者选用按基准物质标定，检测器对混合进样中 VOCs 综合响应的方法测量非甲烷有机化合物。由于现阶段国家还未出台标准测定方法，本标准暂时使用非甲烷总烃作为挥发性有机物排放的综合控制指标，待相关标准方法发布后，从其规定。

[b] 特征污染物见 GB 14554、GB 16297 所列污染物，根据排污许可证、所执行的污染物排放（控制）标准、环境影响评价文件及其批复等相关环境管理规定，以及生产工艺、原辅用料、中间及最终产品，确定具体污染物项目。待制药工业大气污染物排放标准发布后，从其规定。地方排放标准中有要求的，按照严格的执行。

5.3　厂界环境噪声监测

厂界环境噪声监测点位设置应遵循 HJ 819 中的原则，主要考虑表 4 中噪声源在厂区内的分布情况和周边环境敏感点的位置。厂界环境噪声每季度至少开展一次昼间噪声监测，夜间生产的排污单位须监测夜间噪声。周边有敏感点的，应提高监测频次。

表 4　厂界环境噪声监测布点应关注的主要噪声源

噪声源	主要设备
生产车间及配套工程	生产过程中使用的反应设备、结晶设备、分离机械及设备（过滤、离心设备）、萃取设备、蒸发设备、蒸馏设备、干燥机械及设备、粉碎机械、热交换设备等，以及原料搅拌机械、鼓风机、空压机、水泵、真空泵等辅助设备等
污水处理设施	污水提升泵、曝气设备、污泥脱水设备、风机等

5.4　周边环境质量影响监测

5.4.1　环境管理政策或环境影响评价文件及其批复（仅限 2015 年 1 月 1 日（含）后取得环境影响评价批复的排污单位）有明确要求的，按要求执行。

5.4.2　无明确要求的，若排污单位认为有必要的，可对周边地表水、海水、地下水和土壤开展监测。对于废水直接排入地表水、海水的排污单位，可按照 HJ/T

2.3、HJ/T 91、HJ 442 及受纳水体环境管理要求设置监测断面和监测点位；开展地下水、土壤监测的排污单位，可按照 HJ 610、HJ/T 164、HJ/T 166 及地下水、土壤环境管理要求设置监测点位。监测指标及最低监测频次按表 5 执行。

表 5　周边环境质量影响监测指标及最低监测频次

目标环境	监测指标	监测频次	备注
地表水	pH 值、溶解氧、五日生化需氧量、化学需氧量、氨氮、总氮、总磷等	季度	—
	铜、锌、汞、镉、六价铬、砷、铅、硝基苯、苯胺、二氯甲烷、镍、氰化物、挥发酚、硫化物等		根据生产使用的原辅料、生产的产品、副产物确定具体的监测指标
海水	pH 值、溶解氧、悬浮物质、五日生化需氧量、化学需氧量、非离子氨、无机氮、活性磷酸盐等	半年	—
	铜、锌、汞、镉、六价铬、砷、铅、镍、氰化物、挥发性酚、硫化物等		根据生产使用的原辅料、生产的产品、副产物确定具体的监测指标
地下水	pH 值、铜、锌、汞、镉、六价铬、砷、铅、镍、氰化物、挥发性酚类等	年	根据生产使用的原辅料、生产的产品、副产物确定具体的监测指标
土壤	pH 值、铜、锌、汞、镉、铬、砷、铅、镍、氰化物、硝基苯、甲基汞、苯胺、苯、甲苯、二甲苯、二氯甲烷、氯苯、各种酚类化合物等	年	根据生产使用的原辅料、生产的产品、副产物确定具体的监测指标

5.5　其他要求

5.5.1　除表 1～表 3、表 5 中的污染物指标外，5.5.1.1 和 5.5.1.2 中的污染物指标也应纳入监测指标范围，并参照表 1～表 3、表 5 和 HJ 819 确定监测频次。

5.5.1.1　排污许可证、所执行的污染物排放（控制）标准、环境影响评价文件及其批复（仅限 2015 年 1 月 1 日（含）后取得环境影响评价批复的排污单位）、相关环境管理规定明确要求的污染物指标。

5.5.1.2　排污单位根据生产过程的原辅用料、生产工艺、中间及最终产品类型、监测结果确定实际排放的，在有毒有害或优先控制污染物相关名录中的污染物指标，或其他有毒污染物指标。

5.5.2　各指标的监测频次在满足本标准的基础上，可根据 HJ 819 中监测频次的确定原则提高监测频次。

5.5.3　涉及化学合成类、发酵类和提取类两种以上工业类型的排污单位，监测方案中应涵盖所涉及工业类型的所有监测指标，监测频次按照严格的执行。

5.5.4　采样方法、监测分析方法、监测质量保证与质量控制等按照 HJ 819 相关要求执行。

5.5.5　监测方案的描述、变更按照 HJ 819 规定执行。

6　信息记录和报告

6.1　信息记录

6.1.1　监测信息记录

手工监测的记录和自动监测运维记录按照 HJ 819 规定执行。

6.1.2　生产和污染治理设施运行状况信息记录

排污单位应详细记录其生产及污染治理设施运行状况，日常生产中应参照以下内容记录相关信息，并整理成台账保存备查。

6.1.2.1　生产运行状况记录

按照化学合成类制药产品种类，记录各生产批次以下相关信息：

a）原辅料用量，主要包括原料用量、催化剂使用量、各类溶剂用量、吸附剂用量、其他辅料用量等；

b）产品产量，产出率及物料平衡；

c）新鲜用水取水量、用水量、用电量等；

d）使用的主要生产设备、设施的操作使用记录等。

6.1.2.2　污水处理设施运行状况记录

按日记录污水处理量、回水用量、回用率、污水排放量、污泥产生量（记录含水率）、污水处理使用的药剂名称及用量、鼓风机电量等；记录污水处理设施运行、故障及维护情况等。

6.1.2.3　废气处理设施运行状况记录

按日记录废气处理使用的吸附剂、过滤材料等耗材的名称及用量；记录废气处理设施运行参数、故障及维护情况等。

6.1.2.4　溶剂回收设备运行状况记录

按各产品生产批次记录溶剂名称、回收量、补充量，以及溶剂回收设备能源、耗材使用量等。

6.1.3 一般工业固体废物和危险废物信息记录

记录一般工业固体废物的产生量、综合利用量、处置量和贮存量；按照危险废物管理的相关要求，按日记录危险废物的产生量、综合利用量、处置量、贮存量及其具体去向。原料或辅助工序中产生的其他危险废物的情况也应记录。一般工业固体废物及危险废物产生情况见表6。

表6 一般工业固体废物及危险废物来源

种类	主要产生来源	名称
危险废物	反应	反应残余物、反应基废物、废催化剂、废有机溶剂与含有机溶剂废物[a]
	分离纯化	蒸馏残余物、废母液、废脱色过滤介质、废吸附剂、废活性炭、 废有机溶剂与含有机溶剂废物[a]
	成品包装、检验	废弃产品及废弃中间体
	危险废物焚烧	焚烧处置残渣[a]
一般工业固体废物	生产过程中产生的其他固体废物	
注：其他可能产生的危险废物按照《国家危险废物名录》或国家规定的危险废物鉴别标准和鉴别方法认定。		
[a]具体危险废物种类见《国家危险废物名录》。		

6.2 信息报告、应急报告、信息公开

信息报告、应急报告和信息公开按照HJ 819规定执行。

7 其他

排污单位应如实记录手工监测期间的工况（包括生产负荷、污染治理设施运行情况等），确保监测数据具有代表性。

本标准规定的内容外，其他内容按照HJ 819规定执行。